ディスクリート半導体素子の基礎から
応用のすべて

ダイオード/
トランジスタ/FET
活用入門

はじめに

　現在は，IC/LSI全盛の時代です．電子機器は，ほとんどすべてが高度に集積されたIC/LSIを中心に構成されています．そのデバイスの中では具体的にどのような処理が行われているのかは，ちょっと見ただけでは見当もつきません．そしてさらに，マイクロプロセッサやメモリに代表されるディジタルLSIは，ムーアの法則をトレースするのが当たり前のように高集積化，高速化を実現しています．アナログIC/LSIも同様に，広帯域化や大電力容量化，低雑音化といったハードルを次々にクリアして応用範囲を拡大しています．

　しかし，電子回路はIC/LSIだけですべて作ることができるわけではありません．多くの場合，ダイオードやFETといったディスクリート半導体と組み合わせて使わなければなりません．これは，高周波回路や大電力容量回路，低雑音回路といったエッジな用途でIC/LSIでは実現できないような性能を実現するためです．

　今後，IC/LSIがさらに進化を遂げてもエッジな用途には依然としてディスクリート半導体が存在し続けることでしょう．つまり，IC/LSI全盛の現在だからこそ，ディスクリート半導体を自由に使いこなすスキルが必要とされているのです．

　このような背景から，本書ではディスクリート半導体の代表ともいうべきダイオード，バイポーラ・トランジスタ，FETを取り上げ，素子の構造や動作原理，具体的な応用回路，使用上の注意点などを一冊にまとめました．

　本書は，1987年に発行されたトランジスタ技術SPECIAL No.1「特集 個別半導体素子 活用法のすべて」の改訂版として企画したものです．基本的な内容は前書を踏襲し，時代の変遷にあわせて新たな話題を数多く盛り込みました．エレクトロニクスの基礎を学ぼうというビギナーから，ディスクリート素子の応用回路を必要としているベテラン・エンジニアまでのすべてのレベルのエンジニアに役立つものと確信しています．

2004年9月　トランジスタ技術SPECIAL編集部

本書の下記の章は，トランジスタ技術SPECIAL No.1「特集 個別半導体素子 活用法のすべて」，「トランジスタ技術」誌に掲載された記事を元に，加筆，再編集したものです．
- ●第1章
  - トランジスタ技術，2000年4月号，関 博隆/前田陽介，第2章 各種ダイオードの基礎知識
  - トランジスタ技術SPECIAL No.1，青木英彦，特集 第1章 コラム「ダイオードの名称について」
- ●第2章
  - トランジスタ技術，2002年4月号，島田義人，特集 第1章 小信号ダイオードの基礎と応用
  - トランジスタ技術SPECIAL No.1，青木英彦，第1章 小信号・汎用ダイオード
- ●第3章
  - トランジスタ技術，2002年4月号，浅井紳哉，特集 第3章 パワー・ダイオードの基礎と応用設計
  - トランジスタ技術SPECIAL No.1，青木英彦，第2章 電源整流用ダイオード
- ●第4章
  - トランジスタ技術SPECIAL No.1，青木英彦，第3章 定電圧ダイオード
  - トランジスタ技術，2002年4月号，島田義人，特集 第1章 コラム「逆電圧によるブレーク・ダウンと二つの動作モード」
- ●第5章
  - トランジスタ技術SPECIAL No.1，土屋憲司/青木英彦，第4章，定電流ダイオード
- ●第6章
  - トランジスタ技術SPECIAL No.1，青木英彦，第5章 発光ダイオード
  - トランジスタ技術，2003年8月号，中島昌男，白色LEDの駆動テクニック
- ●第7章
  - トランジスタ技術，2002年4月号，市川裕一，特集 第2章 高周波ダイオードの基礎と応用
- ●第8章
  - トランジスタ技術，2002年4月号，黒田 徹，特集 第4章 小信号トランジスタ＆FETの基礎と応用
  - トランジスタ技術，2000年10月号，三宅和司，特集 第4章 オーディオ＆ビデオ回路の定数設計
  - トランジスタ技術SPECIAL No.1，青木英彦，第8章 小信号・汎用トランジスタ
  - トランジスタ技術，2000年4月号，柳川誠介，特集 第4章 コラム「トランジスタの高周波特性」
- ●第9章
  - トランジスタ技術SPECIAL No.1，青木英彦，第9章 パワー・トランジスタ
- ●第10章
  - トランジスタ技術，2002年4月号，小林昌裕/大島忠秋，特集 第5章 高周波トランジスタの基礎と回路設計
  - トランジスタ技術SPECIAL No.1，新原盛太郎，第10章 小信号・高周波トランジスタ
  - トランジスタ技術，2001年11月号，青木 勝，高周波VCOの設計
  - トランジスタ技術，2002年4月号，有本秀夫，特集 第5章 Appendix「SiGeヘテロ接合トランジスタ誕生」
- ●第11章
  - トランジスタ技術SPECIAL No.1，青木英彦，第12章 小信号・汎用FET
  - トランジスタ技術，2002年4月号，黒田 徹，特集 第4章 小信号トランジスタ＆FETの基礎と応用
  - トランジスタ技術，2000年4月号，黒田 徹，特集 第6章 オーディオ回路，第8章 電源回路
- ●第12章
  - トランジスタ技術，2002年4月号，義平隆之/亀田充弘，特集 第6章 パワーMOSFETの基礎と応用
  - トランジスタ技術，2003年8月号，鈴木雅臣，特集 第2章 Appendix「パワーMOSFETの基礎知識」
  - トランジスタ技術，2002年4月号，本田 潤，特集 第6章 Appendix「小電力パワーMOSFETのロード・スイッチへの応用」
  - トランジスタ技術，2000年5月号，内田敬人，特集 第3章 基礎から学ぶDC-DCコンバータの設計
- ●第13章
  - トランジスタ技術SPECIAL No.1，新原盛太郎，第14章 高周波用FET
  - トランジスタ技術，2003年11月号，市川裕一，特集 第6章 高周波小信号用アンプのシミュレーション

目次

はじめに ··· 3

第一部 ダイオードの基礎と応用

第1章 ダイオードの動作原理 ·· 10

  1.1 ダイオードとは ·· 10
  1.2 ダイオードの基本特性 ·· 13
  【コラム1.A】ダイオードの名称について ·· 14

第2章 小信号・汎用ダイオードの使い方 ·· 16

  2.1 CMOSロジックICの入出力保護 ·· 16
  2.2 OPアンプの保護 ·· 18
  2.3 誘導負荷駆動回路の保護 ·· 20
  2.4 リニア・アンプ用バイアス回路 ··· 22
  2.5 3端子レギュレータの出力電圧を微増させる回路 ·· 23
  2.6 2倍の整流電圧が得られる倍電圧整流回路 ·· 23
  2.7 リミッタへの適用 ·· 25
  2.8 理想ダイオード ·· 28
  2.9 絶対値回路 ·· 31
  【コラム2.A】ダイオードの V–I 特性の詳細 ··· 32

第3章 パワー・ダイオードの使い方 ·· 34

  3.1 パワー・ダイオードとは ·· 34
  3.2 データシートの見方 ··· 38
  3.3 一般整流回路へのパワー・ダイオードの応用 ··· 40
  3.4 ダイオードの選び方 ··· 46

3.5　出力電圧とリプル電圧の求め方 …………………………………………47
3.6　スイッチング電源回路への応用 …………………………………………53
　　3.6.1　電源整流用ダイオードD_1の選定 ……………………………………53
　　3.6.2　リセット巻き線用ダイオードD_2の選定 ……………………………55
　　3.6.3　出力整流用ダイオードD_3とD_4の選定 ……………………………58

【コラム3.A】接合部温度の算出方法 …………………………………………60

第4章　定電圧ダイオードの使い方 ……………………………………63

4.1　定電圧ダイオードの基本特性 ……………………………………………63
4.2　温度補償型定電圧ダイオード ……………………………………………66
4.3　基準電圧用IC ………………………………………………………………68
4.4　その他の定電圧ダイオード ………………………………………………71
4.5　定電圧回路への応用 ………………………………………………………74
4.6　定電圧回路以外の応用 ……………………………………………………79

【コラム4.A】逆電圧によるブレークダウンと二つの動作モード ……………67

第5章　定電流ダイオードの使い方 ……………………………………82

5.1　定電流ダイオードの基本特性 ……………………………………………82
5.2　定電流ダイオードの応用 …………………………………………………89
5.3　CRDを使わない定電流回路 ………………………………………………91

第6章　発光ダイオードの使い方 ………………………………………96

6.1　発光ダイオードの基本特性 ………………………………………………96
6.2　LEDディスプレイの使い方 ……………………………………………102
6.3　白色LEDの使い方 ………………………………………………………106
6.4　白色LEDの駆動回路 ……………………………………………………109
6.5　赤外LEDの使い方 ………………………………………………………113

【コラム6.A】白色LEDの豆知識 ……………………………………………108

第7章　高周波ダイオードの使い方 …………………………………………………116

7.1　PIN ダイオードの使い方 …………………………………………………………116
- 7.1.1　PIN ダイオードの基本動作 ……………………………………………………117
- 7.1.2　スイッチ回路への応用 …………………………………………………………120
- 7.1.3　可変アッテネータへの応用 ……………………………………………………122
- 7.1.4　SPST スイッチの試作 …………………………………………………………123

7.2　可変容量ダイオードの使い方 ……………………………………………………125
- 7.2.1　可変容量ダイオードの構造 ……………………………………………………125
- 7.2.2　可変容量ダイオードの基本動作 ………………………………………………126
- 7.2.3　可変容量ダイオードの応用回路 ………………………………………………128
- 7.2.4　可変 BEF の試作 ………………………………………………………………129

7.3　ショットキー・バリア・ダイオードの使い方 ……………………………………130
- 7.3.1　ショットキー・バリア・ダイオードの構造 ……………………………………130
- 7.3.2　ショットキー・バリア・ダイオードの基本特性 ………………………………132
- 7.3.3　ショットキー・バリア・ダイオードの応用回路 ………………………………133
- 7.3.4　検波回路の設計と製作 …………………………………………………………135

第二部　トランジスタの基礎と応用

第8章　小信号トランジスタの使い方 …………………………………………………137

8.1　バイポーラ・トランジスタの基本動作 …………………………………………137
8.2　スイッチング回路への応用 ………………………………………………………143
- 8.2.1　出力電流5〜20 mA の LED ドライブ回路 ……………………………………143
- 8.2.2　出力電流42 mA の2石リレー駆動回路 ………………………………………145
- 8.2.3　オープン・コレクタ回路 ………………………………………………………146
- 8.2.4　直流電源ラインを ON/OFF するロード・スイッチ …………………………148
- 8.2.5　交流信号を ON/OFF するミューティング回路 ………………………………151

8.3　交流増幅回路への応用 ……………………………………………………………152
- 8.3.1　1石エミッタ共通増幅回路 ……………………………………………………152
- 8.3.2　エミッタ・フォロワ ……………………………………………………………155
- 8.3.3　ビデオ回路用エミッタ・フォロワ・バッファ …………………………………156
- 8.3.4　バイアス回路への応用 …………………………………………………………160
- 8.3.5　低雑音増幅回路 …………………………………………………………………161

8.4　最低限覚えておきたい特性パラメータ……………………………………………162
【コラム8.A】C－E分割回路……………………………………………………………161
【コラム8.B】トランジスタの高周波特性………………………………………………163

第9章　パワー・トランジスタの使い方……………………………………………165

9.1　トランジスタの最大定格………………………………………………………165
9.2　安全動作領域（ASO）…………………………………………………………168
9.3　放熱設計の基本…………………………………………………………………171
9.4　具体的なパワー設計……………………………………………………………173
【コラム9.A】パワー・アンプのGND配線方法……………………………………178

第10章　高周波トランジスタの使い方………………………………………………180

10.1　高周波トランジスタの基礎知識………………………………………………180
10.2　高周波で重要な特性パラメータ………………………………………………182
10.3　テレビ受信機用広帯域増幅回路………………………………………………185
10.4　高周波スイッチャ………………………………………………………………189
　　　10.4.1　広帯域増幅回路の設計……………………………………………190
　　　10.4.2　高周波スイッチ回路の設計………………………………………192
10.5　AGC増幅回路……………………………………………………………………195
10.6　MIX回路…………………………………………………………………………199
10.7　発振回路の設計…………………………………………………………………201
10.8　SiGeヘテロ接合トランジスタ…………………………………………………208

第三部　FETの基礎と応用

第11章　小信号FETの使い方…………………………………………………………211

11.1　FETの基本動作…………………………………………………………………211
11.2　FETの電気的特性………………………………………………………………213
11.3　FETを使った増幅回路…………………………………………………………216
11.4　増幅回路以外への応用…………………………………………………………221

第12章　パワーMOS FETの使い方 ……230

12.1　パワーMOS FETの基礎 ……230
12.2　パワーMOS FETの定格と電気的特性 ……236
12.3　パワーMOS FETを安全に使うための基礎知識 ……244
12.4　ゲートを駆動する基本回路 ……247
12.5　パワーMOS FETのスイッチングの基礎 ……248
12.6　パワー・スイッチング回路のいろいろ ……253
12.7　パワーMOS FETの応用回路 ……256
　　12.7.1　ロード・スイッチ ……256
　　12.7.2　DC-DCコンバータ ……258

【コラム12.A】最大ドレイン-ソース間電圧を超えて使用できるか ……238
【コラム12.B】パワーMOS FETの入力容量 ……250

第13章　高周波用FETの使い方 ……263

13.1　高周波FETの基本 ……263
13.2　高周波FET回路の設計 ……267
13.3　マイクロ波帯低雑音増幅器の設計 ……278

【コラム13.A】FETにおけるSパラメータとは ……273
【コラム13.B】反射特性のシミュレーション結果の見方 ……282
【コラム13.C】パラメータの入手法とデータ・ファイルの作成 ……288

索　引 ……291

第一部 ダイオードの基礎と応用

第1章 ダイオードの動作原理

半導体デバイスの歴史は，1947年にベル研究所でショックレーらによって発見されたトランジスタから始まったような錯覚に陥りますが，半導体デバイスの歴史は意外と古く，セレンに整流作用があることが1876年にはすでに発見されていました．

とはいえ，実用の面では1904年に発明された真空管が一時代を築いたため，半導体デバイスが脚光を浴びるようになるのは，やはりトランジスタの発明以降になります．

ダイオードというと，現在では半導体デバイスのことを思い浮かべますが，かつては真空管の二極管のことを指していました．本書では，当然ながら半導体デバイスのダイオードについて解説していきます．

1.1 ダイオードとは

● ダイオードの構造と記号

ダイオードは，もっとも基本的な構造をもつ半導体素子です．模式的なダイオードの構造図と図記号を，**図1.1**と**表1.1**にそれぞれ示します．**図1.1**を見るとわかるように，ダイオードは基本的にN型半導体とP型半導体を接合した形をしています．この接合部分は，「PN接合」と呼ばれています．

N型半導体は，伝導電子の濃度が正孔の濃度よりも高くなるように，半導体に不純物をわずかに混ぜることによって作られます．また，P型半導体は，正孔の濃度が電子の濃度よりも高くなるように，半導体に不純物をわずかに混ぜて作られます．低温では，電子はそれぞれの格子位置に固定されていて電気伝導には寄与できませんが，高温になると熱振動によって一部の共有結合が切れます．結合が切れると電気伝導に寄与する自由電子が発生します．

電子が移動して，空席ができたところに隣の電子が移動すると，電荷が運ばれたことになります．

1.1 ダイオードとは

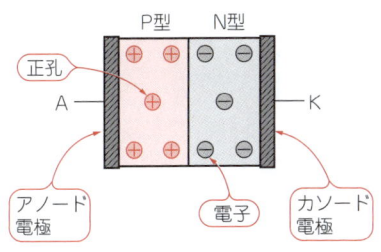

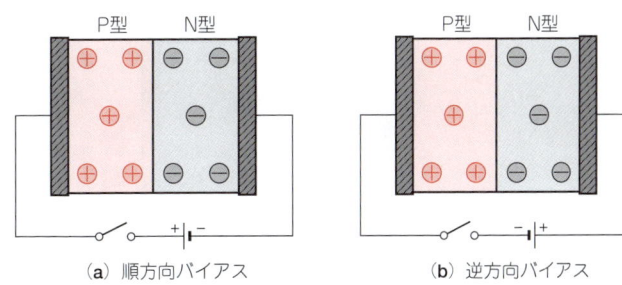

図1.1　PN接合ダイオードの概略図　　図1.2　PN接合ダイオードに電圧を加えようとしているところ（スイッチはOFF）

　この電子の空席を「正孔」と呼びます．正孔は正の電荷を運び，外部電界によって電子と反対方向に移動します[8]．
　次に，このダイオードの両端（N型半導体領域とP型半導体領域）に，それぞれ電極を取り付けて直流電圧を加える場合について考えてみます．
　図1.2は，PN接合ダイオードに対する二つのバイアスのかけ方を模式的に示しています．

● 順方向バイアス

　図1.3（a）のように電圧を加えると，正孔は右側へ（P型領域からN型領域に向かって）移動します．これに対して電子は，左側へ（N型領域からP型領域に向かって）移動します．この結果，PN接合部において電子と正孔は結合して電荷は消失します．

表1.1　各種ダイオードの図記号

名　称	図　記　号		備　考
ダイオード	A ─▶├─ K	A ─▶├─ K (丸印付き)	丸印はパッケージを表す．慣用的には丸印を省略することが多い．ファスト・リカバリ・ダイオード（FRD），高効率ダイオード（HED），低損失ダイオード（LLD）なども同じシンボルである．
ショットキー・バリア・ダイオード	A ─▶┤─ K	──	カソードがS字形
可変容量ダイオード	単素子 A ─▶├─	対向 A_1 ─▶├◀─ A_2	バリキャップ（商品名） バラクタ
定電圧ダイオード	A ─▶├─ K	──	ツェナ・ダイオード カソードがZ字形
PINダイオード	A ─▶├─ K	──	
ダイオード・ブリッジ	(ブリッジ記号)	簡略表示	
複合ダイオード	(長円で囲んだ記号)	──	パッケージを表す長円で囲む．

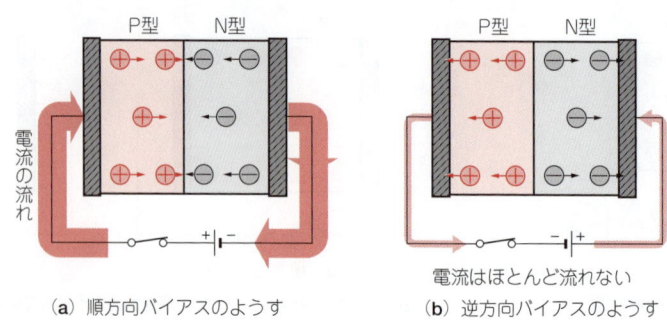

(a) 順方向バイアスのようす　　(b) 逆方向バイアスのようす

図1.3　PN接合ダイオードに電圧を加えたところ(スイッチをON)

そして，P型領域の電極からは正孔が継続的に補給(注入)され，同様にN型領域の電極からは電子が継続的に補給(注入)されるので，電流は流れ続けます．

このような電圧の加え方を，「順方向バイアス」とか「順バイアス」と呼んでいます．

● 逆方向バイアス

これに対して，図1.3(b)のように電圧を加えると，正孔は左側へ(同じ領域の電極に向かって)移動します．これに対して電子は，右側へ(同じ領域の電極に向かって)移動します．この結果，接合部を通じて電流はほとんど流れないので，外部回路にも電流はほとんど流れません．

このような電圧の加え方を，「逆方向バイアス」とか「逆バイアス」と呼んでいます．

● ダイオードの分類

用途などの観点からダイオードを分類すると，さまざまなタイプがあります．簡単に分類すると，図1.4のようになります．

なお，これらの分類のほかに，回路が扱う周波数に応じて，とくに移動体通信を始めとする高周波用には特化された製品が開発されており，これらは「高周波ダイオード」と呼ばれています．

周波数がそれほど高くない用途に使われるものを「汎用ダイオード」または「低周波ダイオード」と呼ぶ場合もあります．さらに，取り扱う信号レベルの大小に対応して，小信号用と大信号用というカテゴリもあります．

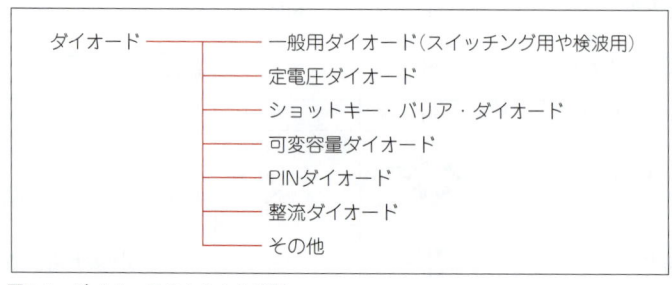

図1.4　ダイオードの大まかな分類

1.2 ダイオードの基本特性

　ここでは一般用ダイオードの基本特性に関して説明しますが，これはダイオード全般に共通するものです．図1.5に，一般用ダイオードの両端の電圧Vと流れる電流Iとの関係を示したV-I特性(静特性)を示します．

● 順方向バイアス時の特性

　$V_D \geqq 0$の状態は，順方向バイアスです．$V_D \geqq 0$の場合，V_Dが0.6 V以下では電流はほとんど流れておらず，0.6 Vを越えると急激に流れ出します．そして，その曲線は指数関数的に増加します．このときの順方向電流I_Fは，次式で表されます．

$$I_F = I_S \left[\exp\left(\frac{q}{kT}\right) V_F - 1 \right] \quad \cdots\cdots (1)$$

ただし，I_S ；逆方向飽和電流［A］
　　　　T ；絶対温度［K］
　　　　V_F；順方向電圧［V］
　　　　k ；ボルツマン定数(1.381×10^{-23}［J/K］)
　　　　q ；電子の電荷(1.602×10^{-19}［C］)

　なお，この式は小電流領域では有効ですが，大電流領域では内部抵抗r_dによる電圧降下があるため，V_Fの値が変わってきます．

　また，電流が流れ出す順方向電圧は，図1.5のようにシリコン・ダイオードでは約0.6 Vですが，ゲルマニウム・ダイオードやショットキー・バリア・ダイオードでは0.2 V前後になります．

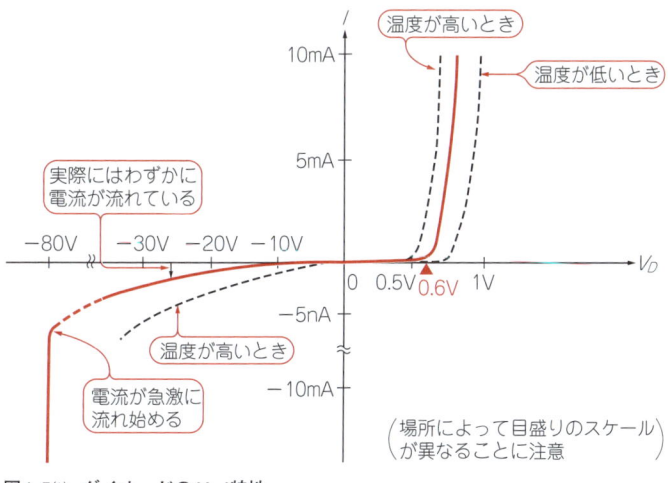

図1.5[9]　ダイオードのV-I特性

第1章

● 逆方向バイアス時の特性

 $V_D<0$ の状態は，逆方向バイアスです．$V_D<0$ の場合，理想ダイオードは逆方向電流が流れませんが，実際のダイオードはわずかながら流れています．この漏れ電流の大きさは，電圧などによっても異なりますが，常温では0.1 nA〜1 μA以下です．特殊な用途を除けば，この電流が問題とされることはないので，通常は無視できます．

 ここで，逆方向電圧を大きくしていくと漏れ電流は緩やかに増加していきます．そして，ある電圧になると，急激に増加し始めます．この現象は「降伏」（ブレークダウン）と呼ばれています．そして，この電圧を越えてさらに電圧を加えると，ダイオードは破壊に至る可能性が高くなります．

●●● ダイオードの名称について ●●● コラム1.A

 ダイオードと一口にいってもその種類は多岐にわたっており，さらに個々の型番まで入れるとその数は膨大なものとなります．そして，ダイオードの名称（型番）はその数だけあるわけですが，この名称はいったいどのようにしてつけられているのでしょうか．

 半導体産業が現在のように発展するまでは，その数は今のように多くはなかったのでダイオードについては1S○○という名称がつけられていました．最初の"1"は接合の数を表しており，ダイオードはPN接合が一つあるので，"1"になるわけです．次の"S"はsemiconductor（半導体）の頭文字をとったものです．そして，そのあとにくる数字（○○のところ）は，全メーカで通し番号になっているものです．

 昔はこれでよかったのですが，数が増えてくると"1S"のあとの数字が大きくなりすぎ，その名称を見ただけではそれがどのようなダイオードなのかわからず，またわかりにくいという問題が生じました．これを解決するために，"1S"のあとにさらにあと1文字ローマ字をつけて，これによってそのダイオードがどのような種類に分類されるのか一目でわかるようにしました．その区分は以下のとおりです．

1SE○○……エサキ・ダイオード
1SG○○……ガン・ダイオード
1SS○○……一般用ダイオード，検波用ダイオード，可変容量ダイオード，UHF/マイクロ波用ダイオード，スイッチング・ダイオード，パルス発生ダイオード，スナップオフ・ダイオード，ショットキー・バリア・ダイオード
1ST○○……なだれ走行ダイオード
1SV○○……可変容量ダイオード，PINダイオード，スナップオフ・ダイオード
1SR○○……整流用ダイオード
1SZ○○……定電圧ダイオード

 ただし，以前に登録された1S○○タイプのものもそのまま使われているので，現在は両方の名前のダイオードが存在しています．

 以上は，日本電子機械工業会EIAJ（現在は名称が変わって，電子情報技術産業協会JEITA）の規格で定められている名称のつけ方ですが，このほかに各メーカ独自の名前も使われています．これは，定電圧ダイオードや整流用ダイオードに多く見られます．この名称についてはメーカごとに異なりますので，実際に自分で覚えるしかないでしょう．

〈青木英彦〉

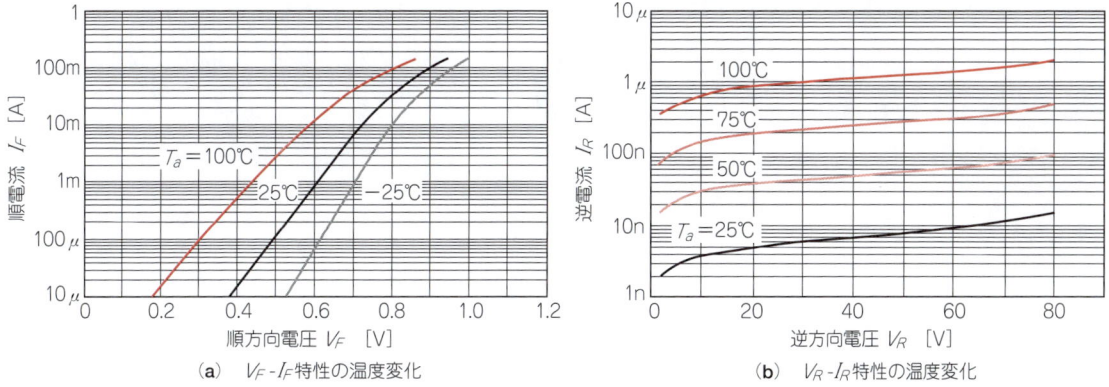

図1.6 汎用高速スイッチング・ダイオード1SS193(東芝)の温度特性

したがって，通常の用途ではこのような使い方は避けることが望ましいのです．しかし，後述する定電圧ダイオード(ツェナ・ダイオード)のように，この現象を積極的に活用するタイプのダイオードもあります．

● **ダイオードの温度特性**

今までの説明は常温(25℃)の場合の特性ですが，実際には低温や高温下で使われます．**図1.6**は，実際のダイオードの温度特性の例です．

まず，順方向特性において，温度変化に伴って$V-I$特性がほぼ水平移動して変化していることがわかります．これは，順方向電圧V_Fが約$-2\,\mathrm{mV/℃}$の温度特性をもっていることからも理解されます．言い換えると，ダイオードは電流を一定に保ちながら温度を1℃上昇させると，V_Fが2mV低下するということになります．

この電圧低下分は，それほど大きい数字であるように感じられないのですが，ダイオードの場合，電流は電圧に対して指数的に変化することを考慮すると，これは非常に大きな変化なのです．例えば，電圧を一定に保ちながら温度を10℃上昇させると，電流は約2倍にも増えてしまうのです．したがって，V_F値そのものを利用するような回路でダイオードを使う場合には，この現象を十分に考慮する必要があります．また，逆方向の漏れ電流は，温度上昇に伴ってやはり増加し，この場合も同様に温度が10℃上がると約2倍になります．ただし，逆方向電流は値自体が微少であるため，大きな問題になることは少ないのです．

(関 博隆/前田陽介)

参考・引用*文献
(1) 東芝データブック，小信号ダイオード編，㈱東芝．
(2) 東芝 小信号トランジスタ・ダイオード・セルパック，㈱東芝．
(3) 東芝データブック整流素子・中小型編，㈱東芝．
(4) 東芝カタログ 整流素子・サイリスタ，㈱東芝．
(5) 〜初めて使われる人のためのQ&A〜，㈱東芝．
(6) *携帯機器用ディスクリート半導体カタログ，15302C7AB，1999-4，㈱東芝セミコンダクター社．
(7) *汎用小信号面実装対応素子(トランジスタ，ダイオード，セルパック)カタログ，15341C4AG，1998-10，㈱東芝 電子デバイス営業本部．http://doc.semicon.toshiba.co.jp/
(8) *S. M. Sze著，南日康夫，川辺三央，長谷川文夫訳；半導体デバイス-基礎理論とプロセス技術-，産業図書，1987．
(9) *青木英彦；小信号・汎用ダイオード，トランジスタ技術SPECIAL, No.1, p.3, 1987年初版．

第一部 ダイオードの基礎と応用

第2章 小信号・汎用ダイオードの使い方

　小信号・汎用ダイオードとは，扱う電流が数十mA以下(ピーク電流で数百mA以下)の用途に使うダイオードです．回路に使用する場合は，一方向にしか電流を流さない整流機能やシリコン・ダイオードで約0.6 V，ショットキー・バリア・ダイオードで約0.3 Vという小さな順方向電圧を発生する機能などを積極的に利用しています．

　代表的な小信号・汎用ダイオードを表2.1に示します．

2.1 CMOSロジックICの入出力保護

　機器外部と接続する端子には，静電気や誤接続などが原因で過大な電圧が加えられる危険があり，それが原因で内部回路が壊れる可能性があります．そこで，破壊から守るには保護回路が必要になります．

　図2.1に示したのは，一般的によく使われている入出力保護回路です．この図はスタンダード・ロジックを用いた例ですが，PLD(Programmable Logic Device)やFPGA(Field Programmable Gate Array)にも応用することができます．抵抗R_1は，入力端子から侵入して74HC04の入力端子に流れ込もうとする過大電流を制限します．R_2は出力端子から侵入して74HC04の出力端子に流れ込もうとする電流を制限します．D_1とD_3はこの電流をV_{DD}ラインに，D_2とD_4はグラウンドに逃がします．その結果，74HC04の入力端子(点Ⓑ)と出力端子(点Ⓒ)の電位V_BおよびV_Cは，次のような電圧範囲に収まります．

$$0\,\mathrm{V} - V_{F2} < V_B < V_{DD} + V_{F1}$$
$$0\,\mathrm{V} - V_{F4} < V_C < V_{DD} + V_{F3}$$

　CMOS ICでは，いったん電源電圧以上の過大な入力電圧が端子に加わると，ラッチアップという現象を起こして正常に動作をしなくなる可能性があります．また最近のデバイスは，以前に比べると静

2.1 CMOSロジックICの入出力保護

表2.1 代表的な小信号・汎用ダイオード

型名	メーカ	最大定格 V_R [V]	最大定格 I_O [mA]	最大定格 I_{FSM} [A]	順方向電圧 V_F(typ) [V]	順方向電圧 測定条件 I_F [mA]	逆方向電流 I_R(max) [nA]	逆方向電流 測定条件 V_R [V]	端子間容量 C(typ) [pF]	逆回復時間 t_{rr}(typ) [ns]	逆回復時間 測定条件 I_F [mA]	備考
1S2074(H)	ルネサス	45	150	0.6	0.80(max)	10	100	30	3.0(max)	4(max)	10	ガラス・パッケージ
1SS81	ルネサス	150	200	1.0	1.00(max)	100	200	150	1.5	100(max)	30	ガラス・パッケージ
1SS82	ルネサス	200	200	1.0	1.00(max)	100	200	200	1.5	100(max)	30	ガラス・パッケージ
1SS83	ルネサス	250	200	1.0	1.00(max)	100	200	250	1.5	100(max)	30	ガラス・パッケージ
1SS119	ルネサス	30	150	1.0	0.80(max)	10	100	30	3.0(max)	3.5(max)	10	ガラス・パッケージ
1SS120	ルネサス	60	150	1.0	0.80(max)	10	100	60	3.0(max)	3.5(max)	10	ガラス・パッケージ
1SS193	東芝	80	100	2.0	0.72	10	100	30	0.9	1.6		
1SS220	NEC	70	100	2.0	0.72	10	100	70	2.0	3.0(max)		
1SS221	NEC	100	100	2.0	0.72	10	100	100	2.0	3.0(max)		
1SS305	NEC	100	100	2.0	0.72	10	100	100	2.0	3.0(max)	10	
1SS307	東芝	30	100	2.0	1.00	100	0.1	30	3.0	–	–	I_R が小さい
1SS322	東芝	40	100	–	0.36	10	5000	40	18.0	–	–	ショットキー・バリア
1SS348	東芝	80	100	–	0.34	10	5000	80	45.0	–	–	ショットキー・バリア
1SS370	東芝	200	100	2.0	0.72	10	100	50	1.5	10		
1SS387	東芝	80	100	1.0	0.75	10	100	30	0.5	1.6		
1SS397	東芝	400	100	2.0	0.80	10	100	300	2.5	500	10	
HRC0103C	ルネサス	30	100	1.0	0.40(max)	10	100	5	8.0(max)	–	–	ショットキー・バリア
HRW0203A	ルネサス	30	200	1.0	0.50(max)	200	50000	30	40.0	–	–	ショットキー・バリア
HSC278	ルネサス	30	100	0.2	0.30(max)	1	700	10	1.5(max)	–	–	ショットキー・バリア
MA2C165	松下	35	100	1.0	0.95	100	25	15	0.9	10(max)	10	ガラス・パッケージ
MA2C166	松下	50	100	1.0	0.95	100	25	15	0.9	2.2		ガラス・パッケージ
MA2C167	松下	75	100	1.0	0.95	100	25	15	0.9	2.2		ガラス・パッケージ
MA2C188	松下	200	200	1.0	1.20(max)	200	200	200	1.0	60(max)	10	ガラス・パッケージ
MA2C719	松下	40	500	3.0	0.55(max)	500	100000	35	60.0	5	100	ショットキー・バリア, ガラス・パッケージ
MA2C723	松下	30	200	1.5	0.55(max)	200	15000	30	20.0	2	100	ショットキー・バリア, ガラス・パッケージ

V_R：逆電圧，I_O：平均整流電流，I_{FSM}：ピーク1サイクル・サージ電流，I_F：順方向電流

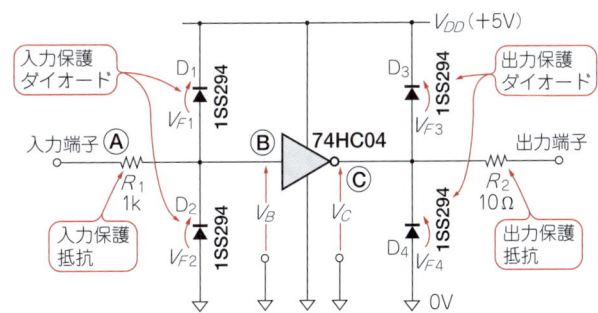

図2.1 ロジックICなどの入出力端子に加わるノイズを電源やグラウンドに逃がす回路

電破壊も起こしにくくなりましたが，保護回路は必ず入れておくべきです．このためのダイオードには，できるだけ順電圧の小さなものを選びます．**図2.1**に使ったダイオードは，順電圧が0.28 V@1 mAのショットキー・バリア・ダイオード1SS294です．

第2章

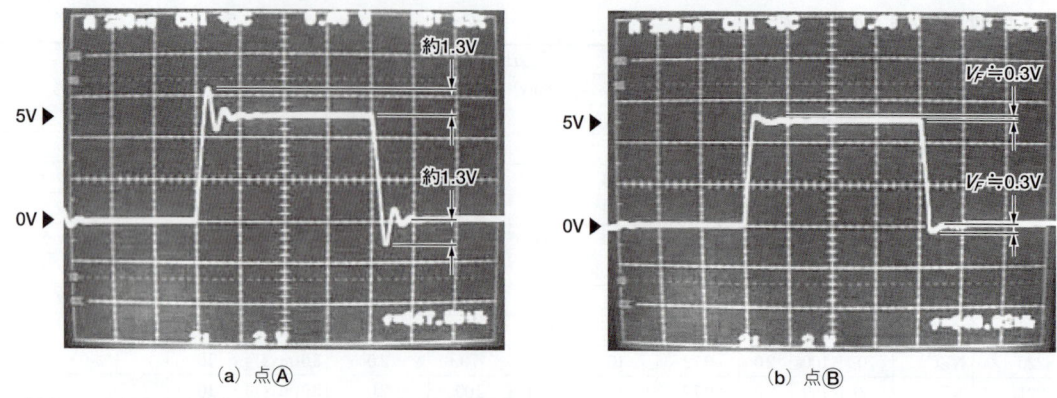

(a) 点Ⓐ　　　　　　　　　　　　　　　(b) 点Ⓑ

写真2.1 図2.1の入力端子とIC(74HC04)の入力部の電圧(2 V/div., 200 ns/div.)

　R_1は，大きいほど電流の減衰量が大きくなり保護回路として効果があります．しかし，R_1はIC自体の入力容量とローパス・フィルタを形成するので，1 kΩ程度が目安です．
　出力端子は，外部機器をドライブしなければならないので，抵抗R_2の値は入力の場合と比較して10Ω程度と低い値に設定します．

● 入力保護回路の動作実験

　図2.1の回路にオーバーシュートの重畳した矩形波(625 kHz，0/+5 V)を入力し，保護回路の動作を見てみましょう．写真2.1(a)に，入力端子(点Ⓐ)の電圧波形を示します．長い配線で信号を送受信したり，インピーダンス・マッチングがとれていない場合に，このようなオーバーシュートが生じることがあります．
　写真2.1(b)に，入力保護回路(点Ⓑ)の電圧波形を示します．"L"レベルはグラウンドより順方向電圧分（約0.3 V）低い電圧でクランプされています．入力電圧が0 V以下のときは，D_2が順バイアスされるからです．一方，"H"レベルは電源電圧(5 V)より順方向電圧降下分だけ高い電圧でクランプされています．入力電圧がV_{DD}を越えると，D_1が順バイアスされるからです． **(島田義人)**

2.2 OPアンプの保護

　信号増幅などによく使われるOPアンプの入力端子が，プリント基板の外に直接出ていると，何かの間違いで過電圧をかけてしまったり，静電気による高電圧がかかったりして，素子を破壊してしまいます．それを保護するためにダイオードを用いますが，この例を図2.2に示します．
　入力電圧がV_{CC}とV_{EE}の間にあるときは，ダイオードは逆バイアスされているので電流は流れず，極めて大きな抵抗に等しくなり，ダイオードはないのに等しいことになります．そして，入力電圧が$V_{CC}+V_F$を越えても，ダイオードD_1が順バイアスされて電流が流れるため，OPアンプであるLF356の＋IN端子は$V_{CC}+V_F$以上にはならず，破壊されることはありません．また，V_{EE}以下のときはダイオー

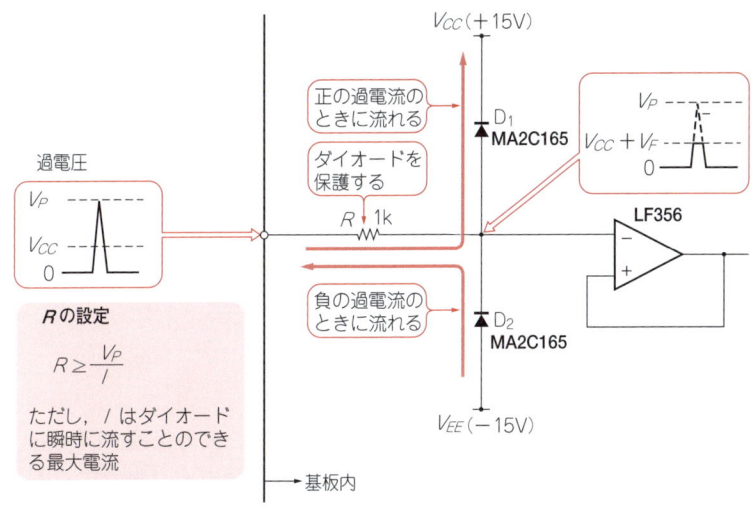

図2.2 OPアンプの入力保護回路(電源フォロワ)

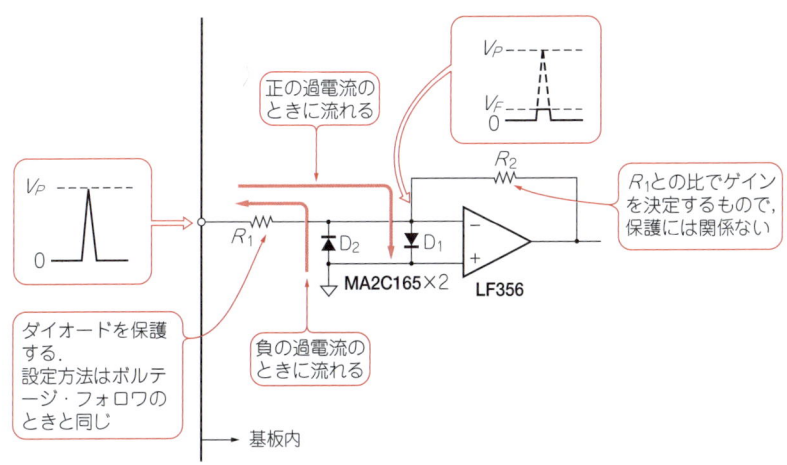

図2.3 OPアンプの入力保護回路(反転増幅器)

ドD_2が順バイアスされて，＋IN端子は$V_{EE}-V_F$以下にはなりません．

たとえば，V_{CC}，$V_{EE}=\pm 15$ V，$V_F=0.7$ V とすると，＋IN端子は$-15.7\sim+15.7$ V の間に収まるわけです．また，抵抗Rは電流制限用で，ダイオードを保護するものです．この回路の場合，1秒以下のサージ電圧ならば1000 V，直流的な過電圧ならば100 V まで大丈夫です．

図2.3は，反転増幅器の場合です．OPアンプには，＋IN端子と－IN端子の電位はほとんど等しいという性質があるので，正常な状態ではダイオードは両方ともカットオフ(電流が流れていない状態)されて，ないのと同じです．正の過電圧が入ってもD_1が順バイアスされるため，LF356の－IN端子はV_F以上にはなりません．同様に，負の過電圧のときも$-V_F$以下にはなりません．

これらと同じ形式の各保護回路を図2.4に示します．図(a)はOPアンプを非反転増幅器に用いた場合

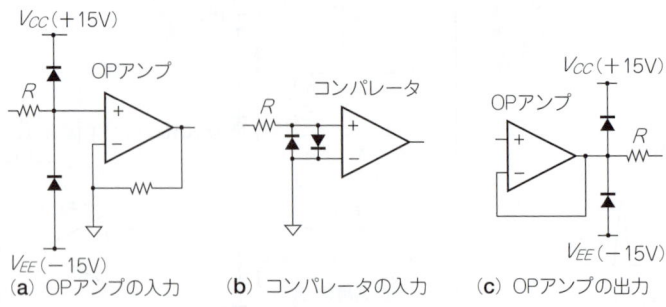

(a) OPアンプの入力　　(b) コンパレータの入力　　(c) OPアンプの出力

図2.4　ダイオードを保護に用いた各種回路例

の入力保護，図(b)はOPアンプと似た構成をもつコンパレータの入力保護，図(c)はOPアンプの出力保護です．出力保護をすることは入力保護に比べると少ないのですが，過電圧がかかる可能性のある場合にはやっておいたほうが無難です．

〈青木英彦〉

2.3　誘導負荷駆動回路の保護

図2.5に示したのは，12V駆動用リレー(G6H-2，オムロン)をON/OFFする回路です．定番のトランジスタ2SC1815を使って，リレーRL₁内のコイルに流れる電流を制御し，リレーをON/OFFします．RL₁に並列に接続されたダイオードD₁は，リレーがOFFするときにコイルから発生する大きなサージ電流を吸収します．このダイオードは，接合容量が小さく大きなサージ電流に耐えるものでなければなりません．ここでは，高電圧スイッチング用の1SS250を使用しています．1SS250の主な仕様は，逆耐圧200V，サージ電流2A@10ms，端子間容量3.0pFです．

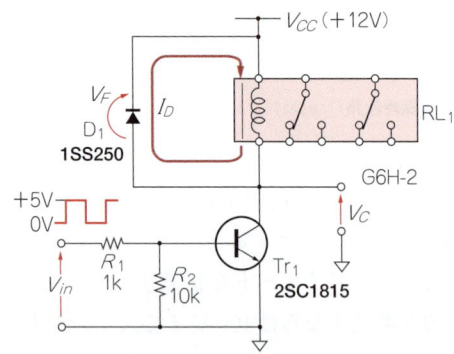

図2.5　リレー・コイルにはダイオードを並列接続する

● Tr₁のコレクタの電圧波形を見る

D₁の有無によりTr₁のコレクタ電圧波形がどのようになるのか観測してみましょう．ON/OFF用の制御信号は，周波数約125Hz，電圧振幅0/+5Vの矩形波です．

2.3 誘導負荷駆動回路の保護

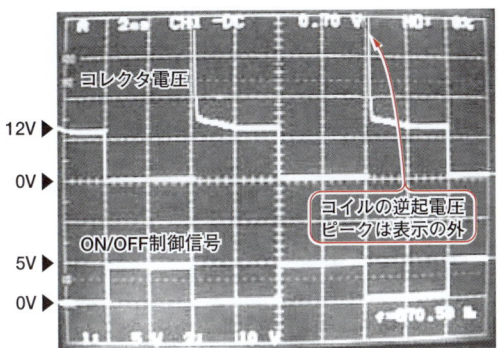

写真2.2 図2.5のD₁がないときの電圧
(上：10 V/div., 下：5 V/div., 2 ms/div.)

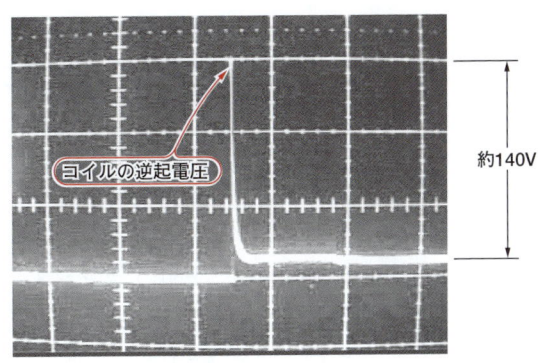

写真2.3 リレー内部のコイルの逆起電力によって生じる電圧波形全体のようす(50 V/div., 1 ms/div.)

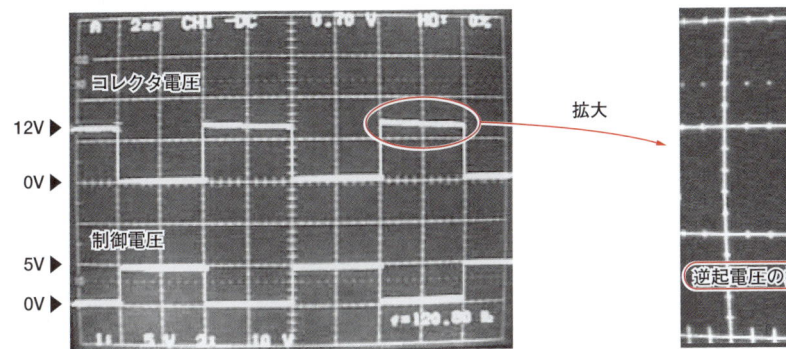

写真2.4 図2.5のD₁があるときの電圧
(上：10 V/div., 下：5 V/div., 2 ms/div.)

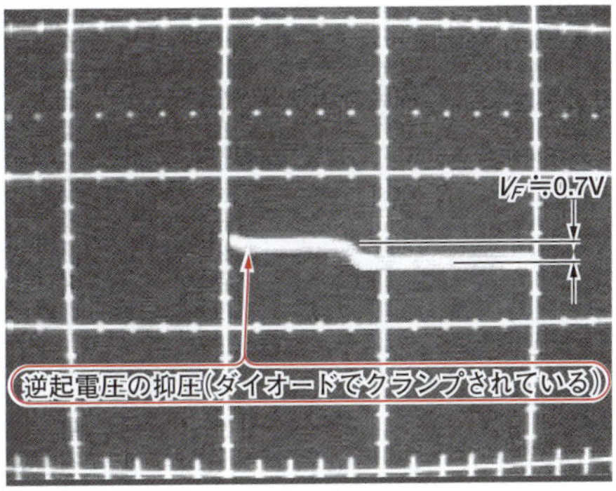

写真2.5 写真2.4をクローズアップした電圧波形

▶ D_1 がない場合

　写真2.2に示したのは，D_1 がない場合のコレクタ電圧波形です．ON/OFF制御信号が+5 V→0 Vに変化すると，Tr_1 のコレクタ電圧は急激に上昇します．これは，Tr_1 がONしている間にRL_1 内のコイルに蓄えられたエネルギが，Tr_1 がOFFした瞬間に逆起電力となって，コレクタに加わるからです．

　写真2.3は，コレクタに加わった電圧波形全体のようすです．逆起電圧は，約140 Vにも達しています．この実験で使用したトランジスタの最大定格は，$V_{CBO} = 60$ V，$V_{CEO} = 50$ Vですから，このままでは耐圧オーバです．Tr_1 はいつか破損してしまいます．

▶ D_1 がある場合

　写真2.4に，D_1 を付けたときのコレクタ電圧波形を示します．ON/OFF制御信号が+5 V→0 Vに変化しても，Tr_1 のコレクタに高電圧は加わらなくなりました．写真2.5は，写真2.4をクローズアップした波形です．コイルの逆起電圧がダイオードのV_F でクランプされて，コレクタの電位が電源電圧(12 V)にD_1 の順方向電圧降下(約0.7 V)を加えた値に抑えられているのがわかります．RL_1 内のコイルに蓄えられたエネルギは，D_1 を通して還流され，コイルの巻き線抵抗などで消費されます．D_1 は，還流ダイオードまたはフライホイール・ダイオード(フリーホイール・ダイオードともいう)と呼ばれています．

2.4 リニア・アンプ用バイアス回路

● クロスオーバーひずみを低減できる

　図2.6(a)に示したのは，プッシュ・プル・エミッタ・フォロワ(Push-Pull Emitter Follwer)回路です．二つのトランジスタのエミッタは入力信号に追従(フォロウ)して動作し，NPNトランジスタが負荷R_Lに対して電流を流し出し，PNPトランジスタが電流を吸い込みます．

　一般に，この二つのトランジスタには，コンプリメンタリ・タイプの特性が揃ったものを使います．この回路は，Tr_1とTr_2のベース-エミッタ間にバイアス電圧がかかっていない状態で動作します．

　Tr_1は，ベース電位がエミッタよりもV_{BE}(約0.6 V)だけ高くなるまで動作しません．逆にTr_2は，ベース電位がエミッタよりもV_{BE}(約0.6 V)だけ低くなるまで動作しません．このため，入力信号のレベルが小さいときは，Tr_1とTr_2がともにOFFします．この入力電圧範囲を不感帯と呼びます．この不感帯の影響で，出力波形には**写真2.6**(a)に示すように必ずクロスオーバーひずみが発生します．

　図2.6(b)は，D_1とD_2の順方向電圧降下を利用して，Tr_1とTr_2のベースの電位を入力信号に対して

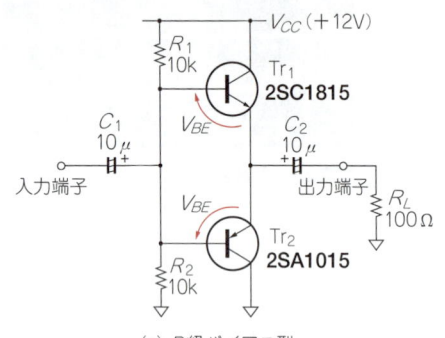
(a) B級バイアス型

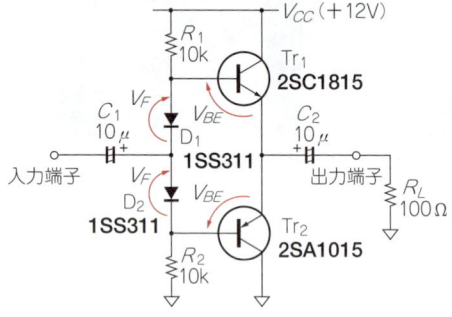
(b) クロスオーバーひずみを改善したAB級バイアス型

図2.6　プッシュ・プル・エミッタ・フォロワ回路

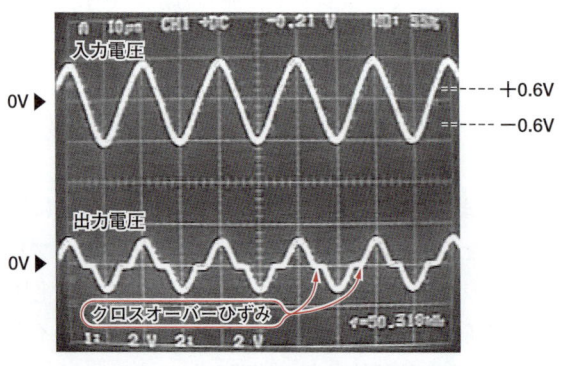
(a) B級バイアス型

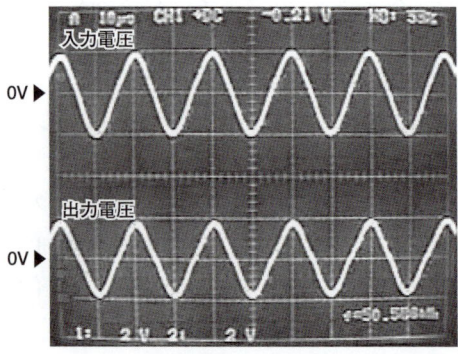
(b) AB級バイアス型

写真2.6　プッシュ・プル・エミッタ・フォロワ回路(図2.6)の入出力波形(2 V/div., 10 μs/div.)

V_F分オフセットし，ベース-エミッタ間に適当な電圧が加わるように工夫した回路です．この図の場合は，Tr_1がONしている間はTr_2のベース-エミッタ間にはバイアスがほとんど加わりません．逆に，Tr_2がONしている間は，Tr_1のベース-エミッタ間にはバイアスがほとんど加わりません．

R_1とR_2によってD_1とD_2に流れる電流，つまりV_Fが変化します．R_1とR_2の値は$V_F \approx V_{BE}$になるように設定します．V_Fが約0.6V程度であればトランジスタのV_{BE}を相殺でき，不感帯が小さくなります．写真2.6(b)に示すように，クロスオーバーひずみが改善された出力波形が得られます．

2.5　3端子レギュレータの出力電圧を微増させる回路

図2.7に示すように，3端子レギュレータのグラウンドにダイオードを直列に挿入すると，V_F分の出力電圧をかさ上げできます．図2.7のように，+5V出力の3端子レギュレータ7805のグラウンド端子とグラウンド間にダイオードを2個挿入すると，出力電圧が5Vから約6.2Vに上昇します．

図2.8に示したのは，出力電圧の温度特性の実測データです．3端子レギュレータ単体の場合と，ダイオードを一つ挿入した場合，二つ挿入した場合の三つの回路で測定しました．

3端子レギュレータ単体では，温度変化に対してほとんど変動しませんが，ダイオードを挿入すると，順電圧の温度特性(約−2mV/℃)の影響が出るのがわかります．つまり，3端子レギュレータ単体で使う場合よりも温度安定度が悪くなります．図2.7の回路例では，二つのダイオードを挿入しましたが，温度特性がダイオード二つ分悪くなるため，かさ上げする場合には一つにしておくほうが無難でしょう．ダイオードの代わりにツェナ・ダイオードを挿入してもかさ上げできます．

2.6　2倍の整流電圧が得られる倍電圧整流回路

図2.9に，倍電圧整流回路を示します．電源回路の解説書などによく見かけるものですが，ダイオードの適用回路例として取り上げました．

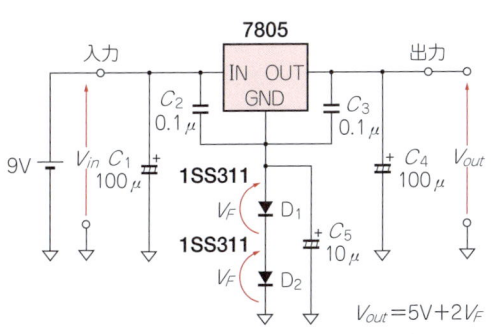

図2.7　3端子レギュレータの出力電圧をかさ上げする回路

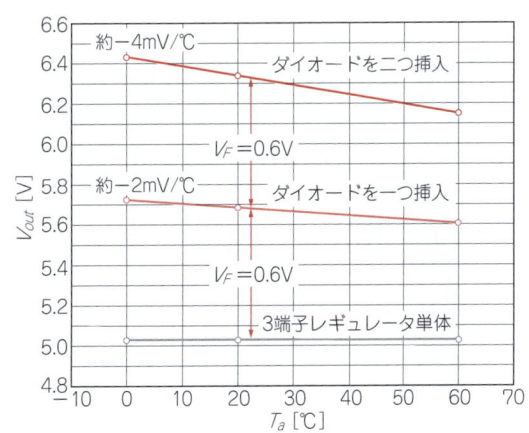

図2.8　3端子レギュレータの出力電圧の温度特性

第2章

　回路に振幅$2V_P$の方形波が入力されると，入力が正の期間中（①），D_1は順バイアスされ，コンデンサC_1を充電します．このとき，D_2は逆方向のため電流は流れません．同様に，入力が負の期間中（②），D_2が順バイアスされC_2を充電します．このときD_1は，逆方向のため電流は流れません．このように，入力波形の半周期ごとにC_1とC_2が交互に充電されます．

　写真2.7（a）と（b）に，倍電圧整流回路の各電圧波形を示します．入力が正の期間ではD_1を通してC_1を充電しますが，C_1の端子間電圧は，入力電圧（2 V）とD_1の順電圧降下（ショットキー・バリア型なの

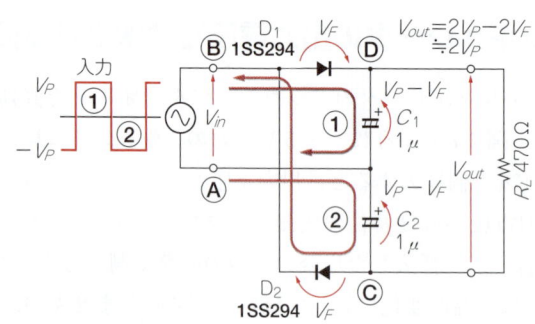

図2.9　倍電圧整流回路

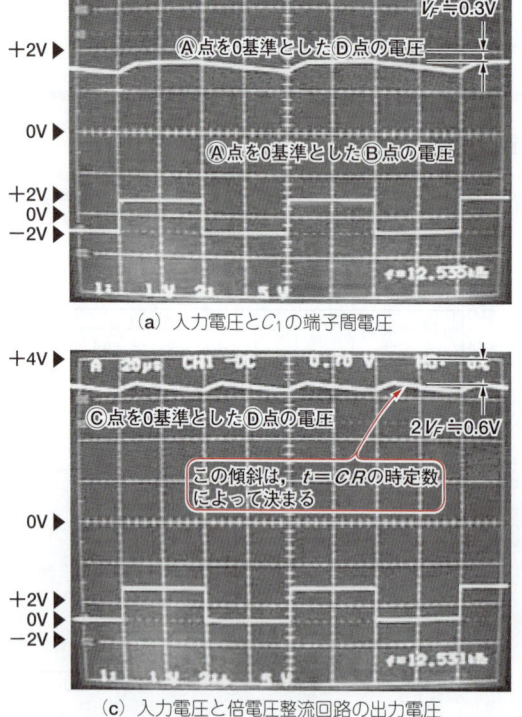

(a) 入力電圧とC_1の端子間電圧

(b) 入力電圧とC_2の端子間電圧

(c) 入力電圧と倍電圧整流回路の出力電圧

写真2.7　倍電圧整流回路（図2.9）の各部の電圧波形（上：1 V/div., 下：5 V/div., 20 μs/div.）

で約 0.3 V)の差分になります．同様に，入力が負の期間において C_2 の端子間電圧は，入力電圧(2 V)と D_2 の順電圧降下(約 0.3 V)の差分になります．

写真 2.7(c)に，倍電圧整流回路の出力波形を示します．出力電圧のピーク値は，入力電圧振幅の 2 倍(4 V)とダイオードの順電圧降下の 2 倍(約 0.6 V)の差分(約 3.4 V)になります．ただし，C_1 と C_2 に蓄積された電荷は，負荷抵抗 R によって放電されるため，出力電圧はさらに低下します． （島田義人）

2.7 リミッタへの適用

● 基本的なリミッタ回路

信号がある一定の振幅以上にならないように制限する回路をリミッタといいますが，ダイオードを使うことによってこの回路を実現できます．

図 2.10 はその例で，下側の振幅がダイオードの順方向電圧 $-V_F$ 以下にならないように制限しています．V_O' が正の半サイクルのときは，ダイオードは常に逆バイアスされていますので，V_O には V_O' がそのまま出てきます．ところが，V_O' が負の半サイクルで，その大きさがダイオードの V_F を越えるとダイオードは順バイアスされ，V_O の電圧は V_F (つまり 0.6 V)よりも下がらなくなります．このようすを図示したのが，同図(b)です．

また，ダイオードのアノード側を接地(グラウンドへ接続)するのをやめて，図中の回路を付加すると，負の半サイクルはほぼ 0 V となり，下側には振れなくなります．

これと同様の考え方に，**図 2.11** のような応用例があります．図(a)は極性を逆にして，正の半サイクルのときに V_F までしか振れないようにした例です．また，図(b)は，正の半サイクルのときにはほぼ 0 V としています．

図(c)は，上側は $V_1 + V_F$，下側は $V_2 - V_F$ で制限される回路です．図(d)は，図(c)において $V_1 = V_2 = 0$ としたもので，振幅は $\pm V_F$ で制限されます．

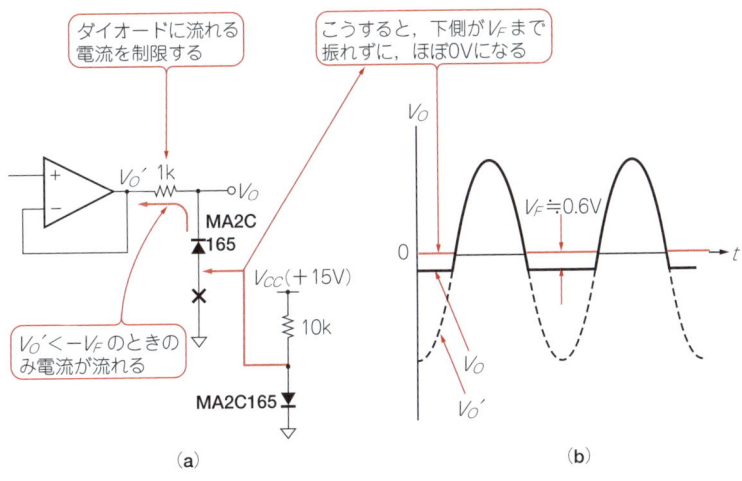

図 2.10 ダイオードによるリミッタ回路

ところで，先に述べたダイオードによる保護回路も実はこの一種と見ることができ，図2.2は図2.11(c)に相当し，図2.3，図2.4(b)は図2.11(d)に相当するわけです．

● 正弦波発振器の振幅制限

正弦波発振器には各種ありますが，安定な発振を得るために，その中に振幅制限回路が構成されています．

図2.12は，ウィーン・ブリッジ発振回路の振幅制限にダイオード・リミッタを用いたものです．この回路の発振周波数 f は，

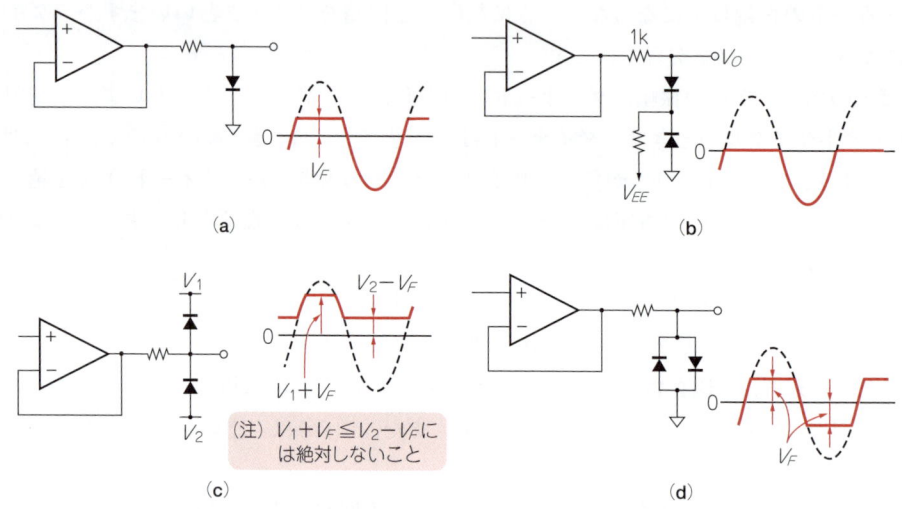

図2.11 ダイオードによる各種リミッタ回路例

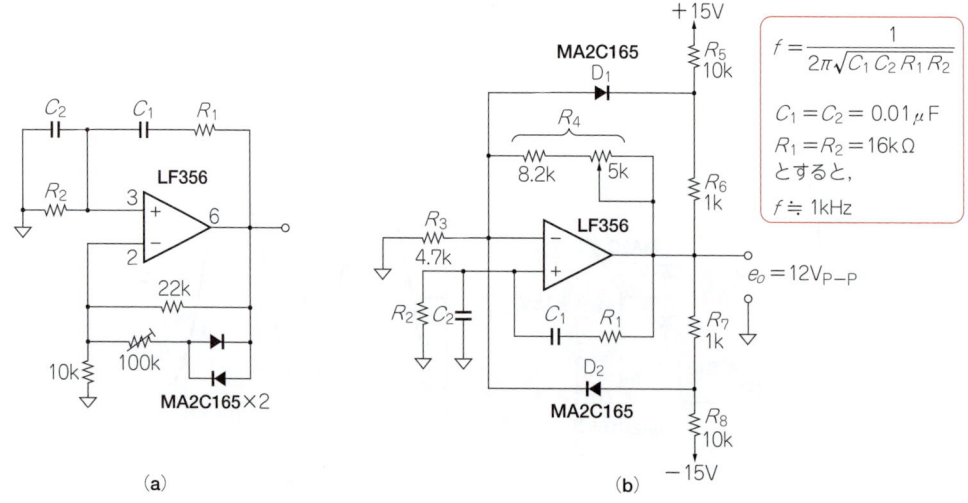

図2.12 ダイオード・リミッタを用いたウィーン・ブリッジ発振回路

$$f = \frac{1}{2\pi\sqrt{C_1 C_2 R_1 R_2}} \, [\mathrm{Hz}]$$

で与えられ，$C_1 = C_2 = C$，$R_1 = R_2 = R$とすると，

$$f = \frac{1}{2\pi CR} \, [\mathrm{Hz}]$$

となります．

　この発振器が発振を持続するためには利得$A = 3$である必要があり，$A < 3$で発振は停止，$A > 3$では振幅が大きくなってOPアンプの飽和に至ってしまいます．このAを自動的に3になるように調節するのが，ダイオードの役割です．

　振幅が小さい時点ではダイオードはOFFしているため，$A > 3$〔図(a)では$(22\,\mathrm{k} + 10\,\mathrm{k})/10\,\mathrm{k} = 3.2$，図(b)では$(8.2\,\mathrm{k} + VR + 4.2\,\mathrm{k})/4.7\,\mathrm{k} > 3$〕となっています．そのため，発振が開始されて振幅は大きくなります．振幅が大きくなるとダイオードはONして，Aを小さくして振幅を小さくします．そして，実際にはダイオードは$A = 3$となるように自動的に働き，振幅は安定に持続します．

　ウィーン・ブリッジ発振回路では，ダイオードによる振幅制限のほかには，白熱ランプ，サーミスタ，FET，フォト・カプラなどが使われます．いずれにしても，発振出力を検出して抵抗の変化に変えて，利得Aを自動調節するものです．

　ダイオード・リミッタを用いた場合，回路を簡単に構成できて信頼性も高いという特徴がある反面，低ひずみ率を得るのが難しい，ダイオードの温度特性が現れてしまうという欠点があります．このため，より高性能の発振器が必要なときは，FETを振幅制限に使ったものがよいでしょう．FETを使った回路は，第11章で説明します．

● 折れ線近似回路（サイン・コンバータ）

　正弦波を得るためには，直接正弦波を発振させる以外に，三角波を折れ線近似して正弦波を得る方法があります．ファンクション・ジェネレータ（正弦波や三角波，方形波などの各種波形を出力できる発振器）は，たいていこの方法で正弦波を得ています．

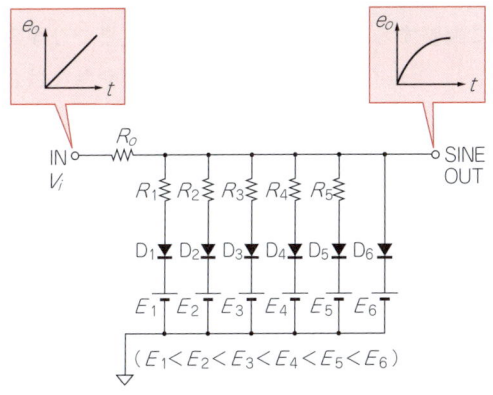
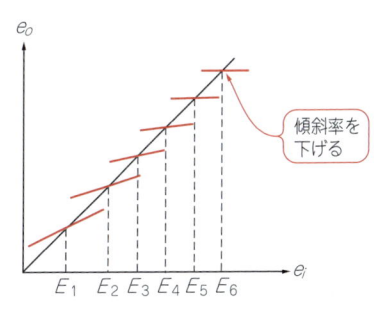

図2.13[(2)]　サイン・コンバータ（正側のみ）の原理

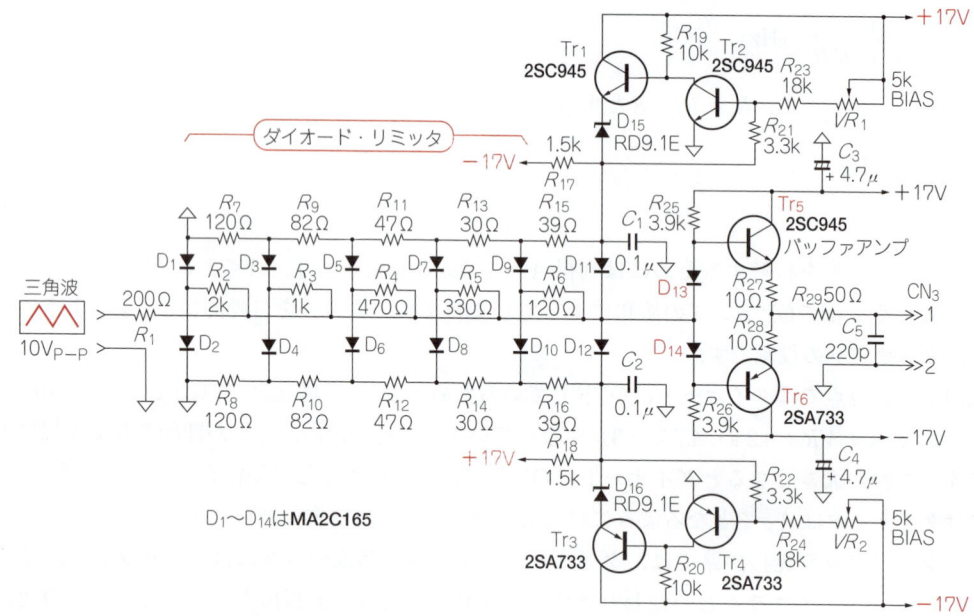

図2.14⁽²⁾　実際のサイン・コンバータ

　原理は，図2.13のようになっています．入力信号V_iがE_1よりも小さいとき，すべてのダイオードはOFFしており，このため出力には入力と同じ大きさの信号が出てきます．次に，$E_1 < V_i < E_2$になるとダイオードD_1のみがONし，出力には入力信号がR_OとR_1で分圧されたものが出てきます．

　さらに，$E_2 < V_i < E_3$になるとD_1とD_2がONして，出力には入力信号がR_Oと$(R_1/\!/R_2)$で分圧されたものが出てきます．そして，入力が大きくなるにしたがって，ダイオードはD_1〜D_6まで順次ONしていき，入出力の関係は入力信号が大きいほど，傾きのゆるやかなカーブとなります．ここでは$V_i \geq 0$で説明しましたが，$V_i < 0$でもダイオードとEの極性が反対になるだけで，動作はまったく同じです．

　実際の回路例を図2.14に示します．入力としては10 V_{P-P}の三角波を入れて，折れ線近似回路（ダイオード・リミッタ）の後にはバッファ・アンプを入れています．半固定抵抗VR_1とVR_2は，バイアス電圧を変えてひずみ率を調整するものです．交互に調整することにより，0.2％程度までひずみ率を下げることができます．さらに低ひずみ率を望む場合は，ダイオードの数をもっと増やさなければなりません．なお，図2.14の回路定数は，入力信号が10 V_{P-P}で設計されています．入力信号の振幅がこの値からずれると，いくら調整してもひずみ率はよくならないので注意してください．

2.8　理想ダイオード

● 理想ダイオードの基本

　ダイオードを用いて図2.15(a)のような回路を組むと，同図(b)のような波形が得られます．これを見てわかるように，正の半サイクルでは入力電圧よりもV_Fだけ低い電圧が出てきます．理想ダイオー

2.8 理想ダイオード

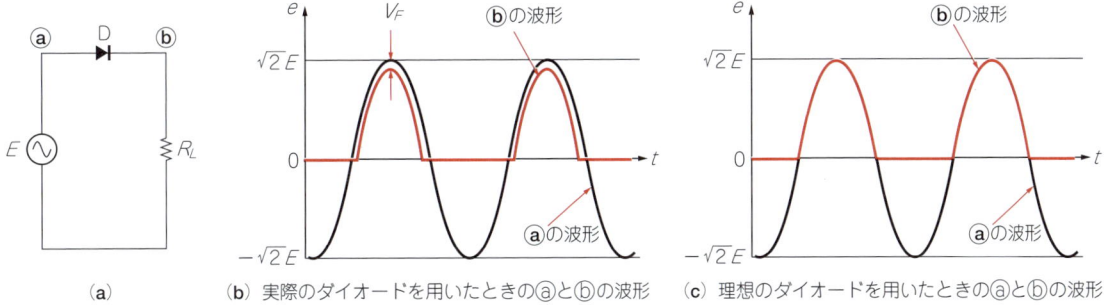

(a)

(b) 実際のダイオードを用いたときの@と⑥の波形

(c) 理想のダイオードを用いたときの@と⑥の波形

図2.15　実際のダイオードと理想ダイオードの違い

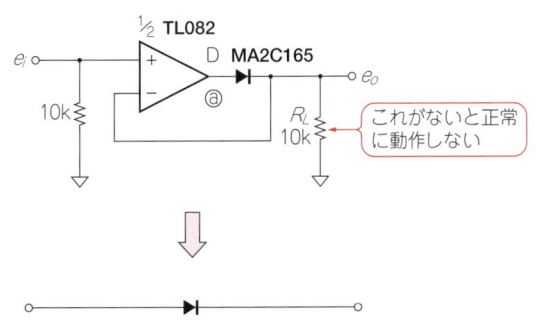

図2.16　理想ダイオード回路(理想半波整流回路)

ドとは，この V_F をゼロにして同図(c)のような波形を得るものです．

　ダイオードをOPアンプのループ内に入れて理想ダイオードの特性を得る回路を，図2.16に示します．

　まず，正の半サイクルですが，OPアンプには＋IN端子と－IN端子が等しくなるという性質があるので，＋IN端子と－IN端子の電圧が等しくなるように，OPアンプの出力はそれよりも V_F だけ高い電圧が出ます．このときは $e_i = e_o$ となっていて，ダイオードは順バイアスされています．

　次に，負の半サイクルですが，このときはダイオードは逆バイアスされてしまい，OPアンプの出力は e_o を制御することができなくなってしまいます．つまり，OPアンプの出力は＋IN端子と－IN端子の電圧を同じにしようとして，出力を負の方向に振ろうとするわけです．しかし，最大まで振ってもダイオードが逆バイアスされており極めて大きな抵抗に等しいので，OPアンプの出力は e_o に伝えられないのです．このため e_o はフローティングになってしまうのですが，R_L があるため，これによって $e_o = 0$ となっているわけです．

　以上のようすを波形で表したのが，図2.17です．入力電圧 e_i は正常な正弦波で，出力電圧 e_o の正の半サイクルは $e_o = e_i$ となっており，負の半サイクルは $e_o = 0$ となっています．OPアンプの出力(@点の電圧)ですが，正の半サイクルでは $e_i + V_F$，負の半サイクルではOPアンプの負の飽和レベルまで振れています．

　この回路では，ダイオードの V_F を打ち消すのにOPアンプのループ・ゲインを利用していますので，ループ・ゲインが低下する高い周波数では，正確な動作は期待できなくなります．このため，周波数

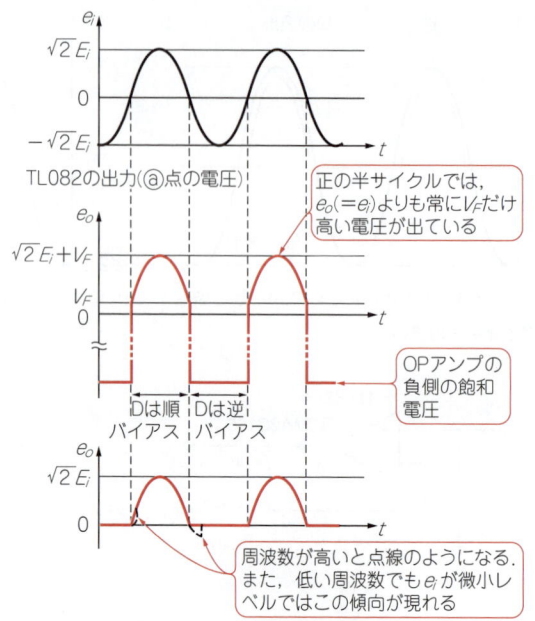

図2.17 理想ダイオード回路の各部波形

が高くなると図2.17の点線にあるような出力波形となってしまいます．この回路ではe_iの大きさにもよりますが，数10 kHzでこのようになってしまい，数kHzでも小さく出ています．このため，高い周波数を扱う場合は，高い周波数でもループ・ゲインが大きい広帯域OPアンプを用いる必要があります．

また，先に述べたように，正の半サイクルでは出力インピーダンスは十分に低いのですが，負の半サイクルの出力はフィードバック・ループからはずれて，たんにR_Lでグラウンドと接続されているだ

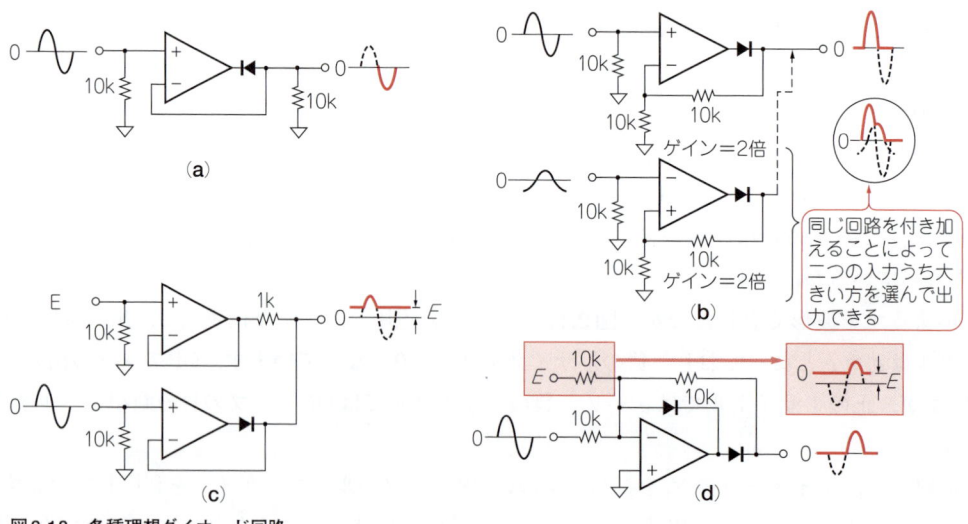

図2.18 各種理想ダイオード回路

けです．したがって，出力インピーダンスは R_L に等しくなってしまいます．つまり，用途によっては，この後にバッファが必要になる場合もあります．

● 理想ダイオードの発展

　理想ダイオードを応用・発展させた回路を図2.18に示します．図(a)は極性を逆にした例で，出力には負のサイクルのみが現れます．図(b)は，ゲインをもたせた例です．また，同じ回路を並列に接続することによって，二つの入力のうち大きいほうを選んで，その正の部分のみを出力することもできます．

　図(c)は，リミット値を正確に設定できるリミッタ回路です．信号のうち，バイアス電圧 E よりも大きな部分のみが出力され，ほかの部分では E がそのまま出力されます．このため，先に述べたダイオード・リミッタに比べて，はるかに正確なリミッタ値を設定できます．

　図(d)は反転タイプとしたもので，入力信号とは逆相の信号の正の部分のみが出力されます．

2.9 絶対値回路

　図2.19は，絶対値回路(理想両波整流回路)です．出力には，入力信号の絶対値が現れます．この回路は，図2.18(d)でダイオードの極性を反対にした反転理想ダイオードと，反転加算器を組み合わせたものです．

　まず，入力信号 e_i が正の半サイクルのときですが，このときの反転理想ダイオードの出力 e_x は，$e_x = -e_i$ となっています．反転加算器は，e_i に対しては-1倍(R_5/R_3)，e_x に対しては-2倍(R_5/R_4) の利得をもっています．したがって入出力関係は，

　　$e_o = -(e_i + 2e_x)$

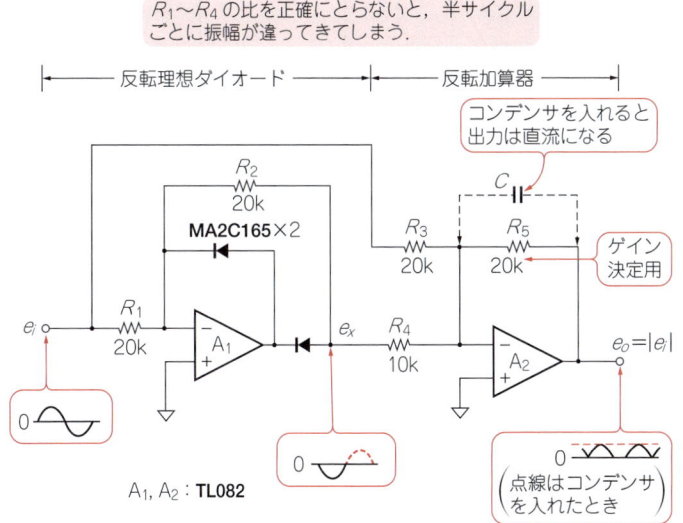

図2.19　絶対値回路

となっています．つまり，ここに $e_x = -e_i$ を入れると，$e_o = e_i$ となり，入出力は等しいものとなります．

　負の半サイクルでは，$e_x = 0$ となっています．したがって，上式に $e_x = 0$ を入れると $e_o = -e_x$ となり，入出力は振幅が等しく，位相が反転していることになります．これらより，1サイクルで見ると $e_o = |e_i|$ となり，出力は入力の絶対値であるということがわかると思います．

(青木英彦)

●●●● **ダイオードの V-I 特性の詳細** ●●●●

　実際のダイオードの V-I 特性の一例を，図2.A に示します．よく見かけるダイオードの V-I 特性とは随分違って見えますが，これは電流の目盛りを log 圧縮しているためです．

　ダイオードの一般式は，

$$I = I_S \left(\exp \frac{qV}{kT} - 1 \right) \cdots\cdots(1)$$

q：電子の電荷　　（1.602×10^{-19}〔C〕）
k：ボルツマン定数（1.381×10^{-23}〔J/K〕）
T：周囲温度〔K〕
常温では，$kT/q = 26$ mV

として広く知られていますが，この式は理想PN接合のみからなるダイオードの理論式であり，現実のダイオードではこの式が成り立つのはある限られた範囲のみです．小信号ダイオードの場合，

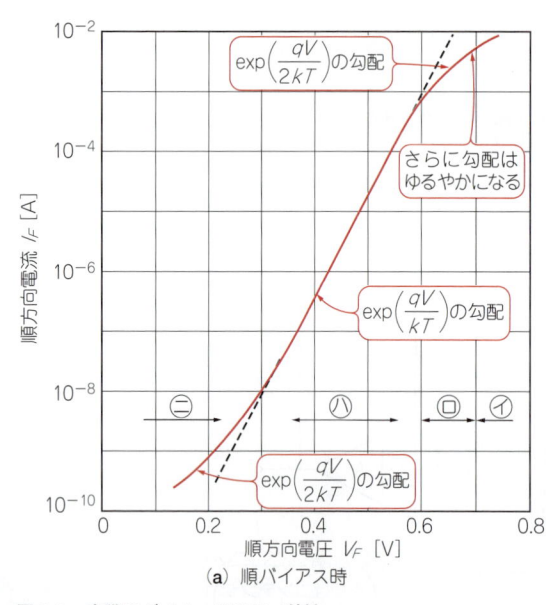

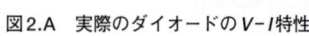

(a) 順バイアス時

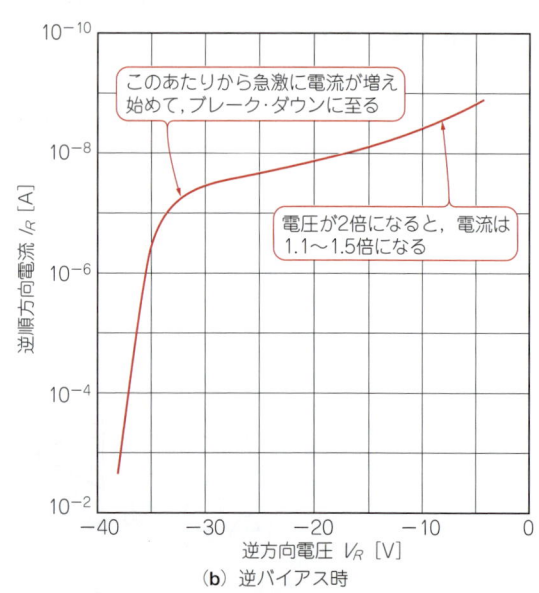

(b) 逆バイアス時

図2.A　実際のダイオードの V-I 特性

2.9 絶対値回路

参考・引用*文献
(1) 稲葉 保；初心者のためのアナログ技術指南（理想ダイオードと絶対値回路），トランジスタ技術，1983年5月号，pp.352～356.
(2)* 稲葉 保；ファンクション・ジェネレータ，トランジスタ技術，1984年8月号.
(3)* 小信号ダイオード・データシート，㈱東芝セミコンダクター社．http://www.semicon.toshiba.co.jp/
(4) トランジスタ技術SPECIAL No.36，特集 基礎からの電子回路設計ノート，pp.104～107, 1992年11月，CQ出版㈱.
(5) トランジスタ技術SPECIAL No.60，特集 実験で学ぼう回路技術のテクニック，pp.4～24, 1997年10月，CQ出版㈱.
(6) ハードウェア・デザイン・シリーズ11，受動部品の選び方と活用ノウハウ，pp.73～95, 2000年5月，CQ出版㈱.

コラム2.A

その範囲はおおよそ数百nA～数百μAです．
　ダイオードの説明においてこのことが明記されていることは少なく，全範囲で式(1)が成り立つと思っている人も多いようですが，それは現実のダイオードではあり得ませんので注意してください．
　図2.Aの㊂の微小電流領域と㊂の大電流領域では，式(1)は次のようになります．

$$I = I_S \left(\exp \frac{qV}{2kT} - 1 \right) \cdots\cdots\cdots\cdots\cdots\cdots\cdots\cdots\cdots\cdots\cdots\cdots\cdots\cdots (2)$$

　さらに，大電流領域の㊆では抵抗分が無視できなくなり，その影響で勾配はさらにゆるやかになります．
　また，式(1)では，逆バイアス時はほとんどI_Sしか流れないことになっていますが，実際にはこれよりもはるかに大きな（といっても，絶対値は非常に小さい）電流が流れ，この電流は逆方向電圧が大きくなればなるほど大きくなり，電圧が2倍になると電流は1.1～2.0倍程度になります．
　よく**図2.B**のようなV-I特性図を見かけますが，現実のダイオードには当てはまらないので注意してください．
〈青木英彦〉

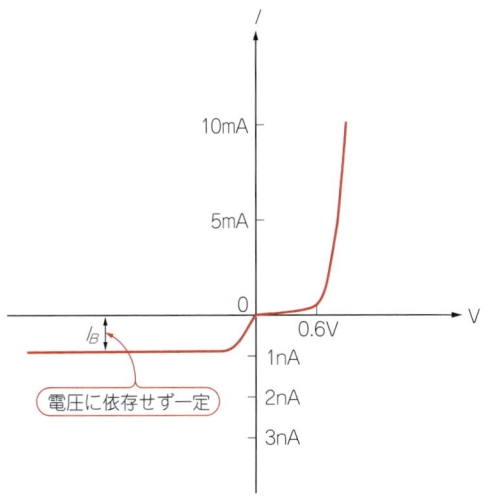

図2.B　実際のダイオードはこのようなV-I特性ではない

第一部 ダイオードの基礎と応用

第3章 パワー・ダイオードの使い方

　パワー・ダイオードは，小信号用ダイオードに比べて扱う電力が比較的大きいため，回路の動作をよく理解し，素子を適切に使用しないと故障しやすく信頼性の低いシステムを作ることになります．最近は，特にスッチング電源などの高速スイッチング回路用途が多く，サージ電圧や逆電流などによる素子破壊にも気をつけなければなりません．そのためにも，回路やデバイスの特性をよく理解する必要があります．

● 3.1　パワー・ダイオードとは

　パワー・ダイオードは，0.5 A程度以上の大きな電流を整流する目的で使用する素子です．一般に，RF信号などを整流するダイオードのことを検波ダイオードと呼びますから，整流用ダイオードはパワー回路用と考えてよいでしょう．

● パワー・ダイオードは3種類に分類できる
（1）一般整流用ダイオード（表3.1）
　一般整流用ダイオードは，主に商用周波数(50/60 Hz)を整流する回路に使います．価格は，比較的安価です．逆電圧は100～1500 V程度で，逆回復時間は30～100 μs程度です．逆回復時間が遅いため，高速スイッチング回路に使用すると，大きな逆電流が流れて発熱したり破損します．また，大きな逆電流によりノイズを発生します．
（2）高速整流用ダイオード（表3.2）
　ファスト・リカバリ・ダイオード(Fast Recovery Diode．以下，FRD)とも言います．主に，スイッチング電源などの高速スイッチング回路に使います．逆電圧は100～1500 V程度，逆回復時間は，0.5

3.1 パワー・ダイオードとは

表3.1 代表的な一般整流用ダイオード

平均順電流 $I_{F(ave)}$	ピーク繰り返し逆電圧 V_{RRM}					
	100 V	200 V	400 V	600 V	800 V	1000 V
1 A	1S1885, S5277B		1S1887, S5277G	1S1888, S5277J		1S1830, S5277N
		D1F20	M1FE40	M1F60, D1F60	M1F80	
	10EDA10	10EDA20	10EDA40	10EDA60		
	EM1Y	EM1Z, AM01Z	EM1, AM01	EM1A, AM01A	EM1B	EM1C
1.5 A	1R5BZ41		1R5GZ41	1R5JZ41		1R5NZ41
	20KDA10	20KDA20	20KDA40	20KDA60		
		RM10Z				
3 A				D3F60		
	30PDA10	30PDA20	30PDA40	30PDA60		
	RM4Y	RM4Z	RM4	RM4A	RM4B	RM4C
10 A ≦				DF25V60	U10LC48	
					FSD20A90	

※記載デバイスの製造メーカ
1段目：東芝
2段目：新電元
3段目：日本インター
4段目：サンケン
※複合型は含まない

表3.2 代表的な高速整流用ダイオード

平均順電流 $I_{F(ave)}$	ピーク繰り返し逆電圧 V_{RRM}				
	100 V	200 V	400 V	600 V	1000 V
1 A		CRH01	1GH46, U1GU44	1JH46, U1JU44	1NU41, 1NH42
		D1NL20U, D1FL20U	D1NL40, M1FL40		
	10ERB10	10ERB20, 11EFS2	10ERB40, 11EFS4	10ERB60, 10ERA60	
		EU02Z	EU02	EU02A	
1.5 A		1R5DL41A	1R5GH45, 1R5GU41	1R5JH45, 1R5JU41	1R5NH45, 1R5NU41
		D2L20U, D2FL20U	D2L40	S2L60	
	15KRA10	15KRA20	15KRA40	15KRA60	
	RU2YX		RU3	RU20A	RU3C
2 A		CMH07			
				S3L60	
			20NFA40	20NFA60	
	RU3YX		RU30	RU30A	RU4C
3 A		CMH01			
		S3L20U, DE3L20U	S3L40, DE3L40	D3L60	
	30PRA10	30PRA20, 31DF2	30PRA40, 31DF4	30PRA60, 31DF6	
	RU30Y	RU30Z	RU31	RU31A	
5 A		5DL2C41A	5GUZ47, 5GLZ47	5JUZ47, 5JLZ47A	
		D6L20U		D5L60, DE5L60	
		FSF05A20	FSF05A40	FSF05A60	
				FMUP-1056	
10 A ≦		D10L20U		SF10L60U, S20L60	
		FSF10A20, FSU15A20	FSF10A40, FSU15A40	FSF10A60, FSU20A60	
	FMU-G2YXS, FMU-21S	FMU-22S	FMU-24S	FMUP-1106	

※記載デバイスの製造メーカ　1段目：東芝, 2段目：新電元, 3段目：日本IR, 4段目：サンケン
※複合型は含まない

~3 μs程度です．さらに，逆回復時間の短い超高速整流用ダイオード（Super Fast Recovery Diode．以下，SFRD）もあり，逆電圧は400～1000 V程度，逆回復時間は100～300 ns程度です．

　超高速整流用ダイオードをもっと高速にし，順電圧を小さくした高効率ダイオードもあり「ロー・ロス・ダイオード（LLD）」と呼ばれています．逆電圧は200～600 V程度，逆回復時間は35～100 ns程度です．

　以下，高速整流用／超高速整流用／高効率ダイオードは，すべて高速整流用ダイオードとして扱います．

(3) ショットキー・バリア・ダイオード（表3.3）

　ショットキー・バリア・ダイオード（Schottky Barrier Diode．以下，SBD）は，金属と半導体の接合による整流性を利用したダイオードで，ショットキー氏が提唱しました．多数キャリア素子のため，原理的には逆回復時間がなく，高速なスイッチングが得意です．

　主な用途は，スイッチング電源などの2次側整流回路です．パワー・ダイオードのなかでもっとも順電圧が小さく，逆回復時間が短いため，高速スイッチング回路によく使われます．ただし，逆電圧が30～90 V程度とあまり高くないため，低電圧の整流回路での使用が中心です．

表3.3　代表的なショットキー・バリア・ダイオード

平均順電流 $I_{F(ave)}$	ピーク繰り返し逆電圧 V_{RRM}				
	≦20 V	30 V	40 V	60 V	90 V ≦
1 A	CRS06	CRS01	CRS04		
		DG1H3	D1NS4, D1FS4	D1NS6, D1FS6	D1NJ10, D1FJ10
		11DQ03L	11DQ04	11DQ06	11DQ09
		EA03, SFPA-53	EK04, SFPB-54		
1.5 A		CRS08, CRS09			
		DG1H3A	D1FS4A	D2FS6	
		21DQ03L	21DQ04	21DQ06	21DQ09
		EK13	EK14, SFPB-64	EK16, SFPW-56	EK19, SFPB-69
2 A		CMS06, 2FWJ42N	CMS11, 2GWJ42	CMS14	
		D1FP3	D2S4M, D1FJ4	D2S6M	
					20KHA20
		RA13, SFPA-63	EE04, SFPB-74	RK36, SFPB-76	RK39
3 A		CMS01, CMS02	CMS16	CMS15	
		D1FH3	D3S4M, DE3S4M	D3S6M, D3FS6	
		31DQ03L	31DQ04	31DQ06	31DQ09
		RK43, SFPA-73	RK44, FMB-G14	RK46	RK49
5 A		CMS04, CMS05	5GWJZ47		
		D1FM3	DE5S4M, D5S4M	DE5S6M, D5S6M	D5S9M
	FSL05A015	FSQ05A03L, C10T03QL	FSQ05A04, C10T04Q	FSQ05A06, C10T06Q	FSH05A09, C10T10Q
		SPJ-G53S, SPJ-63S	SPB-G54S, SPB-64S	FMB-G16L	
10 A ≦	SF20H1R5, SF30H1R5	DE10P3			
		FSH10A03L, C20T03QL	FSQ10A04, C20T04Q	FSQ10A06, C20T06Q	FSH10A09, C20T10Q
		FMJ-23L, FMJ-2203	FMB-G24H, FMB-2204	FMB-26L, FMB-36M	FMB-39

※記載デバイスの製造メーカ　　1段目：東芝，2段目：新電元，3段目：日本インター，4段目：サンケン
※複合型は含まない

3.1 パワー・ダイオードとは

● パッケージと内部接続

　写真3.1に示したように，パワー・ダイオードのパッケージにはリード・タイプ，表面実装タイプ，自立タイプ，モジュール・タイプなどがあります．パッケージの名称は，JEDEC（米国業界団体）やJEITA（電子情報技術産業協会）の規格などの他に，各メーカ独自の寸法や呼び方があります．

　DO-××やTO-××はJEDECの名称で，SC-××はJEITAの名称ですが，TO-3PはJEDECには存在せず，JEITAのSC-65となります．また，DO-15とSC-39は同じものです．ダイオードに限らず半導体のパッケージ名称は，非常に複雑です．

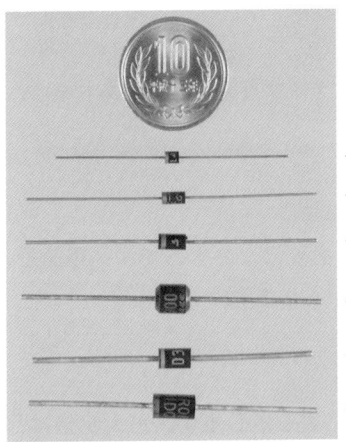

(a) リード・タイプ
- 1DL42A (FRD, 200V/1A, DO-41SS, 東芝)
- 1GWJ42 (SBD, 40V/1A, DO-41S, 東芝)
- 1S1885 (一般整流用, 100V/1.2A, DO-15, 東芝)
- ERC81-006 (SBD, 60V/3A, 富士電機)
- D3S6M (SBD, 60V/3A, 新電元)
- 31DQ04 (SBD, 40V/3.3A, C-16, 日本インター)

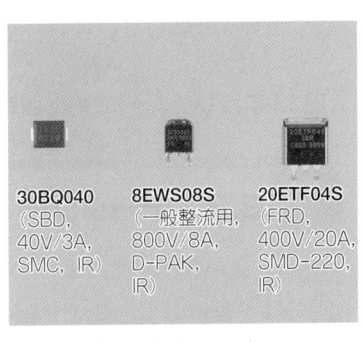

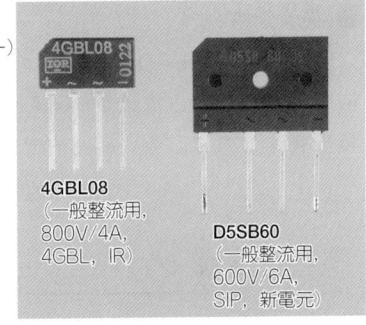

(b) 表面実装タイプ
- 30BQ040 (SBD, 40V/3A, SMC, IR)
- 8EWS08S (一般整流用, 800V/8A, D-PAK, IR)
- 20ETF04S (FRD, 400V/20A, SMD-220, IR)

(c) 自立タイプ
- 30CTQ040 (SBD, 40V/30A, TO-220AB, IR)
- 20ETS08 (一般整流用, 800V/20A, TO-220AC, IR)
- D5S9M (SBD, 90V/5A, ITO-220, 新電元)
- 80CNQ035A (SBD, 35V/80A, D-61TM, IR)
- 80EPF02 (FRD, 200V/80A, TO-247AC, IR)
- S20LC40 (FRD, 400V/20A, MTO-3P, 新電元)

(d) モジュール・タイプⅠ
- 4GBL08 (一般整流用, 800V/4A, 4GBL, IR)
- D5SB60 (一般整流用, 600V/6A, SIP, 新電元)

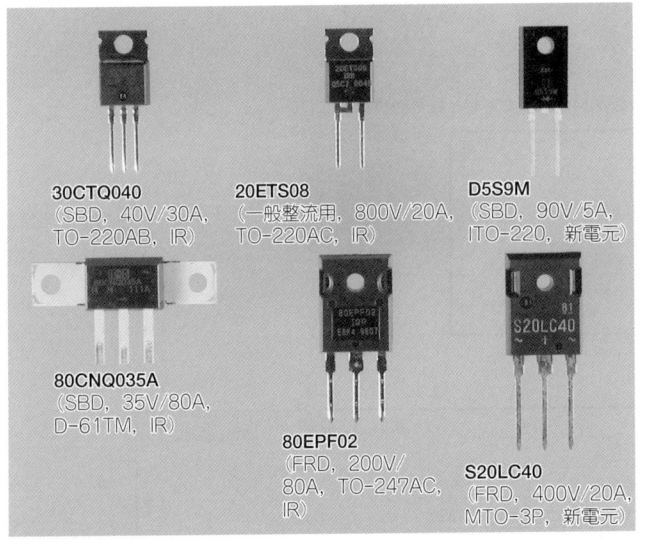

(e) モジュール・タイプⅡ
- S5VB60 (一般整流用, 600V/6A, SQIP, 新電元)

写真3.1　各種パワー・ダイオードの外観
型名（タイプ，電圧/電流，パッケージ名，メーカ名）
IR：International Rectifier，SIP：Single Inline Package，SQIP：SQuare Inline Package

第3章

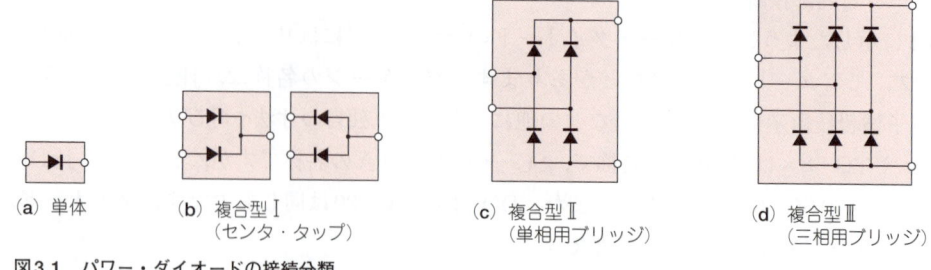

(a) 単体　　(b) 複合型Ⅰ（センタ・タップ）　　(c) 複合型Ⅱ（単相用ブリッジ）　　(d) 複合型Ⅲ（三相用ブリッジ）

図3.1 パワー・ダイオードの接続分類

図3.1に示したように，内部回路は単体のほかにブリッジ接続やセンタ・タップ接続のものがあります．

3.2 データシートの見方

データシートは，ダイオードに限らず部品を選ぶときに，まず最初に必要になるものです．用語や記号をよく理解して，設計する回路に最適なダイオードを選定する必要があります．

● 最大定格

表3.4(a)に，SBD 1GWJ42のデータシートに記載されている最大定格表を示します．最大定格は，流すことのできる電流や加えられる電圧などの最大値を示しています．最大定格は，性能や寿命に直接影響するので，その範囲内で使う必要があります．正常な状態だけではなく，過負荷状態などの異

表3.4 ショットキー・バリア・ダイオード1GWJ42の最大定格と電気的特性

項　目	記号	定格	単位
ピーク繰り返し逆電圧	V_{RRM}	40	V
平均順電流	$I_{F(ave)}$	1.0	A
ピーク1サイクル・サージ電流@50Hz	I_{FSM}	40	A
接合部温度	T_J	$-40 \sim 125$	℃
保存温度	T_{stg}	$-40 \sim 125$	℃

(a) 最大定格

項　目	記号	測定条件	最小	標準	最大	単位
ピーク順電圧	V_{FM}	$I_{FM} = 1.0$ A	—	—	0.55	V
ピーク繰り返し逆電流	I_{RRM}	$V_{RRM} = 40$ V	—	—	0.5	mA
逆回復時間	t_{rr}	$I_F = 1.0$ A, $di/dt = -30$ A/μs	—	—	35	ns
接合容量	C_J	$V_R = 10$ V, $f = 1$ MHz	—	52	—	pF
熱抵抗(接合-周囲間)	$R_{th(j-a)}$	直流	—	—	125	℃/W
熱抵抗(接合-リード間)	$R_{th(j-l)}$	直流	—	—	60	℃/W

(b) 電気的特性($T_a = 25$℃)

常時に瞬時でも越えてはいけません．また，信頼性を向上させるため，実際は最大定格より小さな値で使います．これをディレーティング(derating)といいます．ディレーティングの目安は，電圧が80％以下，平均電流が50％以下，ピーク電流が80％以下，電力が50％以下，接合温度が80％以下です．

▶ ピーク繰り返し逆電圧 (V_{RRM})

ピーク繰り返し逆電圧は，カソード-アノード間に繰り返し加えられる逆電圧の最大許容値です．電源変動，トランスのレギュレーション，サージなどを考慮して，1.5～2倍の電圧定格のものを選びます．

誘導負荷の場合，電源の開閉時やスイッチング時など，過渡的な高電圧が加わるときに重要なパラメータです．

▶ 平均順電流 ($I_{F\,(ave)}$)

平均順電流は，指定された条件のもとで，順方向に連続的(正弦半波の180°通電波形)に流せる電流の最大平均値です．実際の整流回路では，ダイオードに流れる電流は正弦半波状になることは少ないので，数値をそのまま適用できるとは限りません．

▶ ピーク1サイクル・サージ電流 (I_{FSM})

ピーク1サイクル・サージ電流は，繰り返しなしに加えられる順電流の最大許容サージ電流値です．特に，容量負荷の場合，電源ON時に定常電流ピーク値の数倍から十数倍程度の突入電流が流れます．このようなときは，この定格の大きいダイオードを選びます．

▶ 許容損失

許容損失は，ダイオードの周囲温度を25℃一定に保った状態で，接合部の温度が次に示す接合部温度定格に達するとき，ダイオードが消費している電力値です．実際には，25℃以上の周囲温度で使う場合がほとんどですから，この電力値は定格値より小さいと考えなければなりません．逆に，25℃以下で使う場合は，この定格値以上の電力を消費させることができます．表3.4(a)には示されていませんが，要は接合部の温度が次に説明する接合部温度定格の最大値を越えないように動作させます．

▶ 接合部温度 (T_j)

ダイオードが壊れない接合部の温度範囲です．後述しますが，接合部の温度は損失電力と熱抵抗から求まります．

▶ 保存温度 (T_{stg})

動作させない状態で保存した場合，電気的特性に影響のない温度範囲です．

● 電気的特性

表3.4(b)に，1GWJ42のデータシートから引用した電気的特性を示します．最大定格は使用できる範囲を表していますが，電気的特性は動作状態におけるダイオードの性能を表しています．使用する回路により，重視する項目が違います．

▶ ピーク順電圧 (V_{FM})

順方向(アノード→カソード)に，指定された電流を流したときのカソードとアノード間の電圧のピーク値で，損失になります．

順電圧は，一般整流用が約1.0 V，高速整流用が約1.3 V，SBDが約0.6 Vです．この電圧はロスにな

るので，扱う電圧が小さな回路や高効率が要求される応用では問題になります．

▶ 逆回復時間（t_{rr}）

逆回復時間はリバース・リカバリ・タイムとも呼び，t_{rr}で表します．アノードからカソードに向かって電流が流れている状態から，瞬時に電圧の極性を反転させて逆電圧を加えると，ある時間だけ逆方向に大きな電流が流れます．t_{rr}の定義は，電圧の極性を入れ替えてから逆電流が指定値（I_{rr}）に達するまでの時間です．

I_{rr}の規定がない場合は，逆電流の最大値を$I_{R\,(peak)}$とすると$0.1I_{R\,(peak)}$が指定値になります．一般整流用で30～100 μs，高速整流用で0.5～3 μs，超高速整流用で100～300 ns，高効率ダイオードで35～100 nsです．

スイッチング損失の大部分が逆回復時間に発生するため，高い周波数でスイッチングする場合，逆回復時間の短いダイオードを選択する必要があります．また，t_{rr}の期間に流れる逆電流がノイズの原因になるので，ノイズを低く抑えたい場合は，t_{rr}が短く，かつt_{rr}の間の逆電流が小さい素子を選びます．

〈浅井紳哉〉

3.3 一般整流回路へのパワー・ダイオードの応用

整流回路とは，ダイオードのもつ一方向にしか電流を流さないという性質を利用して，交流電源から脈流を得るものです．さらに，この後に平滑回路があり，脈流は直流になります．このようすを図3.2に示します．

● 半波整流回路

図3.2は一般に半波整流回路と呼ばれており，整流回路の中ではもっとも基本的なものです．まず，この回路の動作を考えてみましょう．

図3.3に，図3.2の回路の各部の波形を示します．e_1は実効値Eの正弦波交流で，e_2は出力電圧です．図3.2のⒶを基準に考えると，e_1は正弦波なので$t = 0$のときに$e_1 = 0$で，それから大きくなっていき，

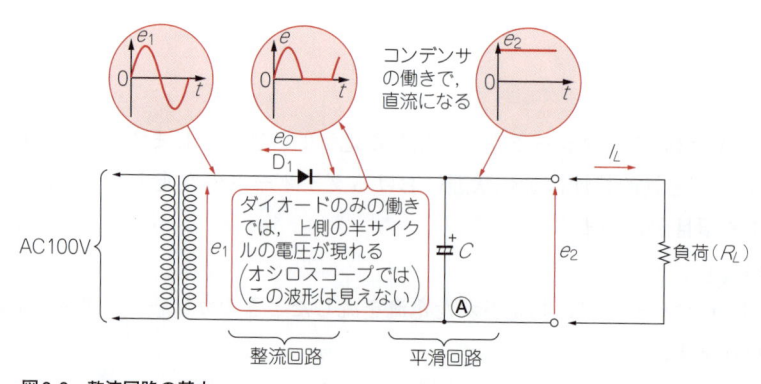

図3.2 整流回路の基本

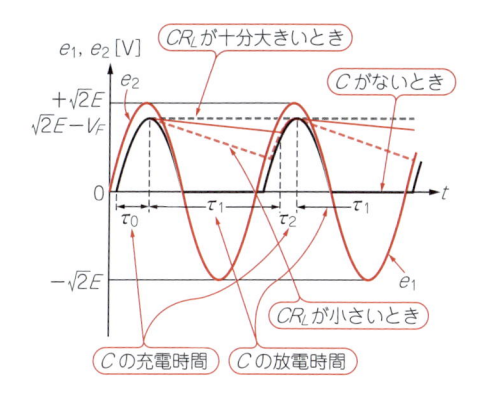

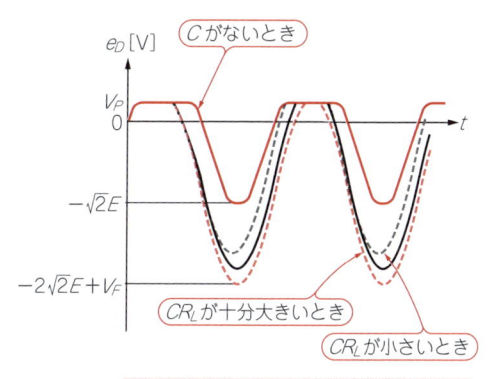

3.3 一般整流回路へのパワー・ダイオードの応用

図3.3 半波整流回路の各部波形

最大値が$\sqrt{2}E$になります．$e_1 \leq V_F$（ダイオードの順方向電圧）では$e_2 = 0$ですが，e_1がV_Fを越すとe_2には$e_2 - V_F$の電圧が現れます．そして，最大値$\sqrt{2}E - V_F$になります．

最初，平滑用コンデンサCの電荷はゼロなので，この期間（τ_0）ではダイオードを通してCは充電されます．ただし，この充電電流はR_Lには無関係で，Cが大きいほど大電流（突入電流）が流れるので注意が必要です．特に，$e_1 = \sqrt{2}E$でONされたときにもっとも大きな電流が流れます．

e_1は，最大値をとったあと小さくなっていきます．しかし，Cに蓄えられた電荷はR_Lで放電されるので，e_2は徐々に低下していきます．この電圧低下の割合は，時定数$C \cdot R_L$が大きいほどわずかで済みます．そして，再びe_1が上昇してきてe_2と等しくなるまで（τ_1の期間），Cは放電し続け，そこからは再び充電されて最大値となります（τ_2の期間）．そのため，e_2の平均値は$\sqrt{2}E - V_F$より，ある程度小さな値となります．

以降は，この繰り返しです．τ_1の間にe_2は低下し，τ_2の間に充電されます．e_2は，このように直流に交流分が重畳されたような形（脈流）をしており，この交流分がリプル電圧となります．

リプル電圧はできるだけ小さいほうが望ましいのですが，そのためにはトランスやコンデンサが大容量となってしまうので，必要な点で妥協することが肝心です．また，定電圧回路を通すことにより簡単にリプルは小さくなるので，トランスやコンデンサをむやみに大きくするよりも，このほうが賢明です．ただし，定電圧回路を付けるときはリプルの谷（e_2の最低値）が重要になってきます．

また，ダイオードにかかる逆方向電圧は，最大で$2\sqrt{2}E - V_F$となるので，Eの3倍と覚えておけばよいでしょう．

● 両波整流回路

半波整流回路では，正弦波のうち片側の半サイクルしか利用しませんでしたが，使っていなかったもう片方の半サイクルも利用して効率を上げたのが，両波整流回路やブリッジ整流回路です．図3.4に両波整流回路を示しますが，半波整流回路を二つつないだような格好になっています．

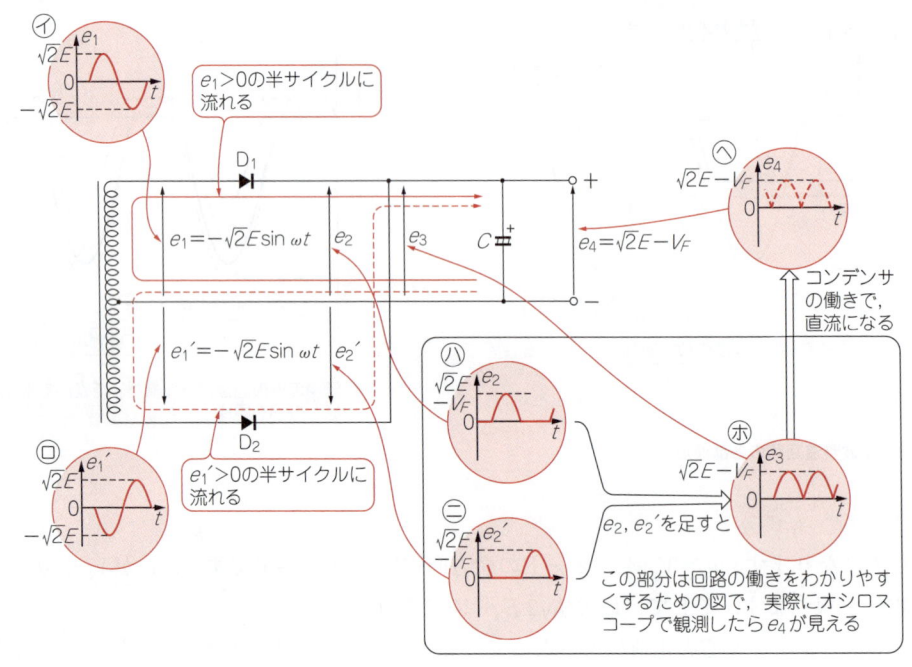

図3.4　両波整流回路

　e_1 と e_1' は，大きさは等しく位相が逆相になっています（同図中のⒾ，ⓁⓅ）．このため，e_1 は D_1 で整流されて，最初の半サイクルのみが e_2 として出てきて（図中のⒽ），e_1' は D_2 で整流されて，次の半サイクルが e_2' として出てきます（図中のⒺ）．e_2 と e_2' は結ばれているので，結局 e_3 は両方の和をとったようになり（図中のⒻ），最終的には C により平滑されて直流 e_4 になります（図中のⒻ）．
　ただし，実際には e_2，e_2'，e_3，e_4 は同一電位なので，ここでは最終波形である e_4 しか見えません．
　半波整流回路から両波整流回路に変えたときにもっとも大きく変わるのは，リプル含有率（出力電圧中の残留交流成分の割合）です．
　両波整流することにより，リプル（残留交流成分）の周波数は2倍になるので，平滑コンデンサの容量が同じでも，リプル含有率は半分になることがわかります．
　ダイオードにかかる電圧は，半波整流回路の場合と同じですが，電流については半分になります．したがって，同じ出力電圧・電流を得るのなら，半波整流回路に用いるダイオードに比べると，耐圧は同じですが電流は半分ですみます．

● ブリッジ整流回路

　図3.5に，ブリッジ整流回路を示します．両波整流のときと比べて，トランスの巻線は一つですんでいますが，ダイオードは4本必要です．
　まず，$e_1 > 0$（正確には $e_1 \geq 2V_F$ だが，V_F を無視する）の半サイクルですが，このときは D_1 と D_2 がONとなり，D_3 と D_4 はOFFとなります．また，$e_1 < 0$ の半サイクルでは，その反対になります．このため，

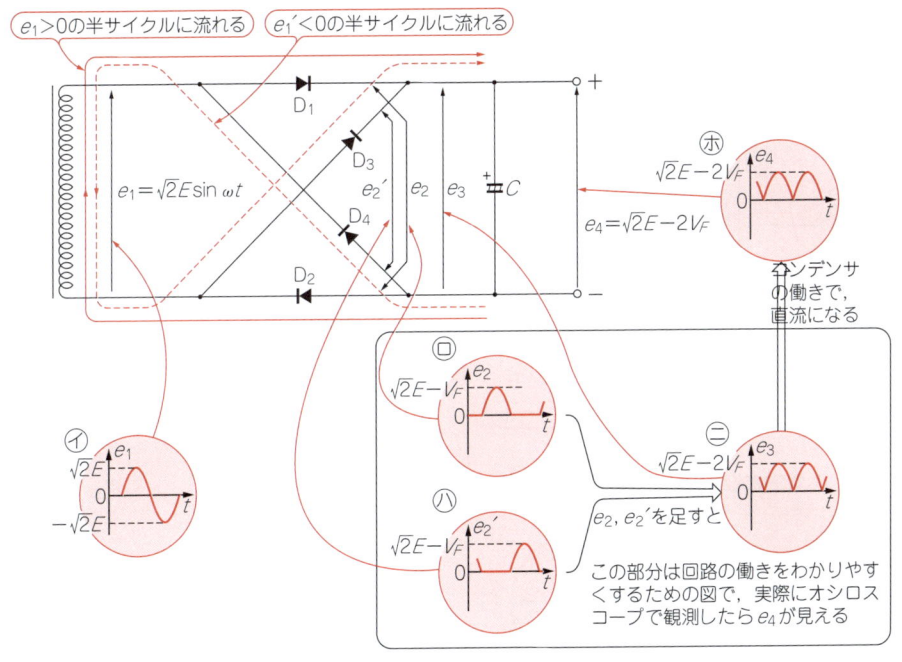

3.3 一般整流回路へのパワー・ダイオードの応用

図3.5 ブリッジ整流回路

$D_1 \cdot D_2$の出力e_2と，$D_3 \cdot D_4$の出力e_2'を分けて考えると，e_2は$e_1>0$のときの半サイクルが出力され（同図中の㋺），e_2'には$e_1<0$のときの半サイクルが出力されます（図中の㋩）．

e_1とe_2'は結ばれていますので，結局e_3は両方の和をとったようになり（図中の㊁），最終的にはCによって平滑され直流e_4になります（同図の㋭）．なお，e_2，e_2'，e_3の波形が見えないのは，先ほどと同様です．

リプル含有率については両波整流の場合と同じですが，トランスの利用率がもっとも高いのがこのブリッジ整流です．同じ出力を得るのならば，両波整流のときに用いるトランスの83％の容量のもので済みます．

しかし，電流経路にダイオードが2本直列に入るため，出力電圧の最大値は$\sqrt{2}E-2V_F$（半波・両波整流共に$\sqrt{2}E-V_F$）となってしまい，電圧が低いとそこでの損失が無視できなくなります．通常のSi（シリコン）ダイオードを使って数Aの電流を取り出したいときは，出力電圧が5〜8V以上ではブリッジ整流，それ以下では両波整流のほうが有利となります．

ところで，電流経路にダイオードが2本直列に入っているということで，ダイオード1本にかかる逆電圧は半分ですむということになります．このため，ダイオードの耐圧は同じ出力電圧ならば，半波・両波整流回路のときに比べて半分ですみます．電流に関しては，両波整流の場合と同じです．

● 倍電圧整流回路

トランスがすでに決まっていて，普通に取り出す電圧よりも高い電圧が欲しいというときには，こ

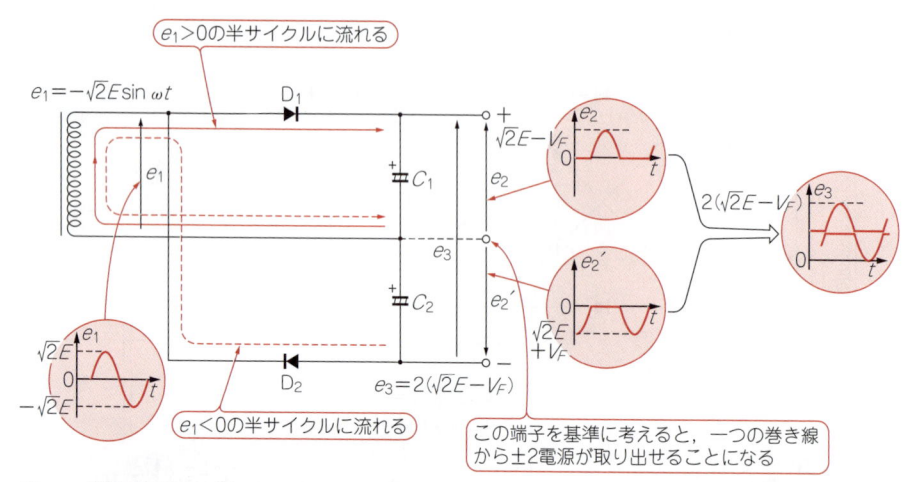

図3.6 倍電圧整流回路(1)（倍電圧両波整流回路）

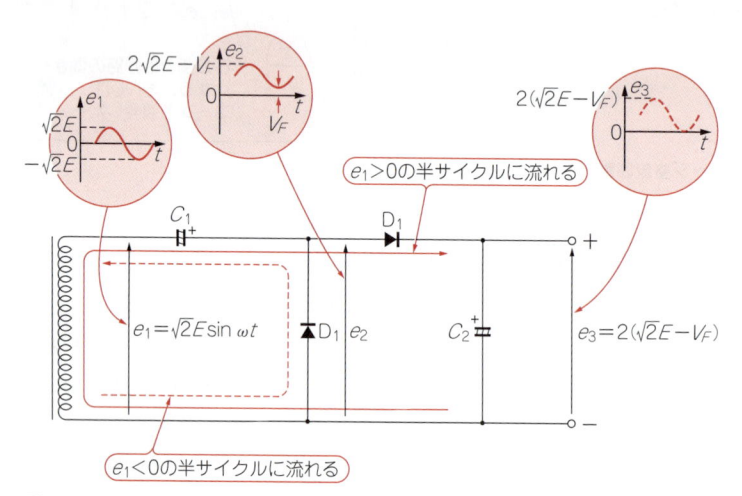

図3.7 倍電圧整流回路(2)

の倍電圧整流回路が便利です．図3.6にその回路を示しますが，半波整流回路の極性を変えて2段接続したものです．

$e_1 > 0$ のときは D_1 と C_1 からなる半波整流が働いて，$e_1 < 0$ のときには D_2 と C_2 からなる半波整流回路が働きます．それぞれの半サイクルで C_1 と C_2 にチャージされるので，出力電圧 e_3 は $2(\sqrt{2}E - V_F)$ となり，半波・両波整流時に得られる2倍の電圧が得られることになります．また，C_1 と C_2 の接続点を基準に考えると，一つの巻線で±2電源を取り出すことができて，簡単なOPアンプ回路などではこれで十分です．

倍電圧整流回路には別の回路もあり，これを図3.7に示します．$e_1 < 0$ のときに D_1 を通して C_1 がチャージされ，$e_1 > 0$ のときに D_2 を通して出力側に電流が流れます．C_1 には $\sqrt{2}E - V_F$ だけチャージされていますので，e_2 は e_1 を $\sqrt{2}E - V_F$ だけ上にレベル・シフトした波形になります．e_3 は e_1 を整流しているの

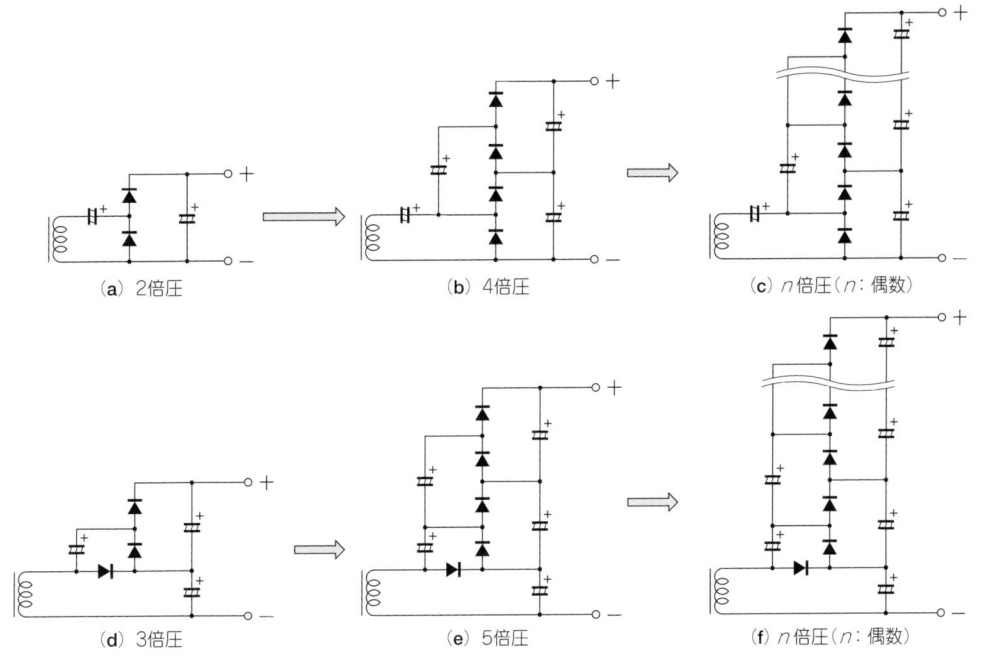

3.3 一般整流回路へのパワー・ダイオードの応用

図3.8 倍電圧整流回路の発展(コッククロフト回路)

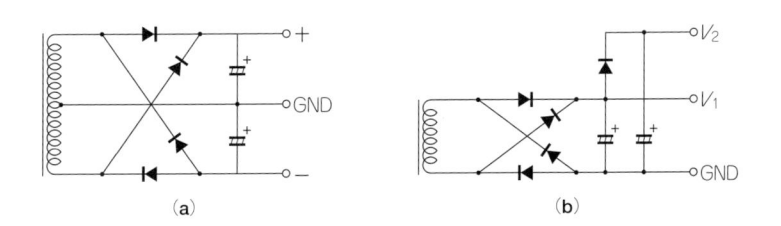

図3.9 各種整流回路の発展

で，出力電圧は$2(\sqrt{2}E - V_F)$となります．

図3.7の回路は発展性があり，2倍電圧ではなくn倍電圧整流回路にすることができます．図3.8がそれで，図(a)は2倍電圧(図3.7と同じ)，図(b)は4倍電圧を取り出す回路です．これを何段も積み重ねていき図(c)のようにすると，n倍電圧(n：偶数)となります．図(d)は3倍電圧，図(e)は5倍電圧を取り出す回路です．この場合も段数を重ねることにより，n倍電圧(n：奇数)とすることができます．

これらの回路(図3.7，図3.8)は，トランスの片側を接地でき，原理的にはいくらでも高い電圧を取り出せて便利なのですが，出力電流を流すと電圧が急激に低下するという欠点があります．そのため，これらの回路は高い電圧は欲しいけれども，電流は小さくてもよいという用途に限られます．

第3章

● 整流回路の発展

これまで述べてきたのは基本的な整流回路でしたが，これらを発展させて，組み合わせてできるいくつかの回路を紹介しましょう．

図3.9がその例です．図(a)は正負両極性の電圧を得るもので，広く用いられているものです．これはブリッジ整流回路において，トランスとコンデンサに中点を出して，そこを基準とした回路と考えることもできますし，両波整流回路を正側だけでなく負側も取り出した回路とも考えられます．

同図(b)は，V_1のリプルの山の部分を利用して主電源V_1よりも少し高い電圧V_2を得るものです．そのため，この場合はV_1にある程度リプルが乗っていないと効果はありません．

3.4 ダイオードの選び方

ダイオードを選ぶにあたって，最大定格の中で特に重要なのは，ピーク繰り返し逆電圧(V_{RRM})，平均順電圧($I_{F(AV)}$)の二つの最大定格です．また，ときにはピーク1サイクル・サージ電流(I_{FSM})が問題になることもあります．

▶ピーク繰り返し逆電圧(V_{RRM})

半波整流回路では，図3.3からもわかるように，実効値Eの交流が加えられていると，ダイオードには最大で$2\sqrt{2}E - V_F$の逆電圧が加わります．しかし実際には，電源ラインの変動や，無負荷(軽負荷)時のトランスの電圧上昇や余裕などを見込んで，V_{RRM}はEの4倍以上のものを選ぶようにします．

たとえば，AC100Vを整流するのであれば，$V_{RRM} \geq 400\,\mathrm{V}$のダイオードを選ぶようにするわけです．

両波整流回路(図3.4)，倍電圧整流回路(図3.6，図3.7)についても，半波整流回路と同様に$V_{RRM} \geq 4E$となるようにします．なお，ブリッジ整流回路だけは，半サイクルごとの電流経路にダイオードが2本入るので，逆電圧は2分割されることになり，V_{RRM}はほかの整流回路の半分で済み，$V_{RRM} \geq 2E$となるようにします．

▶平均順電流($I_{F(ave)}$)

ダイオードに流れる平均電流は，取り出す電流をI_Lとすると，半波整流回路と倍電圧整流回路ではI_Lに等しく，両波整流回路とブリッジ整流回路では$I_L/2$に等しくなります．したがって，この値が定格値を越さないようにダイオードを選べばよいわけです．

ただし，データシートに記されている値は，周囲温度25℃で無限大の放熱板を用いたときの値であることが多いので，実際の使用状態ではこの値よりも小さくなってしまいます．

おおよその目安としては，無限大放熱板を用いたときの$I_{F(ave)}$を流れる電流の2倍以上にすれば，放熱板なしでも大丈夫です．ただし，放熱板に取り付けることを前提に作られているダイオード(スタッド型など)では，4倍以上の余裕が必要です．

▶ピーク1サイクル・サージ電流(I_{FSM})

Power ON(電源ON)すると，その瞬間 負荷の有無にかかわらず，突入電流が流れます．これは，Power ONした瞬間にはコンデンサに電荷がなく，充電するために瞬時に大電流が流れるためです．これが，最大定格で規定されたI_{FSM}の大きさや時間を越すと，ダイオードは破壊にいたります．

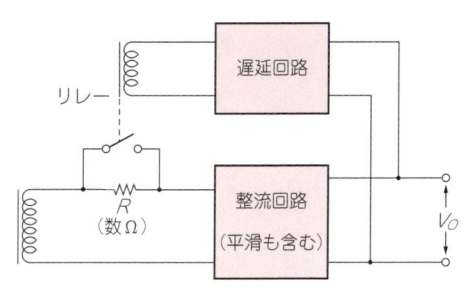

図3.10 突入電流の防止法
（Rはトランスの1次側に入れてもよい）

表3.5 各種整流回路の最大定格

回路	最大定格		
	V_{RRM}	$I_{F(ave)}$	I_{FSM}
半波整流回路	$4E$	I_L	$4E/R_S$
両波整流回路	$4E$	$I_L/2$	$4E/R_S$
ブリッジ整流回路	$2E$	$I_L/2$	$2E/R_S$
倍電圧整流回路	$4E$	I_L	$4E/R_S$

E：入力電圧(実効値)
I_L：負荷電流
R_S：トランスの内部抵抗とダイオードの動作抵抗の和

突入電流をI_{FS}とすると，

$$I_{FS} = \sqrt{2}\,E/(r_t + r_d)$$

となります．r_tはトランスの2次側からトランスの内部抵抗，r_dはダイオードの動作抵抗($=\Delta V_F/\Delta I_F$)です．このI_{FS}が，I_{FSM}を越えないようにします．

I_{FSM}が問題となるのは，トロイダル型トランスのように内部抵抗の小さなトランスを用いたときです．また，コンデンサが大きすぎると，突入電流の流れる時間が長くなり，I_{FSM}の大きさは問題なくても，規定されている時間を越してしまいます．

特性面から見ると，トランス，コンデンサ共にできるだけ大容量のほうが望ましいのですが，度を越して大きくすると，突入電流でダイオードが壊れてしまうことになりかねません．場合によっては，図3.10のようにPower ON後の一定時間は直列に抵抗が入るようにして突入電流を小さく抑え，その後でこの抵抗を短絡するといった手法がとられることもあります．

以上，V_{RRM}，$I_{F(ave)}$，I_{FSM}の選び方についてまとめたのが表3.5です．

3.5　出力電圧とリプル電圧の求め方

整流回路の出力電圧やリプル電圧というのは，入力電圧，平滑コンデンサ，負荷抵抗(負荷電流)，電源内部抵抗などで変わってきます．

● 電源内部抵抗の求め方

電源内部抵抗R_Sは，トランスの内部抵抗とダイオードの動作抵抗の和で，

$R_S = n^2 r_{t1} + r_{t2} + r_d$

n；トランスの巻線比(2次側/1次側)

r_{t1}；トランスの1次側巻線抵抗

r_{t2}；トランスの2次側巻線抵抗

r_d；ダイオードの動作抵抗

と表すことができます．正確には，トランスの鉄損なども考慮に入れる必要がありますが，実用上は

r_{t1} と r_{t2} 共にテスタで測れる直流抵抗で考えて差し支えありません．

r_d は $\Delta V_F / \Delta I_F$ で，正確に求めることは困難ですが実用的には，

$$r_d = (V_F - 0.6)/I_F$$

で十分です．

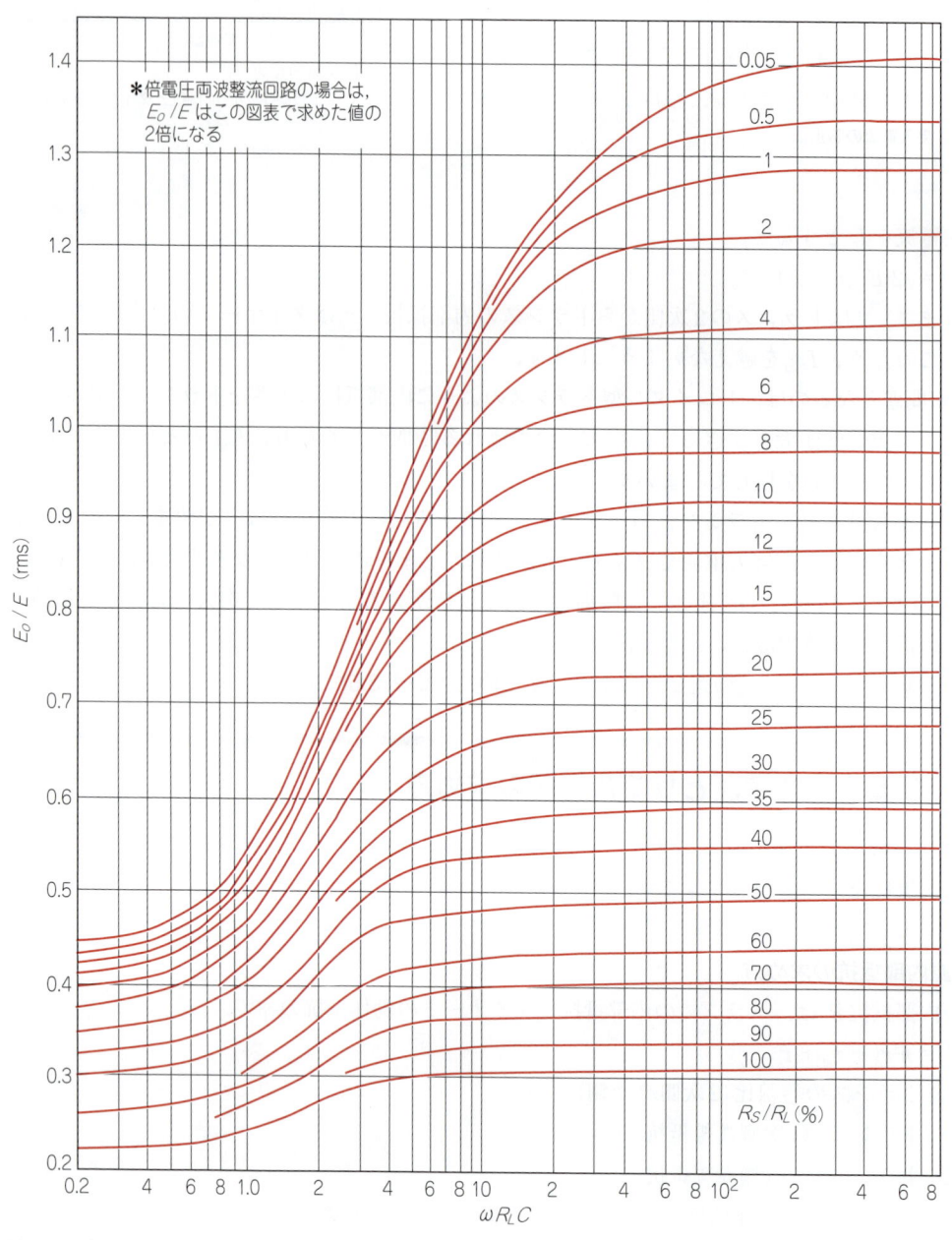

図3.11 出力電圧を求める図表(1)（半波整流，倍電圧両波整流）

3.5 出力電圧とリプル電圧の求め方

ただし，この値はダイオードの順方向電圧降下 V_F が最大値で規定されていますので，r_d も最大値ということになります．

半波整流回路や両波整流回路では r_d はこのままでよいのですが，ブリッジ整流回路のように，電流経路にダイオードが2本シリーズに入る場合は，r_d はこの値を2倍にする必要があります．

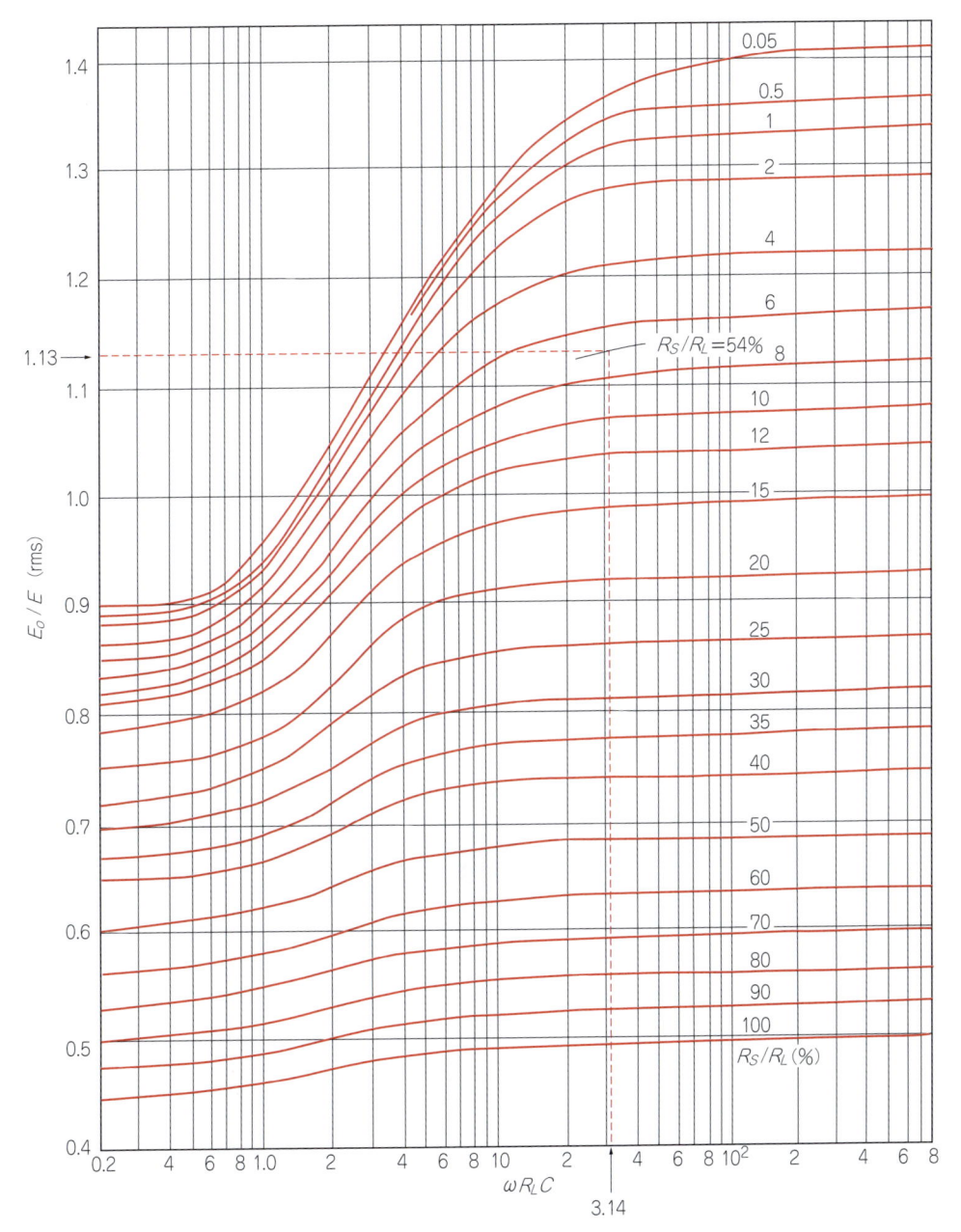

図3.12　出力電圧を求める図表(2)（両波整流，ブリッジ整流）

第3章

● 整流回路の出力電圧とリプル電圧の求め方

電源内部抵抗 R_S がわかれば，出力電圧（平均値）とリプル電圧は図表を使って簡単に求めることができます．

▶ 出力電圧 E_o の求め方

前項にあるように，まず R_S を求めておきます．また，負荷抵抗 R_L は，その値が直接わかっていないときは，負荷電流 I_L より R_L を求めます（$R_L = E_o/I_L$）．ただし，この時点では E_o はいくつかわからないので，まず予想値で R_L を計算します．そして，求めた E_o が予想値と大きく異なっていたら，もう一度予想した E_o を変えてやり直す必要があります．また I_L が変動する場合は，その最大値を使います．

次に，$\omega R_L C$ を求めます．ω は 50 Hz 地域では $2\pi \times 50$，60 Hz 地域では $2\pi \times 60$ となります．C は，平滑コンデンサの容量です．

ここまで求めたら，次に図表を使用して値を決めます．図3.11 は半波整流回路と倍電圧両波整流回路用，図3.12 は両波整流回路とブリッジ整流回路用です．

まず，横軸の $\omega R_L C$ を選び，そこから真上に伸ばした直線と，R_S/R_L の曲線との交点を見つけます．この交点から，左に伸ばした直線と縦軸の交わる所が求める E_o/E です（ただし，E は無負荷時の2次側電圧）．

▶ リプル電圧 E_r の求め方

使用する図表が異なるだけで，求め方は先ほどとまったく同じです．図3.13 が出力リプルを求める

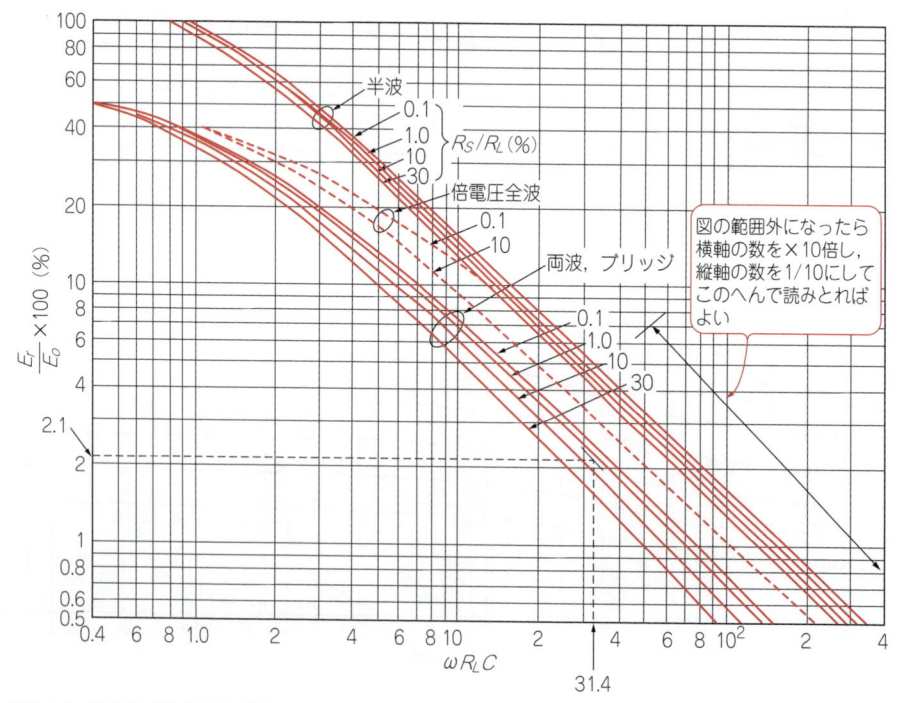

図3.13　出力リプルを求める図表

3.5 出力電圧とリプル電圧の求め方

ための図ですが，こちらは各整流方式が一つにまとまっています．

ここで求めたE_rは実効値ですが，定電圧回路を用いるときはE_Oの最小値（リプルの谷）が問題になってきます．そのような場合は，E_rをP-P値に換算して，その1/2の値をE_Oからさし引くようにします．式で表すと，

$$E_O' \text{（最小値）} = E_O - \frac{1}{2} \times (2\sqrt{3} \cdot E_r)$$

となります．ここで，E_rにかかっている$2\sqrt{3}$という値は，リプルを三角形（のこぎり波）として実効値をP-P値にするときの換算係数です．

● **具体的な計算例**

それでは具体的に，図3.14のような回路の場合に，出力電圧とリプル電圧がどのくらいになるかを求めてみましょう．

トランスは1次側巻線抵抗$r_{t1} = 40\,\Omega$，2次側巻線抵抗r_{t2}は$= 5\,\Omega$，2次側開放電圧$E = 12\,\text{V}$とします．ダイオードは1S1885でブリッジ整流とし，平滑コンデンサ$C = 1000\,\mu\text{F}$，負荷抵抗$R_L = 100\,\Omega$とします．

まず，電源内部抵抗を求めますが，その前にダイオードの動作抵抗r_dを求めておきます．規格表より，$I_F = 1.5\,\text{A}$のとき，ダイオードの順方向電圧$V_F = 1.2\,\text{V}$なので，

$$r_d = \frac{1.2 - 0.6}{1.5} \times 2 = 0.8\,[\Omega]$$

（ブリッジ整流なので2倍している）

となります．これより電源内部抵抗R_Sを求めると，

$$R_S = (12/100)^2 \times 40 + 5 + 0.8 \fallingdotseq 6.4\,[\Omega]$$

となります．したがって，R_S/R_Lを求めると，

$$R_S/R_L = 6.4/100 = 6.4\,[\%]$$

となります．また，$\omega R_L C$を求めると，

$$\omega R_L C = 2\pi \times 50 \times 100 \times 1000 \times 10^{-6} \fallingdotseq 31.4$$

（$f = 50\,\text{Hz}$とする）

となります．

それでは，最初に整流後の出力電圧E_Oを求めてみます．ブリッジ整流回路なので，図3.12を用います．

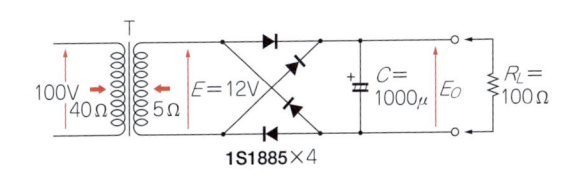

図3.14　計算のための回路例

横軸の $\omega R_L C = 31.4$ の点から真上に直線に伸ばし，$R_s/R_L = 6.4\%$ の曲線との交点を求めます．そして，その点から左に直線を伸ばし，縦軸と交わる点を求めると，$E_O/E = 1.13$ が得られます．したがって，$E = 12$ V なので，

$$E_O = 12 \times 1.13 \fallingdotseq 13.6 \ [\text{V}]$$

となります．

次に，リプル電圧 E_r を求めます．図3.13において，横軸の $\omega R_L C = 31.4$ の点から真上に直線を伸ばします．そして，ブリッジ整流回路の $R_s/R_L = 7.1\%$ の曲線との交点を求め，その点から左に直線を伸ばし，縦軸と交わる点を求めます．そうすると，$E_r/E_O = 2.1\%$ が得られます．したがって，$E_O = 13.6$ V なので，

$$E_r = 13.6 \times 2.1/100 = 0.285 \ [\text{V}_{\text{rms}}]$$

となります．

最後に，E_O の最小値を求めてみます．リプル波形を三角波(のこぎり波)とすると，E_O の最小値 $E_O{}'$ は，

$$E_O{}' (最小値) = 13.6 - (1/2) \times (2\sqrt{3} \times 0.285) = 13.1 \ [\text{V}]$$

となります．ただし，この値は電源ラインのAC100 Vが変動しないときの値です．実際には±10％の変動を見込んで，この90％の値が最小値ということになります．

〈青木英彦〉

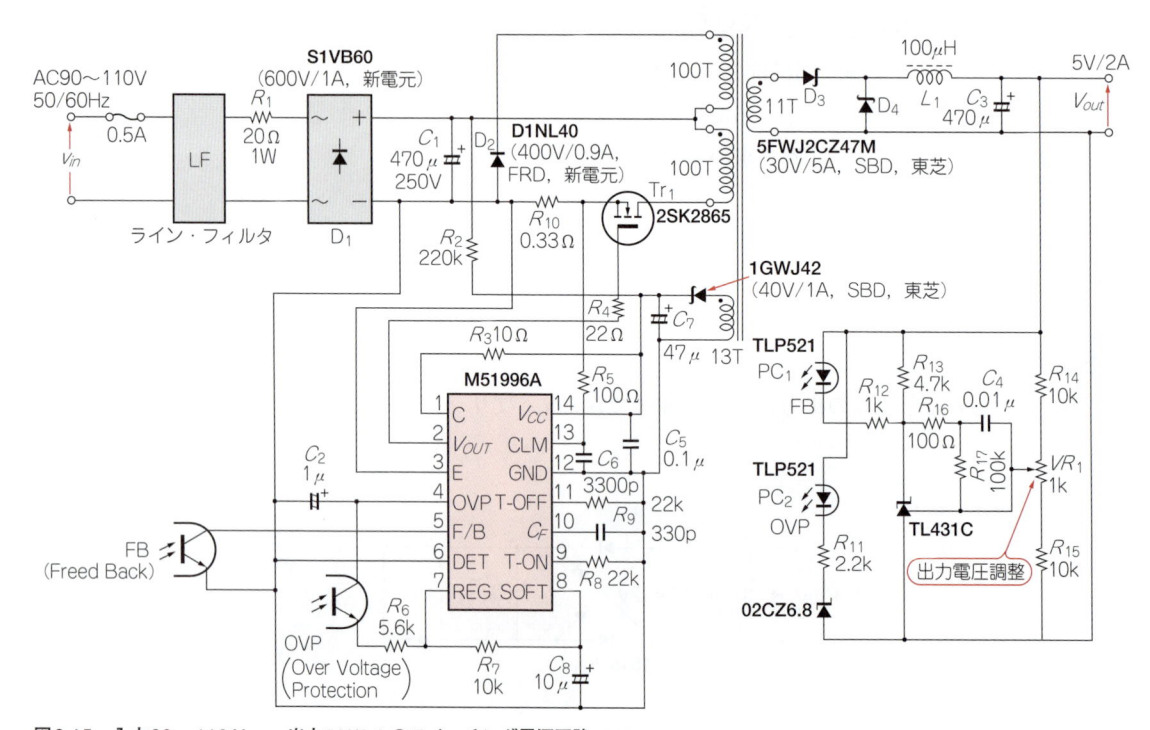

図3.15 入力90〜110 V_{RMS}，出力5 V/2 Aのスイッチング電源回路

3.6 スイッチング電源回路への応用

図3.15に示したのは，次のような仕様のスイッチング電源回路です．
- 電源入力　　　　　：AC90〜110V_{RMS}（50/60 Hz）
- 出力　　　　　　　：5 V/2 A（10 W）
- 周囲温度範囲　　　：0〜+40 ℃
- 回路方式　　　　　：フォワード型
- スイッチング周波数：約120 kHz

図3.16に，図3.15を簡略した回路を示します．

3.6.1　電源整流用ダイオードD_1の選定

● **最大定格を満足する**

扱う周波数が50/60 Hzのため，内部でブリッジ接続された一般整流用ダイオード・モジュールを選択します．**写真3.2**に，ダイオードD_1の入力電流と出力電圧波形を示します．

▶ **逆電圧の最大値**

最大逆電圧はv_{in} = 110V_{RMS}のピーク電圧に等しく，155.6 V（=$\sqrt{2}$×110）です．ディレーティングを0.8として$V_{RRM} \geqq$ 194.5 Vのものを選びます．

▶ **平均整流電流**

次に，最大入力電流$i_{in(max)}$を求めます．変換効率を65％と仮定すると，定格出力（5 V/2 A）時の入力電力は10 W/0.65です．入力電流が最大になるのは，入力電圧が最低の90V_{RMS}のときですから，

$$i_{in(max)} = \frac{10/0.65}{90} \fallingdotseq 0.17 A_{RMS}$$

と求まります．ディレーティングを0.8として，平均整流電流が0.213A_{RMS}以上のものを選択します．

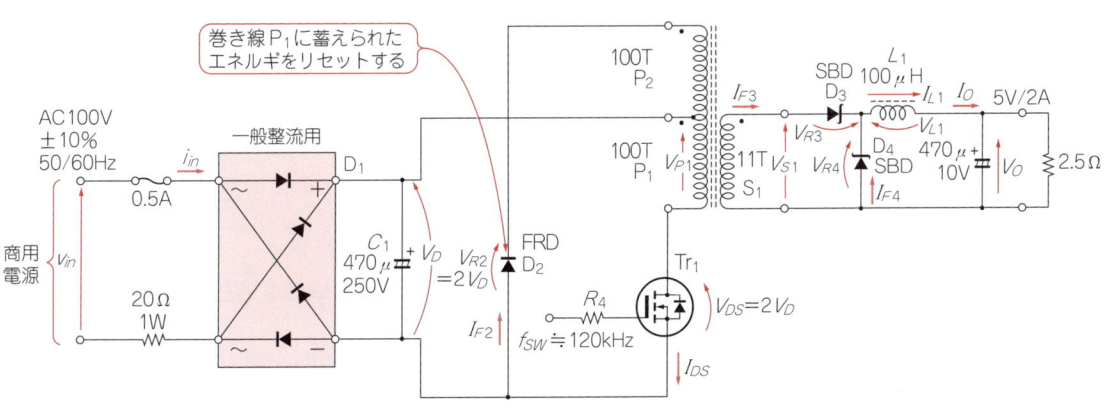

図3.16　図3.15の回路の簡略図

(a) $v_{in} = 90V_{RMS}$

(b) $v_{in} = 110V_{RMS}$

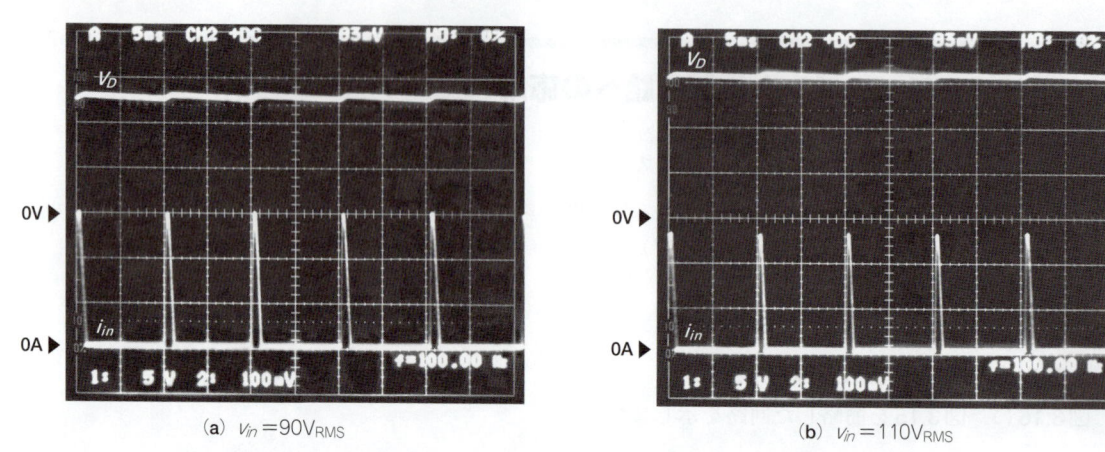

写真3.2 ダイオードD_1の入力電流と出力電圧波形（上：50 V/div., 下：1 A/div., 5 ms/div.）

▶突入電流の最大値

　入力信号v_{in}のピークのタイミングで電源を投入すると，C_1があるため大きな突入電流が流れます．この電流でダイオードが壊れることがあります．最大突入電流は，商用電源側を含めた回路のインピーダンスで決まります．商用電源側のインピーダンスは一定でないので，D_1の入力側に突入電流防止用の抵抗(R_1)を接続して，電源ラインのインピーダンスを明確にし，突入電流を制限します．抵抗値が大きすぎると，損失が増大し効率が低下します．今回は20Ωを接続し，最大突入電流を7.8 Aに制限しました．

　データシートから，非繰り返しサージ電流は30 Aです．この値は1サイクルで規定されており，突入電流のように何度も流れる可能性のある場合は適用できません．そこで，図3.17に示すサージ電流-サイクル数の特性グラフを利用します．図からサージ電流は13 A以下にする必要があることがわかります．

　以上から，$V_{RRM} = 600$ V，$I_{F(ave)} = 1.0$ AのS1VB60を選択します．

● 接合部温度の最大値

　D_1の損失P_{D1}は，次式で求まります．

　　$P_{D1} = nV_{F1}I_{O(ave)} = 2 \times 1 \times 0.17 = 340$ mW

　　ただし，V_{F1}　；順電圧(1.0) [V]，
　　　　　　$I_{O1(ave)}$　；平均整流電流(0.17) [A]
　　　　　　n　；一度に通電するダイオードの数(2)

　逆方向スイッチング損失は，周波数が低いため無視できるでしょう．データシートから接合部-外気間の熱抵抗は62℃/Wですから，外気と接合部の温度差は，

　　$62 \times 0.34 ≒ 21.1$ ℃

です．仕様から最大周囲温度は40℃ですから，接合部温度T_Jは，次式から61.1℃と求まります．

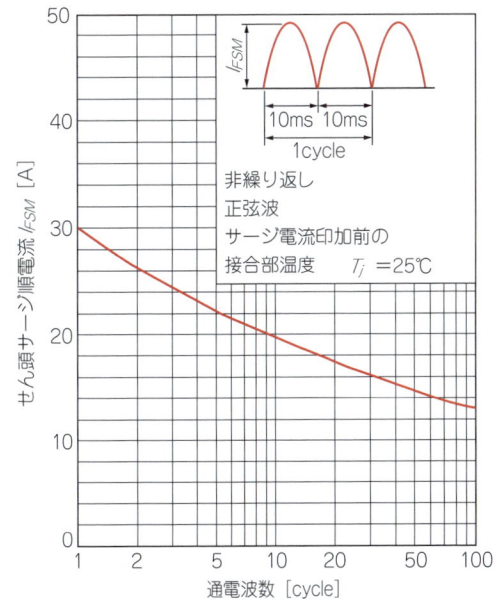

図3.17　せん頭サージ電流耐量(S1VB60)

T_J = 21.1 + 40 ≒ 61.1 ℃

したがって，最大接合部温度以下で使えることが確認されました．

3.6.2　リセット巻き線用ダイオードD_2の選定

● 逆電圧の最大値

　Tr_1がON時にトランスの巻き線に残ったエネルギは，Tr_1がOFFしている間に放出する必要があります．これをリセットと呼び，D_2で放電のルートを作ります．図3.18に，リセット・ダイオードD_2の電圧・電流波形を，写真3.3に実際の波形を示します．

　D_2に流れる電流の周波数は，スイッチング周波数と等しく120 kHzです．逆電圧の最大値は，主巻き線とリセット巻き線が同じ巻き数のため，整流電圧の2倍です．入力電圧が110V_{RMS}のときの整流電圧は，

$$\sqrt{2} \times 110 ≒ 156 \text{ V}$$

ですから，最大逆電圧はその2倍の312 Vです．ディレーティングを0.8とすると，$V_{RRM} \geq 390$ Vのダイオードが必要です．電流が120 kHzと比較的高速に変化しており，逆電圧も高いので，FRDを選びます．

● 順電流の最大値

　D_2に流れる電流の最大値$I_{F2(max)}$は，Tr_1の最大ドレイン電流$I_{D(max)}$と同じです．ドレイン電流が最大になるのは，Tr_1のオン・デューティが最大で，平均出力電流が2 Aになるときです．したがって，

第3章

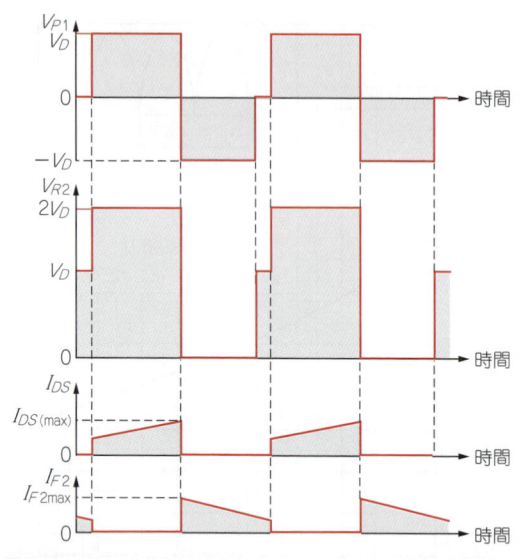

図3.18 図3.15（図3.16）のリセット・ダイオードD_2の電圧・電流波形

(a) $v_{in} = 90V_{RMS}$

(b) $v_{in} = 110V_{RMS}$

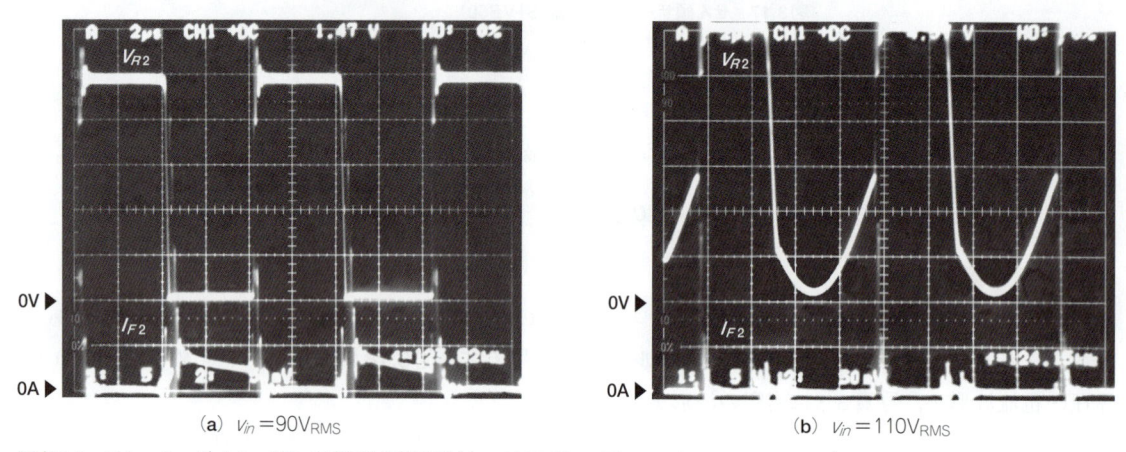

写真3.3 リセット・ダイオードD_2の電圧と電流波形（上：50 V/div.，下：0.5 A/div.，2 μs/div.）

$$I_{F2(\max)} = I_{D(\max)} = \frac{I_O S_2}{D_{on(\max)} P_1} = \frac{2}{0.45} \times \frac{11}{100} = 0.49 \text{ A}$$

ただし，I_O　　；出力電流
　　　　　$D_{on(\max)}$；最大オン・デューティ
　　　　　S_2　　；T_1の2次側巻き数（100）
　　　　　P_1　　；T_1の1次側巻き数（11）

と求まります．ディレーティングを0.8として，平均整流電流が0.6 A以上のFRD D1NL40（V_{RRM} = 400 V，I_O = 0.9 A）を選びました．**写真3.4**に，逆回復時の電流波形を拡大して示します．

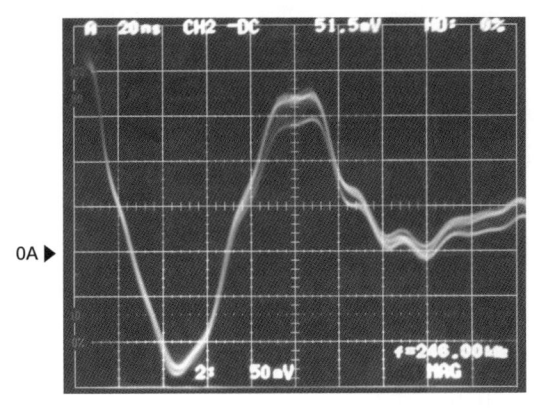

写真3.4 リセット・ダイオードD_2の逆回復時の電流波形
(0.5 A/div., 20 ns/div.)

● 接合部温度の最大値

D_2の順方向損失P_{FD2}は，次式で求まります．

$$P_{FD2} = V_{F2}I_{O2(ave)}D_{on(max)}$$
$$= 1.3 \times 0.49 \times 0.45$$
$$\fallingdotseq 0.287 \text{ W}$$

ただし，V_{F2} ；順電圧(1.3)[V]

$I_{O2(ave)}$ ；平均整流電流(0.49)

$D_{on(max)}$ ；最大オン・デューティ(0.45)

となります．

逆方向スイッチング損失P_{RD2}は，次式で求まります．

$$P_{RD2} = \frac{I_{PR}t_{rr}V_{R2}f_{SW}}{6}$$

写真3.4から，$I_{RP} \fallingdotseq 1.3$ A，$t_{rr} \fallingdotseq 50$ ns，写真3.3(a)から$V_R = 250$ V，$f_{SW} = 120$ kHzですから，

$$P_{RD2} = \frac{1.3 \times 50 \times 10^{-9} \times 250 \times 120 \times 10^3}{6} \fallingdotseq 0.325 \text{ W}$$

と求まります．したがって，合計損失は0.612 Wです．なお，逆電流が大きくなるのは，順電流が大きいとき，つまり入力電圧が最低電圧($90V_{RMS}$)のときです．D1NL40のデータシートから接合-外気間の熱抵抗は113℃/Wですから，外気と接合部間の温度差は，

$113 \times 0.612 \fallingdotseq 69.2$ ℃

です．上記仕様から最大周囲温度は40℃ですから，接合部温度T_Jは，

$T_J = 69.2$ ℃ $+ 40$ ℃ $\fallingdotseq 109.2$ ℃

です．ディレーティングを0.8として$T_J = 136.5$ ℃となり，最大接合部温度定格(150℃)以下で使用できることが確認できます．

3.6.3 出力整流用ダイオードD_3とD_4の選定

次に，2次側の整流ダイオードD_3とD_4を選びます．**図3.19**に，D_3の電圧と電流の波形を，**写真3.5**に実際の波形を示します．D_3がONのときD_4はOFF，D_3がOFFのときD_4はONです．両ダイオードに加わる電圧値と電流値は同じです．

● 逆電圧の最大値

逆電圧の最大値$V_{R3(\max)}$は，最大入力電圧$v_{in(\max)}$とトランスの巻き線比S_1/P_1から，次のように求まります．

$$V_{R3(\max)} = \frac{\sqrt{2}v_{in(\max)}S_1}{P_1} = \frac{\sqrt{2} \times 110 \times 11}{100} \fallingdotseq 17 \text{ V}$$

と求まります．ディレーティングを0.8とすると，$V_{RRM} \geq 27.5$ Vのダイオードが必要です．流れる電流

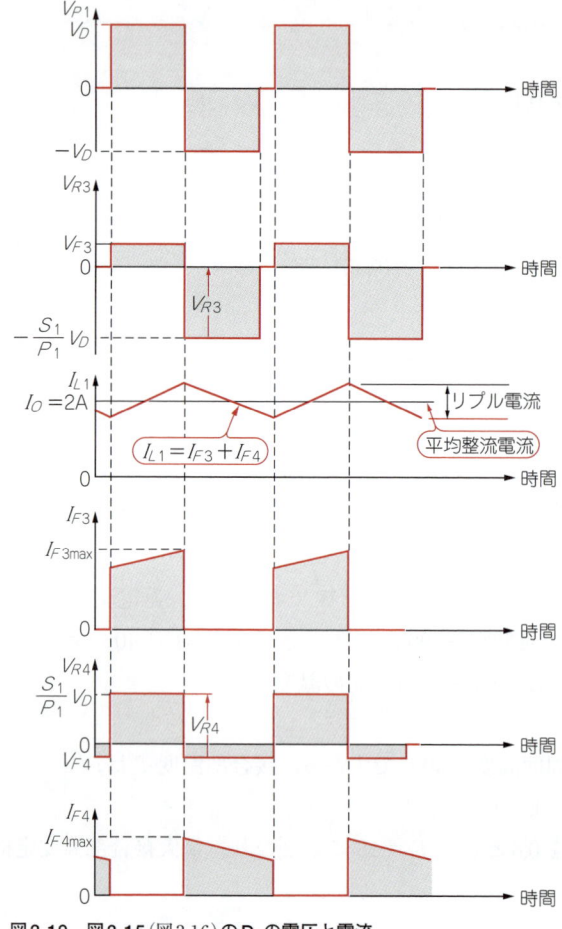

図3.19 図3.15(図3.16)のD_3の電圧と電流

の周波数は120 kHzと高いのでSBDを選択します．

● 順電流の最大値

D_3に流れる順電流の最大値$I_{F3(max)}$は，コイルL_1に流れるリプル電流I_{RL1}を含んでいます．この電流の平均値が出力電流I_Oです．$I_{F3(max)}$は，次式で求まります．

$$I_{F3(max)} = I_O + \frac{I_{RL1}}{2}$$

D_4に流れる電流はD_3と同じで，L_1に流れるリプル電流と等しい値です．最大オン・デューティで動作しているとき，L_1に加わる電圧V_{L1}は，

$$V_{L1} = \frac{V_{D(min)}S_1}{P_1} - V_O = \frac{127 \times 11}{100} - 5 \fallingdotseq 9 \text{ V}$$

ただし，$V_{D(min)}$；最低電源整流電圧（127）［V］

と，求まります．I_{RL1}は次式で求まります．

$$I_{RL1} = \frac{V_{L1} t_{on}}{L_1}$$

ただし，L_1；L_1のインダクタンス（100 μ）［S］

t_{on}は最大オン時間で，次式で求まります．

$$t_{on} = \frac{D_{ON(max)}}{f_{SW}} = \frac{0.45}{120 \times 10^3} = 3.75 \times 10^{-6} \text{ [s]}$$

したがって，I_{RL1}は次式から0.34A_{P-P}です．

$$I_{RL1} = \frac{9 \times 3.75 \times 10^{-6}}{100 \times 10^{-6}} \fallingdotseq 0.34 A_{P-P}$$

D_3またはD_4に流れる順電流の最大値は，

$$I_{FD3(max)} = 2 + (0.34 \div 2) \fallingdotseq 2.2 \text{ A}$$

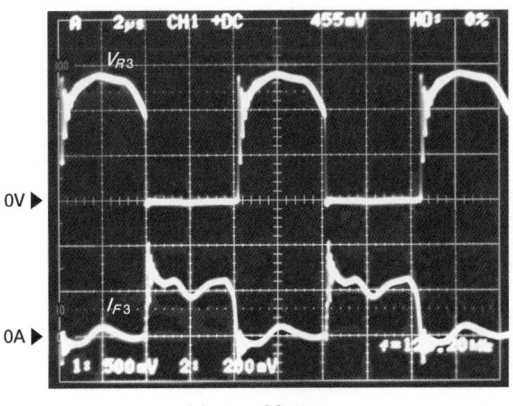

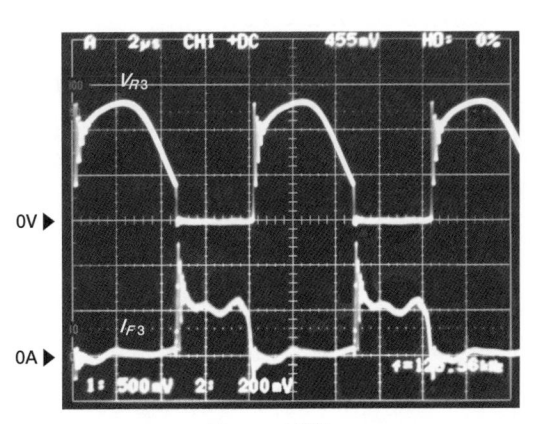

(a) $v_{in} = 90V_{RMS}$　　　　　(b) $v_{in} = 110V_{RMS}$

写真3.5　出力整流用ダイオードD_3の電圧と電流波形（上：5 V/div., 下：2 A/div., 2 μs/div.）

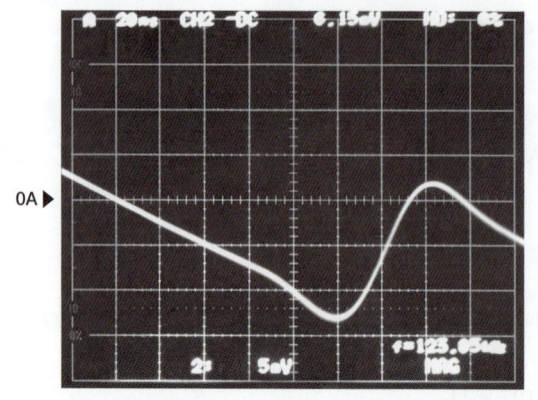

写真3.6　出力整流用ダイオードD_3の逆回復時電流波形
（0.5 A/div., 20 ns/div.）

となります．ディレーティングを0.8として，平均整流電流が2.75 A以上のショットキー・バリア・ダイオード5FWJ2CZ47M（V_{RRM} = 30 V，I_O = 5 A）を選びます．

●●●● 接合部温度の算出方法 ●●●●

接合部の温度T_jは，ダイオードの損失と周囲温度や放熱の条件によって決まります．接合部温度が高くなるほど，ダイオードの劣化速度が加速し，信頼性に影響します．

ダイオードの損失は順方向定常損失（順電圧と順電流の積で決まる損失）と逆方向スイッチング損失（逆回復時間に発生する損失で，スイッチング周波数が高いときに無視できない値になる）の合計です．逆方向定常損失と順方向スイッチング損失も発生していますが，実用上はこれで十分な場合がほとんどです．

T_jは，ダイオードの損失とデータシートに示された熱抵抗を使って求めます．熱抵抗とは，通電中の熱的定常状態において接合部-周囲空気間，または接合部-ケース間の1 W当たりの温度差

（a）ヒートシンクあり　　　　　　　　　　（b）ヒートシンクなし

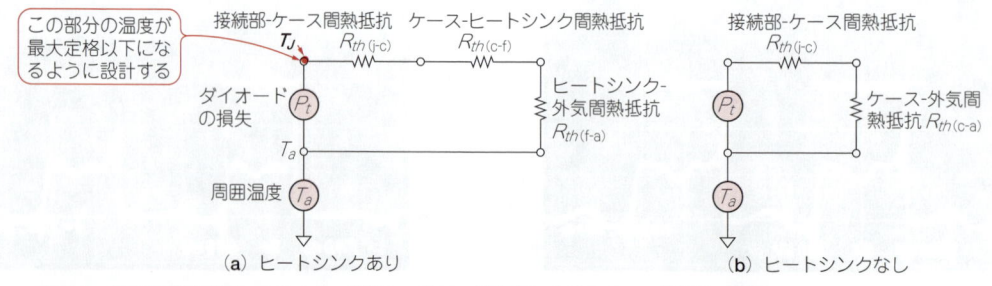

図3.A　電子回路で表現したダイオード損失，外気，接合部から外気までの熱抵抗の関係

● 接合部温度の最大値

D_3 の順方向損失 P_{FD3} は，次式で求まります．

$P_{FD3} = V_{F3} I_{F3(\max)} = 0.47 \times 2.2\,\text{A} \fallingdotseq 1\,\text{W}$

ただし，V_{F3}；順電圧(0.47)［V］

となります．**写真3.6**から $I_{RP} \fallingdotseq 1.3\,\text{A}$，$t_{rr} = 130\,\text{ns}$，**写真3.5**から $V_R = 14\,\text{V}$ ですから，逆方向スイッチング損失 P_{RD3} は，

$P_{RD3} = \dfrac{1.3 \times 130 \times 10^{-9} \times 14 \times 20 \times 10^{3}}{6} \fallingdotseq 0.047\,\text{W}$

と求まります．順電流が大きいほど逆電流は大きくなるので，最低入力電圧時（$v_{in} = 90\,\text{V}_{RMS}$）の逆電流値で計算します．したがって，総損失 $P_{D3(total)}$ は，

$P_{D3(total)} = P_{FD3} + P_{RD3} = 1 + 0.047 \fallingdotseq 1.05\,\text{W}$

となります．データシートの接合-ケース間の熱抵抗3.5℃/Wとケース-外気間の熱抵抗70℃/Wから，外気と接合部間の温度差は，

$73.5 \times 1.05 \fallingdotseq 77.2\,℃$

です．仕様から最大周囲温度40℃ですから，T_j は，

コラム3.A

です．ケースの形状や材質などによって決まります．

ヒートシンクを使わない場合は，次式で求めます．

$T_J = P_{total}(R_{th(j\text{-}c)} + R_{th(c\text{-}a)}) + T_a$

ただし，P_{total}；ダイオードの総損失［W］
$R_{th(j\text{-}c)}$；接合部とケース間の熱抵抗［℃/W］
$R_{th(c\text{-}a)}$；ケースと外気間の熱抵抗［℃/W］

リード・タイプのダイオードの多くは，データシートに接合部から外気までの熱抵抗 $R_{th(j\text{-}a)}$ が記載されています．その場合は，次式で求めます．

$R_{th(j\text{-}a)} = R_{th(j\text{-}c)} + R_{th(c\text{-}a)}$

ヒートシンクを使用する場合は，次式で求めます．

$T_J = P_{total}(R_{th(j\text{-}c)} + R_{th(c\text{-}f)} + R_{th(f\text{-}a)}) + T_a$

ただし，$R_{th(c\text{-}f)}$；ケースとヒートシンク間の接触熱抵抗［℃/W］
$R_{th(f\text{-}a)}$；ヒートシンクと外気間の熱抵抗［℃/W］

となります．

図3.Aに，熱抵抗の等価回路を示します．たとえば，ヒートシンクなしで P_{total} が0.9 W，$R_{th(j\text{-}a)}$ が75℃/W，最高周囲温度 T_a が40℃の場合，接合部温度は，

$T_J = (0.9 \times 75) + 40 = 107.5\,℃$

と求まります．

（浅井紳哉）

$T_J = 77.2 + 40 ≒ 117.2\,℃$

と求まります．ディレーティングを0.8とすると146.5℃となります．

● **必要なヒートシンクの熱抵抗**

ヒートシンクがないと，接合部温度定格(125℃)を越えます．必要なヒートシンク-周囲間の熱抵抗 $R_{th(f-a)}$ は，次式で求まります．

$$R_{th(f-a)} + R_{th(j-c)} + R_{th(c-f)} \leq \frac{0.8\,T_{j(max)} - T_{a(max)}}{P_{D3(total)}}$$

ただし，$T_{J(max)}$ ；最大接合部温度(125)［℃］

　　　　0.8　；ディレーティング係数

　　　　$P_{D3(total)}$ ；D_3 の総損失(1.05)［W］

データシートから $R_{th(j-c)} = 3.5\,℃/W$ ですから，ケース-ヒートシンク間熱抵抗 $R_{th(c-f)}$ を2℃/Wとすると，

$R_{th(f-a)} \leq 51.6\,℃/W$

となります．

〈浅井紳哉〉

参考・引用*文献
(1)* 東芝半導体データ・ブック(整流素子・サイリスタ編)，pp.29〜32，pp.216〜239，p.232，'81年4月．
(2)* 東芝MOSメモリ解説書，pp.64〜65，'83年4月．
(3)　最新ダイオード規格表'84，p.150，CQ出版社，1984年6月．
(4)　フェアチャイルド・ジャパン(株)訳，ボルテージ・レギュレータ・ハンドブック，第2版，pp.7-3〜7-4，誠文堂新光社，S.54.5.10(第1版)．
(5)　岡村廸夫；奇数倍の多倍圧回路の考察，トランジスタ技術，1976年2月号，pp.94〜95．
(6)　古川静二郎；電子通信学会編，半導体デバイス，初版第3刷，pp.64〜67，コロナ社，S.59.5.15．
(7)　米国半導体電子工学教育委員会(編)，牧本次生(訳)；トランジスタの物理と回路モデル，第8版，pp.53〜56，産業図書，S.44-3-14(初版)．
(8)　整流素子中型編ダイオード・データ・ブック，1996年3月，㈱東芝．
(9)　ダイオード・データ・ブック，1994年8月，㈱日立製作所．
(10)* S1VB60データシート，新電元工業(株)

第一部 ダイオードの基礎と応用

第4章 定電圧ダイオードの使い方

一般的なダイオードは，順方向の特性を利用しますが，定電圧ダイオード(ツェナ・ダイオード：Zener Diode)は逆方向の安定したブレークダウン特性を積極的に利用するダイオードです．

4.1 定電圧ダイオードの基本特性

● 電圧-電流(V-I)特性

図4.1(a)は，定電圧ダイオード(以下，ZD)を使ったもっとも基本的な回路です．この等価回路は電源電圧Eとツェナ電圧V_zの大小関係によって，図(b)と図(c)のようになります．すなわち，$E \geq V_z$のときは，Eが変化してもV_zはほぼ一定($R \gg r_d$だから)で，$E < V_z$のときはZDは極めて大きな抵抗を示して電流はほとんど流れません．

このような特性を示すのは，ZDのV-I特性が図4.2のようになっているからです．この図を見てわかるように，$V \geq 0$では一般のダイオードと同じく，$V = 0.7$ V付近で電流が立ち上がります．しかし，$V < 0$では，ある電圧に達すると急に電流が流れ始めます．この$V < 0$で急に電流が流れ始める電圧を

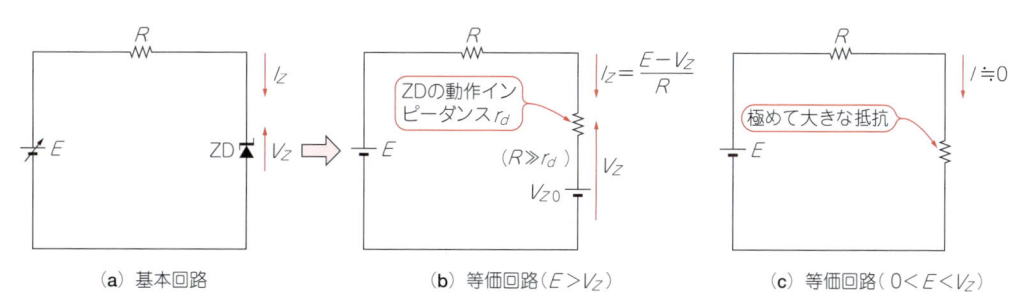

(a) 基本回路　　(b) 等価回路($E > V_z$)　　(c) 等価回路($0 < E < V_z$)

図4.1 定電圧回路の基本特性

第4章

ツェナ電圧 V_z といい，通常のダイオードの逆耐性（ブレークダウン電圧）に相当します．また，これに対応する電流をツェナ電流 I_z といいます．

ZD以外のダイオードでこの部分を使うことはまずありませんが，ZDではこの部分を利用するわけです．したがって，ZDではこのツェナ電圧がもっとも重要となります．

表4.1に代表的なZDの例として02CZシリーズ（東芝）の電気的特性を示します．実際のZDは**表**4.1のようにツェナ電圧が細分されています（表には記していないが，各品種はさらに2～3種類に細分されている）．

以下，この02CZシリーズを例にして，ZDの性質を説明していきます．

● **動作インピーダンス（r_d）**

ツェナ領域では電流が変化しても電圧はほぼ一定なのですが，実際には電流によって多少変化します．この電流の変化に対する電圧の変化（$\Delta V_z/\Delta I_z$）がZDの動作インピーダンス r_d となり，**図**4.1(b)の r_d に相当します．r_d はできるだけ小さいほうが望ましく，理想的にはゼロです．r_d が大きいと，何らかの原因で電流が変動した場合に電圧も変動してしまい，定電圧ダイオードのはずが定電圧ではなくなってしまいます．

この r_d は，ツェナ電圧や電流によって変化します．ツェナ電圧に対する r_d の変化を**図**4.3に示します．この図より，ツェナ電圧は10～20V付近がもっとも r_d が小さくなることがわかります．

また，高い電圧のZDが必要なときは，その電圧のZDを使うよりも10～20VのZDを直列に使ったほうが，動作インピーダンスを小さくすることができます．

ツェナ電流に対する動作抵抗の変化を**図**4.4に示します．このときは，できるだけ電流を多く流したほうが動作抵抗が小さくなることがわかります．

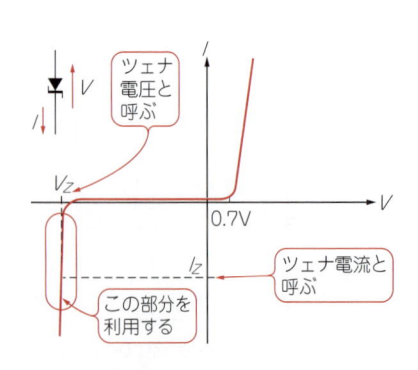

図4.2　定電圧ダイオードの V–I 特性

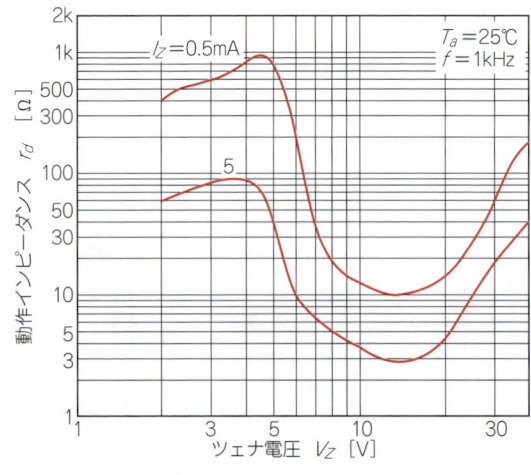

図4.3　動作インピーダンス対ツェナ電圧

4.1 定電圧ダイオードの基本特性

● ツェナ電圧の温度特性

　ここまでは温度については特に触れてきませんでしたが，ツェナ電流を一定に保っておいても，周囲温度が変化するとそれに伴ってツェナ電圧が変化します．温度係数 γ_z はツェナ電圧に依存し，**図4.5** のようになります．

　温度係数は，ツェナ電圧の低いほうが小さいことがわかります．ただし，ツェナ電圧が約5V以下になると，温度係数は負になってしまいます．これは，この電圧付近を境にしてブレークダウンの動作

表4.1　02CZシリーズの電気的特性

$T_a = 25℃$

品名	ツェナ電圧* V_z(V)		I_z(mA)	動作抵抗 Z_z(Ω)	I_z(mA)	立ち上がり動作抵抗 Z_{ZK}(Ω)	I_z(mA)	逆電流 I_R(μA)	V_R(V)
	最小	最大		最大		最大		最大	
02CZ2.0**	1.85	2.15	5	100	5	1000	0.5	120	1.0
02CZ2.2**	2.05	2.38	5	100	5	1000	0.5	120	1.0
02CZ2.4	2.28	2.60	5	100	5	1000	0.5	120	1.0
02CZ2.7	2.50	2.90	5	110	5	1000	0.5	120	1.0
02CZ3.0	2.80	3.20	5	120	5	1000	0.5	50	1.0
02CZ3.3	3.10	3.50	5	130	5	1000	0.5	20	1.0
02CZ3.6	3.40	3.80	5	130	5	1000	0.5	10	1.0
02CZ3.9	3.70	4.10	5	130	5	1000	0.5	10	1.0
02CZ4.3	4.00	4.50	5	130	5	1000	0.5	5	1.0
02CZ4.7	4.40	4.90	5	120	5	1000	0.5	5	1.0
02CZ5.1	4.80	5.40	5	70	5	1000	0.5	1	1.5
02CZ5.6	5.30	6.00	5	40	5	900	0.5	1	2.5
02CZ6.2	5.80	6.60	5	30	5	500	0.5	1	3.0
02CZ6.8	6.40	7.20	5	25	5	150	0.5	0.5	5.0
02CZ7.5	7.00	7.90	5	23	5	120	0.5	0.5	6.0
02CZ8.2	7.70	8.70	5	20	5	120	0.5	0.5	6.5
02CZ9.1	8.50	9.60	5	18	5	120	0.5	0.5	7.0
02CZ10	9.40	10.60	5	15	5	120	0.5	0.5	8.0
02CZ11	10.40	11.60	5	15	5	120	0.5	0.5	8.5
02CZ12	11.40	12.60	5	15	5	110	0.5	0.5	9.0
02CZ13	12.40	14.10	5	15	5	110	0.5	0.5	10
02CZ15	13.80	15.60	5	15	5	110	0.5	0.5	11
02CZ16	15.30	17.10	5	18	5	150	0.5	0.5	12
02CZ18	16.80	19.10	5	20	5	150	0.5	0.5	14
02CZ20	18.80	21.20	5	25	5	200	0.5	0.5	15
02CZ22	20.80	23.30	5	30	5	200	0.5	0.5	17
02CZ24	22.80	25.60	5	40	5	200	0.5	0.5	19
02CZ27	25.10	28.90	2	70	2	250	0.5	0.5	21
02CZ30	28.00	32.00	2	80	2	250	0.5	0.5	23
02CZ33	31.00	35.00	2	80	2	250	0.5	0.5	25
02CZ36	34.00	38.00	2	90	2	250	0.5	0.5	27
02CZ39	37.00	41.00	2	100	2	250	0.5	0.5	30
02CZ43	40.00	45.00	2	130	2	—	—	0.5	33
02CZ47	44.00	49.00	2	150	2	—	—	0.5	36

＊：ツェナ電圧（V_z）の測定時間，t = 30 ms　＊＊：受注生産品

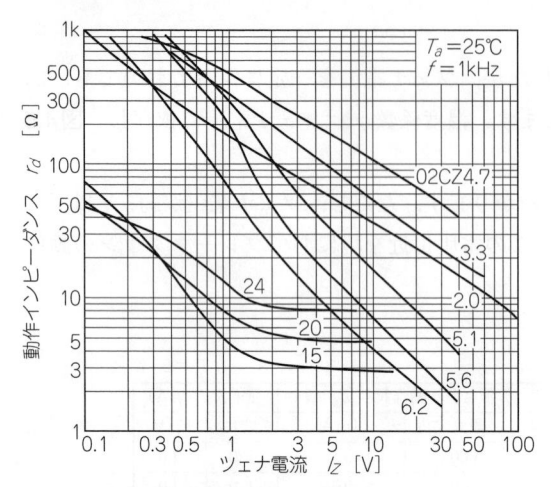

図4.4　動作インピーダンス対ツェナ電流

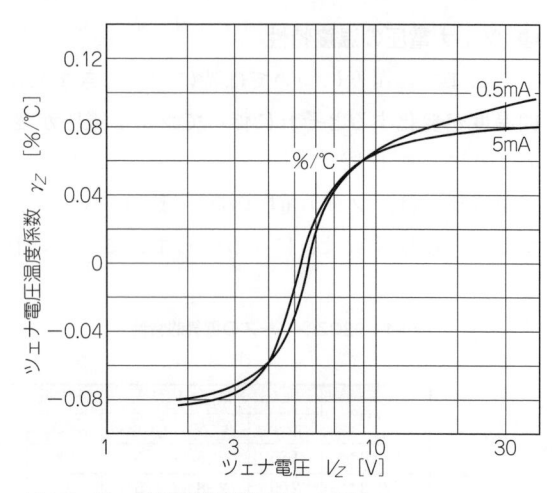

図4.5　ツェナ電圧温度係数対ツェナ電圧

原理が異なり，それぞれが正の温度係数，負の温度係数をもっているためです．このため，ちょうどこの付近の電圧では，それぞれの温度特性が打ち消し合って温度係数が小さくなります．したがって，温度変化に対しては，ツェナ電圧が5～6VのZDを使うのが望ましいといえます．

ただし，ここで述べている一般的なZDのほかに，次の項で述べる温度補償を施したZDや，IC化された基準電圧などがありますので，精密電源などで本当に温度係数の小さなものが必要なときは，それらを用いるようにします．

4.2 温度補償型定電圧ダイオード

前述したように，ZDは温度係数をもっています．そのため，ある温度で必要なツェナ電圧を得ても，温度が変化するとツェナ電圧まで変わってしまいます．電圧が安定していることを要求されない回路ならそれでもよいのですが，電圧の安定が要求されるときには，それでは困ってしまいます．そこで，このために温度係数を極力小さくしたのが温度補償型ZDです．

一般的な温度補償型ZDの原理を，図4.6に示します．図(a)のようにZDと通常のダイオードを接続して，これを図(b)のように1本のZDと考えると，そのツェナ電圧V_Zの温度係数γ_Zは2本のダイオードの和となります．すなわち，

$V_Z = V_{Z0} + V_F$

$\gamma_Z = \gamma_{Z0} + \Delta V_F / \Delta T$

となりますが，ダイオードの温度変動分$\Delta V_F/\Delta T$は－2.0～－2.5 mV/℃で一定です．ここで前述の図4.5を見ると，V_Z＝6V付近のZDの温度係数γ_{Z0}が＋2.0～2.5 mV/℃であることがわかります．したがって，このZDを用いれば，トータルの温度係数γ_Zは打ち消し合って非常に小さくなるわけです．

実際の温度補償型ZDは，1本のZDと複数のダイオードを接続したものを1本に封入して，1本の温度補償型ZDにしています．

コラム4.A 逆電圧によるブレークダウンと二つの動作モード

ダイオードの逆方向に電圧を加えていくと漏れ電流が増加します．ある電圧以上になると，それが急激に増加し始めます．この現象をブレークダウンといいます．「ツェナ降伏」と「アバランシェ降伏」の二つの機構からなります．

● ツェナ降伏

図4.A(a)に，ツェナ降伏の模式図を示します．逆電圧を加えると，不純物濃度を高くしたPN接合部に高電界が加わり，励起された電子がPN接合部を通り抜ける現象が発生します．これをトンネル効果と呼びます．この現象で逆電流が流れる機構をツェナ降伏といいます．この機構は5～6V以下のツェナ・ダイオードで顕著に起こる現象です．

● アバランシェ降伏

逆電圧を加えると，熱的に発生した電子と正孔が強電界により運動エネルギを得て加速されます．加速された電子は原子と衝突して，図4.A(b)に示すように，次々と新たな電子と正孔対を作り出す現象（なだれ増倍）が発生します．この現象で逆電流が流れる機構をアバランシェ降伏といいます．この機構は5～6V以上のツェナ・ダイオードで顕著に起こる現象です．

● 逆電圧特性

図4.Bに，逆電圧特性の例を示します．アバランシェ降伏は，なだれ式に電子（つまり，電流）が増幅されるため，ツェナ降伏と比べて急峻な特性になります．

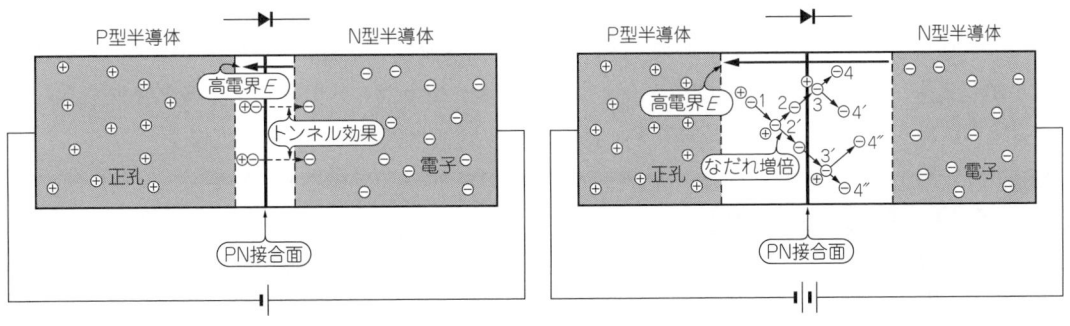

（島田義人）

(a) トンネル効果（ツェナ降伏）　　(b) なだれ増倍（アバランシェ降伏）

図4.A　ツェナ降伏とアバランシェ降伏

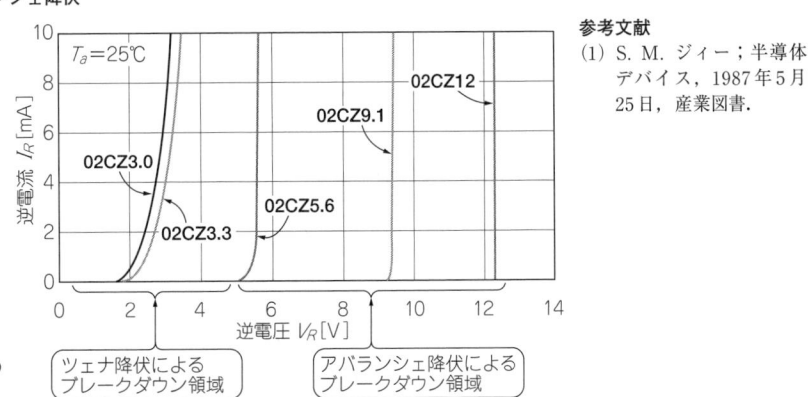

図4.B　定電圧ダイオードの逆特性

参考文献
(1) S. M. ジィー；半導体デバイス，1987年5月25日，産業図書．

第4章

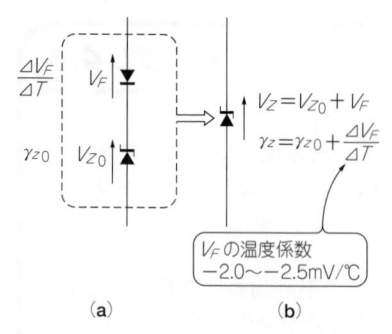

図4.6 温度補償型定電圧ダイオード

$V_Z = V_{Z0} + V_F$

$\gamma_z = \gamma_{z0} + \dfrac{\Delta V_F}{\Delta T}$

V_Fの温度係数
−2.0〜−2.5mV/℃

表4.2 代表的な温度補償型定電圧ダイオード(基準電圧ICを除く)

型名	メーカ	ツェナ電流 I_z(mA)	ツェナ電圧 V_z(V)			温度係数 γ_z(ppm/℃)	動作抵抗 r_d(Ω)
			min	typ	max	max	max
1SZ50	NEC	7.5	5.9	6.2	6.5	±100	20
1SZ51	NEC	7.5	5.9	6.2	6.5	±50	20
1SZ52	NEC	7.5	5.9	6.2	6.5	±20	20
1SZ53	NEC	7.5	5.9	6.2	6.5	±10	20
1SZ54	NEC	7.5	5.9	6.2	6.5	±5	20
LM329	NS	1	6.6	6.9	7.25	*1	2

＊1：サフィックスで次のように分類されている．
A：10，B：20，C：50，D：100

　さて，このように温度補償型ZDを使うときに注意しなければならないことは，そこに流す電流です．これらのZDは温度係数 γ_z がある値以下に保証されていますが，この値は規定されたツェナ電流でのみ保証されるということです．表4.2に代表的な温度補償型ZDを載せておきますが，たとえば1SZ50で γ_z が±100 ppm/℃以下に保証されるのは，I_z = 7.5 mAのときだけということです．逆にいうと，I_z がこの値からはずれた場合には，γ_z が±100 ppm/℃を上回ることもあり得るということです．

　したがって，このようなZDを用いる際には，電流電圧や温度が変化してもツェナ電流が規定された値からはずれないようにする配慮が必要です．図4.7に定電流による温度補償型定電圧ダイオードの駆動例を示します．また，実装上ではパワー・トランジスタやトランスのような，熱を発生するものからできるだけ離すといった注意も必要です．

4.3 基準電圧用IC

　IC技術を利用して内部に定電圧回路や温度安定回路を組み込み，前述した温度補償型ZDと同等以上の性能や，ユニークな特徴をもった素子があります．一般には，基準電圧ICと呼ばれていますが，ここでは代表的なLM399/LM3999(NS)と，TL431(TI)を取り上げます．このほかにも，表4.3のように特徴をもったICが各種あります．

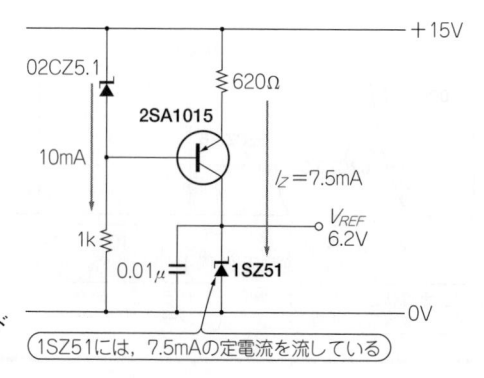

図4.7 温度補償型定電圧ダイオードのドライブ

1SZ51には，7.5mAの定電流を流している

4.3 基準電圧用IC

表4.3 各種基準電圧ICの特性

型名	メーカ	ツェナ電圧 V_z [V] min	typ	max	ツェナ電流 I_z [mA]	ツェナ電圧変動 ΔV_z [mV] (max)	条件(I_z)	温度係数 γ_z [ppm/℃] (typ)	温度範囲	動作抵抗 r_d [Ω] (typ)	条件(I_z)	備考
LM313	NS	1.16	1.22	1.28	1	15	0.5 m→20 mA	100	0〜+70℃	0.2	1 mA	−
LM336	NS	2.39	2.49	2.59	1	10	0.4 m→10 mA	1.8 mV	0〜+70℃	0.2	1 mA	LM336B は V_z = 2.44〜2.54 V
LM336 - 5.0	NS	4.8	5.0	5.2	1	20	0.6 m→10 mA	4 mV	0〜+70℃	0.8	1 mA	LM336B - 5.0は V_z = 4.9〜5.1 V
LM385 - 1.2	NS	1.205	1.235	1.260	0.015〜20	1, 20	0.015 m→1 mA, 1 m→20 mA	20	0〜+70℃	0.4	0.1 mA	LM385B - 1.2は V_z = 1.223〜1.247 V
LM385 - 2.5	NS	2.425	2.5	2.575	0.02〜20	2, 20	0.02 m→1 mA, 1 m→20 mA	20	0〜+70℃	0.4	0.1 mA	LM385B - 2.5は V_z = 2.462〜2.538 V
LH0070 - 0	NS	10.00 ± 0.1 %			(3)	−	−	0.3 %	−55, +125℃	0.2		LH0070 - 1, - 2はさらに高性能版
LH0071 - 0	NS	10.24 ± 0.1 %			(3)	−	−	0.3 %	−55, +125℃	0.2		LH0071 - 1, - 2はさらに高性能版
ICL8069	インターシル	1.20	1.23	1.25	0.5	20	0.05 m→5 mA	→	0〜+70℃	1	0.05 mA 0.5 mA	γ_z分類(A：10, B：25, C：50, D：100 ppm/℃)
MC1403	オンセミコン	2.475	2.50	2.525	−	−	−	40 (max)	0〜+70℃	−		MC1403Aは, γ_z = 25 ppm/℃ (max)
HZT33	ルネサス	31.0	−	35.0	5	−	−	1 mV/℃	−25〜+75℃	25 (max)	5 mA	−

注：ほとんどの品種において，さらに細かい分類でより高性能なものが用意されている

なお，これらの基準電圧ICは，その名のとおりICであってダイオードではないので，ZDの基本特性で説明した内容はあてはまりません．注意してください．

● LM399とLM3999

このICは，同一チップ内に基準電圧発生回路と温度安定回路が入っており，外部の温度に関係なく

表4.4 LM399シリーズ，LM3999の電気的特性

項目	測定条件	単位	LM399 min	typ	max	LM399A min	typ	max	LM3999 min	typ	max
ツェナ電圧	0.5 mA ≦ I_z ≦ 10 mA	V	6.6	6.95	7.3	6.6	6.95	7.3			
	0.6 mA ≦ I_z ≦ 10 mA	V							6.6	6.95	7.3
ツェナ電圧変動	I_z：0.5 mA→10 mA	mV		6	12		6	12			
	I_z：0.6 mA→10 mA	mV								6	20
動作抵抗	I_z：1 mA	Ω		0.5	1.5		0.5	1.5		0.6	2.2
ツェナ電圧温度係数	0℃ ≦ T_a ≦ 70℃	ppm/℃		0.3	2		0.3	1		2	5
ノイズ電圧	10 Hz ≦ f ≦ 10 kHz	μV		7	50		7	50		7	
長期安定性	22℃ ≦ T_a ≦ 28℃, I_z = 1 mA ± 0.1 %, 1000 H	ppm		20			20			20	
温度安定回路供給電源	T_a = 25℃, V_S = 30 V	mA		8.5	15		8.4	15		12	18
温度安定回路供給電源		V	9		40	9		40			36
ウォームアップ時間	V_S = 30 V, T_a = 25℃	秒		3			3			5	
初期突入電流	9 V ≦ V_S ≦ 40 V, T_a = 25℃	mA		140	200		140	200		140	200

第4章

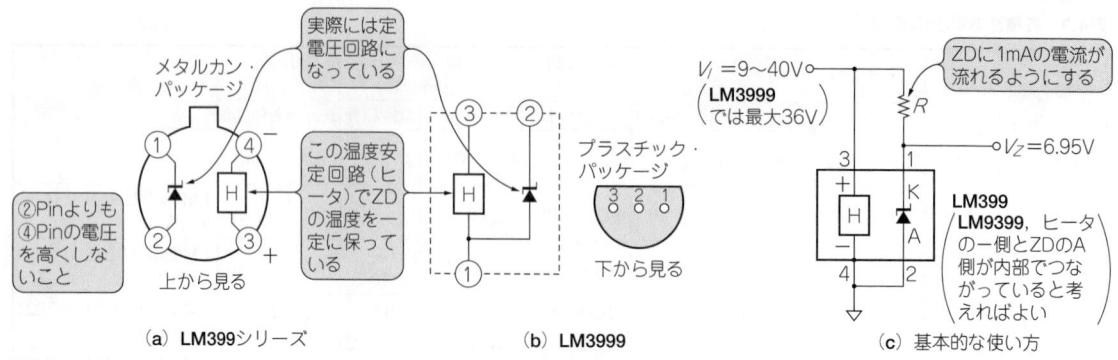

図4.8 LM399シリーズ，LM3999のピン接続と基本的な使い方

(a) LM399シリーズ
(b) LM3999
(c) 基本的な使い方

内部の温度を一定に保っています．このため，温度係数は極めて小さな値になっており，表4.4に示したとおりLM399で0.3 ppm/℃（ppmは10^{-6}），LM3999で2 ppm/℃となっています．

ピン接続と基本的な使い方を，図4.8に示します．LM399とLM3999は外形が異なりますが内部回路は同じもので，LM3999が汎用タイプ，LM399が高性能版と考えてよいでしょう．

基本的な使い方は，図4.8(c)に示したとおりです．温度安定回路（ヒータ）には9～40 V（LM3999では最大36 V）の電圧を直接つなぎ，ZDの部分は通常のZDと同じように使って，$I_Z = 1$ mAとなるようにします．

なお，このICを使ううえで注意することが2つあります．まず一つは，負荷電流は極力小さく抑えるということです．そのため，通常はOPアンプなどを介して出力電圧V_Zを取り出します．もう一つは，温度安定回路に加える電圧をできるだけ一定にするということです．この電圧が変化すると，中にあるヒータに流れる電流も変化し，内部温度が変わり，結果的に出力電圧も変化してしまいます．

● TL431

このICは図4.9に示したように3端子型で，出力電圧を可変できるというところに大きな特徴があります．また，最大電流も100 mAと大きいので，これだけでも立派なシャント・レギュレータ（制御素子を負荷と並列に入れて出力電圧を一定にする電源）になります．

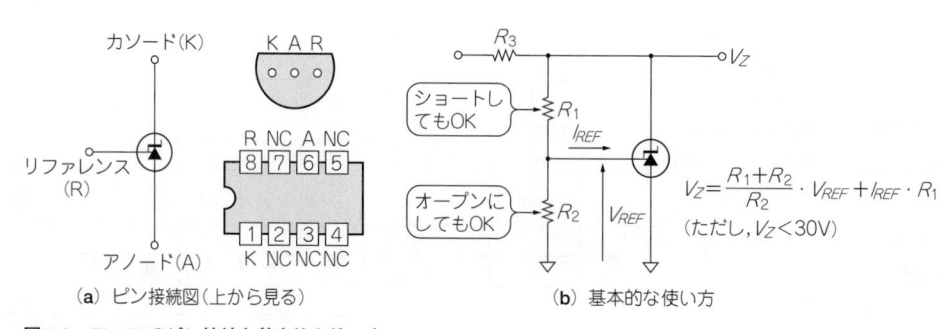

(a) ピン接続図（上から見る）
(b) 基本的な使い方

$$V_Z = \frac{R_1 + R_2}{R_2} \cdot V_{REF} + I_{REF} \cdot R_1$$

（ただし，$V_Z < 30$V）

図4.9 TL431のピン接続と基本的な使い方

ただし，温度係数はLM3999より10倍以上悪くなります．しかし，それでも通常のZDよりはずっと小さい値です．TL431の電気的特性を**表4.5**に示します．

基本的な使い方は，**図4.9(b)**に示したとおりです．電圧を自由に設定できるZDというイメージですが，3端子であることを利用して変わった使い方ができます．

図4.10(a)は，電流を大きく設定できるシャント・レギュレータです．図(b)は3端子レギュレータと組み合わせて可変電圧回路を構成したもので，こんな簡単な回路で7.5 V～25 V，1 Aの出力が得られます．

図(c)と図(d)は定電流回路ですが，図(c)の場合は過電流保護回路(**図4.17**のTr_4の部分)にも使え，トランジスタを用いた場合よりもはるかにシャープな特性が得られます．

4.4 その他の定電圧ダイオード

これまで述べてきたZDのほかにも，さほど一般的ではありませんが，定電圧用，高電圧用，中・大電力用，高周波用，その他いろいろなZDがあります．これらのZDは，前項までに取り上げたZDと比べてそれぞれの特徴があるので，この特徴を活かした使い方をするようにします．各種ZDの例を**表4.6**に載せておきます．

ただし，これらのZDは，品種によっては一般性において多少劣るところがあり，入手性や価格の面でどうしても不利になります．ものによっては，発注してから納入されるまで数ヵ月かかるものもあるようですので，量産に用いるようなときはその点を最初に確認する必要があります．

● 低電圧用ツェナ・ダイオード

一般に，ツェナ電圧が5 V以下のものを低電圧用ZDといいます．**図4.3**からわかるように，ツェナ

表4.5　TL431の電気的特性

*1：$V_Z = V_{REF}$, $I_Z = 10$ mA
*2：R_1；カソードとV_{REF}間の抵抗，
　　R_2；アノードとV_{REF}間の抵抗
*3：$I_Z = 10$ mA, $R_1 = 10$ kΩ, $R_2 = \infty$
*4：アノード-カソード間の動作抵抗は，
　　$r_d = \dfrac{R_1 + R_2}{R_2} \cdot r$
　　($r = V_{REF}$動作抵抗)

( )内はメーカからは発表されていないので，温度による基準電圧変動より計算にて求めた値

項目	測定条件	単位	TL431M			TL431I			TL431C		
			min	typ	max	min	typ	max	min	typ	max
基準電圧	$V_Z = V_{REF}$, $I_Z = 10$ mA	V	2.44	2.495	2.55	2.44	2.495	2.55	2.44	2.495	2.55
基準電圧温度係数	$V_Z = V_{REF}$, $I_Z = 10$ mA, $0℃ \leq T_a \leq 70℃$	ppm/℃		(50)	(100)		(50)	(100)		(50)	(100)
温度による基準電圧変動	$T_a：-55℃→125℃$ *1	mV		22	44						
	$T_a：-40℃→80℃$ *1	mV					15	30			
	$T_a：0℃→70℃$ *1	mV								8	17
V_{REF}入力電流	$I_Z = 10$ mA, $R_1 = 10$ kΩ, $R_2 = \infty$ *2	μA		2	4		2	4		2	4
温度によるV_{REF}入力電流変動	$T_a：-50℃→125℃$ *3	μA		1	3						
	$T_a：-40℃→80℃$ *3	μA					0.8	2.5			
	$T_a：0℃→70℃$ *3	μA								0.4	1.2
最小ツェナ電流	$V_Z = V_{REF}$	mA		0.4	1		0.4	1		0.4	1
最大ツェナ電流	$V_Z = V_{REF}$	mA	100			100			100		
	$5V \leq V_Z \leq 30V$	mA	100			100			100		
V_{REF}動作抵抗 *4	$V_Z = V_{REF}$, $f \leq 1$ kHz, 1 mA $\leq I_Z \leq 100$ mA	Ω		0.2	0.5		0.2	0.5		0.2	0.5

第4章

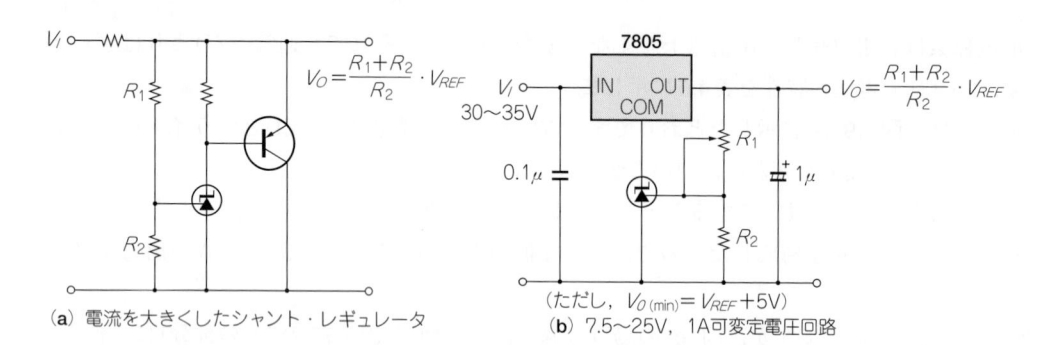

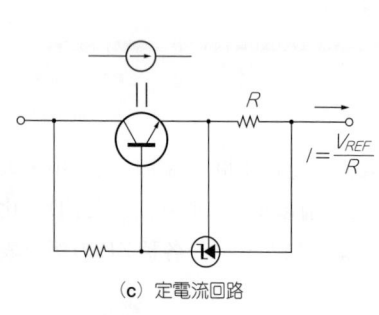

(a) 電流を大きくしたシャント・レギュレータ $V_O = \dfrac{R_1+R_2}{R_2} \cdot V_{REF}$

(b) 7.5〜25V，1A可変定電圧回路 $V_O = \dfrac{R_1+R_2}{R_2} \cdot V_{REF}$ （ただし，$V_{O(min)} = V_{REF} + 5V$）

(c) 定電流回路 $I = \dfrac{V_{REF}}{R}$

(d) 定電流回路 $I = \dfrac{V_{REF}}{R}$

図4.10 TL431の応用回路

表4.6 特殊な定電圧ダイオードの例

分類	型名	メーカ	ツェナ電圧 V_Z [V]			逆電流 I_R [μA]		動作インピーダンス Z_Z [Ω]		許容損失 P_d [W]
			Min	Max	I_Z [mA]	Max	V_R [V]	Max	I_Z [mA]	
低電圧用	HZ2ALL	ルネサス	1.6	2.0	0.5	0.1	0.5	350	0.5	0.25
	HZ2BLL	ルネサス	1.9	2.3	0.5	0.1	0.5	350	0.5	0.25
	HZ2CLL	ルネサス	2.2	2.6	0.5	0.1	0.5	350	0.5	0.25
	HZ3ALL	ルネサス	2.5	2.9	0.5	0.1	1.0	360	0.5	0.25
	HZ3BLL	ルネサス	2.8	3.2	0.5	0.1	1.0	360	0.5	0.25
	HZ3CLL	ルネサス	3.1	3.5	0.5	0.1	1.0	360	0.5	0.25
	HZ4ALL	ルネサス	3.4	3.8	0.5	0.1	2.0	370	0.5	0.25
	HZ4BLL	ルネサス	3.7	4.1	0.5	0.1	2.0	370	0.5	0.25
	HZ4CLL	ルネサス	4.0	4.4	0.5	0.1	2.0	370	0.5	0.25
	HZ5ALL	ルネサス	4.3	4.7	0.5	0.1	3.0	380	0.5	0.25
	HZ5BLL	ルネサス	4.6	5.0	0.5	0.1	3.0	380	0.5	0.25
	HZ5CLL	ルネサス	4.9	5.3	0.5	0.1	3.0	380	0.5	0.25
高電圧用	RD91E	NEC	85	96	2	0.2	69	400	2	0.5
	RD100E	NEC	94	106	2	0.2	76	400	2	0.5
	RD110E	NEC	104	116	1	0.2	84	750	1	0.5
	RD120E	NEC	114	126	1	0.2	91	900	1	0.5
電力用	RD2.0F	NEC	1.88	2.25	40	200	0.5	25	40	1
	RD6.2F	NEC	5.76	6.52	40	20	3	6	40	1
	RD20F	NEC	18.26	20.84	20	10	15	14	20	1
	RD62F	NEC	58	66	10	5	47	50	10	1
双方向	1ZM30	東芝	24	36	10	10	17	30	—	1
	1ZM50	東芝	40	60	6	10	35	65	—	1
	1ZM100	東芝	80	120	3	10	70	330	—	1

電圧が5V以下になると動作インピーダンスは急に大きくなります．

また，温度係数 γ_z は負になります．それもツェナ電圧 V_z が低いほど，その絶対値は大きくなっていきます．しかし，それでもダイオードの順方向電圧 V_F の温度係数はおおよそ −0.3%/℃ なので，それよりはずっと小さな値です．

● 高電圧用ツェナ・ダイオード

高電圧用ZDは，一般的なものはツェナ電圧が100V程度のものから，特殊なものでは1000Vに及ぶものまであります．高電圧（といっても，そのZDに見合った電圧）を扱う回路や，サージ吸収などに用います．

動作インピーダンスはかなり大きく，低電圧用ZDよりもさらに大きくなります．しかし，高電圧回路では動作が多少大きくても，さほど問題にならないことが多いようです．どうしても動作インピーダンスの小さい高電圧用ZDが必要なときは，許容損失の大きいものを選ぶとかなり小さな値になります．

温度係数 γ_z は，ツェナ電圧が大きくなるにしたがって大きくなる傾向にありますが，その値は通常のZDの延長上にあります．

● 中・大電力用ツェナ・ダイオード

一般的なZDの許容損失は数百mWですが，許容損失が数W～数十Wの中・大電力ZDもあります．このZDはツェナ電流を通常よりも多く流せるので，取り出せる電流もそれに応じて多くなります．許容損失が大きいものは外囲器に放熱器を取り付けられるようになっており，大きな損失で使うときは放熱器を付けて使うようにします．

大電力ZDの場合，ツェナ電流が大きいせいもあり，動作インピーダンスはかなり小さくなります．また，温度係数については一般のものと比べて同等です．

● 高周波用ツェナ・ダイオード

ツェナ電圧やツェナ電流，許容損失は一般のものと同じなのですが，端子間容量や逆回復時間が小さく，高周波まで使えるようにしたのが高周波用ZDです．

端子間容量とは，その名のとおり2本の端子間の容量をいいます．ダイオードには，多かれ少なかれ必ずこの容量があり，可変容量ダイオードのようにこの容量を積極的に利用するものもあります．

一般的には，スピードの点から端子間容量は小さいほうがよいとされていますが，ZDの場合はこの容量がかなり大きく，数十～数百pFになります．しかし，高周波用ZDではこの端子間容量が小さく作られており，数pF程度になっています．

ZDの逆回復時間とは，図4.11のように方形波を入力して，規定のツェナ電流が流れている状態から急にOFFさせたときに逆方向の電流が流れなくなるまでの時間で，どのくらいのスピードまでついていけるかを表しています．高周波用ZDでは，通常のZDに比べてこの逆回復時間も短くなっています．

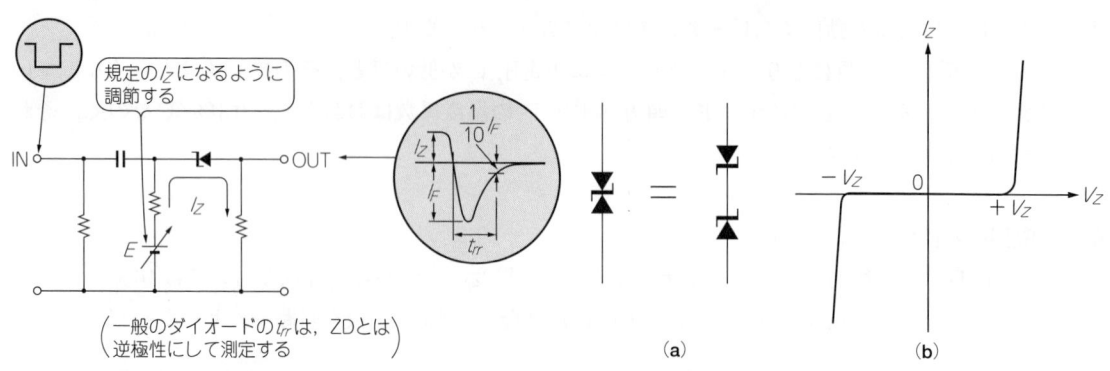

図4.11 逆回復時間 t_{rr} の測定

図4.12 双方向ツェナ・ダイオード

● 低雑音ツェナ・ダイオード

ZDはノイズ発生源にも使われるくらいなので，元来ノイズはかなり多いのですが，これを少なくしたのが低雑音ZDです．通常のZDでは，ノイズに関しては何の規定もされていませんが，低雑音ZDではこれが規定されています．たとえば，HZLLシリーズ（ルネサステクノロジ）では，$I_Z = 0.5\,\mathrm{mA}$ で10 $\mu\mathrm{V_{RMS}}$ 程度におさまっています．

● 双方向ツェナ・ダイオード

双方向ZDとは，図4.12(a)に示すように，ZDを2本逆向きに直列接続して方向性をなくしたものです．このため，正負いずれの電圧に対してもツェナ特性を示し，V-I特性は同図(b)のようになります．用途としては，正負両方共ツェナ特性を示すことを利用して，過電圧防止や交流信号のリミッタなどに使用されます．

4.5 定電圧回路への応用

● 定電圧回路の基本

定電圧回路は，図4.13に示すように，入力電圧や出力電流，さらには温度などの周囲環境が変わっても，出力電圧が常に一定となるような回路です．しかし，実際の定電圧回路では，これらの変化に対して出力電圧がまったく変動しないということはなく，多少なりとも変動します．この変動の大小が定電圧回路の性能となってくるわけです．

図4.13において出力電圧の変動 ΔV_O を，

$$\Delta V_O = F \cdot \Delta V_I - R_O \cdot \Delta I_L + K \cdot \Delta T$$

F ；入力変動係数（安定化率）

R_O ；負荷変動係数（内部抵抗）

K ；温度係数

ΔV_I ；入力電圧の変動分

ΔI_L ；負荷電流の変動分

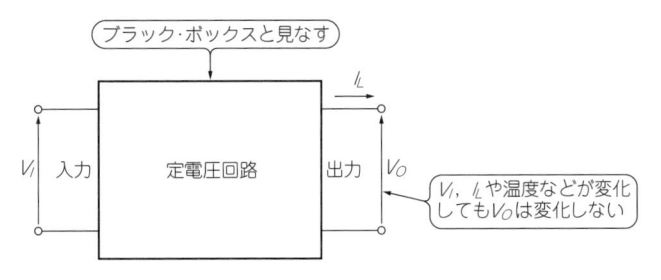

4.5 定電圧回路への応用

```
           ┌─ブラック・ボックスと見なす─┐
           ▼
      ┌──────────────┐  I_L
 V_I ─┤  入力  定電圧回路  出力 ├─── V_O
      └──────────────┘
                              V_I, I_L や温度などが変化
                              してもV_O は変化しない

      V_I：入力電圧
      V_O：出力電圧
      I_L：負荷電流
```

図4.13 定電圧回路の考え方

$\varDelta_T$；温度の変化分

と表すことにしましょう．この式で第1項は入力電圧，第2項は負荷電流，第3項は温度の変化による変動分です．

もっとも簡単な定電圧回路は，**図4.14**に示すようにZDの基本回路そのものです．この例では，15 Vの電圧から7.5 Vの定電圧出力を得ています．ZDに流すツェナ電流I_zは，通常メーカの推奨値（この場合は5 mA）になるようにRの値を計算します．

この回路ではZDの両端が出力となっているため，定電圧特性はZDの特性がそのまま現れ，負荷変動係数R_OはZDの動作抵抗r_dに，温度係数KもZDの温度係数δ_zとほぼ同じになります．また，入力変動係数Fはr_d/Rとなります．

なお，負荷電流I_Lについては，I_Lを取り出すとZDに流れるツェナ電流が減少するため，あまり大きな電流は取り出せず，また定電圧特性も悪化します．したがって，この回路はI_Lが小さい場合や，後述するように定電圧回路の一部として使われるのが一般的です．

図4.14の回路では，入力変動係数Fはr_d/Rですが，Fを小さくするためにRを大きくするには，入力電圧を上げるかZDに流れる電流を減らさなければなりません．しかし，そうせずに等価的にRを大きくする方法があります．Rを定電流素子（定電流ダイオードやFETなど）に置き換えればよいわけで，

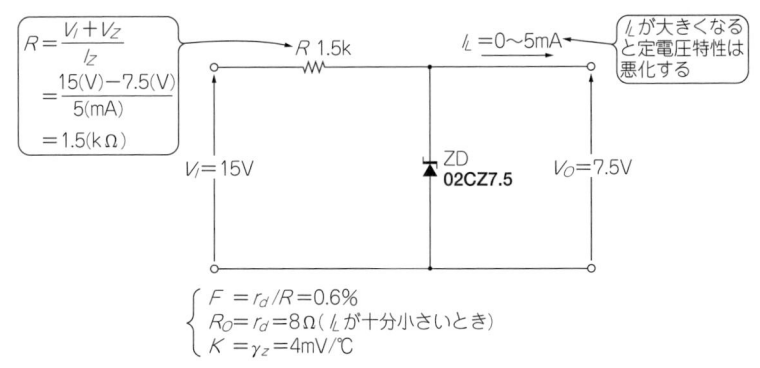

$$R = \frac{V_I + V_Z}{I_Z} = \frac{15(\mathrm{V}) - 7.5(\mathrm{V})}{5(\mathrm{mA})} = 1.5(\mathrm{k}\Omega)$$

R 1.5k，$I_L = 0 \sim 5\mathrm{mA}$（$I_L$が大きくなると定電圧特性は悪化する）

$V_I = 15\mathrm{V}$，ZD 02CZ7.5，$V_O = 7.5\mathrm{V}$

$\begin{cases} F = r_d/R = 0.6\% \\ R_O = r_d = 8\,\Omega\,(I_L が十分小さいとき) \\ K = \gamma_z = 4\mathrm{mV/°C} \end{cases}$

図4.14 もっとも簡単な定電圧回路

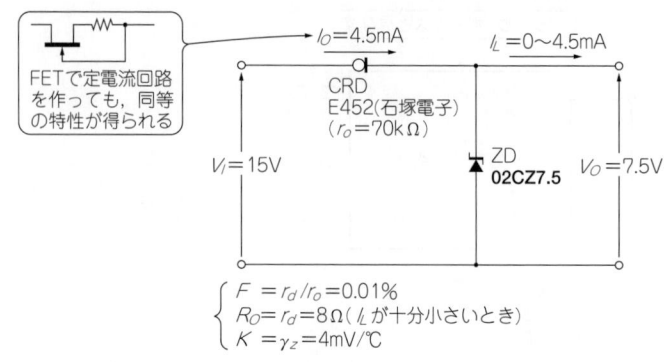

```
┌─────────────┐
│FETで定電流回路│
│を作っても，同等│
│の特性が得られる│
└─────────────┘
```

$I_O = 4.5\text{mA}$ $I_L = 0 \sim 4.5\text{mA}$

CRD E452(石塚電子) ($r_o = 70\text{k}\Omega$)

$V_I = 15\text{V}$ ZD 02CZ7.5 $V_O = 7.5\text{V}$

$$\begin{cases} F = r_d/r_o = 0.01\% \\ R_O = r_d = 8\Omega\,(I_L\text{が十分小さいとき}) \\ K = \gamma_Z = 4\text{mV}/℃ \end{cases}$$

図4.15 定電流回路と組み合わせた回路

図4.15のようになります．

定電流素子の動作抵抗r_oは非常に大きい（数10kΩから数MΩ）ので，その分r_d/R，すなわちFも小さくできるわけです．

● **トランジスタを用いた簡易定電圧回路**

基本回路では負荷電流I_Lは小さな電流しか取り出せませんでしたが，トランジスタと組み合わせると大きな電流まで取り出せるようになります．その例が，**図4.16**です．

この回路では，$I_{L(\max)}$は図4.14に比べてトランジスタのh_{FE}倍になりますし，トランジスタをダーリントン接続（複数のトランジスタを用いて，見かけ上h_{FE}を大きくするテクニック）すれば，さらに大電流を取り出すことができます．

出力電圧は，ツェナ電圧V_ZからトランジスタのV_{BE}を引いた値なので，ここでは7.5Vを得るために8.2VのZDを用いています．温度係数Kもこれと同様に，ZDのγ_ZからトランジスタのV_{BE}の温度係数

$$R = \frac{V_I - V_Z}{I_Z} = \frac{15(\text{V}) - 8.2(\text{V})}{5(\text{mA})} = 1.36(\text{k}\Omega) \rightarrow 1.3(\text{k}\Omega)$$

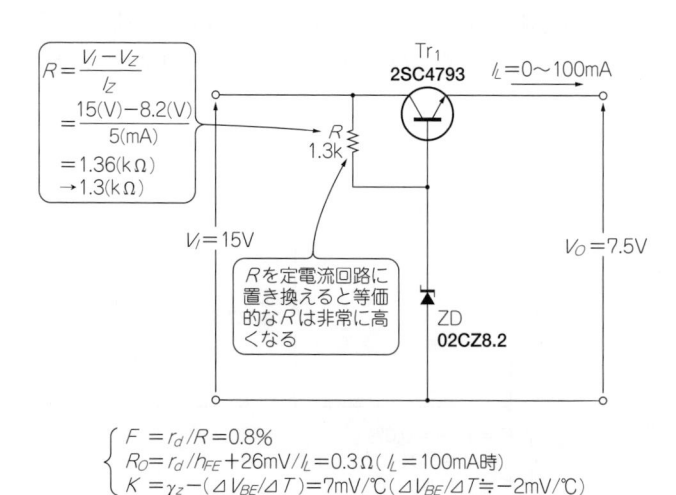

R 1.3k Tr₁ 2SC4793 $I_L = 0 \sim 100\text{mA}$

$V_I = 15\text{V}$ ZD 02CZ8.2 $V_O = 7.5\text{V}$

（Rを定電流回路に置き換えると等価的なRは非常に高くなる）

$$\begin{cases} F = r_d/R = 0.8\% \\ R_O = r_d/h_{FE} + 26\text{mV}/I_L = 0.3\Omega\,(I_L = 100\text{mA時}) \\ K = \gamma_Z - (\Delta V_{BE}/\Delta T) = 7\text{mV}/℃\,(\Delta V_{BE}/\Delta T ≒ -2\text{mV}/℃) \end{cases}$$

図4.16 取り出せる電流を大きくした回路

4.5 定電圧回路への応用

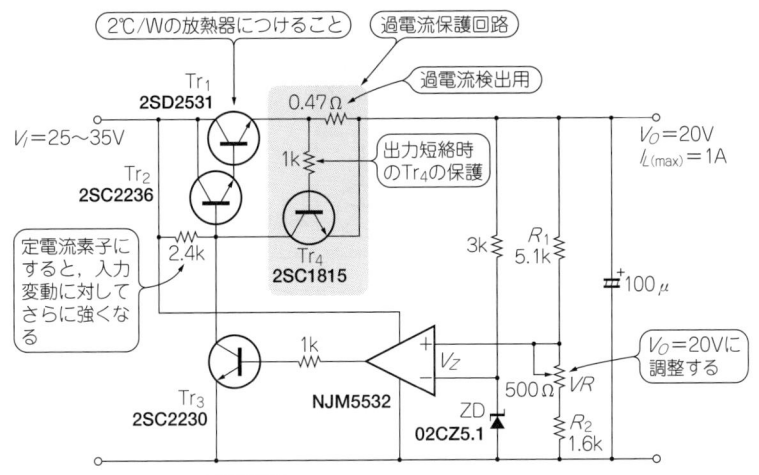

図4.17 20V, 1Aの定電圧回路

（図中ラベル）
- 2℃/Wの放熱器につけること
- 過電流保護回路
- 過電流検出用
- 出力短絡時のTr₄の保護
- 定電流素子にすると，入力変動に対してさらに強くなる
- $V_O = 20\text{V}$に調整する
- Tr₁ 2SD2531
- Tr₂ 2SC2236
- Tr₃ 2SC2230
- Tr₄ 2SC1815
- NJM5532
- ZD 02CZ5.1
- $V_I = 25 \sim 35\text{V}$
- $V_O = 20\text{V}$, $I_{L(\text{max})} = 1\text{A}$
- 0.47Ω, 1k, 2.4k, 1k, 3k, R_1 5.1k, 500Ω VR, R_2 1.6k, 100μ

を引いた値になります．

また，入力変動係数Fはr_d/R，負荷変動係数R_oは$[(r_d/h_{FE}) + (26\,\text{mV}/I_L)]$となります．

なお，現在では78シリーズで代表される3端子レギュレータが広く普及していますので，この程度の用途には3端子レギュレータを用いたほうが高性能・高信頼性で，かつ簡単になります．ここでは，このような使い方もあるということを理解しておいてください．

● **OPアンプを用いた定電圧電源回路**

負荷電流が小さいときや出力電圧の安定度がさほど必要でない場合には，これまで述べてきた回路で十分なのですが，さらに高性能を望む場合には，ZDで構成する基準電圧と出力電圧を比較して，それを元に出力電圧を制御する手段が用いられます．その例として，20V, 1Aの定電圧回路を**図4.17**に示します．

この回路では，OPアンプの＋INには出力電圧をR_1と$(R_2 + VR)$で分圧した電圧がかかり，－INには基準電圧がかかっています．今ここで，出力電圧が上昇したときのことを考えてみましょう．まず，－INは一定で＋INのみ大きくなるので，OPアンプの出力電圧も大きくなります．そのため，Tr₃のベース電位が上昇し，コレクタ電流が増加します．そして，Tr₂のベース電位を引き下げ，その結果出力電圧も下がります．

出力電圧が低下したときはこの反対に働き，結局出力電圧は一定ということになります．出力電圧は，次のようになります．

$$V_O = \frac{R_1 + R_2 + VR}{R_2 + VR} \cdot V_Z$$

図中の定数でVRを調節することにより，$V_O = 20\text{V}$が得られます．また，この回路では入力変動と負荷変動による出力電圧の変化分は，OPアンプの開ループ利得（帰還をかけないときの利得で，一般的なOPアンプは100dB以上）分の1に圧縮され，非常に小さな値となります．しかし，温度係数Kは

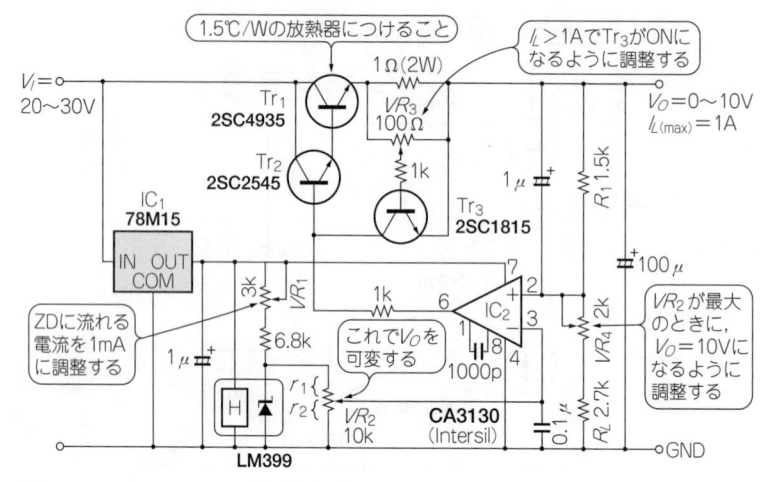

図4.18 0～10V, 1Aの精密定電圧回路

改善されず,

$$K = \frac{R_1 + R_2 + VR}{R_2 + VR} \cdot \gamma_z \ [\mathrm{V/℃}]$$
$$\fallingdotseq 6\,\mathrm{mV/℃}$$

となります．したがって，このような回路ではZDの温度係数をいかに小さくするかということがポイントになります．

● **精密型定電圧電源回路**

定電圧回路の温度係数Kを小さくするためには，基準電圧に用いるZDの温度係数γ_zを小さくする必要があり，そのためにはここに温度補償型ZDを用いることになります．図4.18の回路では，基準電圧にLM399，誤差増幅用のOPアンプにCA3130（RCA社が開発．現在はIntersil社が販売）を用いた，0～10V, 1Aの高精度可変定電圧電源回路を取り上げました．

CA3130は入出力がMOS FETになっているので，OPアンプの＋INと－INから見たインピーダンスのアンバランスも無視でき，また最低出力電圧も0Vにすることができます．

ところで，基準電圧の温度係数がこのように小さいと，OPアンプのオフセット電圧とその変動も無視できなくなります．この回路の温度係数Kは，

$$K = \frac{R_1 + R_2 + VR_4}{R_2 + VR_4} \cdot \left(\frac{r_2}{r_1 + r_2} \cdot \gamma_z + \frac{\Delta V_{IO}}{\Delta T} \right) \ [\mathrm{V/℃}]$$

ただし，$\Delta V_{IO}/\Delta T$；OPアンプの入力オフセット電圧温度係数

となります．実際に計算してみると，10V出力時で約17μV/℃になります．当然，R_1, R_2, VR_2, VR_4にも温度係数が小さく，かつ特性のそろっているものを使う必要があります．一般的には，抵抗には金属皮膜抵抗，可変抵抗器には巻線型あるいはサーメット型がよいでしょう（特性的には巻線型がよい）．

4.6 定電圧回路以外の応用

● リミッタへの応用

リミッタとは，信号電圧をある一定値以上に振らせないようにするための回路ですが，ZDを用いると簡単にこれを実現できます．

図4.19は，反転増幅器にリミッタを付けた例ですが，ZDを用いる場所は異なっていても，出力信号の振幅は同じものが得られます．図(a)は，OPアンプの出力についてみるとリミッタのない場合と同じ信号 V_O' が得られます．この V_O' が，$-V_F \leq V_O' \leq V_Z$ のときはZDは非導通なので，$V_O = V_O'$ となります．ところが，$V_O' > V_Z$ になると，ZDの両端には V_Z が現れて，$V_O = V_Z$ になります．

一方，$V_O' < -V_F$ のときはZDは順バイアスされて，$V_O = -V_F$ となります．こうして出力には，$-V_F$ から V_Z の間の信号しか出てこないようになります．

また，同図(b)は帰還抵抗に並列にZDを入れたものです．$-V_F \leq V_O \leq V_Z$ のときはZDは非導通なので，V_O は入力電圧 V_t に対応した信号となります．ところが，$V_O > V_Z$ になろうとするとZDが導通して，その動作抵抗 r_d が R_F に並列に入ったようになります．このため，反転増幅器の利得が極端に下がり，V_O はそれ以上振れなくなってしまうわけです．

また，$V_O < -V_F$ になろうとするときも同様で，この場合は順バイアス時のたいへん低い動作抵抗が R_F と並列に入って，反転増幅器の利得を低下させます．

こうして V_O について見ると，図(a)と図(b)は等しいのですが，それぞれ一長一短があります．

図(a)はOPアンプの出力に直列に R_O が入っているので，その分出力抵抗が大きくなります．また，図(b)はZDの内部容量(数十〜数百pF)が R_F に並列に入るため，周波数の上限が低くなってしまいます．ただし，周波数が高い場合は，いずれにしても高周波用ZDを用いたほうがよいでしょう．

リミッタは，コンパレータや発振器の振幅制限によく用いられますが，発振器に用いた例を図4.20

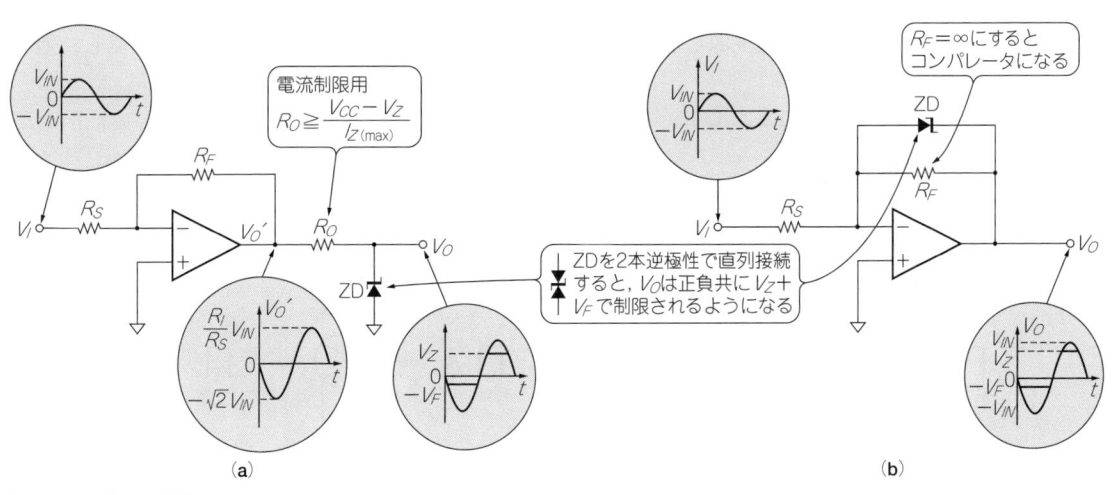

図4.19 リミッタ回路

に示します．

● 保護回路への応用

　ZDをほかの素子の保護に用いるときの考え方は，通常のダイオードを保護回路に用いるときの考え方と同じで，同時にリミッタの一種と考えることができます．つまり，正常なときはZDにはツェナ電圧以下の電圧しかかかっておらずOFFしていますが，ツェナ電圧よりも大きな過電圧がかかるとZDに電流が流れ，ツェナ電圧以上の電圧がかからないようにします．

　双方向ZDを用いて，インダクタンス負荷Lのトランジスタを保護する例を**図4.21**に示します．図(**a**)はLに並列にZDを入れて，Lに発生するサージ電圧を吸収しようというものです．図(**b**)はトランジスタに並列にZDを入れて，トランジスタにサージによる過電圧がかからないようにしようというもので，両方の回路は同様の効果を期待できます．サージ電圧が発生した瞬間，ZDにはサージ電流が流れますが，ZDを破壊から守るために，これによって生じるサージ損失がZDの許容サージ損失を越えないようにする必要があります．

● ノイズ発生回路

　電子回路においてノイズは邪魔な存在であるのが普通で，すでに述べたようにロー・ノイズ・タイプのZDもあるほどです．ところが，それとは反対にノイズを信号として使いたいときもあります．このようなときにZDやトランジスタのV_{EB}バック（ベース-エミッタ間を逆バイアスしたときに発生する電圧）がよく使われます．

　ZDの発生するノイズについては，メーカの発表しているデータには記載されていないことが多いので，手元にあったZD（05Z6.8）を測定してみました．それが，**図4.22**のグラフです．

　基準電圧に用いる電流領域ではノイズ電圧V_Nは数十μVですが，電流を減らしていくと徐々に増えていき，$I_Z = 20\ \mu$Aでピークとなり$V_N = 240\ \mu$Vとなっています．ツェナ電圧V_Zについては，V_Zの高いほうがノイズは大きくなりますが，電流によっては周波数成分が一様ではなくなるようです．

　このように，ZDはノイズの発生源となるので，基準電圧として用いる際には電流を十分流し，並列

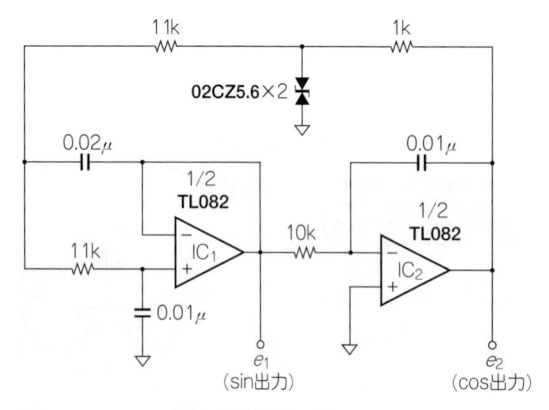

図4.20　1 kHzの移相正弦波発振回路

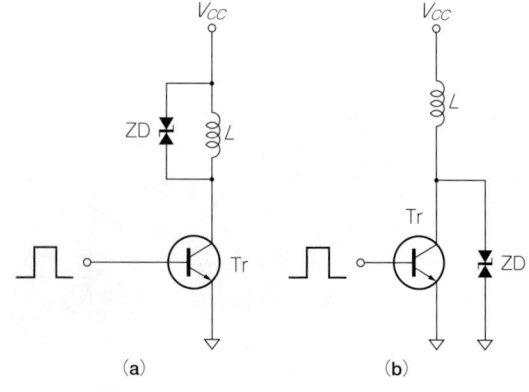

図4.21　双方向ツェナ・ダイオードによるトランジスタの保護

にコンデンサを入れたりする必要があるわけです.

　ZDから発生するノイズを利用したホワイト・ノイズ(広い周波数にわたって一様に分布する雑音)発生回路を図4.23に示します. ZDには20 μAの電流を流しており, そこから発生するノイズをOPアンプで1000倍に増幅して, 240 mV$_{rms}$のホワイト・ノイズを得ています.

　ただし, この回路で使用しているOPアンプLF357は, G_V = 60 dBでは, f = 10 kHz程度までしか特性が伸びていません. ホワイト・ノイズといっても, 10 kHz以上は−6 dB/octで下がっていってしまいます. さらにこれより上の周波数まで伸ばしたいときは, ゲインを落として増幅段数を増やすか, あるいは広帯域OPアンプやディスクリート・トランジスタによる回路を用いる必要があります.

　また, ZDから発生するノイズ電圧は, データシート上で規定されていない以上, どのようにばらつくかわかりません. 実際には, 個々のZDによって定数の確認が必要です. もちろん, このような用途にはロー・ノイズZDは不向きです.

　なお, トランジスタのV_{EB}バックを利用してノイズを発生させる方法は, 図中にあるようにNPNトランジスタならばエミッタは正側, ベースは負側で, コレクタは開放にして使います. トランジスタの場合もV_{EB}バックのノイズは規定されていませんので, 使用にあたっては個々の定数を確認することが必要です. ただ, やはりロー・ノイズ・トランジスタと呼ばれるものは発生ノイズが少ないようです.

〈青木英彦〉

参考文献
(1) 東芝半導体データブック(整流素子・サイリスタ編), pp.167〜197, 1981年4月.
(2) 日立ダイオード・データブック, pp.163〜181, 1984年3月.
(3) 安福真民, 香取佳一郎；ダイオード, 初版, pp.46〜51, 日刊工業新聞社, 1965年9月25日.
(4) RCA, Integrated Circuits, pp.280〜286, '76-4月.
(5) 長谷川 彰, トランジスタ技術, 1980年3月号, pp.304〜305.
(6) 上野大平, トランジスタ技術, 1981年2月号, p.303.
(7) National Semiconductor Corporation, 1982 LINEAR DATABOOK, pp.2-3〜2-66, 1982, 6月6日.
(8) 日本テキサスインスツルメンツ㈱, The Linear Circuits Data Book for Design Engineers-1981-, pp.7-114〜7-125.

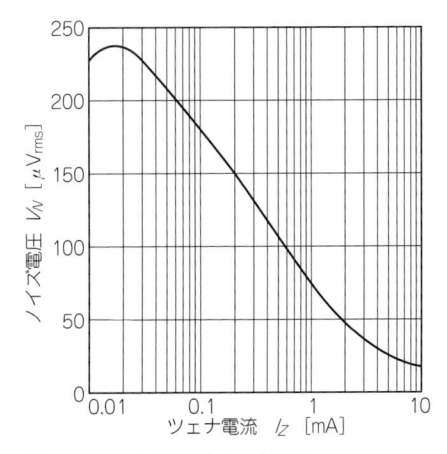

図4.22　ノイズ電圧対ツェナ電流

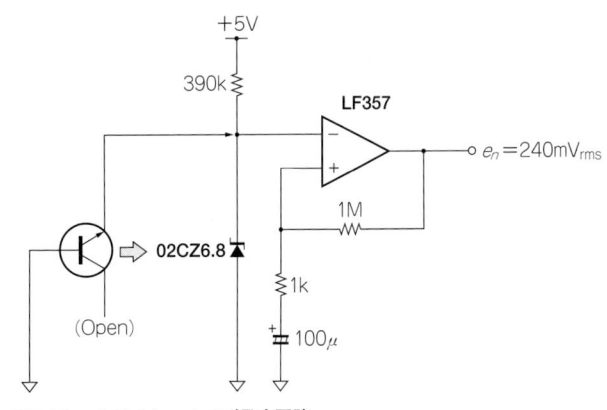

図4.23　ホワイト・ノイズ発生回路

第一部 ダイオードの基礎と応用

第5章 定電流ダイオードの使い方

　定電圧ダイオードが電圧を一定に抑える働きをするのに対し，一定の電流を供給するという働きをするダイオードがあります．定電流ダイオード（Current Regulator Diode．以下，CRD）がそれです．

　CRDは，各種ダイオードの中でも歴史の浅いほうではありませんが，使用されている頻度はまだまだ少なく，知名度も低いようです．その理由として考えられることは，多くの回路の中で本当に定電流でなければならないという場合が少ないからだと思われます．実際には，定電流特性が望ましいという程度の要求が多いこと，また回路知識のある設計者ならば，CRDを用いなくても定電流回路を作ってしまうことができるということが考えられます．さらに，LED（発光ダイオード）やスイッチング・ダイオード，整流用ダイオードのように，必需品としての性格をもっていないことが一番大きな理由かもしれません．

　しかし，回路全体が高度化され複雑になっていく中で，ダイオード1本で定電流回路を構成できるメリットは大きく，大いに活用していきたい部品の一つです．表5.1に，代表的な定電流ダイオードを示します．

5.1 定電流ダイオードの基本特性

　CRDの回路図上でのシンボルは，図5.1(a)の＋，－の符号を省略したものが一般的に使用されています．また，内部構造は図5.2に示すFETで表されますが，一般のFETとは異なり，定電流素子として，より理想的になるように下記の点が工夫されています．
(1) 外観は2端子のダイオードで使いやすい
(2) 特性は電流制限電圧 V_L が小さく，ブレークダウン電圧 V_B は100 V以上
(3) 定電流特性はカーブ・トレーサで観測する限りは水平

5.1 定電流ダイオードの基本特性

表5.1 代表的な定電流ダイオード(石塚電子)

項目 形名	ピンチオフ電流[*1] 検査電圧	I_P [mA]	肩特性[*2] V_k [V]	I_k [mA]	動作[*3] インピーダンス Z_T [MΩ]	制限電流比 I_{100V}/I_P	温度係数[*4] [%/℃]	最高使用 電圧 V_{max} [V]
E-101L	10 V	0.01〜0.06	0.4	min 0.8I_p	8.00	max 1.1	＋2.10〜＋0.10	100
E-101	10 V	0.05〜0.21	0.5	min 0.8I_p	6.00	max 1.1	＋2.10〜＋0.10	100
E-301	10 V	0.20〜0.42	0.8	min 0.8I_p	4.00	max 1.1	＋0.40〜－0.20	100
E-501	10 V	0.40〜0.63	1.1	min 0.8I_p	2.00	max 1.1	＋0.15〜－0.25	100
E-701	10 V	0.60〜0.92	1.4	min 0.8I_p	1.00	max 1.1	0.00〜－0.32	100
E-102	10 V	0.88〜1.32	1.7	min 0.8I_p	0.65	max 1.1	－0.10〜－0.37	100
E-152	10 V	1.28〜1.72	2.0	min 0.8I_p	0.40	max 1.1	－0.13〜－0.40	100
E-202	10 V	1.68〜2.32	2.3	min 0.8I_p	0.25	max 1.1	－0.15〜－0.42	100
E-272	10 V	2.28〜3.10	2.7	min 0.8I_p	0.15	max 1.1	－0.18〜－0.45	100
E-352	10 V	3.00〜4.10	3.2	min 0.8I_p	0.10	max 1.1	－0.20〜－0.47	100
E-452	10 V	3.90〜5.10	3.7	min 0.8I_p	0.07	max 1.1	－0.22〜－0.50	100
E-562	10 V	5.00〜6.50	4.5	min 0.8I_p	0.04	max 1.1	－0.25〜－0.53	100
E-822	10 V	6.56〜9.84	3.1	min 0.8I_p	0.32	[*5]max 1.0	－0.25〜－0.45	30
E-103	10 V	8.00〜12.0	3.5	min 0.8I_p	0.17	[*5]max 1.0	－0.25〜－0.45	30
E-123	10 V	9.60〜14.4	3.8	min 0.8I_p	0.08	[*5]max 1.0	－0.25〜－0.45	30
E-153	10 V	12.0〜18.0	4.3	min 0.8I_p	0.03	[*5]max 1.0	－0.25〜－0.45	25

＊1,＊2:25℃におけるパルス測定値.
＊3:DC25Vバイアスに10kHz微少電圧を重畳させたときのインピーダンスの最小値(参考値).
＊4:温度係数は,25℃〜50℃の値.
＊5:制限電流比はI_{30V}/I_Pの値.

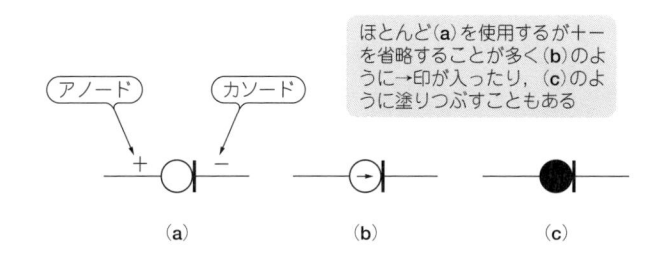

図5.1 CRDのシンボル

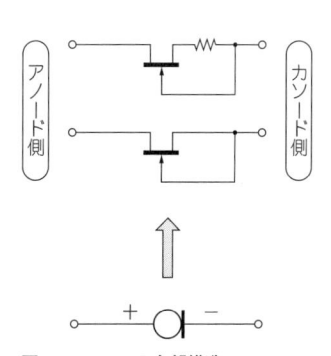

図5.2 CRDの内部構造

図5.3に基本的な接続図を示します.電源Eに対して,CRDと負荷抵抗R_Lを直列に入れただけのものです.

この回路でEやR_Lを変化させたときに,R_Lに流れる負荷電流Iのようすを示したのが図5.4です.EとR_Lのいずれが変化しても,CRDにある程度以上の電圧がかかっていればIは一定,すなわち定電流特性を示しています.

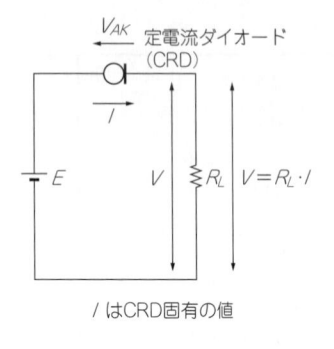

図5.3 CRDの基本的な接続

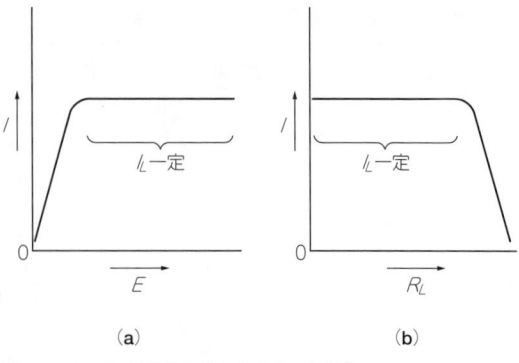

図5.4 E, R_L を変化させたときの I_L の変化

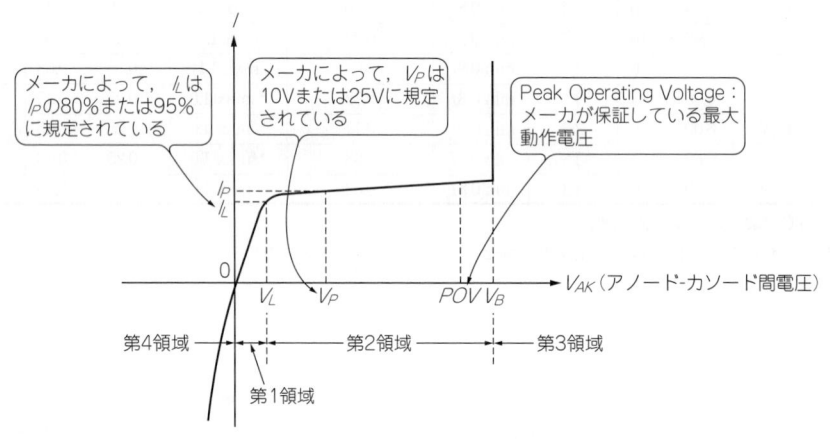

図5.5 CRDの静特性

● CRDの静特性

　CRDのアノード-カソード間にかかる電圧 V_{AK} と，CRDに流れる電流 I の関係は図5.5のようになり，これが静特性と呼ばれるものです．

　図中の第1領域はまだCRDにかかる電圧が低く，定電流特性を示していない部分です．CRDのアノード-カソード間電圧 V_{AK} を大きくしていくと，CRDは定電流特性を示すようになります．この部分が第2領域です．このとき，出力抵抗 ($\Delta V_{AK}/\Delta I$) は非常に大きくなります．

　第2領域で十分に定電流領域に入ったと思われる V_{AK} をピンチオフ電圧 V_P と呼び (10 V または 25 V)，このときの電流をピンチオフ電流 I_P として，この I_P がカタログ上で示されるCRDの電流値となっています．また，I_P より一定割合 (80%または95%) だけ低下した電流 I_L に対応する V_{AK} を電流制限電圧 V_L として，第1領域と第2領域の境界としています．つまり，CRDが定電流特性を示すためには，$V_{AK} \geq V_L$ で動作させないといけないということです．第2領域で V_{AK} を増加させていくと，CRDはブレークダウンに至り，電流は急速に増加しますが，ここが第3領域です．

　第4領域は，CRDにかかる電圧の極性が反対になった場合です．ここは，第1領域と同様に出力抵抗

が低く，通常のダイオードの順方向特性と同じ特性を示します．

以上のように，CRDが定電流特性を示すのは第2領域のみで，したがって実際に使用する際も，この領域を使うようにします．特に，ブレークダウン領域に入ると，素子や劣化の破壊を招きますので，$V_{AK} > POV$(Peak Operating Voltage)での使用は避けるべきです．POVは**表5.1**のV_{max}になります．

したがって，実際に使用できる最大電圧はV_Bまで電圧がかけられるのではなく，多少余裕をもって，POVまでとします．ただし，大電流のCRDのPOVは，V_Bよりもパッケージの許容電力損失で決定されます．

● CRDの温度特性と高周波特性

CRDの電流値は温度によって変化します．チップの設計条件や材料などで，その変化の度合は変わってきますが，**図5.6**(a)のようにおよそ200～300μA付近で温度係数はゼロ，それ以上の電流をもつものは負となります．

大電流値のCRDはV_{AK}が増加するにしたがって発熱量も多くなり，使っているうちに自己発熱によってかなりの電流減少が見られます．このため，ゆっくりとV_{AK}を上げてとった静特性は，**図5.6**(b)の実線のようになります．

これを補正する手段として，図中にあるようにCRDと並列に抵抗を入れる方法がとられます(詳しくは個々のデータシートを参照)．ただし，CRDの発熱が追いつかないようなパルス状のV_{AK}の変化に対しては無効です．

CRDは，定電流領域では非常にインピーダンスの高い素子です(だからこそ定電流)．したがって，この特性はアノードとカソード間の容量が極少でない限り，高周波特性を悪くします．特に，動作抵抗の高い(定電流特性のよい)ものほど高周波には向きません．

実用上は，オーディオ周波数以下，数十kHzまでです．したがって，実用上の回路としての振幅制限 (FMのリミッタなど)への応用は低周波に限られます．

(a)

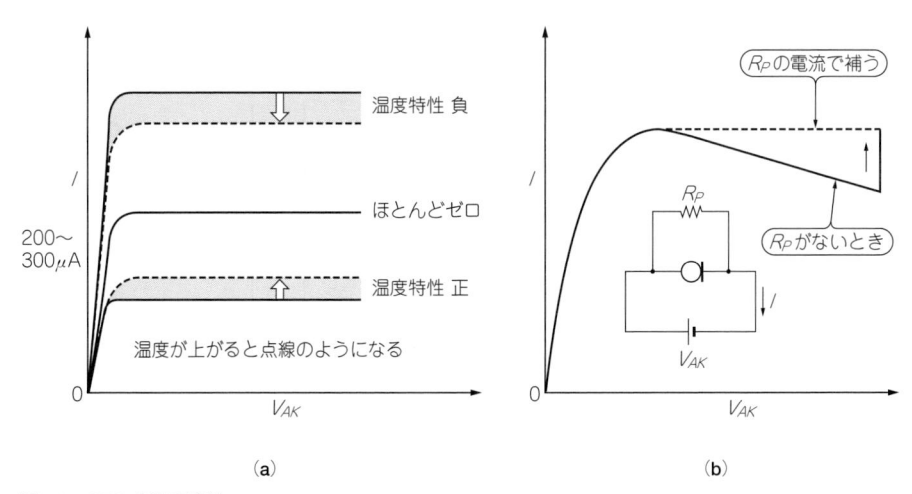

(b)

図5.6　CRDの温度特性

第5章

● 並列接続と直列接続

　CRD1本では電流値が不足する場合や電流値を調整したいときは，何本かのCRDを並列に接続して使用することができます（図5.7）．並列に接続する場合は，特に問題はなく単純に使用することができます．ただし，極性をそろえることと，ピーク動作電圧POVがもっとも小さいCRDのPOVで制限されること，といった制約はあります．

　また，アノード-カソード間電圧POVが不足したときは，図5.8（a）に示すように直列に接続して使用します．しかし，ただ2本を直列に接続しただけでは，同図（b）に示したように，I_Pのもっとも少ないCRDの定電流特性を示します．そして，アノード-カソード間電圧V_{AK}が増加するとブレークダウンを起こして，次にI_Pの大きいCRDへ引き継がれます．したがって，V_{AK}が大きくなってもCRDは常に1本しか生きていないことになります．ほかのCRDは，ピンチオフ電圧V_P時の電流I_P以下で，電圧負担をしていないか，ブレークダウン電圧V_Bを超えてブレークダウン状態にあるかになります．

　メーカでは，CRDをブレークダウン状態におくことは保証していません．したがって，絶対にV_Bを超える電圧にはならないように，ツェナ・ダイオードを並列にして使用するのが最良です．

　なお，筆者の経験から，I_Pが小さくツェナ・ダイオードとしても電力的に問題のないCRDは，たんに直列に接続しても問題はありませんでした．したがって，図では△にしましたが，実験的に使用するのはかまわないと思いますが，商品などに使用するのは避けたほうが賢明です．

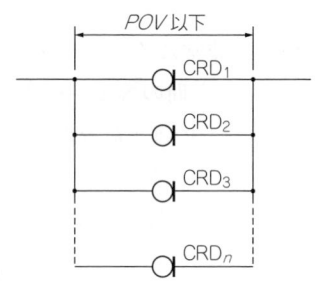

図5.7　CRDの並列接続（電流を増やすとき）

回　路	使い方	条　件
V_{AK}　CRD$_1$　CRD$_2$	×（△）	それぞれのI_Pが1mA以下でほとんど同じ電流値のときは△だが原則的には不可
R_1　R_2	×（△）	V_{AK}がゆっくりと変化する回路で，温度係数を補正するためならば△
ZD$_1$　ZD$_2$	○	ZD$_1$，ZD$_2$のツェナ電圧は，CRD$_1$とCRD$_1$のPOVより小さい値とする

(a)

(b) 直列時のV-I特性

図5.8　CRDの直列接続（耐圧を上げるとき）

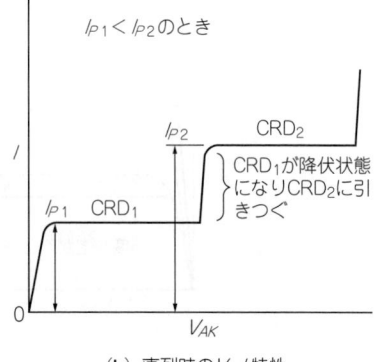

5.1 定電流ダイオードの基本特性

● 電流値の拡大方法

CRDを並列接続すれば電流値は大きくなりますが,これではどうしても限界があります.しかし,トランジスタなどのほかの素子と組み合わせることによって,比較的簡単に電流値を大きくすることができます.その例を図5.9に示します.

図(a)はもっとも簡単な回路ですが,多少使いにくく,特性面でもほかの回路に比べて劣っています.図(b)は図(a)の定電流特性を改善したもので,温度特性を問題にしないときはこの回路で十分です.図(c)は図(a)の温度特性を改善したものです.トランジスタのV_{BE}とダイオードのV_Fの温度係数が等しいことを利用して,温度係数をキャンセルしたものです.図(d)は,定電流特性と温度特性の両方を改善したものです.

回路	特徴	欠点
(a) 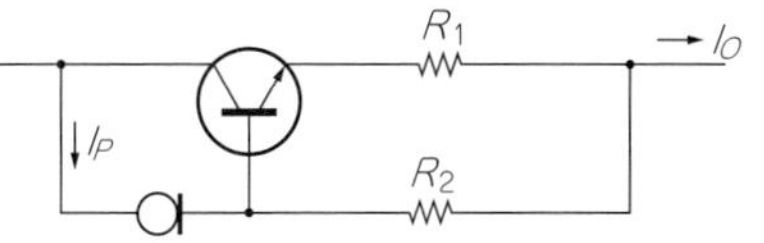	$I_O = \dfrac{I_P \cdot R_2 - V_{BE}}{R_1}$ ● 回路が簡単	● R_1の電圧降下を1V以上とる必要がある ● I_Oを大きくしにくい
(b) 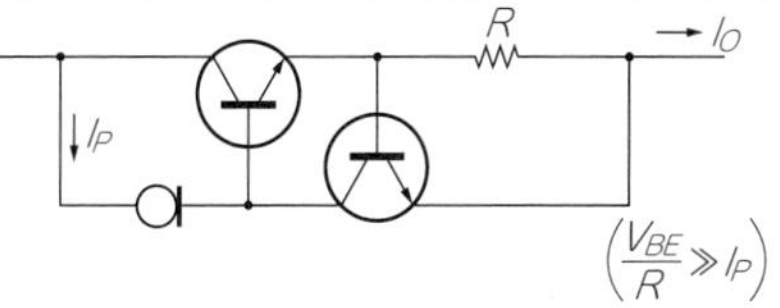 $\left(\dfrac{V_{BE}}{R} \gg I_P\right)$	$I_O = \dfrac{V_{BE}}{R}$ ● 定電流特性が優れている ● I_Pはラフでよい	● V_{BE}の温度特性がそのまま現れる($-0.3 \sim 0.4\%/℃$) ● 回路がやや複雑
(c) 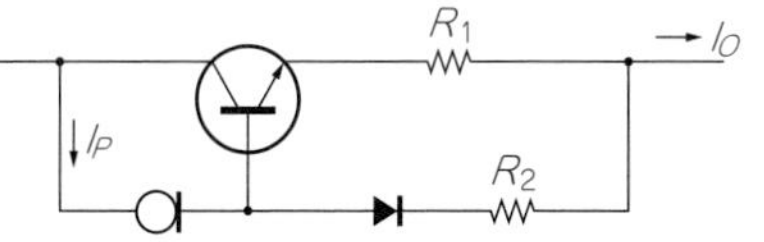	$I_O = \dfrac{R_1 + R_2}{R_1} I_P$ ● 温度特性はI_Pの温度特性になる	● R_1の電圧降下を1V以上とる必要がある ● I_Oを大きくしにくい
(d) 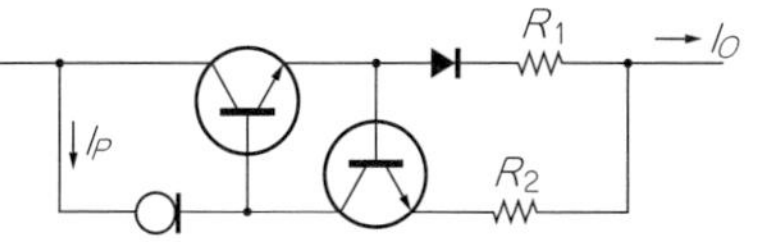	$I_O = \dfrac{R_1 + R_2}{R_1} I_P$ ● 定電流特性が優れている ● 温度特性はI_Pの温度特性になる ● I_Pはラフでよい	● R_1の電圧降下を1V以上とる必要がある ● I_Oを大きくしにくい ● 回路が複雑
(e) 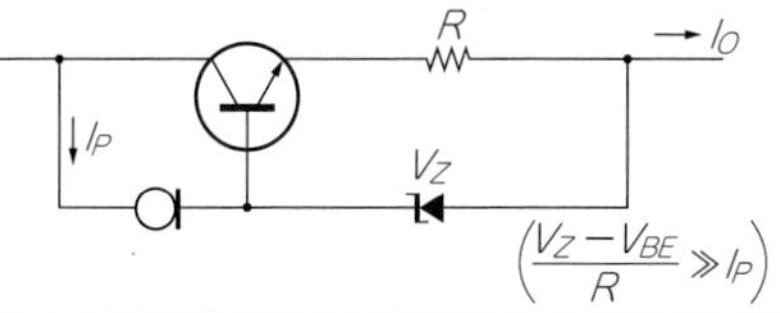 $\left(\dfrac{V_Z - V_{BE}}{R} \gg I_P\right)$	$I_O = \dfrac{V_Z - V_{BE}}{R}$	● V_Lが大きくなりやすい
(f) 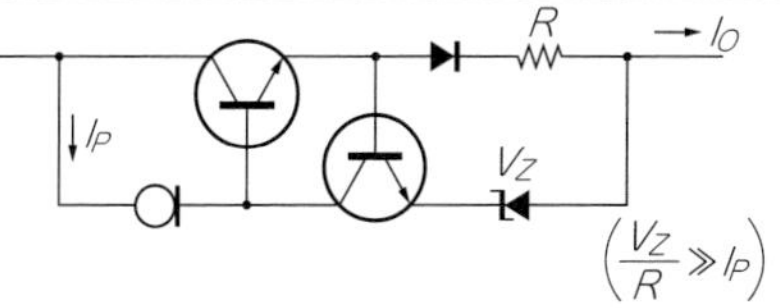 $\left(\dfrac{V_Z}{R} \gg I_P\right)$	$I_O = \dfrac{V_Z}{R}$ ● 定電流特性が優れている ● V_Zの温度特性がそのまま出る	● V_Lがもっとも大きくなりやすい ● 回路が複雑

図5.9 CRDの電流拡大(トランジスタとの併用)

第5章

これらに対して，図(e)と図(f)は，定電圧ダイオードを利用して電流を決定しているものです．

なお，簡単な回路では，トランジスタのベースにCRDを入れただけのものや，図(a)の回路で $R_1 = 0$ とした回路もありますが，実用性を考えると問題があります．

また，温度係数や定電流特性がどうしても満足できない場合には，周辺部品が高価になってしまいますが，図5.10に示す方法があります．この方法では，定電流に入る立ち上がり電圧以外は，ほぼ理想的な特性が得られます．

● 使用電圧範囲の拡大

CRDのアノード-カソード間の最大電圧POVを拡大する場合も，図5.8(a)に示した直列接続をする以外に，図5.11に示すような方法があります．この方法は，FETとCRDで電圧を分担しあうもので，

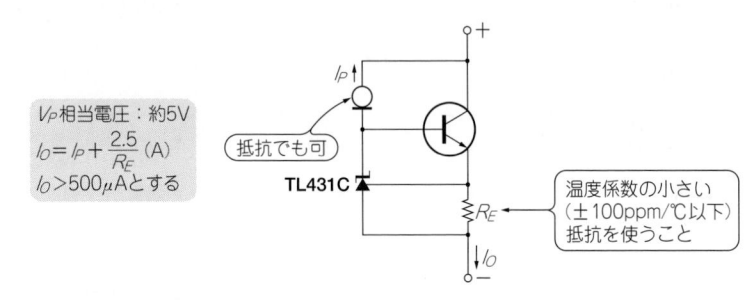

V_P相当電圧：約5V

$$I_O = I_P + \frac{2.5}{R_E} (A)$$

$I_O > 500\mu A$ とする

抵抗でも可

TL431C

温度係数の小さい（±100ppm/℃以下）抵抗を使うこと

図5.10 CRDの電流拡大（ICとの併用）

	回 路	特 長	条 件
(a)	2SK30GR R 100M　R 100M	電圧をCRDとFETで，Rで分割した割合で負担し合うことでPOVを拡大する	FETの飽和ドレイン電流I_{DSS}はI_Pより大きいこと．Rは十分に高抵抗であること
(b)	100M　100M	CRDの逆方向通過を利用，さらに，接合型FETは構造的にドレインとソース間が対称なものがあるので，それを使うと無極性の回路となる	FETの飽和ドレイン電流I_{DSS}はI_Pより大きいこと．Rは十分に高抵抗であること．ドレインとソースが対称構造のFETを使うこと
(c)		通常の無極性使用法	ブリッジ・ダイオードを使用したほうはI_Lが当然大きくなる

図5.11 CRDの電圧拡大

5.2 定電流ダイオードの応用

● 定電流源としての応用

　定電流源，すなわち電圧や負荷抵抗の大きさに関係なく一定の電流を流そうとする性質を利用するのが，もっとも基本的なCRDの応用方法です．このような使い方の例を，図5.12に示します．

　図(a)は，CRDでコンデンサに定電流充電する回路です．CRDの代わりに抵抗を使うと，次式に示すように電圧は指数関数的な曲線で上昇していきます．

$$V_O = \{1 - \exp(-t/CR)\} \cdot V_{CC}$$

これらの場合のPOVは160〜170Vに達します．図(b)の方法は無極性での使用が可能で，交流回路にも使用できるものです．通常の交流用には，図(c)の接続をします．

	回路	用途	特徴	欠点
(a)	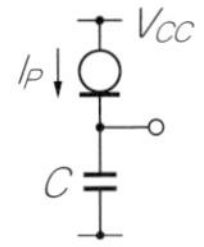 $V_O = \dfrac{I_P}{C} t$	発振器（ノコギリ波，三角波），タイマなどの時定数回路	・V_Oは時間tに比例して直線的に増加する	・V_OはFET（FET入力OPアンプ）などの高入力インピーダンス回路で受けなければならない
(b)	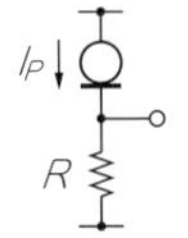 $V_O = I_P \cdot R$	定電圧電源，コンパレータなどの基準電圧として使う	・ZDを使ったときに比べてノイズが少ない ・温度係数は，I_PとRの温度係数の和になる	・出力抵抗が大きい（≒R）ので，出力電流はほとんど取り出せない
(c)	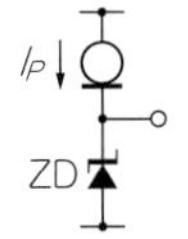 $V_O = V_Z$	定電圧電源，コンパレータなどの基準電圧として使う	・定電圧特性が優れている． ・出力抵抗が小さい（=r_d） ・温度特性はZDの温度特性になる	・ノイズが問題になる用途では，並列にコンデンサをいれる必要がある
(d)	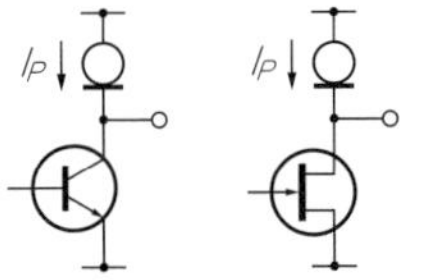	エミッタ接地，ソース接地回路の電流を決める（定電流負荷）	・負荷抵抗が大きくなるので，利得を高くとりやすい． ・負荷抵抗は，CRDの出力抵抗と次段の入力インピーダンスの並列値となる	・周波数特性がよくない
(e)	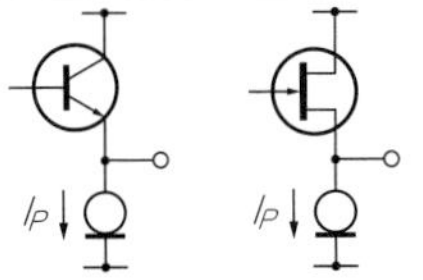	コレクタ接地，ドレイン接地回路の電流を決める（定電流負荷）	・負荷抵抗が大きくなるので，入力インピーダンスを高くとりやすい（トランジスタの場合） ・負荷抵抗は，CRDの出力抵抗と次段の入力インピーダンスの並列値となる	・周波数特性がよくない
(f)	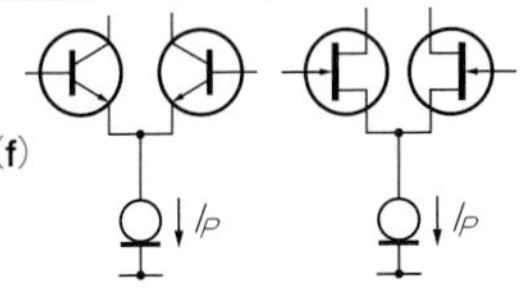	差動増幅器の電流を決める	・$CMRR$を高く取りやすい ・回路が簡単になる	

図5.12　CRDの定電流特性を利用した回路

この回路ではCRDで定電流充電しているので，電圧は時間に比例して直線的に上昇していきます．

図(b)と図(c)は，一定電圧を得る回路です．図(b)は抵抗に，図(c)はZDに一定電流を流して，一定電圧を得ています．ノイズの点を除いては，図(c)のほうが定電圧特性に優れています．図(d)と図(e)は，CRDを定電流負荷として用いた例です．図(d)では，次段の入力インピーダンスを高くとれば等価的な負荷抵抗が大きくなるので，簡単に高利得が得られます．図(f)は，差動増幅器の動作電流を決めるのにCRDを用いた例です．

図(a)を用いた具体的な回路として，図5.13にタイマ回路を示します．コンデンサの端子電圧V_Cは，FET入力OPアンプのバッファA_1で次段に送られ，この電圧とV_{ref}がコンパレータA_2で比較されます．これで，$V_C > V_{ref}$となると，負荷に電流が流れます．スタートしてから負荷に電流が流れるまでの時間T_{ON}は，

$$T_{ON} = C/I_C \cdot V_{ref} \ [\text{sec}]$$

となります．たとえば，$C = 470\ \mu\text{F}$，$I_C = 0.47\ \text{mA}$，$V_{ref} = 10\ \text{V}$とすると，$T_{ON} = 10$秒となります．もっとT_{ON}を長くしたいときはCを大きく，あるいはI_Cを小さくしますが，1本のCRDではあまりI_Cを小さくできませんので，同図(b)のように2本のCRDの電流の差を流し込むようにすると，小さなI_Cが得られます．

図5.12(c)の原理を用いた簡易型15 V定電圧回路を図5.14に示します．CRDによりZDに4.5 mAの定電流を流して，16 Vの基準電圧を得ています．出力電圧はこれよりもV_{BE}分だけ低い値となるので，15 Vよりは多少高くなります．電圧の絶対値と温度特性が問題にならないような回路では，このような簡単な定電圧回路でも十分です．これで出力電流は100 mA程度まで取り出せます．

最後に参考として，図5.12(d)〜(f)の原理を使った増幅回路の構成例を図5.15に示します．

また，回路は省略しますが，LEDの電流制限抵抗の代わりにCRDを用いれば，電源電圧が変化しても明るさが一定のLED点灯回路を作ることができます．携帯機器で，白色LEDを電池駆動するような

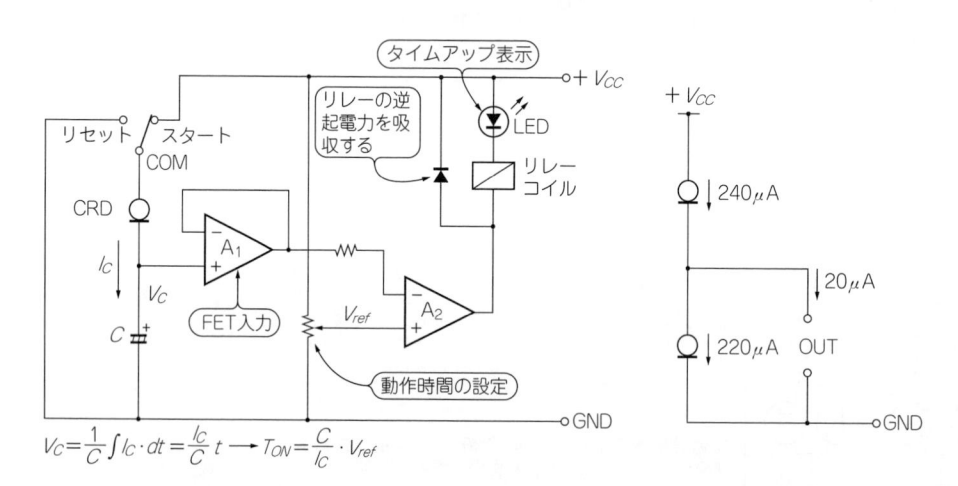

(a) タイマ回路　　　　　　　　(a) 差の電流を取り出す

図5.13　タイマ回路への応用

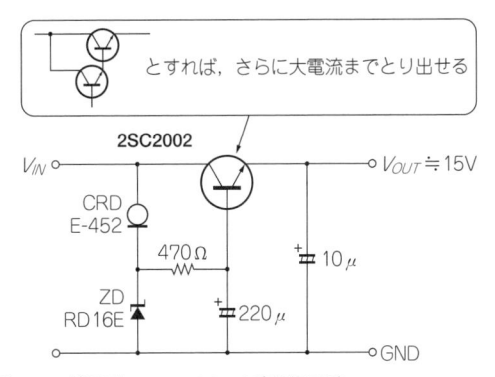

図5.14 簡易型15 V, 100 mA定電圧回路

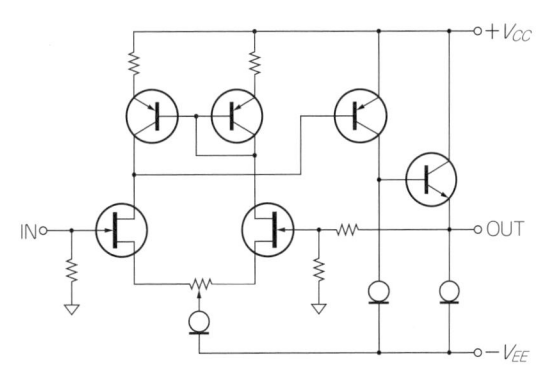

図5.15 全トランジスタの電流をCRDで決めた増幅回路

場合に最適な回路です.

● **出力抵抗の変化を利用した回路**

以上は，CRDの定電流領域の特性を利用したものでしたが，CRDはV-I特性からわかるように，定電流I_L以下の電流値では低抵抗，ピンチオフ電圧時の電流I_P以上では高抵抗の抵抗素子とも考えられます．この抵抗変化を利用したものを，図5.16にいくつか紹介します．

図(a)は，出力端子(エミッタ)がGNDと接触したとき，トランジスタに過大な電流が流れて壊れるのを防ぐための電流制限用です．

図(b)は，これをOPアンプに応用したものです．これが，たとえばオープン・コレクタ出力のようにI_Lが吸い込む方向にしか流れない場合は，CRDは負側の1本ですみます．

図(c)は，トランジスタの漏れ電流I_{CBO}をバイパスして，$V_{CEO} \rightarrow V_{CER}$モードにしてトランジスタの耐圧の向上を図っているものです．

図(d)は，電力損失をトランジスタの負荷抵抗R_Cにも分担させて，トランジスタの損失低減をはかっているものです．

図(e)は，トランジスタのベース側にCRDを入れることによってR_Eを不要にし，R_Eによる電圧損失をなくして電圧利用率を高めたものです．

図(f)は，I_Eがある値を越すとSCRでトランジスタのベース-エミッタ間を短絡して，I_Eをしゃ断してしまうものです．

このように，CRDはその定電流領域のみを使うのではなく，立ち上がりの領域も使うことにより，種々の応用ができます．ここに示した例以外にも，工夫次第で色々な使い方ができます． （土屋憲司）

5.3 CRDを使わない定電流回路

冒頭にも述べたように，CRDを使わなくても定電流回路を作ることができます．簡単なものはJFETのゲート-ソース間を結んだだけのものから，複雑なものはOPアンプを用いて高性能化を図ったもの

第5章

回路	用途	条件
(a) INPUT—トランジスタ(エミッタ抵抗R_E)—OUTPUT, I_P	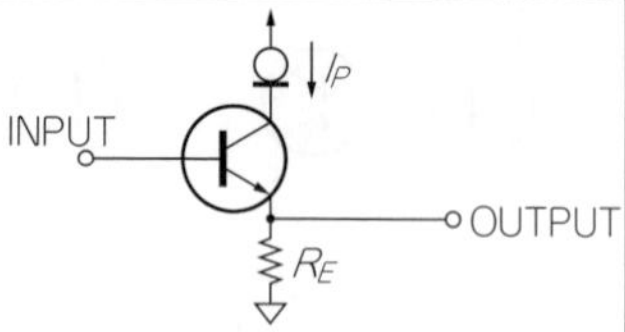 OUTPUT端子の接地事故に対する保護	通常のトランジスタ動作の電流よりI_Pを若干大きく設定する
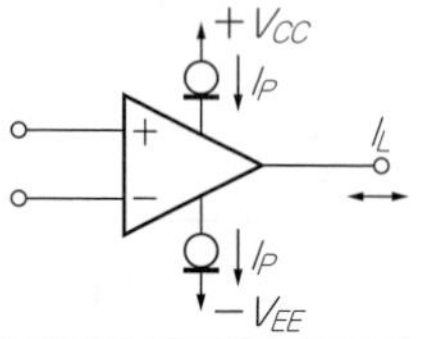 (b) OPアンプ，$+V_{CC}$, $-V_{EE}$, I_P, I_L	OPアンプの出力短絡保護や出力電流の制限	I_PをI_Lより若干大きく
(c) Tr, I_P	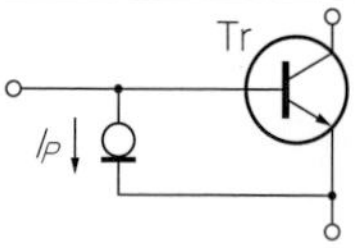 トランジスタのI_{CBO}のバイパス．$V_{CEO} \rightarrow V_{CER}$モードで使えるのでトランジスタの耐電圧がアップする	$I_P = 10\sim20\mu A$以下で十分．ドライブ電流が大きいならmAクラスでもOK
(d) B—I_P—Tr_1，R_C，Tr_2，C—E	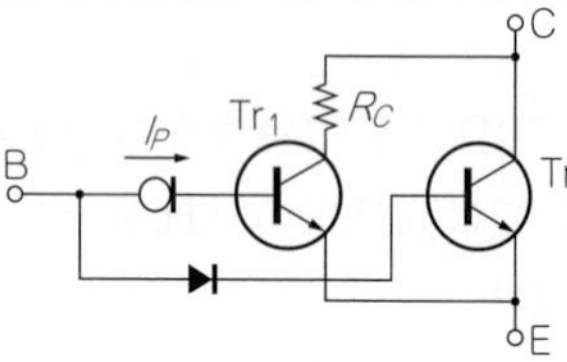 大電力の並列回路で，電力損失は50%をR_Cに負担させられる．最終的にTr_2のV_{CE}が飽和するまでドライブ可能	$V_{AK}=V_F$のときに，Tr_1が飽和に入るようにR_Cを選ぶ
(e) B—CRD_1，Tr_1，C；CRD_2，R_E，Tr_2，R_E，E	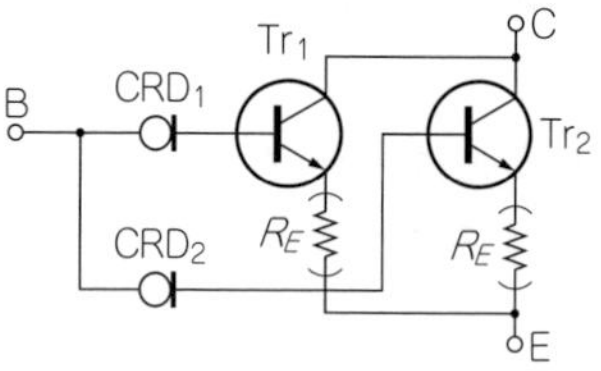 通常の並列回路と異なり，R_Eは不要のため，トランジスタの電圧利用率がよい	CRD_1とCRD_2（特に肩特性），Tr_1とTr_2（特にh_{FE}）はペアのものを用いること
(f) I_Eにてトリガ，I_P, I_E, R_E, SCR	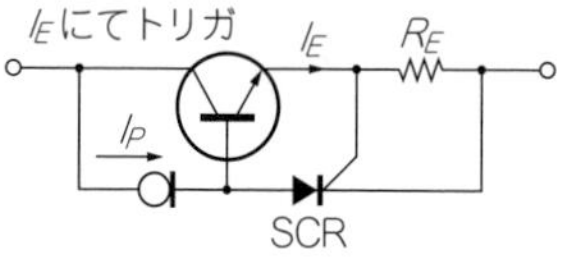 電子ヒューズの働きをする（I-Vグラフ，I_E, I_P, V_B） 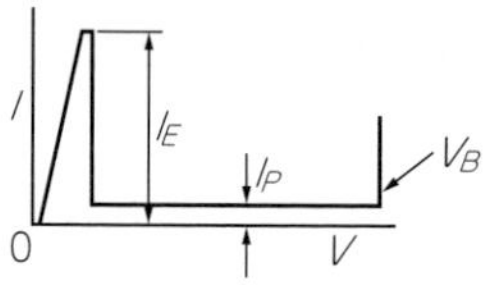	SCRは高感度なものを使用．CRDのI_Pは3mA以上のものを使用．

図5.16 CRDの出力抵抗の変化を利用した回路

まであります．また，定電圧源に抵抗をつないだだけのものでも，特性的には見劣りするものの，定電流源と見ることができます．

● **JFETを使った定電流回路**

JFET（接合型FET）を使った定電流回路は，**図5.17**のようになります．ゲート-ソース間に抵抗を入れただけのもので，Nch JFETではドレイン側がアノード，ゲート側がカソード(Pch JFETでは反対)となります．もちろん，ゲート-ソース間は短絡していてもかまいません．

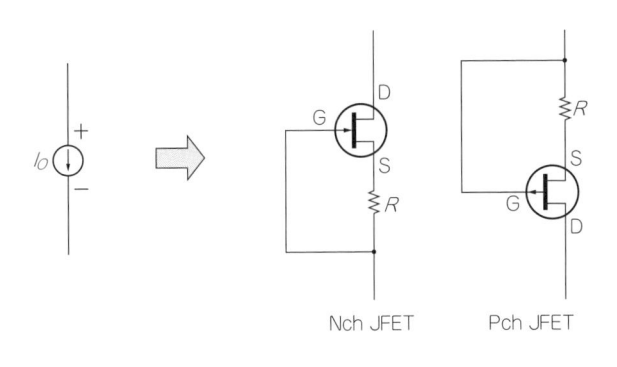

5.3 CRDを使わない定電流回路

図5.17 FETを使った定電流回路

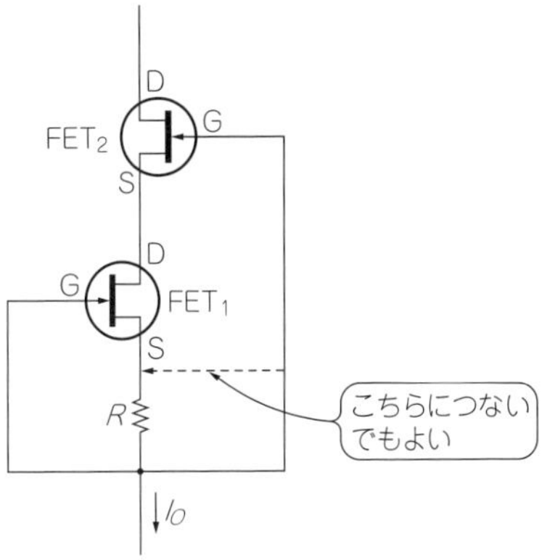

図5.18 出力抵抗を高めた定電流回路

この回路は，実はCRDの内部構造を示した図5.2と同じです．正確にいえば，CRDはJFETをこのように接続してダイオードの形状にしたものといえます．

電流値I_Oは，JFETの種類とRの値によって異なります．同じJFETでは，Rが小さいほどI_Oは大きくなり，$R=0$で最大値I_{DSS}（飽和ドレイン電流）となります．実際に取り得るI_Oの範囲は，数μA～数十mAといったところです．

また，出力抵抗r_Oは，

$r_O \fallingdotseq (1 + R \cdot g_m)/g_{oss}$

ただし，g_m；相互コンダクタンス〔S〕

g_{oss}；$I_D = I_{DSS}$のときの出力コンダクタンス〔S〕

となります．

● 出力抵抗をより高めた定電流回路

より高い出力抵抗，すなわちよりよい定電流特性が必要な場合は，図5.18のようにFETのカスコード接続が使われます．これは，ソース接地回路よりもゲート接地のほうが出力抵抗が高いことを利用したものです．図5.17のFET，Rと，図5.18のFET$_1$，Rが同じならば電流値I_Oは等しくなり，FET$_2$はI_Oには直接関係はありません．

このときの出力抵抗r_Oは，

$r_O \fallingdotseq \dfrac{(1 + R \cdot g_m)g_m}{g_{oss}^2}$

となり，図5.17に比べて，その大きさはg_m/g_{oss}倍になります．g_m/g_{oss}は，FETの種類によっても異なりますが，数十～数百倍程度です．

● トランジスタを使った定電流回路

トランジスタはJFETと異なり，単独で定電流特性をもたせることは不可能です．そのため，何らか

の素子と組み合わせて作ることになります．

実際には，図5.9で示した回路で，I_Oの方式にI_Pが入ってこないもの，すなわち，図(b)と図(e)と図(f)がそれに当たります．この回路のCRDを高抵抗に置き換えたものが，定電流回路として使えます．ただし，特性的にはこの高抵抗はCRDのままのほうが優れているのはいうまでもありません．

ところで，実際に定電流回路を使用するときは，正・負いずれかは何らかの電位に接続されており，はき出し(Source)または吸い込み(Sink)のいずれか片方のみができればよいという場合がほとんどです．このような用途には，図5.19のような回路を使うことができます．図(a)，図(b)，図(c)はそれぞれ図5.9の図(b)，図(e)，図(f)に対応しており，各図のCRDが抵抗になって，コレクタにつながっていたのが接地されただけです．

ここでは吸い込み型の定電流回路を示しましたが，はき出し型にするときはトランジスタをPNP型に置き換え，ダイオードの極性を反対にするだけです．

● ICを使った定電流回路

3端子レギュレータを使うと，抵抗1本を追加するだけで，簡単に定電流回路を作ることができます．ここでは，TL317を使った回路を紹介します．

図5.20がその回路図です．COMとOUT端子の間に抵抗を入れただけの非常に簡単なものです．しかし，その性能は下手にディスクリートで組んだ回路よりも優れており，出力短絡保護回路も入っているので，万が一Rを短絡しても安心です．

このような使い方はTL317に限らず，一般的な3端子レギュレータ(78××，78M××，78L××シリーズ)にも使うことができ，こちらならばより大きな出力電流を取り出すことが可能です．ただし，これらのICではCOM端子に流れる電流が数mAあるので，最小電流値はこれで規定されてしまい，また

回 路	特 徴	欠 点
(a) 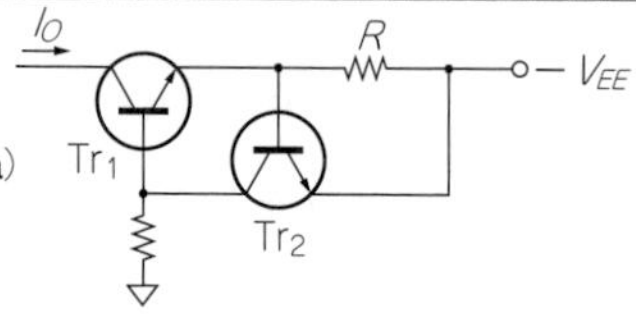	・ $I_O = \dfrac{V_{BE}}{R}$ ・ V_L をもっとも小さくできる	・ V_{BE} の温度特性がそのまま現れる（－0.3～0.4%/℃）
(b) 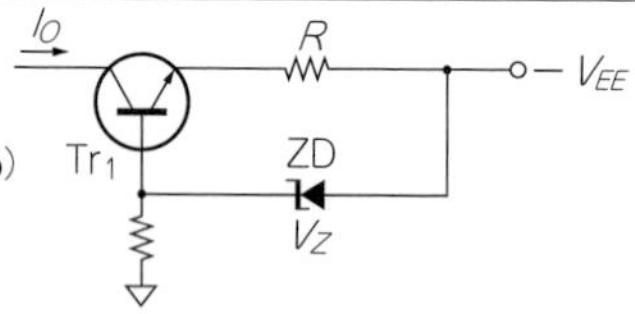	・ $I_O = \dfrac{V_Z - V_{BE}}{R}$ ・ 回路が簡単 ・ 温度特性はZDとV_{BE}の温度特性の差になり，低電圧ZDと組み合わせて温度特性を向上させることができる	・ 定電流特性は，トランジスタ1個しか使ってない分，ほかよりも劣る
(c) 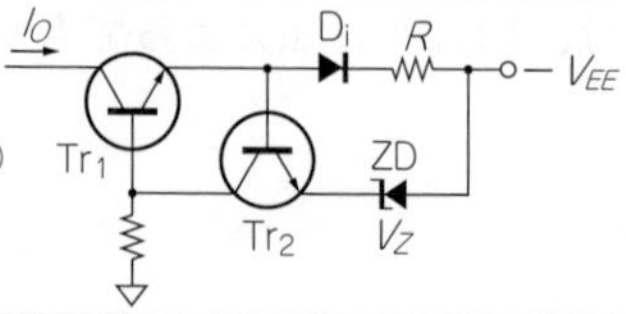	・ $I_O = \dfrac{V_Z}{R}$ ・ ZDの温度特性がそのまま現れる ・ D_1の代わりにTr_2と同じ型のトランジスタのベース-コレクタをショートしたものを用い，それとTr_2の電流を同じにすると精度が高くとれる	・ V_Lがもっとも大きくなりやすい ・ 回路が複雑

図5.19 トランジスタを使った定電流回路(吸い込み型)

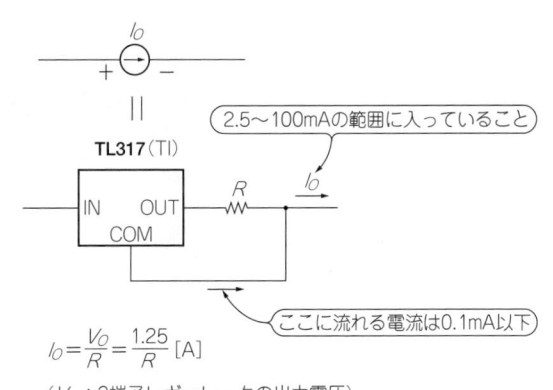

5.3 CRDを使わない定電流回路

```
        Io
    +  ─○─  ─
        ‖
      TL317(TI)     2.5〜100mAの範囲に入っていること
    ┌────────┐      R      Io
────┤IN   OUT├────/\/\/────▶
    │  COM   │
    └───┬────┘
        └──────── ここに流れる電流は0.1mA以下
```

$$I_O = \frac{V_O}{R} = \frac{1.25}{R} \text{[A]}$$

(V_O：3端子レギュレータの出力電圧)

図5.20 TL317を使った定電流回路

定電流特性も多少劣ります．

以上のほかに，OPアンプを用いて定電流回路を作ると，容易に精度の高い定電流回路を実現することができます．さらに，高精度をねらう場合は，OPアンプを低オフセット電圧・低ドリフト型のものにし，抵抗にも高精度・低温度係数のものを使用するようにします．基準となる入力電圧は，「定電圧ダイオード」の章で述べている基準電圧ICを使うようにします． 〈青木英彦〉

第一部　ダイオードの基礎と応用

第6章　発光ダイオードの使い方

　発光ダイオード(Light Emitting Diode. 以下，LED)は，電流を流すことによって，PN接合部で少数キャリア(電子と正孔)の再結合が起こり，光を放出するダイオードです．したがって，回路素子というよりも表示素子というべきデバイスです．

　LEDは化合物で作られた半導体で，Ⅲ-Ⅴ族元素の化合物InGaAlPやInGaNなどが多く用いられています．また，構成する元素とその混晶比によって発光波長(光の色)が異なります．現在は，光の三原色(赤，緑，青)を含め，いろいろな色のLEDが製品化されています．

　本章では，LEDの基本的な使い方とLEDディスプレイの設計法などについて解説します．

6.1　発光ダイオードの基本特性

　図6.1に，一般的なLEDの構造を示します．ここに示したもの以外に，現在はいろいろなパッケージのLEDが製品化されています．また，図6.2に，高輝度型LEDの内部構造を示します．P型クラッド層とN型クラッド層ではさまれた活性層が電流を流すことによって発光します．

　LEDを発光素子として利用した場合，一般的なランプと比べると，以下のような特徴があります．
- 寿命が長い
- 低消費電力
- 発熱が少ない

　これらの特徴を活かして，電子機器の表示部分はもとより，液晶ディスプレイのバックライトや自動車のストップ・ランプ，信号機などに多用されています．さらに，白色LEDは発光効率が蛍光灯に迫っていることから，室内照明器具にも応用されています．

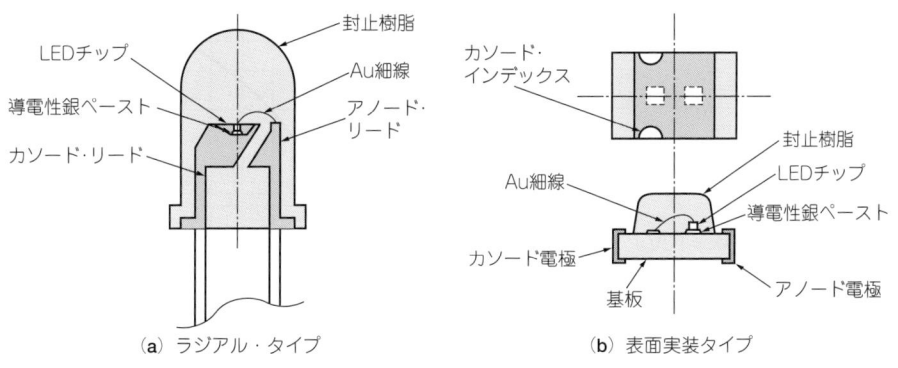

図6.1　LEDの内部構造例
（a）ラジアル・タイプ
（b）表面実装タイプ

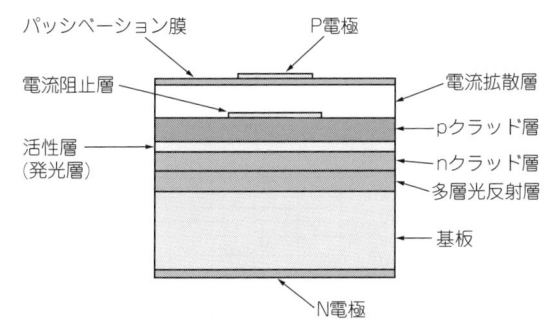

図6.2　高輝度LEDの内部構造例

● 発光ダイオードの基本的な使い方

　LEDの基本はまず光らせることですが，これは通常のダイオードを順バイアスするのとまったく同じです．LEDを順バイアスすることによって順方向電流が流れ，それによって光ります．これを実現するのが**図6.3**(a)の回路です．ここではLEDにTLRH156P(F)（東芝）を用いており，同図(b)はその順方向電流-順方向電圧，つまりI_F-V_F特性です．この図を見ると，通常のSi（シリコン）ダイオードの特性と同じで，順方向電流が大きく変化しても，順方向電圧はあまり変化していないことがわかります．

　図6.3(b)における電流制限抵抗Rの決め方ですが，TLRH156P(F)の推奨動作電流が1～20 mAなので10 mAに設定すると，そのときのV_Fは約1.8 Vとなります．したがって，

$$R = \frac{E - V_F}{I_F} = \frac{5\,[\text{V}] - 1.8\,[\text{V}]}{10\,[\text{mA}]} = 320\,[\Omega]$$

となり，E24シリーズの抵抗値にあてはめて330 Ωとします．

　基本的には，これだけ知っていれば一応簡単なLED回路は組めますが，応用や機器への実装を考えると，もう少し詳しい性質を知っておく必要があります．以下，LEDの各特性を見ていきたいと思います．

▶順方向特性

　図6.4に，LEDが順方向特性の例を示します．LEDは，材質や混晶比を変えて発光色を変えていま

(a) 基本回路

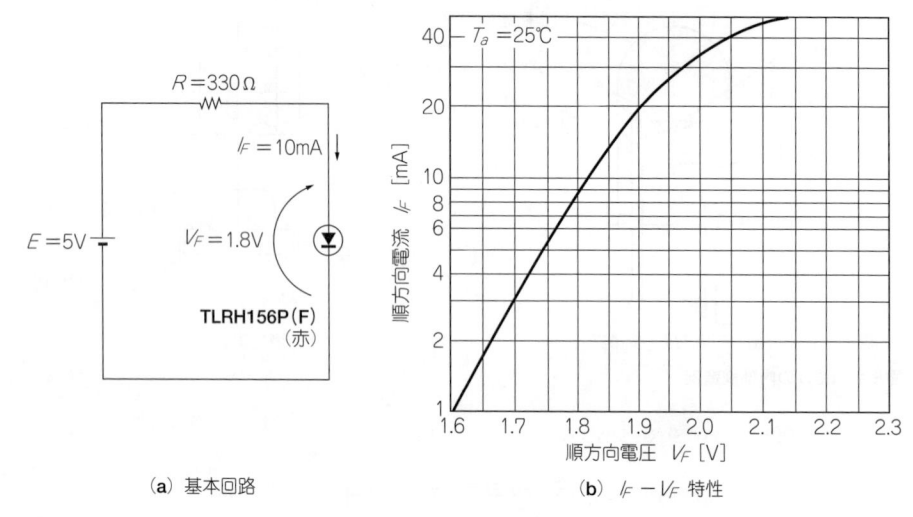

(b) $I_F - V_F$ 特性

図6.3　LEDの基本回路

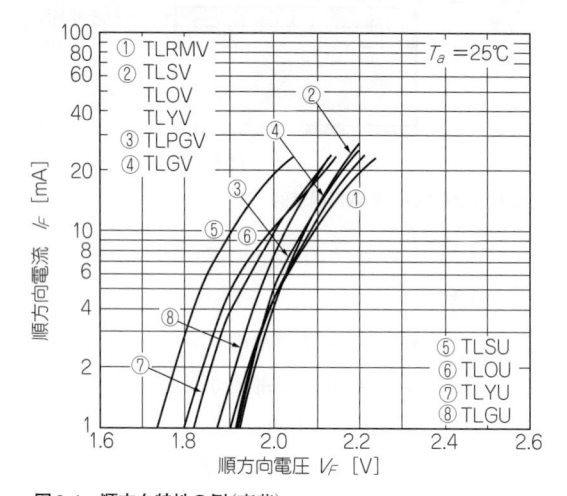

図6.4　順方向特性の例（東芝）

すが，それによって図6.4のように順方向電圧も異なります．この図には示されていませんが，青色LEDの順方向電圧は他の色のLEDに比べて大きく，3〜4V程度です．

また，LEDの温度係数は約 $-2.3\,\mathrm{mV/℃}$ で，ほかのダイオードとほぼ同じです．

順方向電圧 V_F の値は，同じ型番のLEDでもかなりばらつきがあるので，並列に接続する場合は図6.5(b)のようにする配慮が必要です．図(a)のように，そのままLEDを並列に接続すると，明るさのばらつきや素子の劣化を招くことがあります．ただし，図(b)のような回路にしても，抵抗の両端の電圧が小さい（元の電源電圧が低い）と明るさにばらつきを生じる可能性があります．目安として，少なくとも V_F 以上の電圧が抵抗の両端にかかるようにします．

また，電圧に余裕のある場合は，図(c)のように直列に接続したほうが消費電流が少なくて済むので

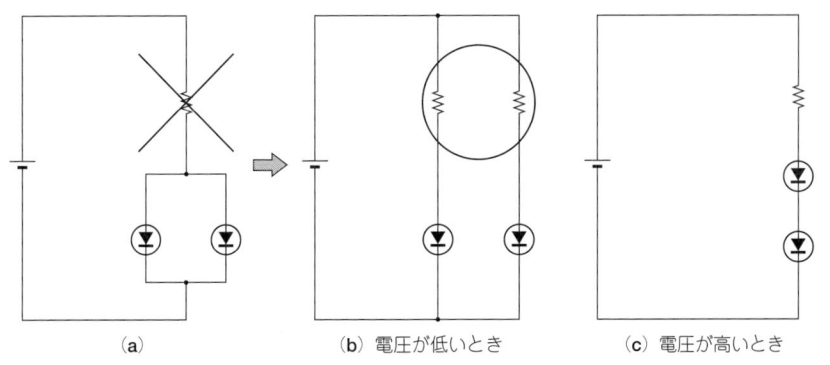

(a)   (b) 電圧が低いとき   (c) 電圧が高いとき

図6.5 複数のLEDを駆動する場合

賢明です．

▶逆方向特性

LEDの逆耐圧は，通常は3～6V程度しか保証されていないことが，一般のダイオードと大きく異なる点です．これは，逆耐圧を大きくしようとすると，どうしても光量が低下してしまうためです．

そのため，LEDに逆方向電圧がかかるような場合は，その保護対策を行う必要があります．このためには，図6.6に示すように，Siダイオードを逆並列に接続します．こうすれば，LEDにかかる逆電圧は，最大でもSiダイオードの$V_F ≒ 0.7\,\mathrm{V}$になります．

● 明るさの電流依存性

LEDの明るさは順方向電流が大きくなると増加しますが，この増え方はLEDの材料と色によって異なり，図6.7のようになっています．ただし，この図は材料の基本的な特性を示すものであって，実際の製品ではほかの要素もかなりあるので注意してください．

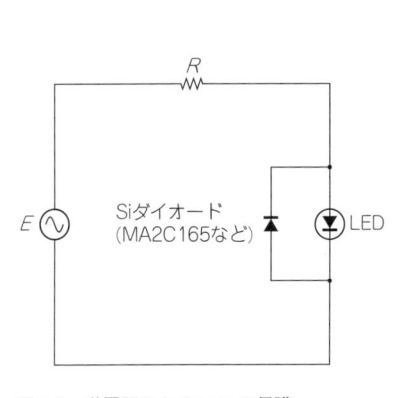

図6.6 逆電圧からのLEDの保護

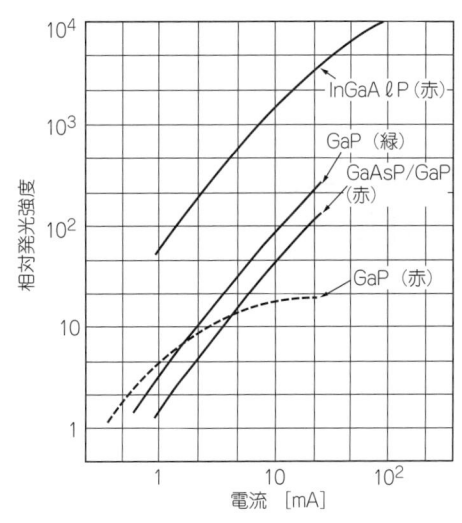

図6.7 発光強度の電流依存性

この図から言えることは，GaPの赤はほぼ電流に比例して発光強度は増加しています．しかし，比較的低いレベルで発光強度が飽和してしまいますので，小電流での直流駆動(直流電流による駆動)が適しているといえます．パルス駆動(パルス電流による駆動)にした場合は，そのデューティ比(1周期中でLEDがオンしている期間の比率)は15％程度が限界でしょう．

一方，同じGaPでも，緑のものは発光強度が電流の二乗に比例し，大電流まで飽和しません．したがって，パルス駆動に適しており，デューティ比は5％程度まで小さくすることができます．

● 明るさの温度特性

LEDの光度(光源の強さを示す量)は，図6.8に示すように温度が上昇すると低下する負の温度特性を持っています．光度は，LEDの明るさとほぼ比例します．

したがって，LEDの周囲温度が高くなり，しかも明るさの低下が問題になるようなときは，光度の低下に合わせて，それだけ余計に電流を流しておくとか，温度補償回路を用いるなどの配慮が必要です．

▶ 許容順方向電流の温度特性

許容順方向電流 $I_{F\,(max)}$ は最大定格で決められていますが，通常この値は25℃における値であって，温度が上昇すると $I_{F\,(max)}$ は低下します．

たとえば，TLRH156は，図6.9に示すように周囲温度が25℃以下で50 mAまで電流を流すことができます．しかし，それよりも温度が高くなると $I_{F\,(max)}$ は直線的に低下して，85℃以上では使用することができません．

このため，周囲温度が上昇して $I_{F\,(max)}$ が低下しても，流れる電流はそれ以下になるようにしておく必要があります．

● 指向性および応答速度

LEDは，そのレンズ形状や材質によって指向性が大きく変わります．図6.10は，TLRE263AP(東芝)

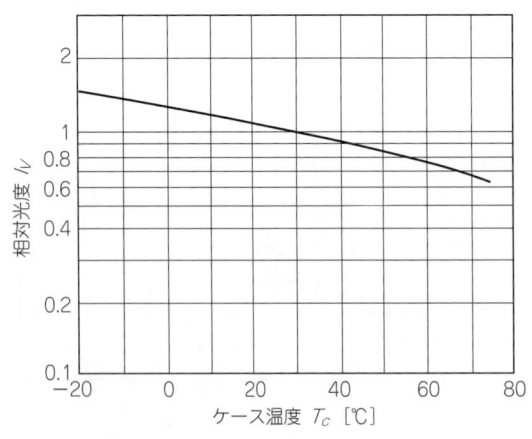

図6.8 光度の温度依存性(TLRH156)

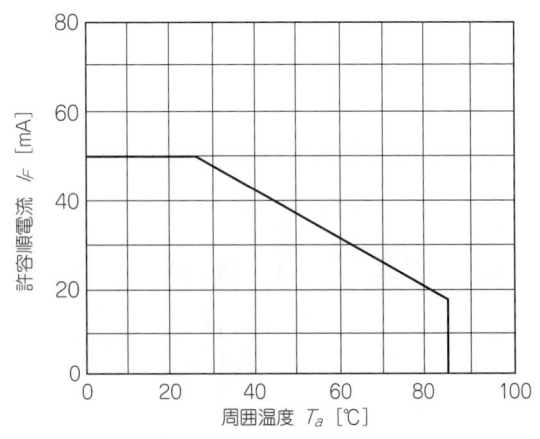

図6.9 許容順方向電流の温度依存性(TLRH156)

(a) TLRE263AP
（広指向性）

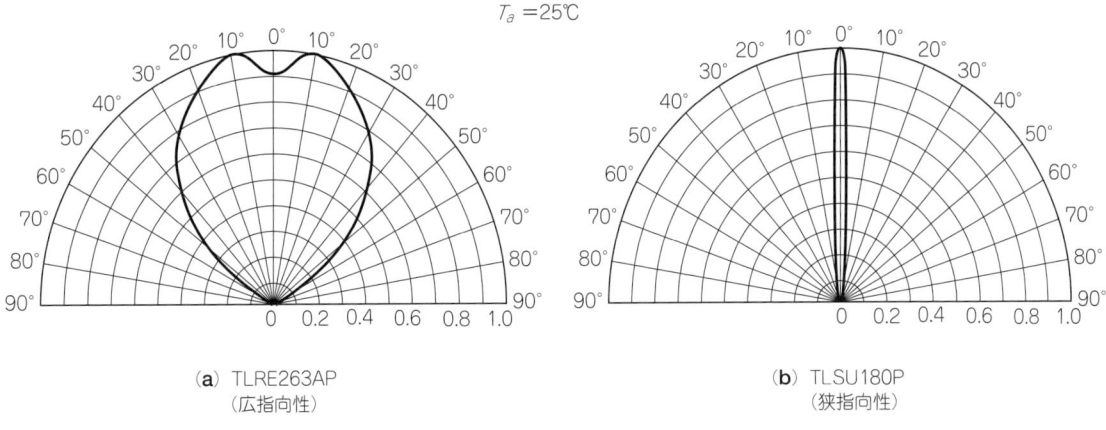

(b) TLSU180P
（狭指向性）

図6.10　LEDの指向性

表6.1　指向特性と用途

用　途	指向角度（発光強度半値幅）
高輝度LED情報板	15〜30°
信号用途	8〜30°
低輝度LED情報板	30〜120°
狭指向インジケータ	30〜60°
広指向インジケータ	60〜120°
車載用ストップ・ランプ	20〜50°
車載用ダッシュ・ボード狭指向性	20〜60°
車載用ダッシュ・ボード広指向性	60〜120°

とTLSU180P（東芝）の指向特性ですが，前者は広指向性，後者は狭指向性であることがわかります．また，指向性が狭いほど光度が高くなります．

さまざまな指向特性のLEDが製品化されているので，用途に合わせて選択します．一般的には，**表6.1**のような基準で選べばよいでしょう．

なお，応答速度は10〜100 nsと一般のランプに比べて極めて速くなっています．ただし，端子間容量が数十〜数百pFと大きいので，スピードが問題になるような回路では，このことを十分考慮する必要があります．

● LEDの基本的な駆動方法

LEDを駆動するには，LEDに必要な電流を流してやればよいわけです．ディジタル回路における駆動回路を**図6.11**に示します．図(a)と図(b)はゲートの出力で直接LEDをドライブしていますが，図(c)と図(d)はトランジスタでドライブしています．トランジスタが必要か否かは，LEDに流す電流I_Fよりも，ゲートの出力電流（I_{OL}，I_{OH}）が小さいか否かで決まります．出力電流の大きさはゲートの種類によって異なります．

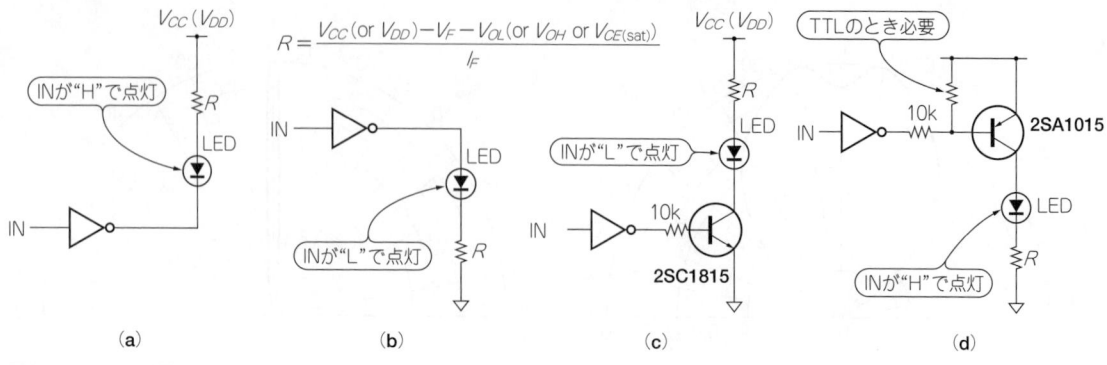

図6.11 LEDの駆動回路

$$R = \frac{V_{CC}(\text{or } V_{DD}) - V_F - V_{OL}(\text{or } V_{OH} \text{ or } V_{CE(\text{sat})})}{I_F}$$

6.2 LEDディスプレイの使い方

LEDディスプレイは，複数のLEDを一つの外囲器に入れて，英数字やバー・グラフ表示ができるようにしたものです．現在では，このようなLEDディスプレイを駆動する場合，用途に応じたLSIやマイクロプロセッサがそのほとんどに用意されており，そのLSIやマイクロプロセッサに直接，または駆動用のトランジスタを介して接続するだけで済んでしまいます．そのため，駆動方法などを知らなくても用は足りることが多いのですが，もし，トラブルが起きた場合や自分の用途に合ったLSIがないような場合にはどうしようもなくなってしまいます．したがって，基本的なことはぜひ知っておくべきでしょう．

● 基本的な使い方

代表的な7セグメント素子（発光部が7箇所の数字表示用LED）の結線は，**図6.12**のようにアノードまたはカソードが共通になっており，反対側が1本ずつ出ています．たとえば，"1"を点灯させようと思っ

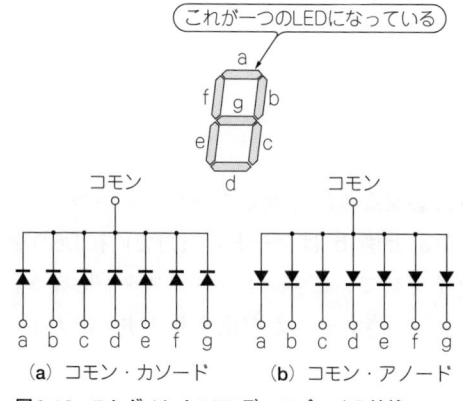

(a) コモン・カソード　　(b) コモン・アノード
図6.12　7セグメントLEDディスプレイの結線

たら，bとcのLEDに電流を流してやればよいわけです．また，"0"なら，abcdefのLEDに電流を流してやればよいのです．

いくつを点灯させるかというデータは，通常BCDコード(Binary Coded Decimal，2進化10進数)で送られてきます．このBCDコードを7セグメントのデータにデコードする専用のICがあります．

図6.13に，BCD-7セグメント・デコーダTC74HC4511A(東芝)を用いた駆動回路，**表6.2**に真理値表を示します．

たとえば，"5"という数字を表示するとしたら，ICにはBCDコードで"LHLH"というデータを入

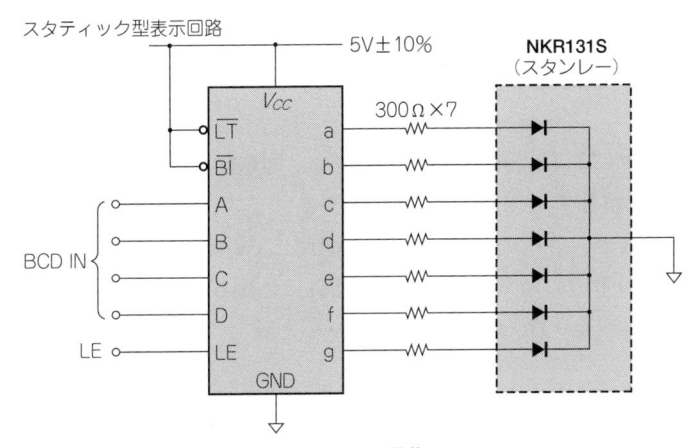

図6.13 専用ICによる7セグメントLEDの駆動

表6.2 TC74HC4511Aの真理値表

入力							出力							表示モード
LE	$\overline{BI}$	$\overline{LT}$	D	C	B	A	a	b	c	d	e	f	g	
※	※	L	※	※	※	※	H	H	H	H	H	H	H	8
※	L	H	※	※	※	※	L	L	L	L	L	L	L	BLANK
L	H	H	L	L	L	L	H	H	H	H	H	H	L	0
L	H	H	L	L	L	H	L	H	H	L	L	L	L	1
L	H	H	L	L	H	L	H	H	L	H	H	L	H	2
L	H	H	L	L	H	H	H	H	H	H	L	L	H	3
L	H	H	L	H	L	L	L	H	H	L	L	H	H	4
L	H	H	L	H	L	H	H	L	H	H	L	H	H	5
L	H	H	L	H	H	L	L	L	H	H	H	H	H	6
L	H	H	L	H	H	H	H	H	H	L	L	L	L	7
L	H	H	H	L	L	L	H	H	H	H	H	H	H	8
L	H	H	H	L	L	H	H	H	H	L	L	H	H	9
L	H	H	H	L	H	※	L	L	L	L	L	L	L	BLANK
L	H	H	H	H	※	※	L	L	L	L	L	L	L	BLANK
H	H	H	※	※	※	※	LEの立ち上がりのときの出力状態を保持する．							

※ Don't Care

力します．そうすると，出力は"acdfg"がONとなり，それによってLEDは"5"を表示するわけです．

▶スタティック・ドライブ

図6.13では数字は1桁ですが，桁数が増えたときは，基本的にはこの回路を何段もつなげていけばよいのです．

この回路のように，すべての桁のLEDが常にドライブされている（点灯している）のをスタティック・ドライブといいます．

▶ダイナミック・ドライブ

スタティック・ドライブの考え方は簡単なのですが，桁数が多くなるとどうしても回路が大きくなってしまいます．そこで，その欠点をなくしたのがダイナミック・ドライブです．これは，各桁ごとに時分割的に表示するものです．つまり，ある瞬間についてみると1桁しか点灯していないのですが，これが順次繰り返されると，残像現象によって人間の目にはすべての桁が常に点灯しているように見えるわけです．

ダイナミック・ドライブによる4桁の表示回路の例を，図6.14に示します．入力はデジット（桁）・コントロール信号D_1〜D_4と各桁のBCDデータの二つがあります．D_1〜D_4は4段シフトレジスタなどがあれば簡単に作り出せますが，各桁のBCDデータと同期している必要があります．

タイムチャート（各部の電圧の時間変化を表した図）は，図6.15のようになっています．デジット（桁）・コントロール信号は$D_1 \to D_2 \to D_3 \to D_4 \to D_1 \to \cdots$と順次"H"になって，これを繰り返します．

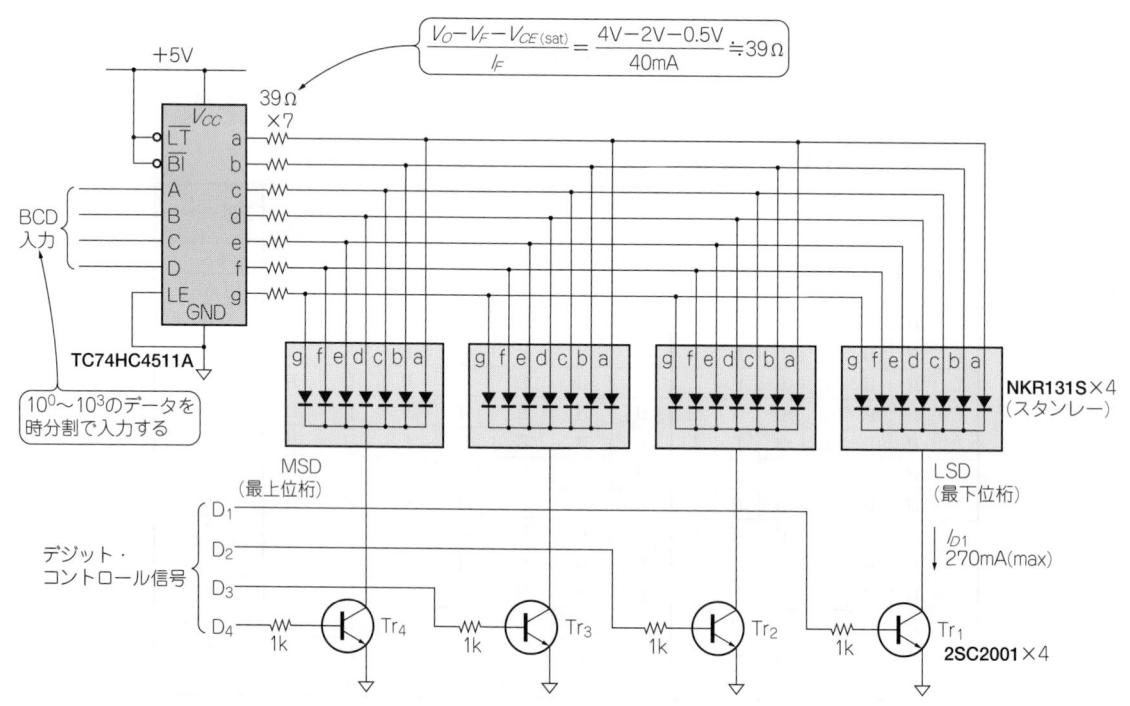

$$\frac{V_O - V_F - V_{CE(\text{sat})}}{I_F} = \frac{4V - 2V - 0.5V}{40mA} \fallingdotseq 39\Omega$$

図6.14　ダイナミック・ドライブによる4桁表示回路

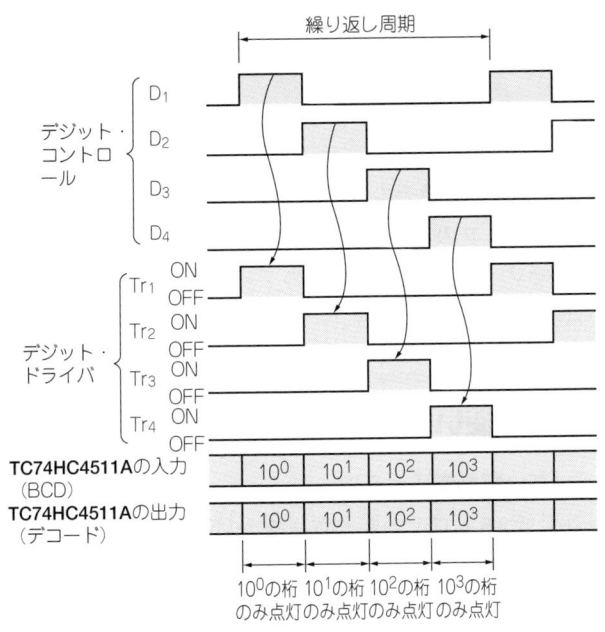

図6.15 ダイナミック・ドライブのタイムチャート

それによって対応するデジット・ドライバもONし，その桁のLEDのみが点灯するので，LED表示は$10^0 \rightarrow 10^1 \rightarrow 10^2 \rightarrow 10^3 \rightarrow 10^0 \rightarrow \cdots$と，点灯している桁が繰り返します．

一方，TC74HC4511Aへの入力は，D_1が"H"のときは10^0のデータ，D_2が"H"のときは10^1のデータ，……となっていますので，結局D_1が"H"のときは10^0の桁のみが点灯，D_2が"H"のときは10^1の桁のみが点灯，……となります．

繰り返し周波数は，100 Hz～数kHzが選ばれます．この周波数が低すぎるとちらつきが気になり，高すぎるとトランジスタのスイッチング速度の影響で，本来消えているはずのセグメントが薄く見えてきます．

LEDに流す電流は，時分割(パルス)点灯させていることから，桁数が増えたらそれに応じて多くしてやらなければなりません．**図6.14**の場合だと，一つの桁のLEDがONしている期間は，繰り返し周期の1/4(デューティ比が25％)しかありません．スタティック・ドライブのときと同じ平均電流を流すには，4倍多く流してやる必要があります．

デジット・ドライバのトランジスタに流す電流Iは，

$$I = \frac{V_O - V_F - V_{CE\,(sat)}}{R} \times (点灯セグメント数)$$

となりますので，全セグメント点灯時などはかなりの大電流になります．**図6.14**で実際に計算すると，

$$I = \frac{4\,[V] - 2\,[V] - 0.5\,[V]}{39\,[\Omega]} \times 7 \fallingdotseq 270\,[mA]$$

となります．

明るさを増やすために電流を増やしたり桁数を多くすると，さらにこの電流は増えるわけです．したがって，デジット・ドライバのトランジスタには，大電流が流せてかつ飽和電圧の小さなものを選ぶ必要があります．

ダイナミック・ドライブは，1チップ化されたディジタル・ボルトメータやカウンタのICに使われることが多く，これにより少ないピン数でその機能を実現しています．

ただし，ダイナミック・ドライブの回路は，ノイズを発生するという欠点ももっています．大電流をON/OFFしているので，そのときにスパイク性のノイズを発生するのです．AMラジオなどを近づけてみると，その影響がはっきりとわかります．

(青木英彦)

6.3 白色LEDの使い方

● 点灯させる個数の数だけ高い駆動電圧が必要

白色LEDは，1灯あたり最低3.6V以上の駆動電圧をかけないと必要な輝度が得られません．そのため，白色LEDを複数個点灯させるときは，各LEDの輝度のばらつきを抑えるため図6.16のように直列に接続しますが，その個数の数だけ高い駆動電圧が必要になります．

図6.17に示した回路は，スイッチング・レギュレータICのNJM2360(新日本無線)を使った白色LEDの駆動回路です．NJM2360を使った回路では，INV_{IN}端子に加わる電圧(V_{REF})が1.25VになるようにR_Lの抵抗値を決めます．つまり，白色LEDの明るさを決めるI_{LED}は，以下の式で求まります．

$$I_{LED} = \frac{V_{REF}}{R_L} = \frac{1.25}{R_L}$$

I_{LED}を15mAとすると，R_Lは約830Ωと求まります．また，V_Fを3.6V，直列接続するLEDを3灯とすると，LED全体の駆動電圧V_{LED}は，

$$\begin{aligned}V_{LED} &= V_{REF} + NV_F \\ &= 1.25 + 3 \times 3.6 \\ &= 12.05 \;[V]\end{aligned}$$

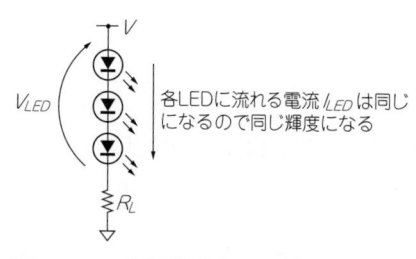

図6.16 LEDを直列接続すると輝度が一定になる

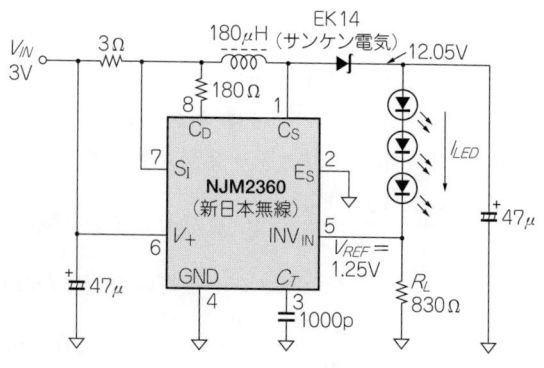

図6.17 スイッチング・レギュレータICを使った白色LEDドライブ回路

ただし，N；LEDの直列接続数

と求まります．

● バッテリ動作時間を延ばすには駆動電流の制御が必要

白色LEDを点灯させるには，I_Fが15 mA程度必要です．しかし，周囲が暗いときなど，全開で駆動する必要がない場合もあります．そのようなときは駆動電流を制御して明るさを抑えることにより，消費電力を低減できます．バッテリ動作時間が命となる携帯機器では，この駆動電流の制御が重要になってきます．

駆動電流の制御方法の一つとして，モータ制御や音声信号処理などでよく使われているPWM信号で制御する方法があります．簡単なスイッチング・レギュレータをPWM信号でON/OFFすることで，安定した輝度と長いバッテリ動作時間を確保できます．

● 温度と寿命の関係

図6.18に示すように，周囲温度が50℃以上になると白色LEDの許容順方向電流が低下していきます．温度が高い状態で大電流を流せば，白色LEDの劣化につながります．

LEDの劣化を軽減するには，周囲温度によって基準電圧V_{REF}を調整し，LEDへの電流供給を減らします．

● 白色LEDドライバの必要性

これまでの内容をまとめると，白色LEDには，

- V_Fが高い
- V_Fにばらつきがある
- 常に見栄え良く点灯すると消費電流が増える
- 電源電圧の変動によって輝度が変わる

という難点があることがわかります．つまり，V_Fのばらつきや電源電圧の変動にも左右されず，安定した点灯を実現するには白色LED専用のドライバが必要になってきます．

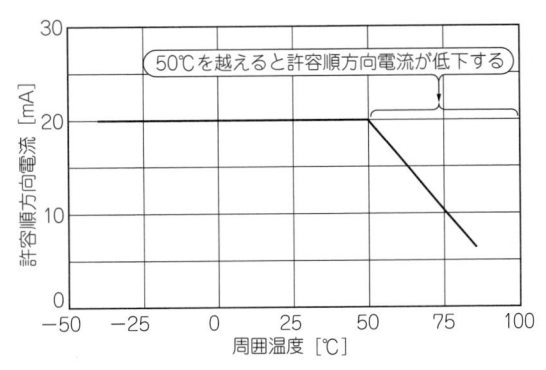

図6.18 周囲温度と許容順方向電流の関係

6.4 白色LEDの駆動回路

● スイッチング・レギュレータを使った単純な回路

　白色LEDを駆動させる基本的な回路を図6.19に示します．一般的なスイッチング・レギュレータは，フィードバック電圧 V_{FB} が内部基準電圧 V_{REF} と等しくなるように電圧を制御します．したがって，白色LEDの明るさを決める I_{LED} は，以下の式で求められます．

$$I_{LED} = \frac{V_{REF}}{R_L}$$

白色LEDの豆知識

● 光の3原色と白色LED

　よく知られているように，光の色は赤，青，緑の3色がどれだけの割合で混じっているかで表されます．この三つの色を光の3原色といい，それぞれの色が混ざると図6.Aのような色になります．テレビの画面をよく見てみると，白く見えるところは三つの色が同時に光っていることがわかります．したがって，この三つの色で発光するLED素子を一つのパッケージにすれば，白色LEDができるというわけです．

　しかし，現在使われている多くの白色LEDは，実は発光素子が一つです．一般的な白色LEDの構造を図6.Bに示します．元になっているのは青色LEDで，その上に蛍光体層があります．LEDチップから出た青色光の一部はこの蛍光体に吸収され，黄色光に変化します．ここでもう一度図6.Aを見てください．黄色と青色を混ぜると何色になるでしょうか．白色になることがわかると思います．

　また，図6.Cのように，青色と赤色，緑色のLEDチップを1パッケージにしても，白色LEDを実現させることができます．しかし，蛍光体は赤色/緑色LEDチップよりもずっと安く作れるの

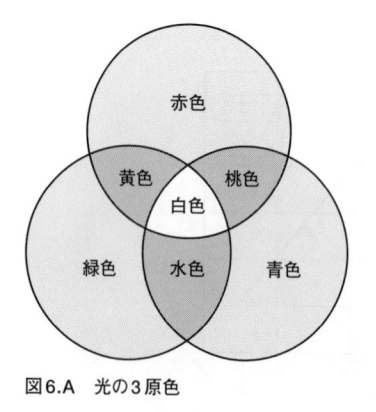

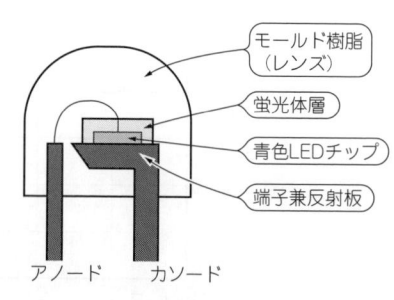

図6.A　光の3原色

図6.B　一般的な白色LEDの構造

6.4 白色LEDの駆動回路

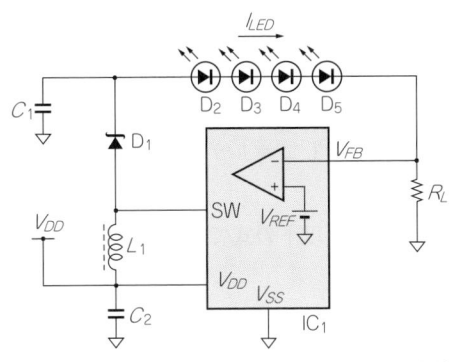

図6.19 スイッチング・レギュレータを使った単純な駆動回路

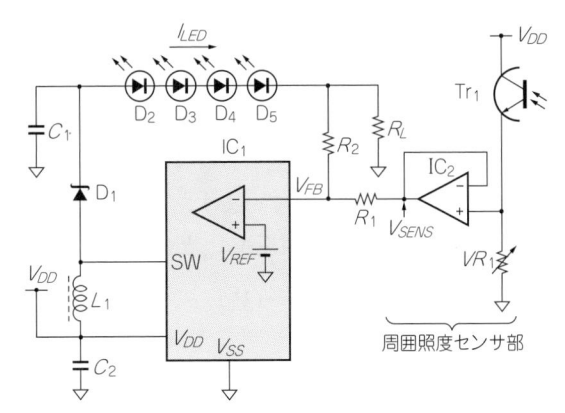

図6.20 周囲照度でLEDの輝度を制御する駆動回路

コラム6.A

で，コスト的には蛍光体を使った白色LEDのほうが優れています．なお，3色のLEDチップを1パッケージにしたものは，フルカラーLEDとして製品化されています．

● **白色LEDの電気的特性**

▶ 順方向電圧が高い

高輝度青色LEDは，高い順方向電圧（V_F）を必要とします．一般的な赤色LEDのV_Fは2V程度ですが，青色LEDのV_Fは約3.6Vです．白色LEDもベースは同じですから，V_Fは同じく約3.6Vとなります．そのため，乾電池だと3本以上ないと点灯できませんし，携帯機器などのリチウム・イオン蓄電池でも電圧は3.6〜3.7Vですからギリギリです．

▶ 点灯させるには大電流が必要

高輝度LEDすべてに言えることですが，より明るく光らせるためには，それなりの電流が必要です．高輝度青色LEDベースの白色LEDでは，順方向電流（I_F）は15mA程度必要です．

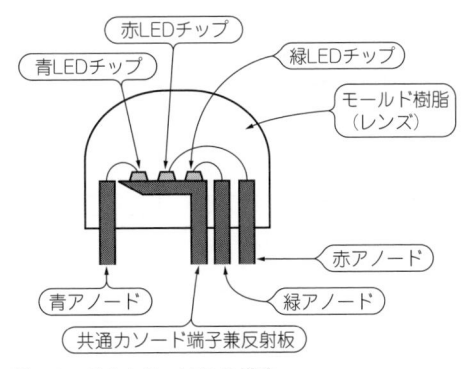

図6.C フルカラーLEDの構造

第6章

● 周囲の明るさで輝度を制御する回路

次に，図6.19に示した白色LEDの駆動回路に少し手を加えて，周囲の明るさによって輝度を制御する回路を考えてみます．その回路図を図6.20に示します．

図6.19の回路と比べると，フォト・トランジスタTr_1，抵抗R_1，R_2，そしてボルテージ・フォロワのOPアンプIC_1が追加されています．

このとき，Tr_1の出力電圧V_{SENS}と白色LEDに流れる電流I_{LED}の関係は，以下の式で表されます．

$$I_{LED} = \frac{1}{R_L}\left\{V_{REF} - \frac{R_2}{R_1}(V_{SENS} - V_{REF})\right\}$$

ここで$R_1 = R_2$とすると，

$$I_{LED} = \frac{1}{R_L}(2V_{REF} - V_{SENS})$$

と表せます．

しかし，この方式だと，
- 周囲の明るさによって得られる，照度センサ出力電圧V_{SENS}の調整
- V_{SENS}で決まるLEDの明るさの調整

という，二つの調整作業が必要になります．さらに，照度センサの特性によっては，補正回路を追加する必要があります．

● PWM信号でスイッチング・レギュレータをON/OFFして輝度を制御する回路

図6.20では，フィードバック電圧に手を加えて輝度制御を行いました．今度は，スイッチング・レギュレータをPWM信号でON/OFFする回路を考えてみます．その回路図を図6.21に示します．

EN端子は，スイッチング・レギュレータをON/OFFする端子です．ここにPWM信号を加えて，LEDをある程度速いスピードでON/OFFし，輝度を制御します．

この方式の場合，フォト・トランジスタTr_1の出力をディジタル値に変換するA-Dコンバータと，ディジタル値からPWM信号を発生する回路が必要になります．

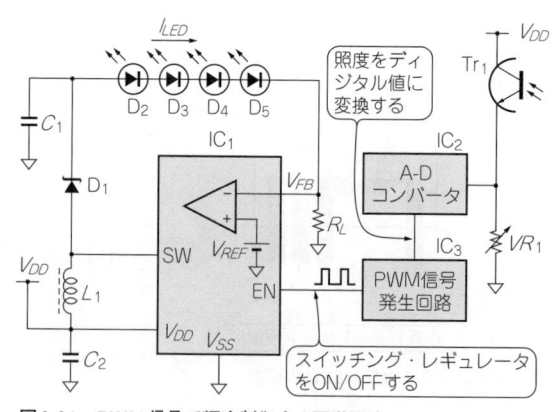

図6.21　PWM信号で輝度制御する駆動回路

PWM信号でLEDをON/OFFする場合，LEDに流れる平均電流$I_{LED(ave)}$は以下の式で表せます．

$$I_{LED(ave)} = I_{LED(max)} \frac{S_{DUTY}}{100}$$

ただし，$I_{LED(max)}$；スイッチング・レギュレータON時に流れる電流［A］
　　　　S_{DUTY}；PWM信号のデューティ比［％］

● **白色LED専用ドライバを使用した回路**

バックライト用白色LEDの専用ドライバICは，各社から製品が出ています．ここでは例として，NJU6052（新日本無線）を使った回路例を紹介します．

NJU6052のブロック図を**図6.22**に，外観を**写真6.1**に示します．NJU6052はスイッチング・レギュレータのほか，フォト・トランジスタ入力回路やA-Dコンバータ，PWMコントローラ，そして内部レジスタの値や動作モードをマイコンから設定するためのシリアル・インターフェースを備えています．

PWM制御用のレジスタは8本あり，それぞれに6ビットの値を任意に設定できます．各レジスタは周囲の照度（フォト・トランジスタからの入力電圧）によって選択されます．つまり，輝度制御は，64段階のうちの任意の8段階に制御できます．また，周囲照度ではなく，マイコンから直接輝度を制御することも可能です．

NJU6052を使った回路例を，**図6.23**に示します．必要な外付け部品がとても少ないことがわかります．これだけで，昇圧動作や輝度制御ができてしまいます．各部品の定数は，以下のように決めます．

▶負荷抵抗 R_L

内部基準電圧 V_{REF} が0.6Vなので，LEDに流す電流I_{LED}によって負荷抵抗R_Lは以下の式で求まります．

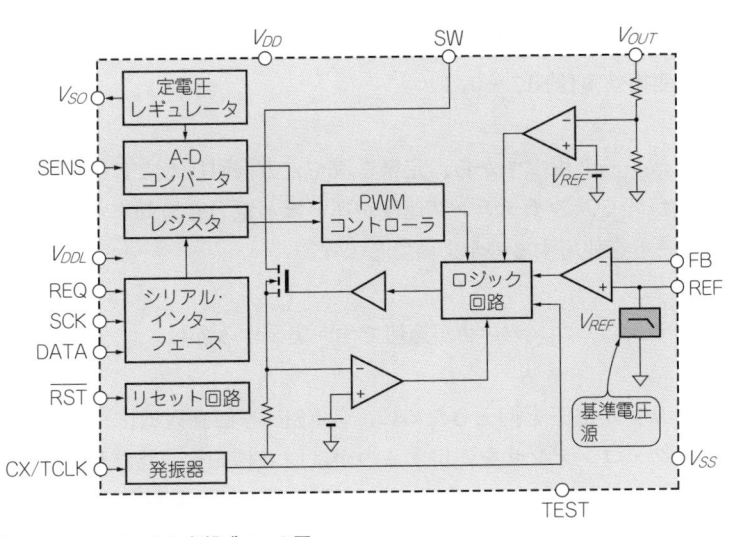

$$R_L = \frac{V_{REF}}{I_{LED}} = \frac{0.6}{I_{LED}}$$

図6.22　NJU6052の内部ブロック図

図6.23 NJU6052KN1を使った白色LEDドライブ回路の例

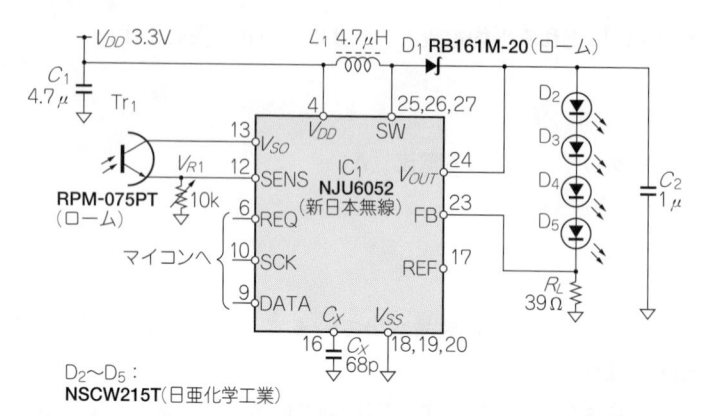

写真6.1 白色LED専用ドライバNJU6052KN1の外観(新日本無線)

▶内部発振器用のコンデンサ C_X

内部発振器用のコンデンサ C_X は，図6.24のグラフから求めます．発振周波数 f_{osc} は，だいたい350〜500kHzの間で決めてください．すなわち，C_X は47〜68pFとします．

▶ L_1 のインダクタンス

L_1 のインダクタンスは，以下の式で求まります．

$$L_1 = \frac{2\left(\frac{V_{OUT}}{\eta} - V_{IN}\right)I_{LED}}{I_{LIMIT}^2 f_{OSC}}$$

ただし，V_{OUT}；LEDと負荷抵抗に加わる出力電圧［V］

V_{IN}；入力電圧

I_{LIMIT}；内部スイッチの電流制限値(720mA)［A］

η；電力変換効率(約0.7〜0.8)

▶ダイオードの選択

スイッチング・レギュレータ用ですから，定格電流や逆方向耐圧などに十分余裕を持たせてください．また，順方向電圧が低く，スイッチング速度が速いほど電力変換効率が高くなるので，ショットキー・バリア・ダイオードを使用するのがよいでしょう．

▶パスコンの選択

入力側には積層セラミック・コンデンサが適切です．実装する際は，できるだけICの近くに配置します．

また，出力側には，リプル電圧を抑えるために，低ESR(等価直列抵抗)のコンデンサが必要です．こちらも積層セラミック・コンデンサを使用するのがよいでしょう．ただし，あまり容量が大きいと放電時間が長くなるため，PWM信号のデューティ比に比例した調光制御ができない可能性があります．

(中島昌男)

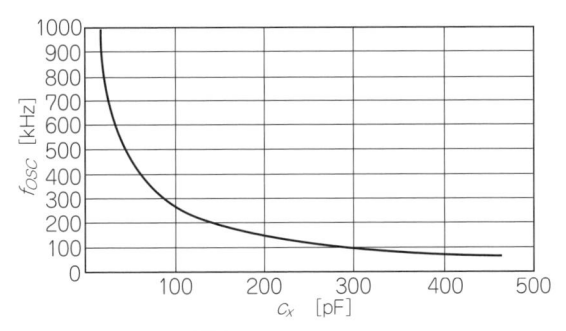

図6.24 　C_xとf_{osc}の関係

6.5　赤外LEDの使い方

　表示を目的とする一般的な可視光LEDのほかに，信号の伝達を目的とする赤外LEDがあります．これは，その名前の示すとおり，赤外線領域で発光が行われるので，発光していても我々の目には見えません．身近に使われている例としては，テレビやVTRなどのリモコン，自動ドアの人体の感知などがあります．また，フォト・カプラやフォト・インタラプタは，一つのパッケージの中に赤外LEDと受光素子を組み合わせたものです．
　以下，赤外LEDの特徴について，TLN115A (東芝) を例にして簡単にみていきます．

● 赤外LEDの順方向特性と逆方向特性

　青色以外の可視光LEDの順方向電圧V_Fが1.7〜2Vだったのに比べて，図6.25に示すように赤外LEDの順方向電圧はそれよりも小さく1〜1.6V程度になっています．また，直流駆動に比べて，パルス駆動のほうが電流の伸びがよくなります．
　逆耐圧は，可視光LEDと同様に数Vしか保証されていません．したがって，交流駆動のように逆電圧がかかる場合は，Siダイオードを逆並列に接続するなどの保護が必要です．

● 赤外LEDの発光特性

　赤外LEDは，可視光LEDに比べて，小電流から大電流領域まで電流に対する発光強度の直線性は優れています．パルス駆動にすると，さらに大電流領域まで優れた特性が得られます．これらのことから，赤外LEDはパルス駆動に最適といえます．図6.26にその特性を示しておきますが，放射強度というのは軸上の光出力を表し，全光出力よりも実使用状態に近いものです．
　温度特性については，可視光LEDと同様に約−1%/℃の温度係数をもっていますので，周囲温度が変化する機器ではこの配慮が必要です．
　また，発光波長のスペクトラム分布は図6.27のようになっており，赤外領域で発光していることがわかります．受光素子と組み合わせて使うときは，受光素子の分光感度特性と赤外LEDの波長特性の

第6章

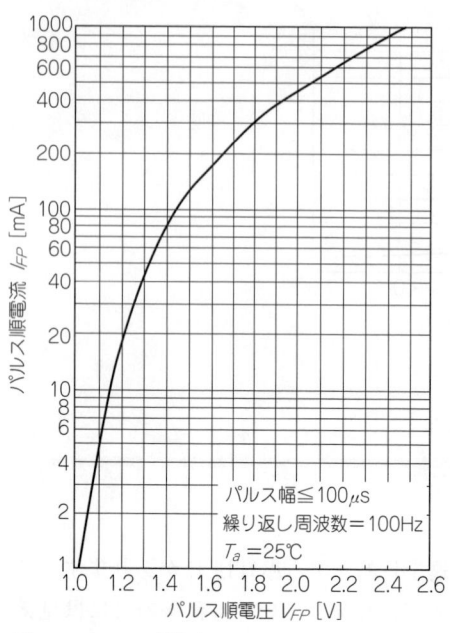

図6.25 I_{FP}-V_{FP}特性（TLN115A）

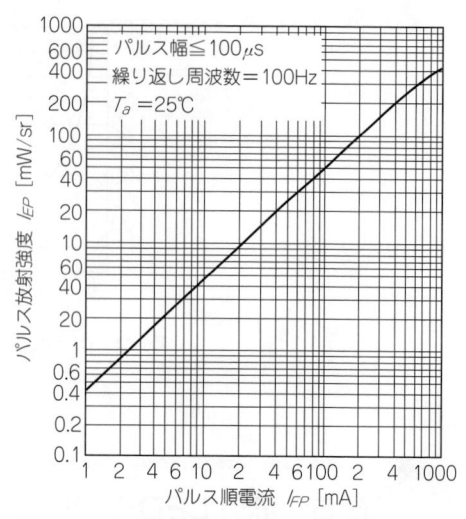

図6.26 I_{EP}-I_{FP}特性（TLN115A）

分布ができるだけ等しいものを選ぶようにします．そうしないと，予想外の感度不足ということになりかねません．

赤外LEDも可視光LEDと同じく，その特性は材料によるものが支配的です．材料が同じならば，型名が違っていても似たような特性の傾向を示します．ちなみに，TLN115AはGaAsです．

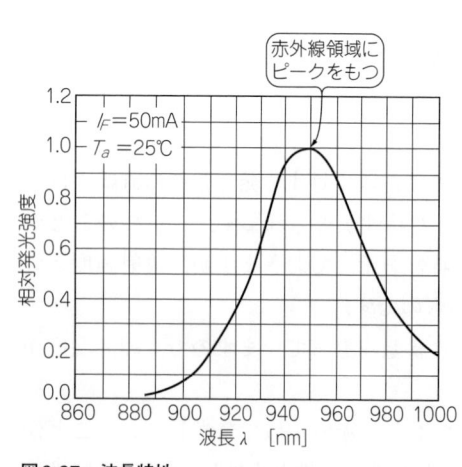

図6.27 波長特性

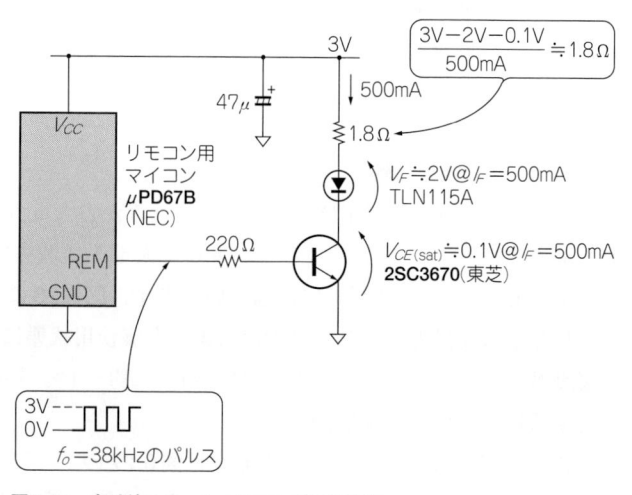

図6.28 赤外線リモート・コマンダの回路例

● **赤外LEDの駆動方法**

　赤外LEDの駆動方法といっても，考え方は可視光LEDと同じです．もっとも簡単には，電源に直列抵抗を入れただけでも発光します(図6.3のような方法)．この場合，赤外LEDには電流が常時流れているので，直流駆動(スタティック駆動)ということになります．

　基本的にはこれでよいのですが，前述したように赤外LEDは直流駆動よりもパルス駆動のほうが適しています．赤外LEDと受光素子の間の距離が長い場合は特にそのことがいえ，また外部雑音による誤動作を防ぐためにもパルス駆動が必要になってきます．

　図6.28に赤外LEDを使ったリモート・コマンダ(リモコン送信器)の回路例を示します．リモコン用マイコンの38 kHzのパルスでトランジスタを駆動して，赤外LED TLN115Aをパルス駆動しています．

　赤外LEDの駆動回路が表示用可視光LEDの駆動回路と大きく違うところは，LEDに流す順方向電流の大きさです．リモコンなどの用途では赤外線の到達距離をかせぐため，大きな電流を流します．図6.28の回路では，ピーク値で500 mAの電流を流しています．

〈青木英彦〉

参考・引用*文献
(1) * LEDランプアプリケーションノート，BCJ0029A，㈱東芝セミコンダクター社．
(2) * TLRH156データシート，㈱東芝セミコンダクター社．
(3) * 高輝度LEDランプ，BCJ0006B，㈱東芝セミコンダクター社．
(4) * TLRE263APデータシート，㈱東芝セミコンダクター社．
(5) * TLSU180Pデータシート，㈱東芝セミコンダクター社．
(6) * TC74HC4511AP/AFデータシート，㈱東芝セミコンダクター社．
(7) * TLN115Aデータシート，㈱東芝セミコンダクター社．

第一部　ダイオードの基礎と応用

第7章 高周波ダイオードの使い方

本章では，高周波回路で使用されるダイオードの使い方について解説します．高周波回路用のダイオードには，次のようなものがあります．
① PINダイオード
② 可変容量ダイオード（バラクタ・ダイオードまたはバリキャップともいう）
③ ショットキー・バリア・ダイオード
④ ステップ・リカバリ・ダイオード
⑤ IMPATTダイオード（IMPact ionization Avalanche Transit Time diode）
⑥ ガン・ダイオード

これらの外形を写真7.1に示します．このように，高周波回路に使用されるダイオードはさまざまですが，本章では使用頻度の高いPINダイオード，可変容量ダイオード，ショットキー・バリア・ダイオードを取り上げて解説します．

7.1 PINダイオードの使い方

　日本ではPINダイオードを「ピン・ダイオード」と呼んでいますが，以前会ったことのある海外の半導体メーカの担当者は「ピー・アイ・エヌ・ダイオード」と発音していました．どちらが正しいのかはわかりませんが，正式に呼び名が決まっているわけではないようです．
　PINダイオードの主な用途は，以下の二つです．
① スイッチ素子…高周波信号のON/OFFや通路の切り替え
② アッテネータやAGC（Automatic Gain Control）回路用の可変抵抗素子…高周波信号のレベルを調整する

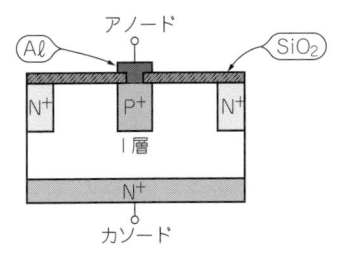

7.1 PINダイオードの使い方

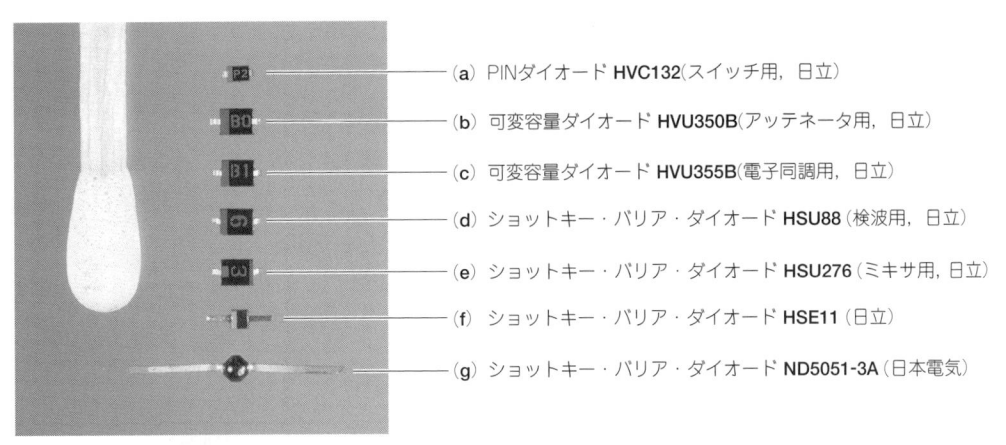

写真7.1 実際の各種高周波ダイオードの外観

(a) PINダイオード HVC132(スイッチ用, 日立)
(b) 可変容量ダイオード HVU350B(アッテネータ用, 日立)
(c) 可変容量ダイオード HVU355B(電子同調用, 日立)
(d) ショットキー・バリア・ダイオード HSU88(検波用, 日立)
(e) ショットキー・バリア・ダイオード HSU276(ミキサ用, 日立)
(f) ショットキー・バリア・ダイオード HSE11(日立)
(g) ショットキー・バリア・ダイオード ND5051-3A(日本電気)

①は，順バイアス時と逆バイアス時の特性の違いを利用します．②は，順電流と直列抵抗との関係を利用します．

7.1.1 PINダイオードの基本動作

● PINダイオードは3層構造のダイオード

　PINダイオードの構造は，PN接合の間に，真性半導体であるI(Intrinsic)層を設けて「PIN接合」にしたものです．図7.1にPINダイオードの構造図を，図7.2に動作説明図を示します．

　PINダイオードは，PIN接合の順方向電流を制御することで高周波直列抵抗r_sを可変することができます．

　図7.2に示すように，PINダイオードに順方向バイアスを加えると，I層内へ電子と正孔が注入されます．この注入された電子と正孔には，I層内で再結合して順方向電流となるものと，I層内に蓄積されるものとがあります．

　この結果，I層が真性半導体のために高抵抗層となっていることから，I層内に蓄積された電子と正孔はI層の導電率を上げることになります．この蓄積されるキャリア量を調整することで，可変抵抗素子

図7.1 PINダイオードの構造図

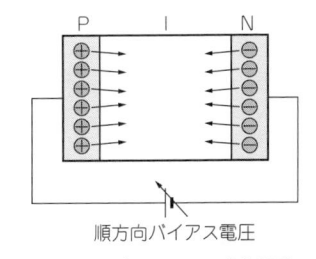

図7.2 PINダイオードの動作説明

としての機能をもたせることができます．

● 順バイアス時は抵抗，逆バイアス時はコンデンサ

国産品の中から適当にピックアップしたPINダイオードを，**表7.1**に示します．これらはすべて面実装タイプです．高周波回路では，部品のリードがもつインダクタンス，抵抗，浮遊容量などが電気的特性に影響を及ぼすため，使用部品はほとんどすべて面実装タイプです．

この表に示された特性のなかで，最大定格，順電流，逆電流は，一般のダイオードと大きな違いは

表7.1 各種PINダイオードの電気的特性（T_a = 25℃）

型名	メーカ名	最大定格		順電圧 $V_{F\,max}$ [V]	逆電流 $I_{R\,max}$ [μA]	端子間容量 $C_{T\,max}$ @f = 1 MHz [pF]	順抵抗 $R_{F\,max}$ @f = 100 MHz [Ω]	用途（データシートの表記）
		逆電圧 V_R [V]	順電流 I_F [mA]					
HVC131	日立	60	100	1.0 @I_F = 10 mA	0.1 @V_R = 60 V	0.8 @V_R = 1 V	1.0 @I_F = 10 mA	高周波スイッチ
HVC132	日立	60	100	1.0 @I_F = 10 mA	0.1 @V_R = 60 V	0.5 @V_R = 1 V	2.0 @I_F = 10 mA	高周波スイッチ
HSU277	日立	35	—	1.0 @I_F = 10 mA	0.05 @V_R = 25 V	1.2 @V_R = 6 V	0.7 @I_F = 2 mA	高周波スイッチ
JDP2S01E	東芝	30	50	0.95 @I_F = 50 mA	0.1 @V_R = 30 V	0.8 @V_R = 1 V	1.0 @I_F = 10 mA	UHF/VHF帯送受信アンテナ・スイッチ
JDP2S02T	東芝	30	50	0.95 @I_F = 50 mA	0.1 @V_R = 30 V	0.5 @V_R = 1 V	1.5 @I_F = 10 mA	UHF/VHF帯送受信アンテナ・スイッチ

（**a**）スイッチ用

型名	メーカ名	最大定格		順電圧 $V_{F\,max}$ [V]	逆電流 $I_{R\,max}$ [μA]	端子間容量 $C_{T\,max}$ @f = 1 MHz [pF]	順抵抗 $R_{F\,max}$ @f = 1 MHz [Ω]	用途（データシートの表記）
		逆電圧 V_R [V]	順電流 I_F [mA]					
HVM14	日立	50	50	1.0 @I_F = 50 mA	0.1 @V_R = 50 V	0.8 typ @V_R = 50 V	7.0 @I_F = 10 mA	高周波アッテネータ
HVU187	日立	60	50	1.0 @I_F = 10 mA	0.1 @V_R = 60 V	2.4 @V_R = 0 V	5.5 @I_F = 10 mA	高周波アッテネータ
JDP2S04E	東芝	50	50	1.0 @I_F = 50 mA	0.1 @V_R = 50 V	0.4 @V_R = 50 V	3.0 typ @I_F = 10 mA	UHF/VHFバンド可変アッテネータ, AGC
MA3Z551	松下	40	100	1.2 @I_F = 100 mA	0.1 @V_R = 40 V	0.5 @V_R = 15 V	2000 typ @I_F = 10 μA ／ 10.0 @I_F = 10 mA	高周波可変アッテネータ
KP2215S	東光	40	50	1.4 @I_F = 50 mA	0.05 @V_R = 50 V	1.0 @V_R = 30 V	25.0 @I_F = 10 mA	AM AGC
KP2311E	東光	40	40	0.85 @I_F = 10 mA	0.1 @V_R = 10 V	1.0 @V_R = 20 V	7.0 @I_F = 10 mA	FM/AM AGC
RN739F	ローム	50	50	1.0 @I_F = 50 mA	0.1 @V_R = 50 V	0.4 @V_R = 35 V	7.0 @I_F = 10 mA	UHF/VHFバンド可変アッテネータ
RN731V	ローム	50	50	1.0 @I_F = 50 mA	0.1 @V_R = 50 V	0.4 @V_R = 35 V	7.0 @I_F = 10 mA	UHF/VHFバンド可変アッテネータ, AGC

（**b**）アッテネータ用

ありません．高周波用ダイオードの場合は，使用する周波数帯においてどんな特性を示すのか，どんなインピーダンスをもつのかが重要です．

表7.1に示す端子間容量と直列抵抗が，PINダイオードを特徴づける重要なパラメータです．**図7.3**に等価回路を示します．この図からわかるように，順方向バイアス時，つまりアノードのほうがカソードよりも電位が高い場合は抵抗素子となり，逆バイアス時，つまりカソードのほうがアノードよりも電位が高い場合は，コンデンサと等価になります．

● バイアス電流とR_FおよびC_Tの変化

順バイアス時の抵抗値R_Fは，順方向バイアス電流を可変すると，**図7.4**のように変化します．バイアス電流を十分に流すと，高周波信号に対して，0.数Ω～数Ωの低いインピーダンスになります．これは，PINダイオードをスイッチとして利用した場合，ON状態になったことに相当します．

逆方向バイアス時の容量値C_Tは，**図7.5**のようにバイアス電圧によらずほぼ一定値を示します．容量は，0.数p～数pFと小さい値です．高い周波数まで高いインピーダンスを示すことを意味しており，スイッチOFF状態に相当します．

以上から，PINダイオードは加えるバイアスの方向を切り替えることによって，アノード-カソード間のインピーダンスを制御でき，PINダイオードを通過する高周波信号の流れをON/OFFしたり，その量をコントロールできることがわかります．

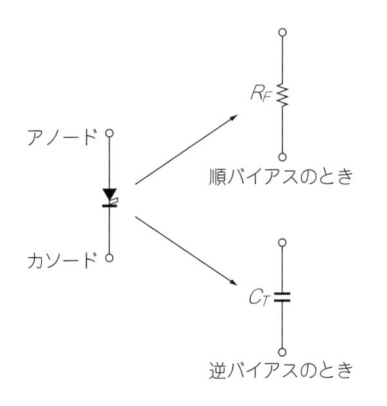

図7.3 PINダイオードの等価回路

図7.4 PINダイオードの順方向バイアス電流とR_Fの関係

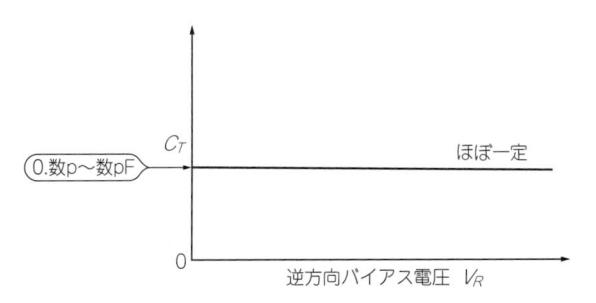

図7.5 PINダイオードの逆方向バイアスとC_Tの関係

● 順方向と逆方向の特性を見る

　実際のPINダイオードのインピーダンスの変化を見てみましょう．**表7.1**の中からHVC132を取り上げ，100 MHzと500 MHzにおけるインピーダンスの変化を観測しました．

▶順方向の特性

　順方向バイアス電流I_Fを10 μAから20 mAまで変化させて，カソード-アノード間のインピーダンスの変化を調べました．I_FとR_Fの関係を**図7.6**に示します．測定結果から，R_Fは電流依存性が高く，周波数依存性が低いといえます．

▶逆方向の特性

　逆方向バイアス電圧V_Rを0.1 Vから10 Vまで変化させて，カソード-アノード間のインピーダンスの変化を調べました．V_RとC_Tの関係を，**図7.7**に示します．測定結果から，C_Tは電圧依存性，周波数依存性ともに低いといえます．

7.1.2　スイッチ回路への応用

　ここまで見てきたPINダイオードの特性が，どのような回路に応用できるか見てみましょう．

● SPSTスイッチ

　SPST(Single Pole Single Throw：単極単投)スイッチとは，スイッチの入り口が一つ(単極)，そして接続される出口も一つ(単投)のスイッチです．ある伝送線路または信号線路を単にON/OFFするためのスイッチです．**図7.8**に，SPSTスイッチの二つの回路例を示します．

　図7.8(a)は，入力と出力の間に直列にPINダイオードを挿入したシリーズ型です．制御端子に正電圧を加えると，PINダイオードD_1のアノード-カソード間のインピーダンスが低下し，入出力間はON状態になります．逆に，負電圧を加えると，PINダイオードは小容量のコンデンサと等価ですから，アノード-カソード間のインピーダンスは高くなって，入出力間はOFF状態になります．

　図7.8(b)は，入出力のラインとグラウンド間にPINダイオードを挿入したシャント型です．制御端子に正電圧を加えると，D_1は低抵抗(低インピーダンス)になり，高周波信号に対して回路とグラウンドがほぼショートされた状態になります．このため，このスイッチ回路に入ってきた高周波信号は，PINダイオードのところでほぼ全部反射されて，もう一方のポートには届きません．ということは，ス

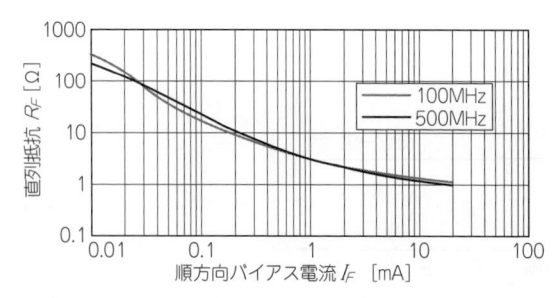

図7.6　PINダイオードHVC132のR_F-I_F特性

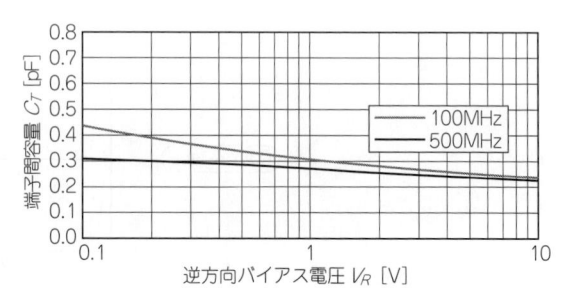

図7.7　PINダイオードHVC132のC_T-V_R特性

(a) シリーズ型

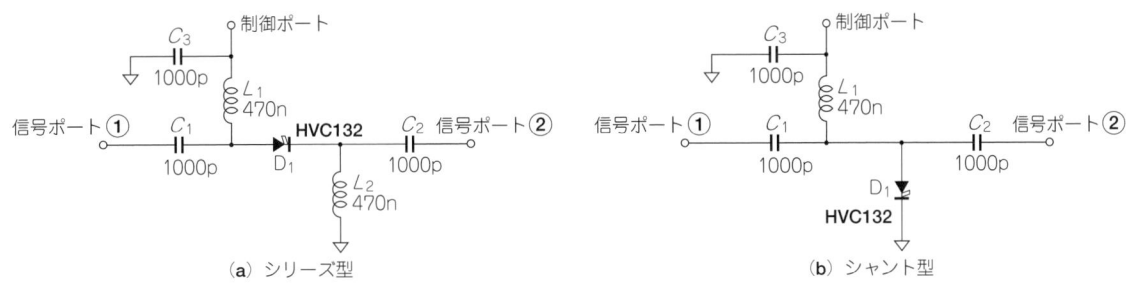

(b) シャント型

図7.8　PINダイオードを利用したSPSTスイッチ回路

表7.2　PINダイオードのバイアス条件とSPSTスイッチの状態

制御電圧	SPSTスイッチ	
	シリーズ型	シャント型
順バイアス	ON	OFF
逆バイアス	OFF	ON

イッチのOFF状態に相当します．

　逆方向バイアスを加えると，PINダイオードは小容量のコンデンサと等価になって高インピーダンスとなり，高周波信号に対してオープンに近い状態になります．ポート間の高周波信号の行き来を遮るものがなく，スイッチON状態になります．表7.2に，制御電圧とSPSTスイッチの状態の関係を示します．この回路はインピーダンス整合をまったく考慮していないので，使用に際しては注意が必要です．

● SPDTスイッチ

　SPDT（Single Pole Double Throw：単極双投）スイッチとは，入り口が一つ（単極），出口が二つ（双投）のスイッチです．伝送線路や信号線路の接続先を切り替えるためのスイッチです．

　図7.9に，二つのSPDTスイッチの回路例を示します．各PINダイオードをそれぞれ専用の制御信号によって駆動します．制御信号の極性の組み合わせによって四つの状態が考えられますが，切り替えスイッチとして使われる状態は次の二つです．

● 状態1
　　制御ポート①：順方向バイアス
　　制御ポート②：逆方向バイアス
● 状態2
　　制御ポート①：逆方向バイアス
　　制御ポート②：順方向バイアス

　図7.9(a)に示すのは，シリーズ型SPSTスイッチを2個組み合わせたSPDTスイッチです．表7.3(a)に，制御ポート①，②とSPDTスイッチの状態との関係を示します．図7.9(b)に示すような構成もあります．表7.3(b)に，制御電圧とSPDTスイッチの状態との関係を示します．

第7章

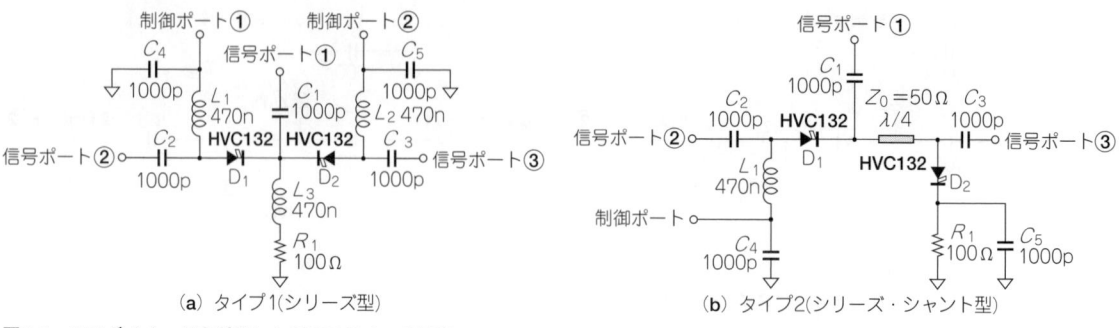

図7.9 PINダイオードを利用したSPDTスイッチ回路

(a) タイプ1(シリーズ型)

(b) タイプ2(シリーズ・シャント型)

表7.3 PINダイオードのバイアス条件とSPDTスイッチの状態

制御電圧①	制御電圧②	SPDTスイッチ ポート①→ポート②	ポート①→ポート③
順バイアス	逆バイアス	ON	OFF
逆バイアス	順バイアス	OFF	ON

(a) タイプ1

制御電圧	SPDTスイッチ ポート①→ポート②	ポート①→ポート③
順バイアス	ON	OFF
逆バイアス	OFF	ON

(b) タイプ2

7.1.3　可変アッテネータへの応用

▶ブリッジドT型

図7.10(a)に，ブリッジドT型可変アッテネータの回路例を示します．この回路の減衰量を小さくするためには，D_1に流れる電流を大きくし，D_2に流れる電流を小さくしなければなりません．逆に，減衰量を大きくするためには，D_1に流れる電流を小さくし，D_2に流れる電流を大きくする必要があります．

D_1は，固定電圧でバイアスされています．制御ポートに加える電圧を上げてD_2に流れる電流を大きくすると，R_3での電圧降下が大きくなり，D_1を流れる電流が小さくなります．したがって，制御ポートに加える電圧によって，D_1とD_2に流れる電流を逆方向に制御でき，減衰量の調整が可能になります．表7.4に，制御ポートに加える信号の電圧と各PINダイオードを流れる電流，そして減衰量との関係を示します．

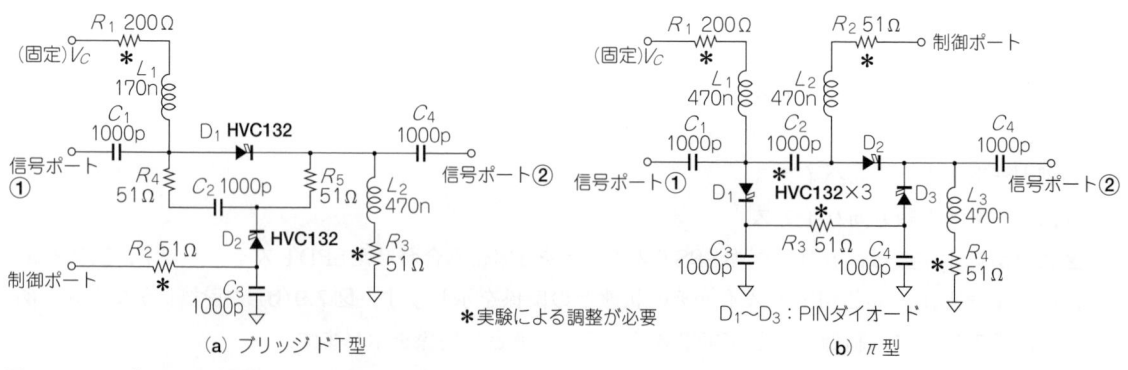

(a) ブリッジドT型

(b) π型

＊実験による調整が必要

図7.10 PINダイオードを利用したアッテネータ回路

表7.4 PINダイオードのバイアス条件と
ブリッジT型可変アッテネータの状態

制御ポート	D_1電流	D_2電流	減衰量
↗	↘	↗	↘
↘	↗	↘	↗

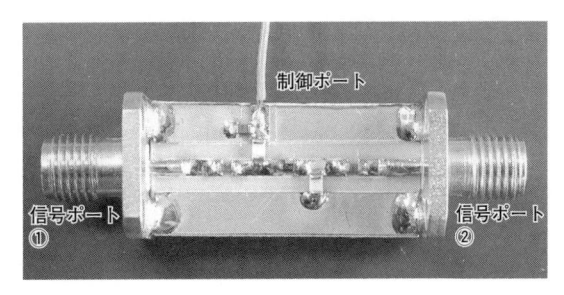

注 ↗：増加，↘：減少

写真7.2 試作したSPSTスイッチの外観

▶π型

図7.10(b)に示す回路は，π型可変アッテネータです．制御ポートに加える電圧によってどのように動作するのか，ブリッジT型の動作説明を参考にして考えてみてください．

7.1.4 SPSTスイッチの試作

先に評価を行ったHVC132を使って，シリーズ型SPSTスイッチの設計と試作評価を行います．回路構成は図7.8(a)とし，仕様を決めます．

- 周波数範囲　　：100〜500 MHz
- ON時順電流　　：I_F = 10 mA
- OFF時逆電圧：V_R = − 5 V

C_1とC_2はバイパス用コンデンサなので，使用周波数において十分低いインピーダンスになるように，値を決めなければなりません．ここでは，高周波特性に優れた容量1000 pFの積層チップ・セラミック・コンデンサを使います．等価直列抵抗ESRは1.59 Ω＠100 MHz，0.32 Ω＠500 MHzです．

C_3は，デカップリング用コンデンサです．制御端子への高周波信号の漏れを防ぐとともに，制御端子に接続される回路が内部に影響するのを防ぎます．C_3によって，制御端子は高周波信号に対してショートに近い状態になります．C_1とC_2と同じ1000 pFの積層チップ・セラミック・コンデンサを使います．

L_1とL_2はRFチョーク・コイルで，高周波信号は通さずに直流バイアスだけを通します．直流的にはショートになり，制御信号（バイアス電流）が流れる経路になります．使用周波数において十分大きなインピーダンスをもつように，インダクタンスを470 nHにします．高周波特性の優れた積層チップ・インダクタ（295 Ω＠100 MHz，1477 Ω＠500 MHz）を使います．

写真7.2に試作したSPSTスイッチの外観を，図7.11に部品配置を示します．回路図とほぼ同じように部品を配置してみました．信号ポート①と②には，SMAコネクタを使います．信号ポート①-②間の伝送線路は，マイクロストリップ線路で構成しています．高周波回路の場合，伝送線路パターンの幅，長さなども回路特性に影響を及ぼします．

第7章

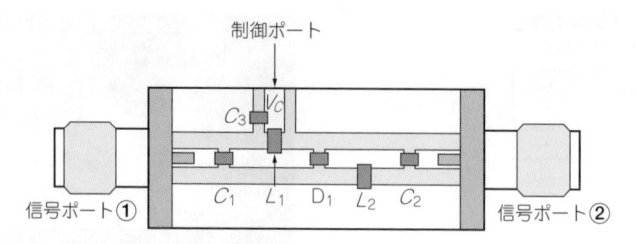

図7.11 PINダイオードを使って試作したSPSTスイッチの部品配置

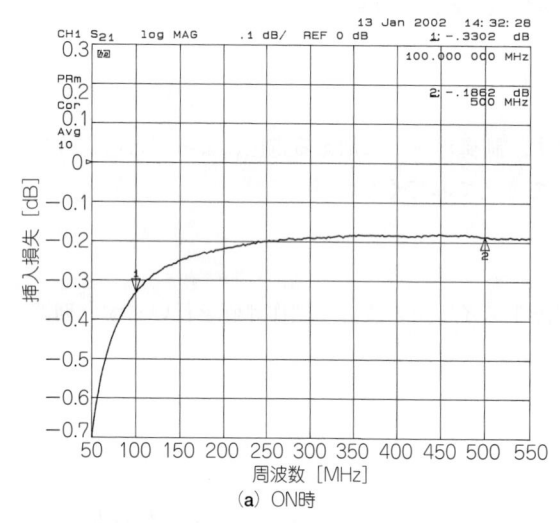

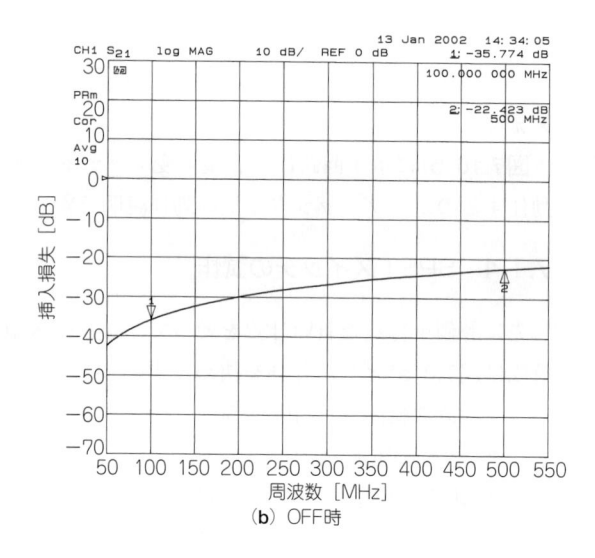

図7.12 試作したSPSTスイッチの挿入損失特性
(a) ON時
(b) OFF時

● スイッチのON/OFF動作と通過特性

▶ ON時

ネットワーク・アナライザを使って，順方向バイアスを加えてSPSTスイッチをONさせて，信号ポート①-②間の伝達特性を測定しました．一般に，挿入損失特性（インサーション・ロス）と呼ばれているものです．図7.12(a)に，結果を示します．100 MHz以下で急激に挿入損失が悪化しているのは，C_1とC_2のインピーダンス増加と，L_1とL_2のインピーダンス低下の影響です．R_Fの小さいPINダイオードを使用すれば，挿入損失を低減できます．

▶ OFF時

逆方向バイアスを加えてSPSTスイッチをOFFしたときの，信号ポート①-②間の伝達特性を図7.12(b)に示します．一般に，アイソレーション特性と呼ばれているものです．周波数が高くなるにしたがってアイソレーションが悪くなっているのは，C_Tの影響です．C_Tの小さいPINダイオードを使用すれば，アイソレーションを大きくできます．

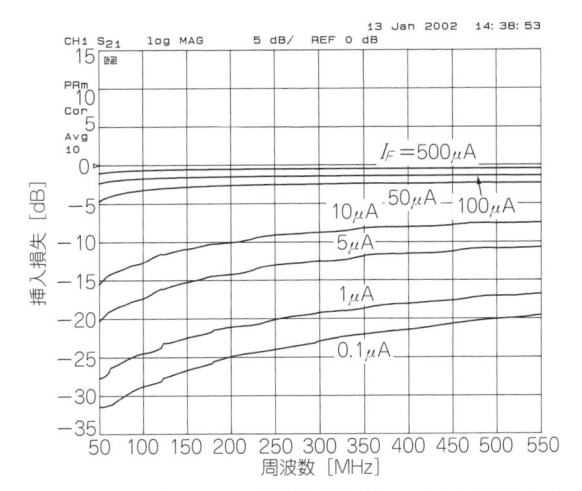

図7.13　PINダイオードに流す順方向バイアス電流を変化させたときのSPSTスイッチの挿入損失特性

● SPSTで作るAGC回路

　SPSTスイッチは，順方向バイアス電流を制御すると簡易的なAGC回路として動作します．順方向バイアスを0.1μAから50μAまで変化させたときの，挿入損失の変化するようすを図7.13に示します．500 MHz以下において，20 dB以上の可変幅をもっています．

7.2　可変容量ダイオードの使い方

　日本では一般に「可変容量ダイオード」と呼ばれていますが，海外の書籍や電気関係の辞典で使われている名称はバラクタ(varactor)です．その名前が示すとおり，端子間の容量を電子的に可変できる部品です．
　先に説明したPINダイオードに比べて容量値が大きく，逆バイアス電圧による端子間容量の可変幅がとても広いのが特徴です．周波数制御素子として，次のような回路で使われています．
- 受信機の同調回路
- VCO(Voltage Controlled Oscillator：電圧制御発振器)
- FM変調回路

7.2.1　可変容量ダイオードの構造

　可変容量ダイオードは，PN接合の静電容量が逆方向電圧により変化することを積極的に利用したダイオードです．
　図7.14を見てください．PN接合ダイオードを逆バイアスすると，この逆バイアス電圧(V_R)に比例して空乏層が変化します．そしてPN接合容量は，この空乏層に対応して変化します．すなわち，空乏層領域が広いと接合容量は小さくなり，狭いと接合容量は大きくなります．

表7.5 各種可変容量ダイオードの電気的特性($T_a = 25℃$)

型名	メーカ名	逆電圧 V_R [V]	逆電流 $I_{R\,max}$ [nA]	端子間容量 C_t @f = 1 MHz						
				C_1@V_R=1V [pF]	C_2@V_R=2V [pF]	C_3@V_R=3V [pF]	C_4@V_R=4V [pF]	C_8@V_R=6V [pF]	C_9@V_R=9V [pF]
HVU350B	日立	15	10 @V_R=15V	15.5〜17.0	—	—	5.0〜6.0	—	—
HVU355B	日立	15	10 @V_R=15V	6.4〜7.2	—	—	2.55〜2.95	—	—
1SV304	東芝	10	3 @V_R=10V	17.3〜19.3	—	—	5.3〜6.6	—	—
1SV331	東芝	10	3 @V_R=10V	17.0〜19.0	—	—	4.25〜5.43	—	—
KV1735R	東光	16	10 @V_R=10V	—	68.9〜77.7	—	—	26.4〜36.7	16.9〜22.2
KV1841K	東光	18	5 @V_R=10V	—	13.5〜15.5	—	—	6.80〜8.3	—
MA2SV10	松下	6	10 @V_R=5V	25.6〜28.2	—	6.60〜8.0	—	—	—
MA2S376	松下	6	10 @V_R=6V	14.0〜16.0	—	6.80〜8.9	—	—	—

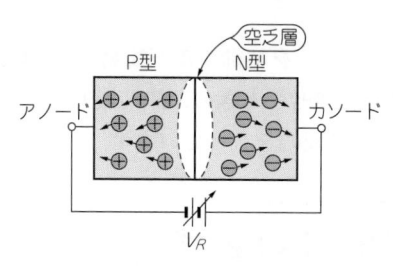

図7.14 可変容量ダイオードの動作説明

このように逆電圧を制御することで，静電容量値を可変するわけです．

7.2.2 可変容量ダイオードの基本動作

● 逆方向電圧によって端子間容量が大きく変わる

データシートから，可変容量ダイオードの特性を見てみましょう．**表7.5**に，国産品の中から選んだ可変容量ダイオードを示します．すべて面実装タイプです．この中で，端子間容量，容量比，直列抵抗が，可変容量ダイオードを特徴づけるもっとも重要な特性パラメータです．

図7.7に示したPINダイオードの特性と比較するとわかるように，逆方向バイアス電圧V_Rに対して端子間容量が大きく変化します．

直列抵抗は可変容量の特性とは一見関係がなさそうですが，高周波での可変容量ダイオードの特性を表す重要な項目です．**図7.15**は，可変容量ダイオードの高周波での等価回路です．素子としての性能を表すクォリティ・ファクタQは，この抵抗成分R_sが小さいほど高くなります．Qはできるだけ高く，直列抵抗はできるだけ低いものが望まれます．Qが高いほど純粋なコンデンサに近くなります．た

容量比 (最小値)	直列抵抗 $R_{S(max)}$ [Ω]	用途 (データシートの表記)
2.8 (C_1/C_4)	0.5 @V_R = 1 V, f = 470 MHz	VCO
2.2 (C_1/C_4)	0.6 @V_R = 1 V, f = 470 MHz	VCO
2.8 (C_1/C_4)	0.32 @V_R = 1 V, f = 470 MHz	VHF帯無線VCO
3.5 (C_1/C_4)	0.7 @V_R = 1 V, f = 470 MHz	TCXO/VCO
3.3 (C_2/C_8)	0.3 @V_R = 2 V, f = 100 MHz	FM電子同調
2.35 (C_1/C_6)	0.5 @11 pF, f = 470 MHz	VCO
3.3 (C_1/C_3)	0.7 @V_R = 1 V, f = 470 MHz	VCO
—	0.3 @9 pF, f = 470 MHz	UHF帯無線VCO

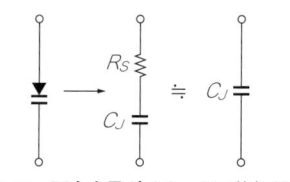

図7.15 可変容量ダイオードの等価回路

とえば，これから試作するBEFの特性では，抵抗成分が大きくなると(Qが小さくなると)，得られる減衰量が小さくなります．Qの高いものを使用すれば，急峻で大きな減衰量が得られます．

● バイアス供給の基本

容量を制御するために加えるバイアス電圧は，**図7.16(a)**に示すように高抵抗R_Bを通して供給します．R_Bの値が小さいと，D_1のインピーダンスに対して，バイアス回路の出力インピーダンスR_Oが無視できなくなり，可変容量ダイオードが本来の性能を発揮できなくなります．逆に大きくし過ぎると，**表7.5**に示す逆電流特性による電圧降下で，希望するバイアス電圧をダイオードに供給できなくなります．その場合，**図7.16(b)**に示すように，高抵抗の代わりにRFチョーク用インダクタを使うことも検討します．

● 端子間容量が変化するようす

表7.5の中からHVU350Bを取り上げ，100 MHzと500 MHzにおける逆方向バイアス電圧V_R－端子間容量C_Jの変化を見てみましょう．V_Rは0Vから5Vまで変化させます．結果を，**図7.17**に示します．

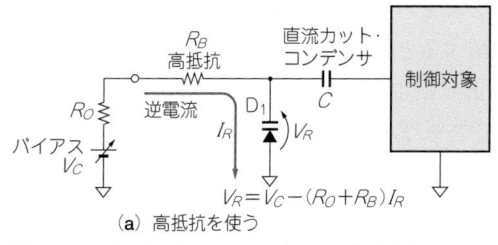

(a) 高抵抗を使う　　　　　　　　　(b) チョーク・コイルを使う

図7.16 可変容量ダイオードのバイアス供給方法

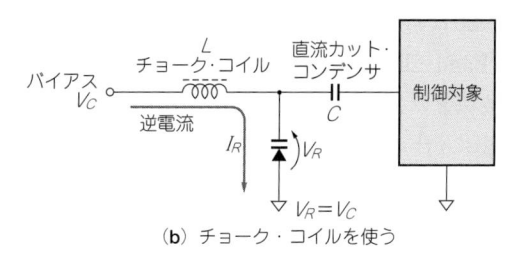

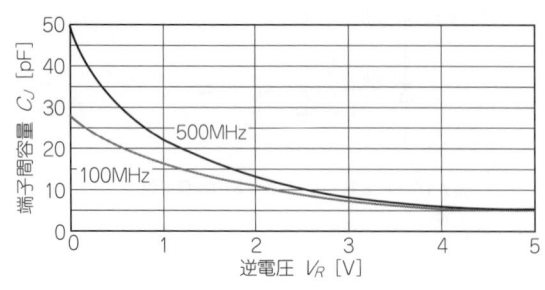

図7.17 可変容量ダイオードのHVU350BのC_J-V_R特性

図7.18 可変容量ダイオードを利用した可変BPF

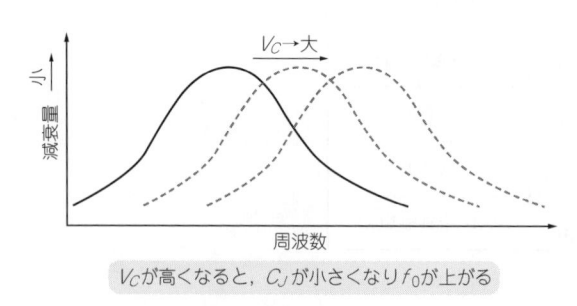

L_1は次式で求める. $f_0 = \dfrac{1}{2\pi\sqrt{L_1 C_J}}$

図7.19 可変BPFの周波数特性の変化のようす

V_Cが高くなると，C_Jが小さくなりf_0が上がる

表7.5に示した1MHzのときの特性と，実測した100MHzにおける特性はほとんど同じです．さすがに500MHzになると差が出てきますが，数百MHz以下であれば周波数依存性が低いようです．

7.2.3 可変容量ダイオードの応用回路

● 可変BPF

図7.18に示したのは，同調回路の基本である並列共振回路を応用した可変BPF（Band Pass Filter）です．制御ポートに加える直流電圧によって，図7.19に示すように通過帯域の中心周波数が変化します．LC並列共振回路のコンデンサを可変容量ダイオードで置き換えたものです．C_1は，直流カット用です．L_1は，直流的にグラウンドにショートされているので，C_1がないと制御電圧がD_1に加わりません．

● 可変BEF

図7.20に示したように，LC直列共振回路のコンデンサを可変容量ダイオードに置き換えると，可変BEF（Band Elimination Filter）になります．これを利用すると，図7.21に示したように，減衰帯域の中心周波数をコントロールできます．LPF（Low Pass Filter），HPF（High Pass Filter）のコンデンサを可変容量ダイオードに置き換えれば，可変LPFや可変HPFを作ることができます．

● VCXO

図7.22に，水晶振動子を使用したVCXO（Voltage Controlled Crystal Oscillator）の回路を示します．

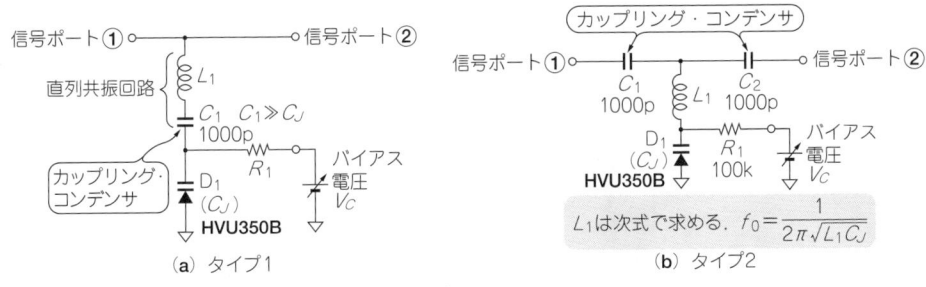

図7.20 可変容量ダイオードを利用した直列共振回路

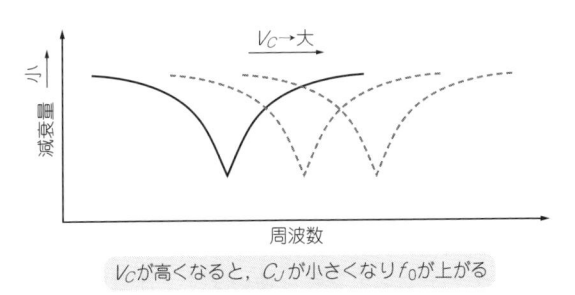

(a) タイプ1

(b) タイプ2　L_1は次式で求める．$f_0 = \dfrac{1}{2\pi\sqrt{L_1 C_J}}$

図7.21 可変BEFの周波数特性の変化のようす

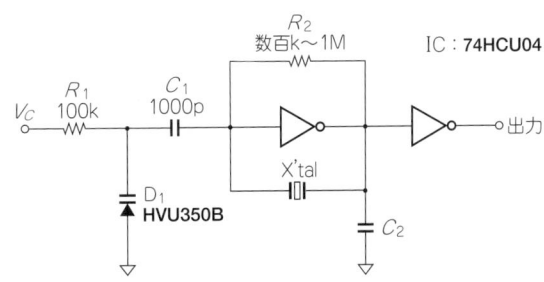

V_Cが高くなると，C_Jが小さくなりf_0が上がる

図7.22 可変容量ダイオードを利用した直列共振回路

可変容量ダイオードで水晶振動子の負荷容量を変えれば，発振周波数を制御することができます．水晶振動子はとてもQが高いので，発振周波数は0.1％程度しか変化しません．

この回路のV_Cにディジタル信号を入力すればFSK変調信号が出力端子に現れ，アナログ信号（≧0 V）を入力すればFM変調信号が出力端子に現れます．また，水晶振動子の代わりにLC共振回路，セラミック発振子，SAW発振子などを使えば，さまざまなVCOを実現することができます．簡単にVCXOを製作・実験してみたいのであれば，CMOSインバータ（74HCU04）を使った図7.22の回路がお勧めです．

7.2.4 可変BEFの試作

評価したHVU350Bを使って，可変BEF（Band Elimination Filter）を試作して評価してみましょう．回路構成は，図7.20（b）とします．制御電圧V_Cは1～4 V，中心周波数は250 MHz@V_C = 2.5 Vとします．

● 設計と試作

まず，可変容量ダイオードとともに，直列共振回路を構成するLの値を決めます．図7.17から，V_C = 2.5 Vのとき250 MHzにおいて，HVU350Bの端子間容量は約10 pFと読み取れます．10 pFと組み合わせたときに250 MHzの共振周波数を得るには，図7.20（b）の式から40.5 nHのインダクタが必要です．L_1には積層チップ・インダクタを使いますが，40.5 nHという中途半端な値の製品はないので，近い値の39 nHを選びます．V_C = 2.5 V，L_1 = 39 nHの共振周波数は約255 MHzになります．

この定数で，どの程度の可変範囲が得られるか計算してみましょう．V_C = 1 VにおいてHVU350Bの容量は約18 pFと思われるので，このときの共振周波数を計算すると約190 MHzです．同様に，V_C =

写真7.3 試作したBEFの外観

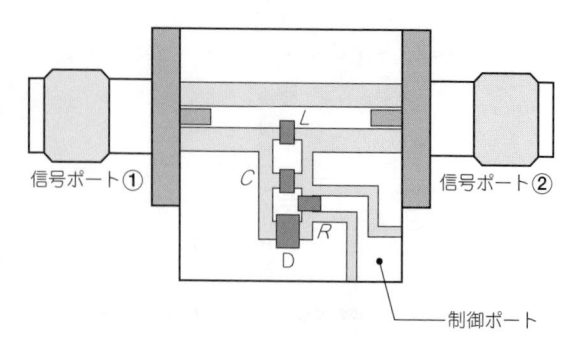

図7.23 可変容量ダイオードを使って試作したBEFの部品配置

4Vのときには，6pFで329MHzです．C_1とC_2はバイパス用なので，使用周波数において十分小さいインピーダンスで，C_Jよりも十分大きな値にしなければなりません．ここでは，1000pFにします（0.64Ω@250MHz）．

コンデンサは，高周波特性の優れた積層チップ・セラミック・コンデンサを使います．HVU350Bの逆電流は10nAなので，R_1に100kΩを使用しても抵抗での電圧降下はわずか1mVです．1MΩを使っても電圧降下は10mVしかありませんが，ここでは100kΩを使います．抵抗には，もちろんチップ抵抗を使います．

写真7.3に試作した可変BEFを，図7.23に部品配置を示します．回路図とほぼ同じように部品を配置してみました．信号ポート①と信号ポート②には，SMAコネクタを使用しています．ポート①，ポート②間の伝送線路は，マイクロストリップ線路です．

● 試作したBEFの通過特性

ネットワーク・アナライザを使って測定します．V_Cを1V，2.5V，4Vに設定したときの入力ポート①から②への通過特性を，図7.24に示します．きれいなBEF特性が得られています．各設定電圧のときの中心周波数を先の計算値と比較してみると，V_C=4Vで約16MHzずれていますが，よく一致しているといえます．

また，V_Cを0Vから6Vまで変化させたときの，中心周波数の変化を図7.25に示します．V_C=0VからV_C=3.5Vまでは，V_Cに対してf_0が直線的に変化しているので，この範囲内を利用すればとても制御しやすいでしょう．

7.3 ショットキー・バリア・ダイオードの使い方

7.3.1 ショットキー・バリア・ダイオードの構造

一般のダイオードはP型とN型の半導体（PN接合）で作られていますが，ショットキー・バリア・ダイオード（以下，SBD）は金属と半導体を接触させた構造になっています．PN接合と同様に整流特性を

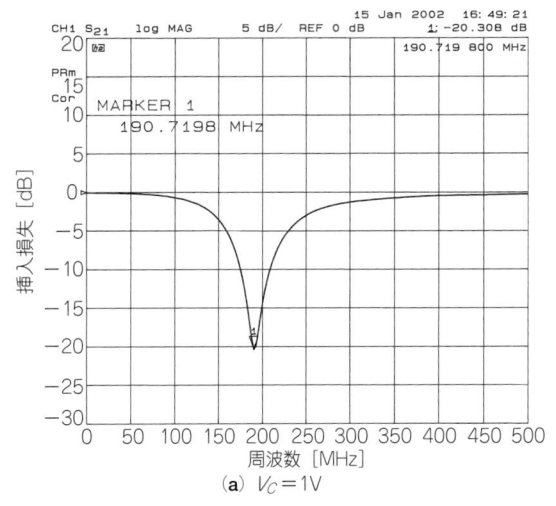

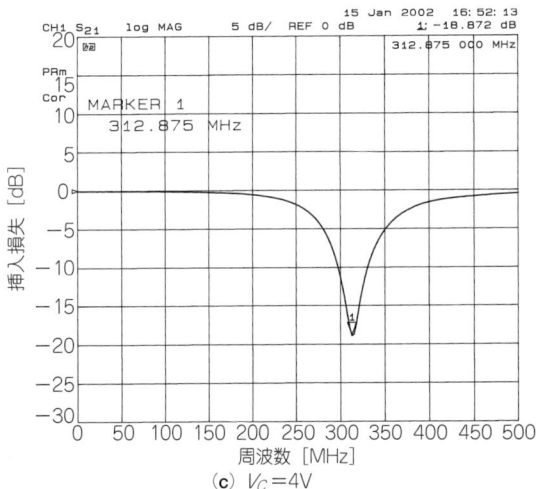

図7.24　試作したBEFの信号ポート①から信号ポート②への通過特性

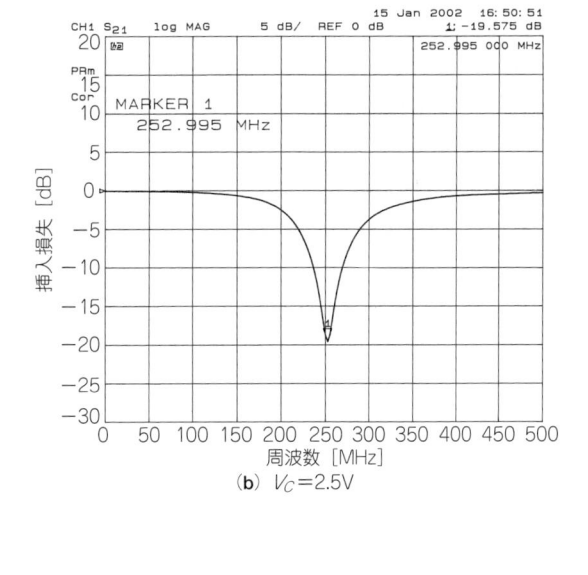

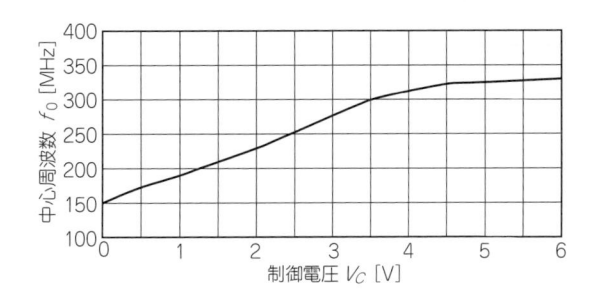

(a) $V_C=1V$

(b) $V_C=2.5V$

(c) $V_C=4V$

図7.25　試作したBEFの制御電圧−中心周波数特性

示しますが，内部には大きな違いがあります．PN接合のダイオードは，多数キャリアと少数キャリアによって電荷を運びますが，SBDには多数キャリアしかないため，高速動作が得意で，たとえば検波回路やミキサ回路などによく使われます．

● 逆方向電圧と順方向電圧が低い

国産のSBDの中から選んだものを，表7.6に示しました．すべて面実装タイプです．目に付くのが，逆方向電圧と順方向電圧の低さです．逆方向電圧は一般のPN接合ダイオードより1桁程低く，順方向電圧は半分程度しかありません．

図7.26に，高周波での等価回路を示します．直列抵抗R_S，非線形接合抵抗R_J，非線形接合容量C_Jからなっています．検波回路，ミキサでの使用には，直列抵抗や接合容量が低いことを望まれます．R_Sの値は，表7.6からはわかりません．端子間容量はパッケージがもつ容量と接合容量との和なので，同じようなパッケージであれば比較する目安にはなります．

7.3.2 ショットキー・バリア・ダイオードの基本特性

表7.6からHSU88を取り上げ，I_F-V_F特性と100 MHzと500 MHzにおける端子間容量の特性を測定しました．

▶ I_F-V_F特性

定電流源を使い，順方向電流I_Fを50 nAから20 mAまで変化させて，順方向電圧を測定しました．I_FとV_Fの関係を，図7.27に示します．一般のダイオードよりも低い電圧で特性カーブが立ち上がっています．

表7.6 各種ショットキー・バリア・ダイオードの電気的特性 ($T_a = 25℃$)

型名	メーカ名	最大定格 逆電圧V_R [V]	順電圧 V_{F1} [mV]	順電圧 V_{F2} [mV]	逆電流 I_{R1} [μA]	逆電流 I_{R2} [μA]	端子間容量 $C_T@f=1\,\mathrm{MHz}$ [pF]	用途（データシートの表記）
HSU88	日立	10	350〜420 @I_F=1 mA	500〜580 @I_F=10 mA	0.2$_{\max}$ @V_R=2 V	10$_{\max}$ @V_R=10 V	0.8$_{\max}$ @V_R=0 V	一般検波，ミキサ
1SS154	東芝	6	350$_{\max}$ @I_F=0.1 mA	500$_{\mathrm{typ}}$ @I_F=10 mA	0.5$_{\max}$ @V_R=5 V	—	0.8$_{\mathrm{typ}}$ @V_R=0 V	UHF〜Sバンド 受信ミキサ/検波

(a) 検波用

型名	メーカ名	逆電圧V_R [V]	順電圧V_F（標準値@I_F=2 mA）[V]	順電流I_F（最小値@V_F=0.5 V）[mA]	逆電流I_R（最大値）[μA]	端子間容量 $C_T@f=1\,\mathrm{MHz}$ [pF]	用途（データシートの表記）
HSU276	日立	3	—	35	50 @V_R=0.5 V	0.85$_{\max}$ @V_R=0.5 V	ミキサ
1SS315	東芝	5	0.25	30	25 @V_R=5 V	0.6$_{\mathrm{typ}}$ @V_R=0.2 V	UHFバンド受信ミキサ
JDH2S01T	東芝	5	0.25	30	25 @V_R=5 V	0.6$_{\mathrm{typ}}$ @V_R=0.2 V	UHFバンド受信ミキサ

(b) ミキサ用

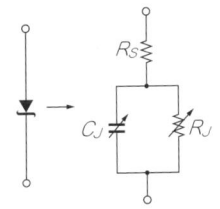

7.3 ショットキー・バリア・ダイオードの使い方

(a) 記号　(b) 等価回路

図7.26　ショットキー・バリア・ダイオードの等価回路

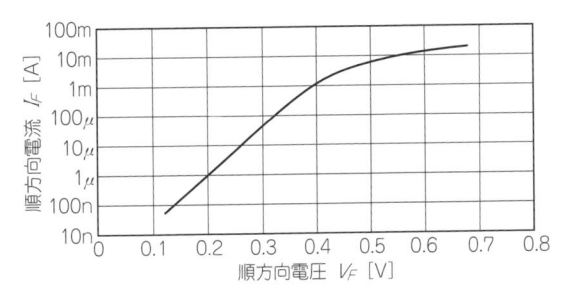

図7.27　ショットキー・バリア・ダイオードHVU88のI_F-V_F特性

▶端子間容量の特性

逆方向バイアス電圧V_Rを0Vから5Vまで変化させて，端子間容量がどのように変化するのか調べてみました．V_RとC_Tの関係を，図7.28に示します．測定結果から，C_Tは電圧依存性，周波数依存性ともに低いようです．なお，高周波信号レベルは−20 dBmに設定して測定しました．

7.3.3　ショットキー・バリア・ダイオードの応用回路

● 検波回路

図7.29に，よく使われる4種類の検波回路を示します．図(a)は名前が示すとおり，正(+)の検波出力が得られます．回路に入力される高周波信号が振幅変調されていなければ，検波出力は高周波信号レベルに比例した直流電圧になります．図(b)は，図(a)とダイオードが逆向きになっており，負(−)の検波出力が得られます．図(c)はダイオードを2個使用したもので，図(b)の検波器の倍の検波出力が得られます．図(d)は，ダイオードにわずかな直流バイアス電流を流して，I_F-V_F特性の直線性のよい部分で動作させる回路で，入力高周波信号レベルが小さい場合にひずみを小さくできます．

実際の検波回路では，図7.29の回路の前段にインピーダンス整合回路が必要です．使用周波数帯において，検波回路とその前に接続される回路との整合を取る必要があります．インピーダンス整合がとれていないと，検波器の感度が悪くなります．なお，RFチョーク用インダクタの代わりに50Ωの抵抗を使えば検波器の感度は低くなりますが，広帯域の検波器を作れます．

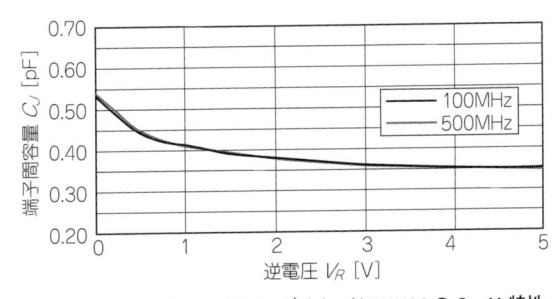

図7.28　ショットキー・バリア・ダイオードHVU88のC_J-V_R特性

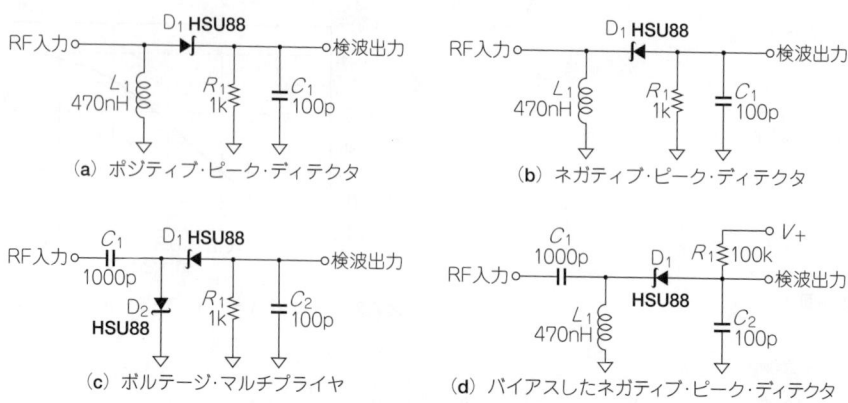

(a) ポジティブ・ピーク・ディテクタ
(b) ネガティブ・ピーク・ディテクタ
(c) ボルテージ・マルチプライヤ
(d) バイアスしたネガティブ・ピーク・ディテクタ

図7.29 ショットキー・バリア・ダイオードを利用した検波回路

● ミキサ

図7.30に示したのは，局部発振器(LO)の周波数に同期してダイオードをON/OFFスイッチさせ，RF信号とLO信号を混合するミキサです．もっともよく使われるのが，図7.31に示すDBM(Double-Balanced Mixer)です．LO信号によって，各ダイオードがON/OFFします．

LO信号入力が正の半サイクルのとき，LO信号によってD_1とD_2は順バイアスされて，導通(ON)状態になります．一方，D_3とD_4は逆バイアスされて，非導通(OFF)状態になります．その結果，実線で示した経路で，RF信号入力がIF出力へと伝達されます．

LO信号入力が負の半サイクルのとき，LO入力信号の極性が正の半サイクルとは逆ですから，LO入力信号によってD_1とD_2は逆バイアスされて，OFF状態になります．一方，D_3とD_4は順バイアスされてON状態になります．破線で示した経路で，RF信号入力がIF出力へと伝達されます．IF出力のトランスでの信号の流れは，正の半サイクルとは逆になります．

したがって，IF出力信号の位相は，正の半サイクルに対して反転したもの，つまり位相が180°異なります．LO信号サイクルでの位相反転によって，RF信号とLO信号の周波数に関係する新たな周波数

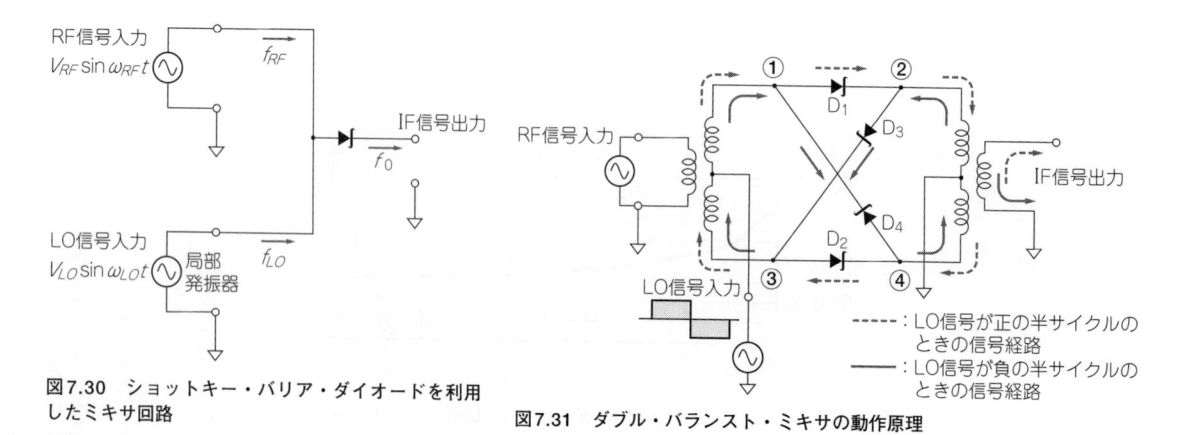

図7.30 ショットキー・バリア・ダイオードを利用したミキサ回路

図7.31 ダブル・バランスト・ミキサの動作原理

7.3 ショットキー・バリア・ダイオードの使い方

成分が生じます．

7.3.4 検波回路の設計と製作

評価を行ったHSU88を使って，検波回路を設計し試作して特性を評価してみましょう．図7.29(a)の回路を使い，必要に応じてインピーダンス整合回路を付け加えます．中心周波数は250 MHzです．

● 検波回路の設計

図7.29(a)において，なぜL_1が必要なのかを説明しておきましょう．検波回路は，検波動作によってRF信号の電力を直流電力に変換しますが，L_1がなければ直流電流の流れる道がなく機能しません．L_1を挿入することによって，$L_1 \rightarrow D_1 \rightarrow R_1$という直流電流の流れ道を作っています．

L_1の値は，使用周波数で十分に高いインピーダンスをもつように，ここでは470 nHにします（738 Ω @250 MHz）．もちろん，積層チップ・インダクタを使います．R_1［Ω］とC_1［F］による時定数$R_1 C_1$は，振幅変調された信号を検波するときに重要になります．次式が目安になります．

$$R_1 C_1 = \frac{\sqrt{\frac{1}{m^2} - 1}}{3.8 f_{max}}$$

ただし，m ；変調指数，$0 \leq m \leq 1$，
　　　　f_{max} ；最大変調周波数［Hz］

この式から，検波出力に接続される回路のインピーダンスも重要であることがわかります．ここでは，R_1は1 kΩ，C_1は100 pFの積層チップ・コンデンサを使います．

● 試作と調整

写真7.4に試作した検波回路を，図7.32に回路図を，図7.33に部品配置図を示します．検波回路とRF入力間に，インピーダンス整合回路を挿入しました．インピーダンス整合の調整は，RF入力信号レベルを−20 dBmに設定して行います．検波出力は低周波信号なので，特別に観測用のコネクタを設けていません．

RF入力に，−20〜+4 dBm@250 MHzの信号を入力したときの検波出力特性を図7.34に示します．検波器として動作しています．ついでに，パルス変調されたRF信号を入力して，変調信号の復調につ

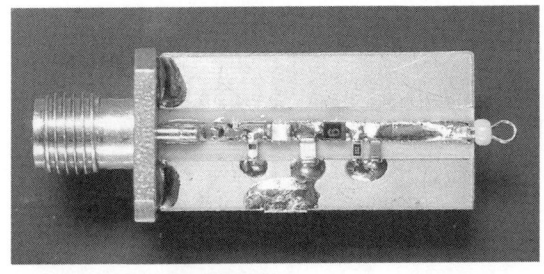

写真7.4　試作した検波回路の外観

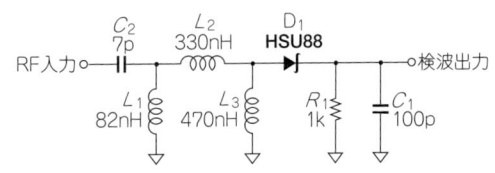

図7.32　ショットキー・バリア・ダイオードHSU88を使った250MHz検波回路

第7章

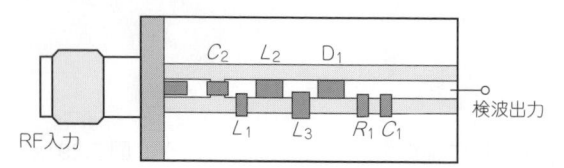

図7.33 ショットキー・バリア・ダイオードを使って試作した検波回路の部品配置図

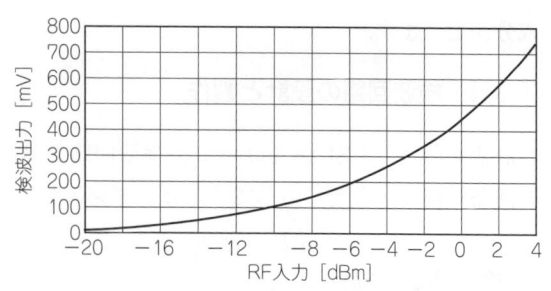

図7.34 試作した検波回路のRF入力-検波出力特性（@f = 250 MHz）

(a) RF入力信号のスペクトラム

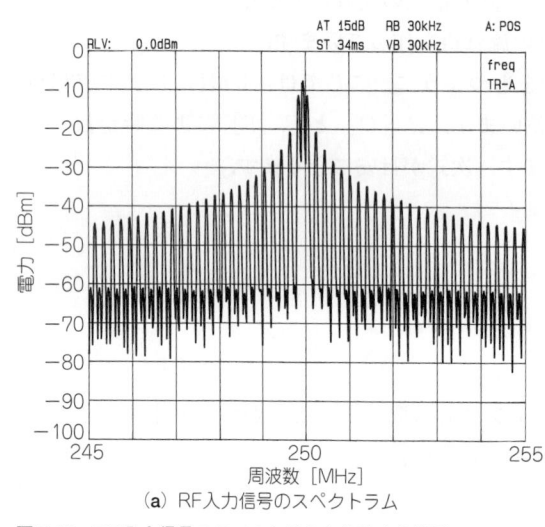

(b) 検波出力電圧

図7.35 RF入力信号のスペクトラムと検波出力波形

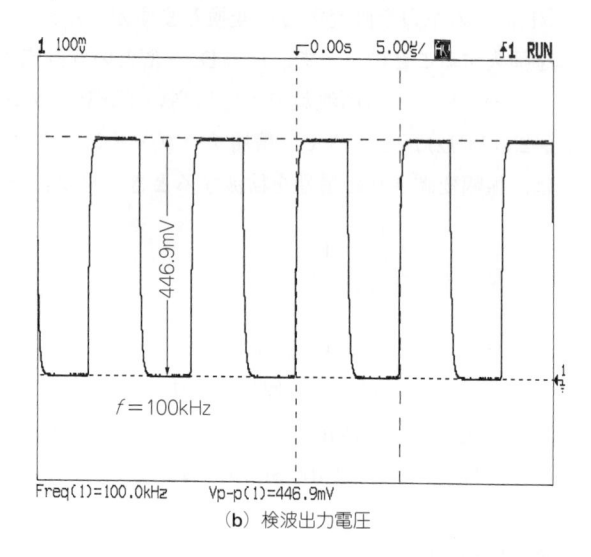

いても測定してみました．250 MHz，0 dBmのRF信号に100 kHzでパルス変調をかけて，入力信号としました．入力信号のスペクトラムを図7.35(a)に，検波出力を図(b)に示します．検波出力は100 kHzの矩形波です．波形のなまりは，検波回路の時定数（$R_1 C_1$）の影響です． （市川裕一）

参考文献
(1) Inder Bahl, Prakash Bhartia；Microwave Solid State Circuit Design, John Wiley & Sons, 1988.
(2) W. Alan Davis；Microwave Semiconductor Circuit Design, Van Nostrand Reinhold Company Inc., 1984.
(3) The ARRL Handbook For Radio Amateurs 2002, ARRL, 2001.
(4) Peter Vizmuller；RF Design Guide Systems, Circuits and Equations, Artech House, 1995.
(5) Kai Chang；Microwave Solid-State Circuits and Applications, John Wiley & Sons, 1994.
(6) Stephen A. Mass；The RF and Microwave Circuit Design Cookbook, Artech House, 1998.
(7) HVC131, HVC132, HSU277, HVM14, HVU187, HVU350B, HVU355B, HSU88, HSU276 カタログ, ㈱日立製作所.
(8) JDP2S01E, JDP2S02T, JDP2S04E, 1SV304, 1SV331, 1SS154, 1SS315, JDH2S01T カタログ, ㈱東芝.
(9) MA3Z551, MA2SV10, MA2S376 カタログ, 松下電器産業㈱.
(10) KP2215S, KP2311E, KV1735R, KV1841K, カタログ, 東光㈱.
(11) RN739F, RN731V カタログ, ローム㈱.

第二部 トランジスタの基礎と応用

第8章

小信号トランジスタの使い方

トランジスタには，扱う電力の比較的大きいパワー・トランジスタと小さい信号を扱う小信号トランジスタがあります．本章では，小信号回路に使うトランジスタを取り上げ，その動作を理解し使い方をマスタします．

● 8.1 バイポーラ・トランジスタの基本動作

● トランジスタとは

写真8.1に示したのは，（バイポーラ）トランジスタと呼ばれている半導体デバイスです．**図8.1**に示したように，P型とN型の半導体を組み合わせてできています．このトランジスタの回路図記号は，見たことがある人も多いと思います．

写真8.1(a)の大型のパワー・トランジスタは大電流・大電力回路に使い，**写真8.1**(b)の小型の小信号トランジスタは小電流・小電力回路に使います．パワー・トランジスタは，チップ・サイズが大きいので許容コレクタ損失が大きく，コレクタ電流もたっぷり流せますが動作が遅く，また高価です．

ただし，小信号トランジスタとパワー・トランジスタの区別はかなりあいまいで，最大コレクタ電流が1 A程度以下で，許容コレクタ損失が5 W程度以下のものをおおむね小信号トランジスタと呼んでいるようです．パッケージで分類すると，パワー・トランジスタはTO-3PやTO-220，小信号トランジスタはミニ・モールド品やTO-92が代表的です．

● ベース電流とコレクタ-エミッタ間電圧によってコレクタ電流が変化する

トランジスタの特色は，ベース電流I_Bでもベース-エミッタ間電圧でもコレクタ電流を制御できることです．コレクタ電流I_Cは，コレクタ-エミッタ間電圧V_{CE}によっても変化します．

137

第8章

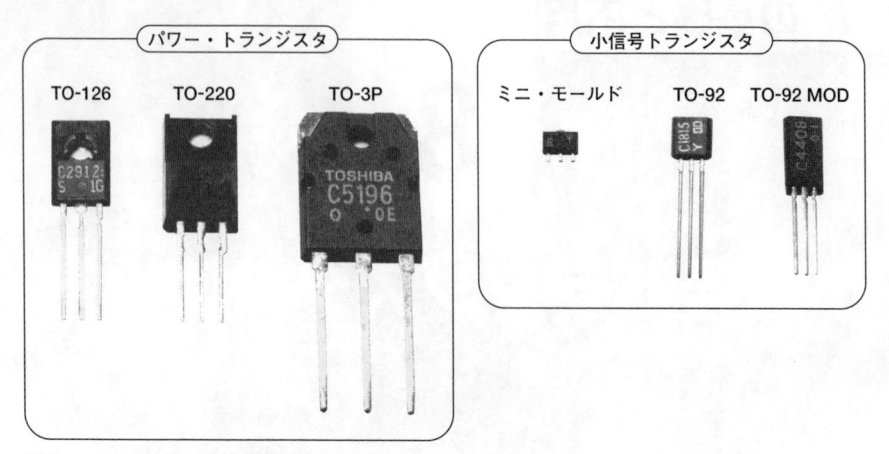

写真8.1 トランジスタの外観

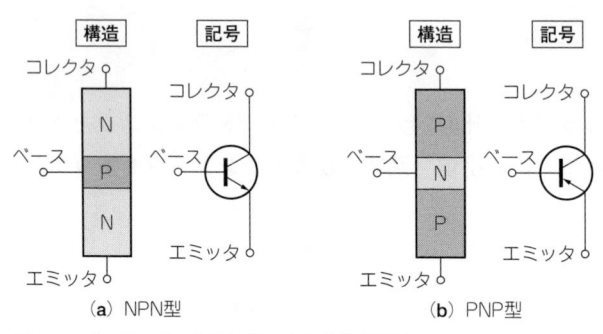

(a) NPN型

(b) PNP型

図8.1 バイポーラ・トランジスタの構造と記号

図8.2(a)は，一定のI_BのもとでV_{CE}を変化させたとき，I_Cがどのように変わるかを見る回路です．普通はカーブ・トレーサという測定器を使いますが，ここでは図8.2(b)の回路により手作業でデータを採取し，V_{CE}を横軸に，I_Cを縦軸にとってグラフを描きます．このグラフをエミッタ共通回路の出力静特性といいます．

図8.2(b)のC_1はバイパス・コンデンサまたはパスコンと呼ばれるもので，発振を防いでいます．パスコンは，セラミック・コンデンサをコレクタ-エミッタ間に最短距離で接続します．1MΩもトラン

(a) 測定回路

(b) 実際の測定回路

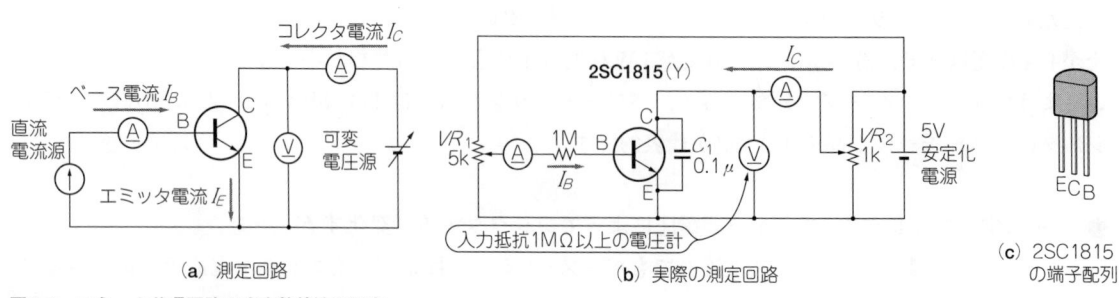

(c) 2SC1815の端子配列

図8.2 エミッタ共通回路の出力静特性の測定

ジスタの近くに置きます．

それでは測定を始めましょう．手順を次に示します．
① VR_2 を回し切り V_{CE} を 5 V にセットする
② VR_1 を調整し I_B を 1 μA にセットする
③ I_C の値を読み取り V_{CE} の値とともに記録する
④ VR_2 を調整して V_{CE} = 3，2，1，0.5，0.3，0.2，0.15，0.1，0 V に応じる各 IC の値を記録する
⑤ 横軸に V_{CE}，縦軸に I_C をとり，データをグラフ化する

以上の作業を行うと，図8.3中の I_B = 1 μA に対する1本の曲線が得られます．同様に，I_B = 0，2，3，4 μA に対してグラフを描くと図8.3が得られます．図8.3は，次の領域に分類できます．

▶ 活性領域
　特性曲線がほとんど水平な領域
▶ 飽和領域（縦軸付近）
　V_{CE} を変化させると，I_C が大きく変わる領域
▶ しゃ断領域（横軸付近）
　I_C がほとんどゼロの領域

● コレクタ-エミッタ間にベース電流の数十～数百倍の電流が流れる

コレクタ電流 I_C とベース電流 I_B の比（I_C/I_B）を直流電流増幅率と呼び，記号 h_{FE} で表します．図8.3から活性領域の h_{FE} は約150と読み取れます．つまり，トランジスタは，小さなベース電流を流し込むとその数十～数百倍のコレクタ電流が流れます．

I_C が大きいときは，たとえ活性領域内でも図8.4のように h_{FE} が低下します．h_{FE} が低下し始める I_C の値は，トランジスタによって違います．小信号トランジスタは 10 m～数百 mA 程度です．

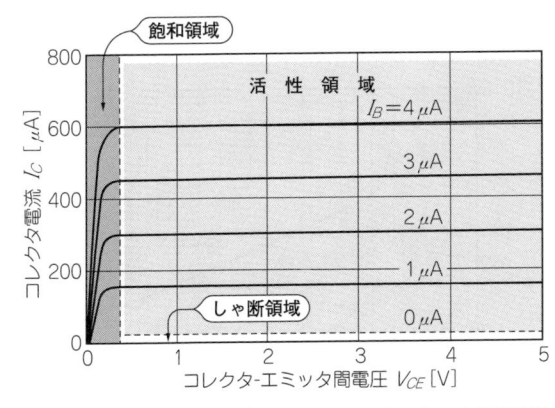

図8.3　汎用小信号トランジスタ 2SC1815 のエミッタ共通回路の出力静特性（実測）

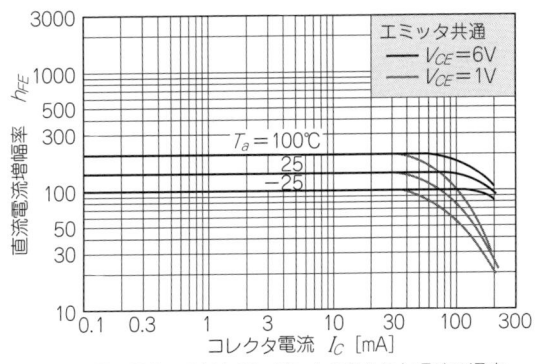

図8.4　2SC1815 の h_{FE}-I_C 特性

注：T_a は周囲温度つまりトランジスタの置かれた環境の温度

第8章

● コレクタ-電源間に負荷を接続したときの動作

実際の回路では多くの場合，図8.5(a)のようにコレクタと電源の間に負荷抵抗R_Lを接続します．このとき，I_CとV_{CE}の間に次の関係が成り立ちます．

$$V_{CE} = V_{CC} - R_L I_C \quad \cdots\cdots\cdots\cdots\cdots\cdots\cdots\cdots\cdots\cdots\cdots\cdots\cdots\cdots\cdots\cdots\cdots\cdots\cdots\cdots\cdots\cdots\cdots\cdots\cdots\cdots\cdots\cdots\cdots\cdots (1)$$

式(1)はV_{CE}とI_Cに関する1次式で，図8.5(b)に示すエミッタ共通回路の出力静特性上では点(V_{CC}, 0)と(0, V_{CC}/R_L)を結ぶ直線になります．これを負荷線または直流負荷線と呼びます．

V_{CE}とI_Cは負荷線に束縛され，出力静特性曲線にも束縛されるので，両者の解は負荷線と各出力静特性曲線の交点になります．たとえば，$I_B = 20\,\mu$AならばQ$_2$が求める解，つまり直流動作時のトランジスタのV_{CE}とI_Cを示す点です．この交点を動作点といいます．$I_B = 40\,\mu$Aならば動作点はQ$_3$です．

● I_Bを増やすとV_{CE}は一定値に収束する

活性領域のh_{FE}をh_{FE0}と記すことにしましょう．

$$I_B > \frac{I_C}{h_{FE0}} \quad \cdots\cdots\cdots\cdots\cdots\cdots\cdots\cdots\cdots\cdots\cdots\cdots\cdots\cdots\cdots\cdots\cdots\cdots\cdots\cdots\cdots\cdots\cdots\cdots\cdots\cdots\cdots\cdots\cdots\cdots\cdots\cdots\cdots\cdots\cdots\cdots\cdots\cdots (2)$$

となるようにI_Bを増やすと，V_{CE}は小さくなり，動作点Qは飽和領域に移りますが，Q$_4$より左には行け

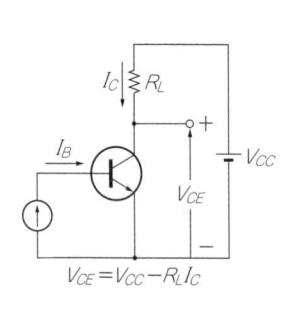

(a) 負荷抵抗R_Lを挿入した回路　　(b) エミッタ共通回路の出力静特性

図8.5　エミッタ共通回路の負荷線と動作点

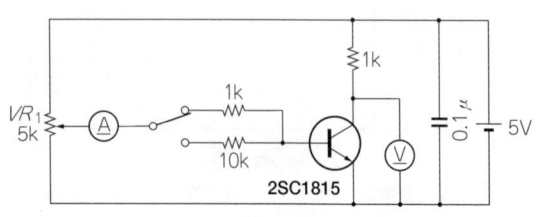

図8.6　コレクタ-エミッタ間飽和電圧の測定回路

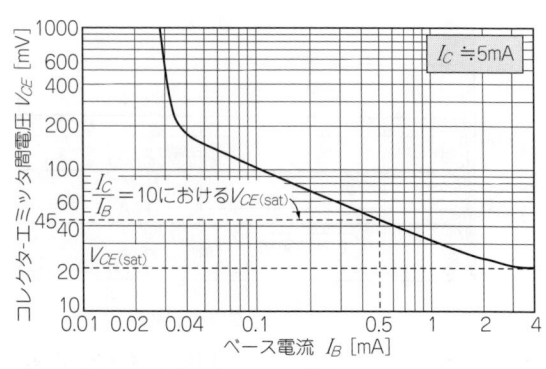

図8.7　図8.6の実験回路のV_{CE}-I_B特性

なくなります．この飽和領域の左端の動作点Q_4のV_{CE}をコレクタ-エミッタ間飽和電圧$V_{CE(sat)}$と呼びます．

図8.6に，$I_C = 5\,\text{mA}$における$V_{CE(sat)}$を測定する回路を示します．図8.7に示したのは，VR_1とスイッチでI_Bを$0.02 \sim 4\,\text{mA}$まで変化させ，各I_Bに応じるV_{CE}を測定した結果です．この図から$V_{CE(sat)}$は$20\,\text{mV}$とわかります．

半導体メーカは，多くの場合，$I_C/I_B = 10$という条件で測定したV_{CE}を$V_{CE(sat)}$と定義しています．この定義にしたがうと，図8.7の$V_{CE(sat)}$は$45\,\text{mV}$です．参考までに，データシートの$V_{CE(sat)}$-I_C特性を図8.8に示します．

● ベース-エミッタ間はダイオードと同じ動作

図8.9(a)の回路で，ベース電流I_Bとベース-エミッタ間電圧V_{BE}の関係を探りましょう．

電圧計の入力抵抗は，$10\,\text{M}\Omega$以上必要です．VRを動かすとI_BとV_{BE}がともに変化します．結果を，図8.9(b)に示します．シリコン・ダイオードのI_F-V_F特性とそっくりです．

以上から，NPN型トランジスタは図8.10に示す回路で表せることがわかり，動作が理解しやすくなります．

コレクタ電流I_Cは次式で表されます．

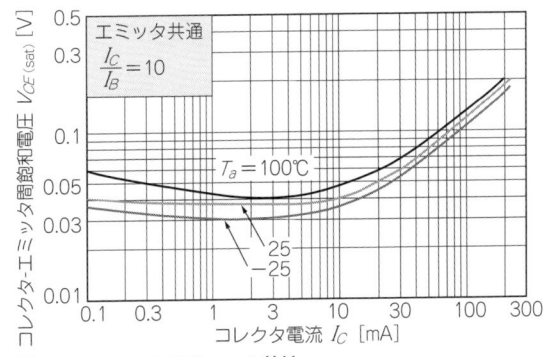

図8.8　2SC1815の$V_{CE(sat)}$-I_C特性

(a) 測定回路

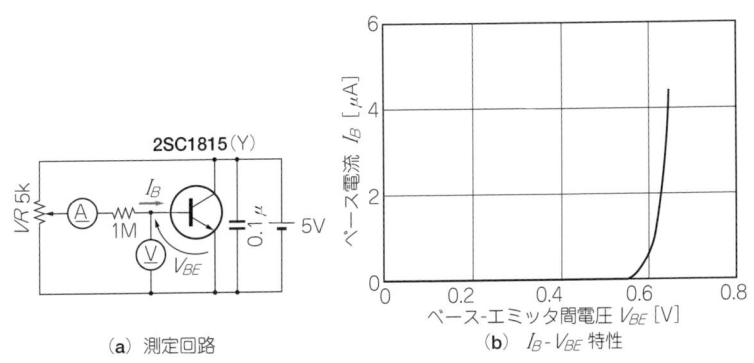

(b) I_B-V_{BE}特性

図8.9　2SC1815のI_B-V_{BE}特性(実測)

$$I_C = h_{FE} I_B \quad \cdots \quad (3)$$

図8.10に示したように，ベース端子を電流源で駆動すると，I_Bの変化にしたがってV_{BE}も変化します．つまり，I_Bが原因でV_{BE}が結果です．一方，ベースの駆動信号を電圧に代えるとV_{BE}は駆動電圧に等しく，V_{BE}に従属してI_Bが変化します．つまり，V_{BE}が原因でI_Bが結果です．

しかし，両者の関係は図8.9(b)のとおりです．電圧でベースを駆動しても式(3)は成り立つので，V_{BE}の変化→I_Bの変化→I_Cの変化という連鎖が生じます．ただし，V_{BE}とI_Bの関係は指数関数的なので，V_{BE}とI_Cの関係も指数関数的になります．

要約すると，活性領域においてベース端子を電流源で駆動すると比例的にI_Cが変化し，電圧源で駆動すると指数関数的にコレクタ電流が変化します．

● 主な用途はスイッチングと増幅

トランジスタの機能を大別すると，
①スイッチング
②増幅
に分類できます．ここでは，まず前者①のスイッチング回路を作って実験しましょう．しゃ断領域ではコレクタ電流はとても少ないので，コレクタ-エミッタ間抵抗は実質的に無限大です．一方，図8.5(b)の飽和領域の動作点Q_4を通る特性曲線の傾きは，近似的に$I_C/V_{CE\,(sat)}$ですから，飽和領域のコレクタ-エミッタ間抵抗，つまりオン抵抗R_{on}は近似的に，

$$R_{on} \fallingdotseq \frac{V_{CE\,(sat)}}{I_C} \quad \cdots \quad (4)$$

となります．小信号トランジスタのR_{on}は0.数Ω～数十Ω程度です．動作点がしゃ断領域か飽和領域のどちらかに位置するようにベース電流を切り替えると，図8.11に示すようにコレクタ-エミッタ間がスイッチのように働きます．

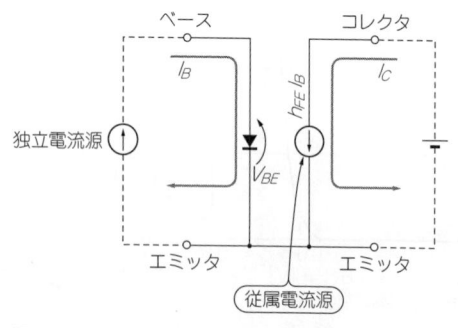

図8.10 NPNトランジスタの等価回路

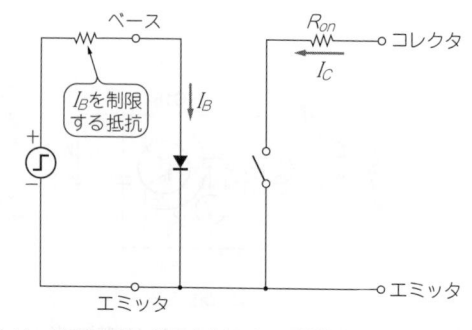

図8.11 NPNトランジスタをスイッチ動作させるときの等価回路

8.2 スイッチング回路への応用

8.2.1 出力電流5〜20 mAのLEDドライブ回路

LEDには5〜20 mAの電流を流す必要があるので，吐き出し電流の小さいディジタルICでは直接ドライブできないことがあります．このようなときは，図8.12に示す1石のトランジスタ回路を追加するとよいでしょう．

まず，R_1，R_2，R_3の値を決めます．一例として，次の条件を与えます．

- LEDの発光色：赤色
- I_F = 5 mA
- V_F = 1.9 V

R_3の値は，次のように定めます．

$$R_3 = \frac{V_{CC} - V_F}{I_C} = \frac{5 - 1.9}{0.005} = 620 \, \Omega \quad \cdots\cdots(5)$$

次に，R_1とR_2の値を定めましょう．図8.12のV_{in}をある値にすると，Tr_1のV_{CE}が活性領域と飽和領域の境界電圧（約0.2 V）になります．このV_{in}の値を入力オン電圧$V_{I(on)}$とすると，次式が成り立ちます．

$$V_{I(on)} = \left(\frac{R_1 + R_2}{R_2}\right) V_{BE} + \frac{R_1 I_C}{h_{FE0}} \quad \cdots\cdots(6)$$

ただし，h_{FE0}；活性領域の直流電流増幅率

駆動ディジタルICのV_{OH}が3〜5 Vの場合，$V_{I(on)}$は1.5 V程度が適当です．Tr_1のベース-エミッタ間はダイオードと等価（図8.10）ですから，R_1を省くと過大なベース電流が流れ込んで，Tr_1が壊れる心配があります．逆に，R_1の値が大きすぎると，ベース電流が不足して，十分なコレクタ電流が流れません．$R_1 = R_2 = 4.7$ kΩとすると，式(6)の右辺第1項は次のとおりです．

$$\left(\frac{R_1 + R_2}{R_1}\right) V_{BE} = 2 \times 0.65 = 1.3 \, V$$

式(6)の第2項（$R_1 I_C / h_{FE0}$）は，h_{FE0}に依存します．一般に，h_{FE0}はばらつきが大きく，2SC1815の場合，

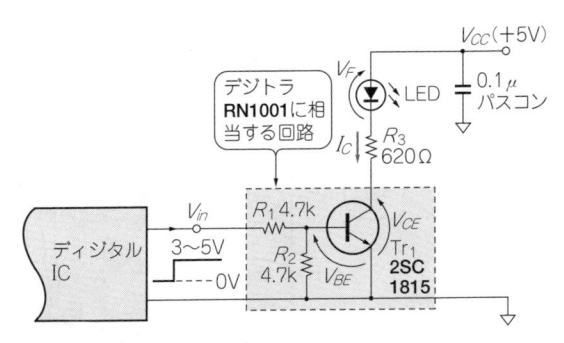

図8.12　1石LED駆動回路

入手した部品によっては70のものもあれば，700のものもあります．つまり，$I_C = 5\,\mathrm{mA}$ かつ $R_1 = 4.7\,\mathrm{k\Omega}$ に対し，第2項は0.033～0.33 Vの範囲でばらつくということです．$V_{I\,(on)}$ は1.33～1.63 Vとなり，ほぼ目標の1.5 Vが得られます．

● バイアス抵抗内蔵トランジスタを利用すると部品点数が減る

　個別部品を使うと部品点数が増えてしまうのが悩みの種ですが，図8.12のトランジスタと R_1 と R_2 を一体化した「バイアス抵抗内蔵トランジスタ」を使うと抵抗を省略できます．ディジタル・トランジスタまたはデジトラ(商品名)ともいいます．代表的なものに東芝のRN1××シリーズがあります．図8.13に内部等価回路を，表8.1に一覧を示します．PNP型のデジトラもあります．内蔵トランジスタは2SC1815相当です．

　図8.12の回路はRN1001で置き換えることができます．写真8.2に示したのは，デジトラを使ったLED点灯回路基板です．

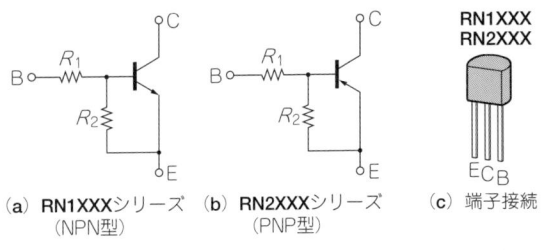

(a) RN1XXXシリーズ（NPN型）
(b) RN2XXXシリーズ（PNP型）
(c) 端子接続

図8.13 バイアス抵抗内蔵トランジスタRNシリーズ（東芝）の等価回路と端子接続図

表8.1 RN1XXXシリーズとRN2XXXシリーズのR_1とR_2の抵抗値

型　名		R_1 [kΩ]	R_2 [kΩ]
RN1001	RN2001	4.7	4.7
RN1002	RN2002	10	10
RN1003	RN2003	22	22
RN1004	RN2004	47	47
RN1005	RN2005	2.2	47
RN1006	RN2006	4.7	47
RN1007	RN2007	10	47
RN1008	RN2008	22	47
RN1009	RN2009	47	22
RN1010	RN2010	4.7	なし
RN1011	RN2011	10	なし

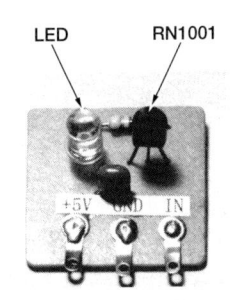

写真8.2 デジトラを使ったLED点灯回路基板

8.2.2　出力電流42 mAの2石リレー駆動回路

● トランジスタ1石で駆動しきれないときは

図8.14に定格コイル電圧＋5 V，コイル抵抗120 Ωのリレーを駆動する回路を示します．コイルには5 V/120 Ω ≒ 42 mAを流す必要があります．

2SC1815のh_{FE}の最小値は70なので，もし図8.12の1石回路で駆動すると，ON時のベース電流を42 mA/70 = 0.6 mA以上流す必要があり，ディジタルICの吐き出し電流が小さいとドライブが苦しくなります．

● 小さいベース電流で大きな電流を流すには

図8.14では，二つのトランジスタをシリーズ接続してベース電流を減らしています．この接続方法をダーリントン接続といいます．図8.15にダーリントン接続回路を示します．この回路は，h_{FE}がとても大きな1個のトランジスタのように働きます．ただし，ON時のV_{BE}は一般のトランジスタの2倍の1.3 V程度あります．ダーリントン接続は，原理的にコレクタ-エミッタ間飽和電圧$V_{CE\,(sat)}$が高くなります．ベース電流を十分流しても$V_{CE\,(sat)}$を0.6 V以下にはできません．

リレー・コイルと並列に接続した100 V/1 A級のダイオードD_1は，トランジスタがONからOFFに切り替わった直後に導通し，コイルのインダクタンスの逆起電力を抑圧します．D_1がないとV_{CE}が電源

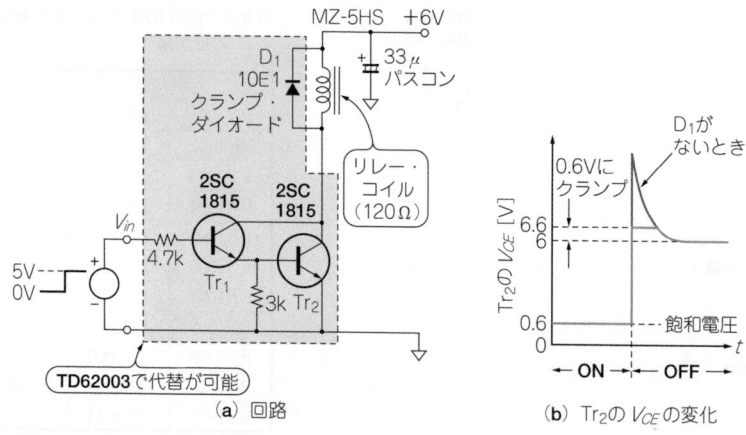

図8.14　2石リレー駆動回路

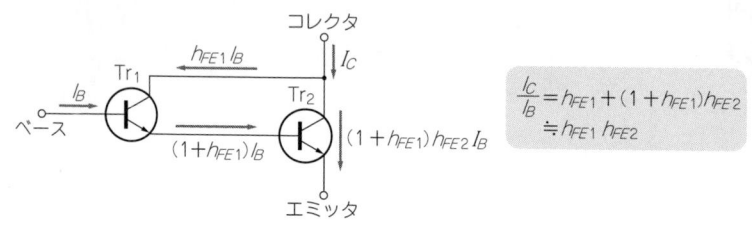

(a) 回路

(b) Tr_2のV_{CE}の変化

図8.15　ダーリントン接続回路

$$\frac{I_C}{I_B} = h_{FE1} + (1+h_{FE1})h_{FE2} \fallingdotseq h_{FE1}h_{FE2}$$

電圧以上まで上昇し〔**図8.14**(b)〕，トランジスタが壊れる危険があります．

図8.14(a)の回路は，ダーリントン・トランジスタ・アレイのTD62003で置き換えられます．**図8.16**に内部等価回路を，**図8.17**に端子接続図を示します．各ICは，1パッケージに7個の基本回路を内蔵し，上記のD_1相当のダイオード（$I_{F(max)}=0.5\text{A}$）も入っています．COMMON端子は，電源に接続します．**写真8.3**にTD62003を使ったリレー駆動回路基板の外観を示します．

〈黒田　徹〉

8.2.3　オープン・コレクタ回路

　オープン・コレクタのスイッチ回路は，トランジスタの一番簡単でポピュラな用途だと思います．**図8.18**に回路例を示します．

　抵抗R_{up}による負荷は電流源と見なせるので，いくつかのトランジスタを並列に付け加えることができます．これらのうち，どれか一つでもONになると出力が"L"レベルになります．それぞれの入力のORを取ったのと同じ効果が得られるので「ワイヤードOR」とも呼ばれます．

　このオープン・コレクタ回路はGP-IB，SCSI，VMEなどのバスの制御用ハンドシェイクなどに使用されています．不特定多数の機器をコネクタでつないだり離したりできるという特徴があり，選ばれた機器だけが応答したり，一番遅い機器の応答を待ったりすることができます．関係していない機

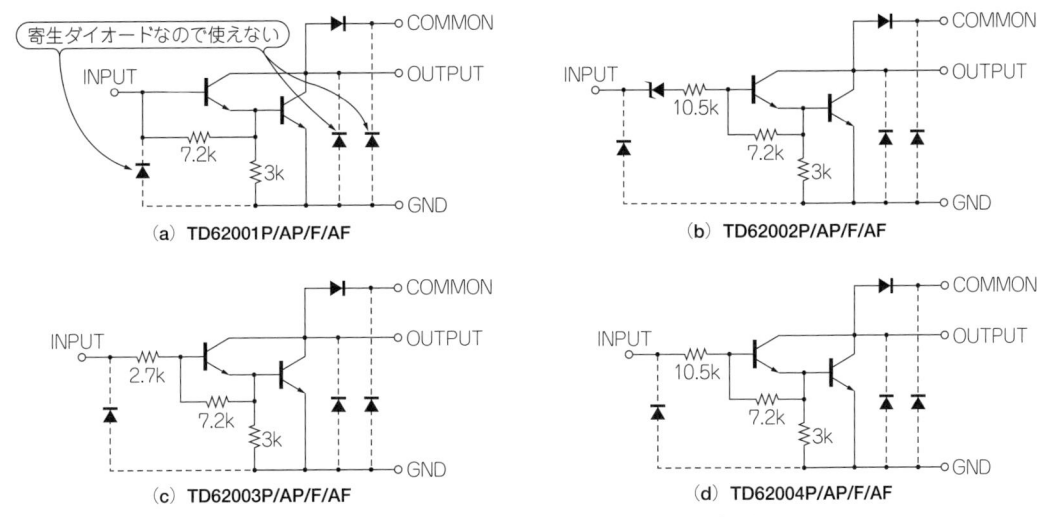

図8.16 ダーリントン・トランジスタ・アレイ TD62001～62004 の内部等価回路（東芝）

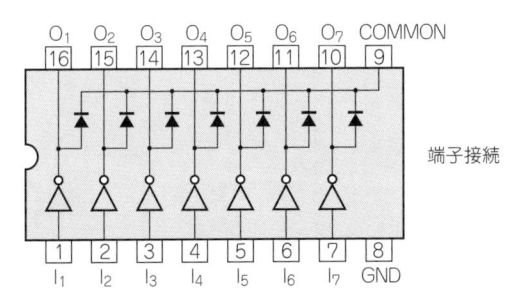

(a) TD62001P/AP/F/AF （寄生ダイオードなので使えない）
(b) TD62002P/AP/F/AF
(c) TD62003P/AP/F/AF
(d) TD62004P/AP/F/AF

図8.17 ダーリントン・トランジスタ・アレイ TD62001～62004 の端子接続図

写真8.3 TD62003を使ったリレー駆動回路基板

器は出力がオープン状態なので，バスに影響を与えません．

● トランジスタによるオープン・コレクタ

図8.18の上のトランジスタに注目すると，コレクタ-エミッタ間の電流 I_C は，ベース電流 I_B を電流増幅率 h_{FE} 倍した値，すなわち $I_C = h_{FE} I_B$ になります．$I_B = 0$ の場合，コレクタ電流 $I_C = 0$ となり，オープン状態（開放状態）になります．

次に I_B を流し，$h_{FE} I_B R_{up}$ が電源電圧 V_{CC} 以上になるようにすると I_C が飽和し，出力電圧は 0 V になります．実際には，コレクタ-エミッタ飽和電圧 $V_{CE\,(sat)} = 0.1～0.5\,\text{V}$ 程度の電圧が残ります．

I_B を増やして飽和を強くすると，$V_{CE\,(sat)}$ を低くできます．しかし，少数キャリアの蓄積効果により，立ち上がり時間がどんどん遅れます．飽和を弱くすると，$V_{CE\,(sat)}$ が高くなり，雑音に弱くなります．h_{FE} と I_C の範囲から，それぞれのトランジスタに合ったベースに付ける抵抗 R_{in} を選ぶ必要があります．

図8.19に，VMEバスの終端抵抗と同じ負荷（150 Ω プルアップ，240 Ω プルダウン）を付けたときの回

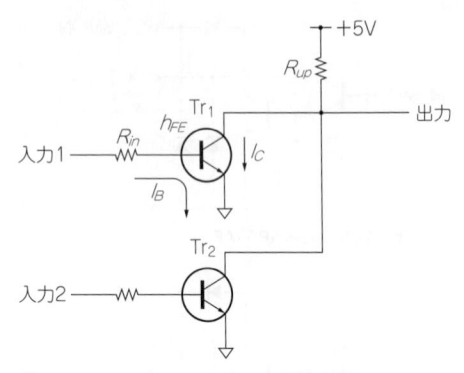

図8.18 オープン・コレクタの回路の例

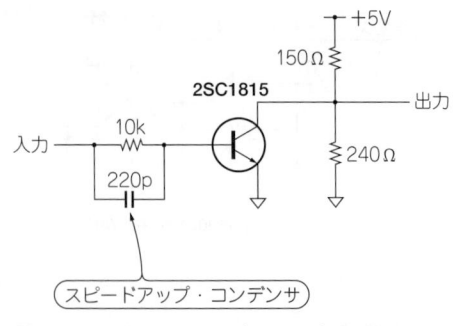

図8.19 スピード・アップ・コンデンサ付きのオープン・コレクタ回路

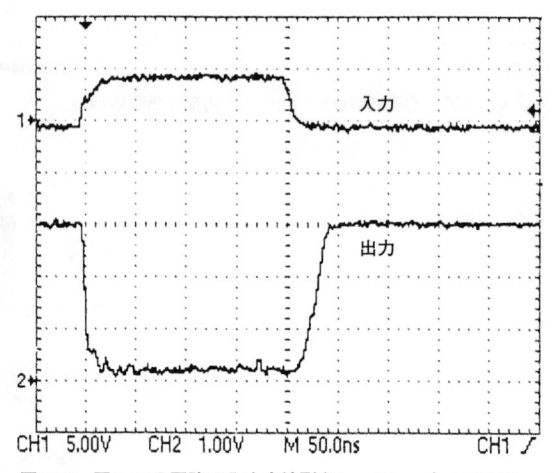

図8.20 図8.19の回路の入出力波形（50 ns/div., 上：5 V/div., 下：1 V/div.）

路例を示します．2SC1815（GR）では，R_{in}の値に1〜10 kΩを使用すると飽和します．立ち下がりは10 ns以下で，高速に動作します．立ち上がりは，トランジスタの少数キャリアの蓄積効果により1〜2 μsで，非常に遅くなります．$V_{CE(sat)}$は1 kΩのとき0.2 V程度，10 kΩのとき0.4 V程度です．33 kΩを使用すると飽和が弱くなり過ぎ，立ち上がりが少し速くなりますが，$V_{CE(sat)}$が0.8 V程度に増えます．

これらの結果から，R_{in}に10 kΩを使用し，並列にコンデンサを付けて，蓄積効果を打ち消すようにします．効果のある最小値は220 pFでした．このときの出力を図8.20に示します．立ち下がりが10 ns程度，立ち上がりが30 ns程度になりました．しかし，容量性負荷なので，駆動用に使用したCMOSロジックICの74HC04の出力波形が，鈍ってしまいました．

（佐藤 節夫）

8.2.4 直流電源ラインをON/OFFするロード・スイッチ

● ロード・スイッチとは

図8.21は，安定化後の電源と負荷間のラインをON/OFFするスイッチです．ロード・スイッチと呼

8.2 スイッチング回路への応用

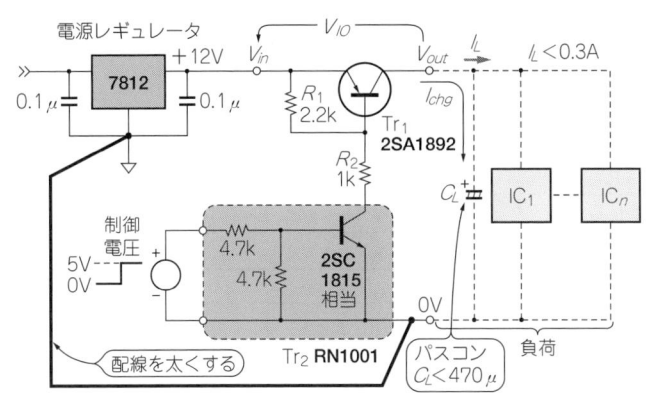

図8.21 直流電源ラインをON/OFFするロード・スイッチ

写真8.4 電源ラインをON/OFFするロード・スイッチ基板

びます．これは，次のような理由でよく使われます．
- スタンバイ時に消費電力を削減する
- 異常時に電源をOFFして回路を保護する
- 高周波回路動作時にディジタル回路の動作を止め，ビート雑音の発生を防ぐ

3番目の応用例として，ミニ・コンポでラジオ受信時にDSP(Digital Signal Processor)などの電源をOFFするのに使用されています．

制御電圧を+5Vにすると，Tr_2(RN1001)がONし，Tr_1に約11 mAのベース電流が流れて，Tr_1がONします．トランジスタにはPNP型を使います．**写真8.4**に製作した基板の外観を示します．

● OFF→ON時の瞬時消費電力はなんと24 W！

図8.22に，Tr_1に2SA1892を使用したときのON期間の実測V_{CE}を示します．Tr_1がOFFからONに切り替わるとき，過渡的にパスコンC_Lに1〜2Aの充電電流I_{chg}が流れるので，Tr_1の定格コレクタ電流は2A以上必要です．

パスコン充電時に，Tr_1のエミッタ-コレクタ間に最大12Vの電圧が加わるので，Tr_1のコレクタ損

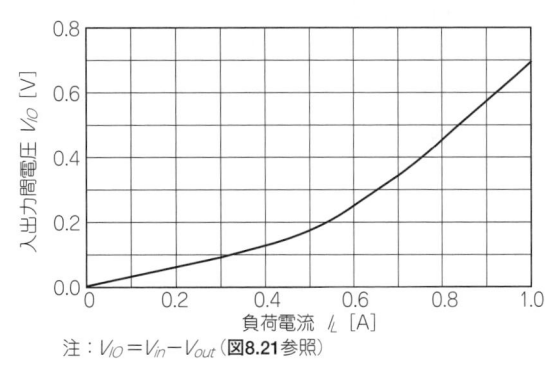

注：$V_{IO} = V_{in} - V_{out}$（**図8.21**参照）

図8.22 図8.21の回路の入出力間電圧−負荷電流特性（実測）

表8.2 PNPトランジスタ2SA1892の主な定格と電気的特性

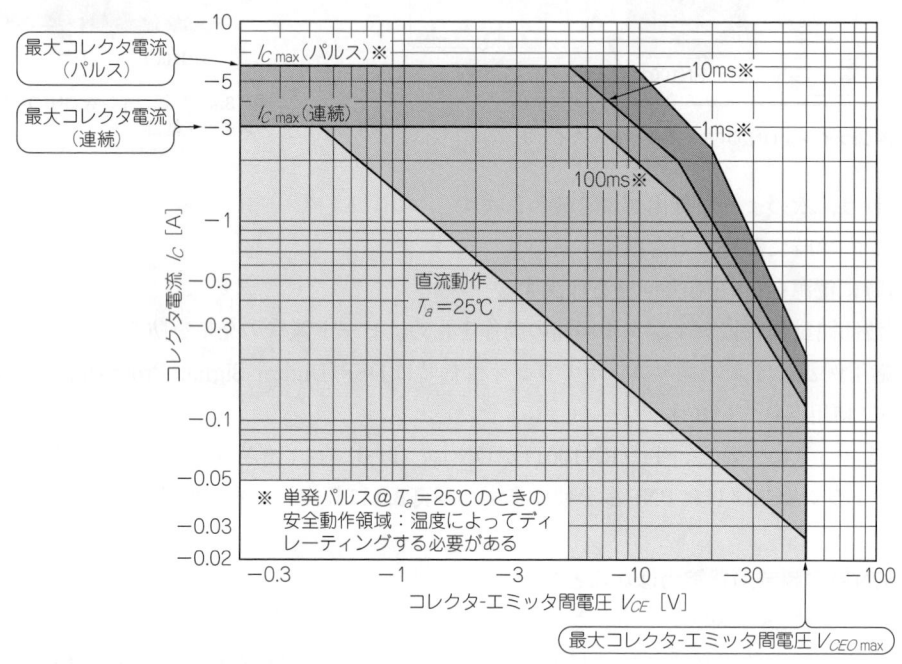

項　目	記号	定格または特性	条　件
コレクタ-エミッタ間電圧	V_{CEO}	-50 V	$-$
コレクタ電流	I_C	-3 A	$-$
許容コレクタ損失	P_C	1.3 W	$T_a = 25$ ℃
直流電流増幅率	h_{FE}	40 min	$V_{CE} = -2$ V, $I_C = -1.5$ A
コレクタ-エミッタ間飽和電圧	$V_{CE\,(sat)}$	-0.5 V$_{max}$	$I_C = -1$ A, $I_B = -0.05$ A

図8.23　2SA1892の安全動作領域

失($= V_{CE} I_C$)は瞬間的に24 Wに達します．2SA1892の許容コレクタ損失(**表8.2**)は1.3 Wですが，短時間ならば数十Wのコレクタ損失に耐えられます．

どのくらいの時間に耐えられるかは，**図8.23**に示す領域に入っているかどうかで判断します．この領域を安全動作領域と呼びます．動作点($V_{CE} = -12$ V，$I_C = -2$ A)は，パルス幅10 msに対する安全動作領域の中に入っているので，パスコンC_Lの充電が10 ms以内に完了すればよく，そのためにはC_Lが次の不等式を満たす必要があります．

$$C_L < t_{chg} \times \left| \frac{I_C}{V_{CE}} \right| = 0.01 \times \frac{2}{12} \fallingdotseq 1667\ \mu\mathrm{F}$$

ただし，t_{chg}；充電時間[s]

実際には余裕をもたせ，C_Lを470 μF以下にします．

8.2.5 交流信号をON/OFFするミューティング回路

● エミッタとコレクタを逆にしても使えるトランジスタ

トランジスタは，交流信号のON/OFFもできます．図8.24は，電源投入時のポップ雑音を除去するミューティング回路(写真8.5)です．2SC2878はミューティング用の特別なトランジスタで，次の特徴をもっています．

- 逆方向電流増幅率が大きい(150_{typ})
- エミッタ-ベース間の耐圧V_{EBO}が高い(25 V以上)
- オン抵抗が小さい($R_{on} = 1\,\Omega_{typ} @ I_B = 5\,mA$)

図8.24のv_{in}は交流電圧ですから，v_{in}が負の期間はV_{CE}も負です．このとき，V_{CE}とI_Cの関係は図8.25の第3象限の出力静特性曲線で表されます．この曲線は第1象限の曲線を180°回転したような形ですが，一般的なトランジスタを使うと，第3象限のI_Cはとても小さくなります．第3象限ではコレクタとエミッタの機能が実質的に逆転し，h_{FE}がとても小さいからです．

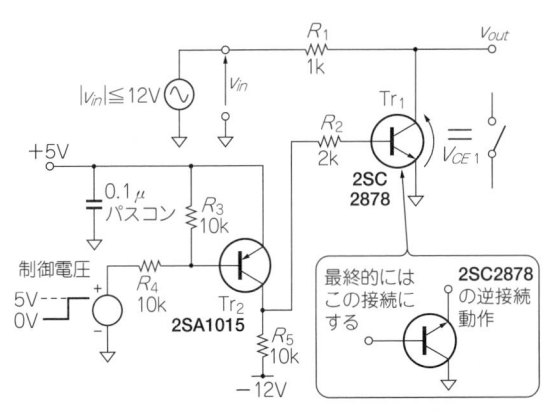

図8.24 交流信号をON/OFFするミューティング回路

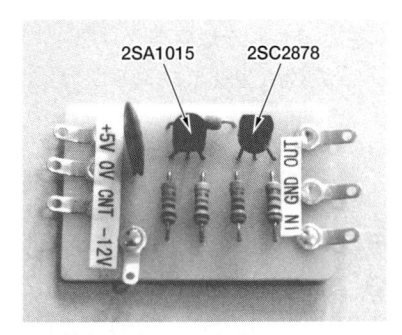

写真8.5 専用トランジスタ2SC2878を使ったミューティング回路基板

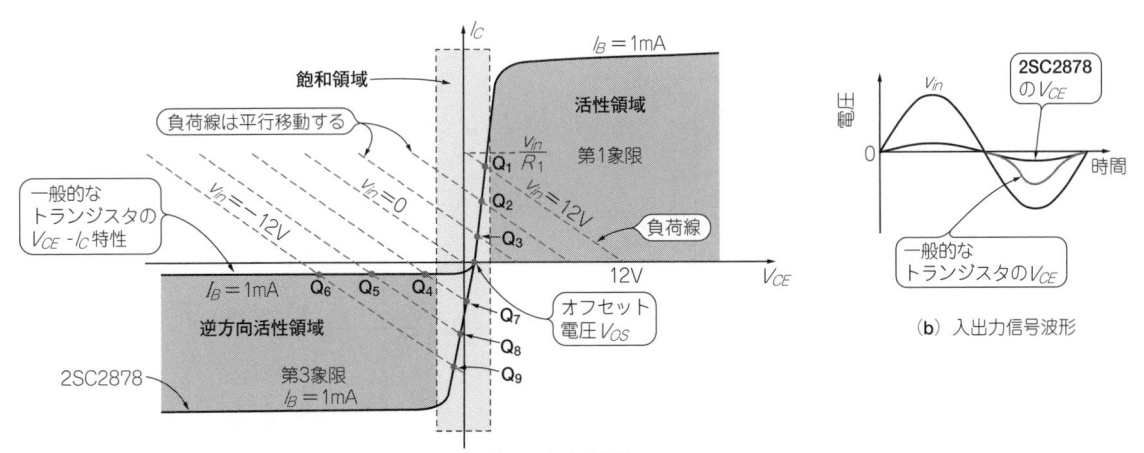

(a) 2SC2878のエミッタ共通の出力静特性

(b) 入出力信号波形

図8.25 図8.24のTr₁の動作

第8章

　図8.24のR_1とTr$_1$とv_{in}に着目すると，これは図8.5の直流電圧源V_{CC}を交流電圧源v_{in}に置き換えたものと同じであることに気づきます．そこで，v_{in}の変化に応じて負荷線は図8.25(a)のように平行移動します．もし，Tr$_1$が一般的なトランジスタならば，一定のベース電流を流したとき$v_{in}<0$の期間は動作点Q$_4$～Q$_6$が第3象限の逆方向活性領域にあるため，Tr$_1$のコレクタ-エミッタ間抵抗が大きく，V_{CE}は図8.25(b)に示すようにひずみます．

　Tr$_1$に2SC2878を使うと，第3象限のh_{FE}つまり逆方向電流増幅率（リバースh_{FE}）が十分大きいので，第3象限の静特性曲線と負荷線の交点Q$_7$～Q$_9$は飽和領域内にあり，第3象限のR_{on}も十分小さくなります．

　なお，図8.26に示すように，コレクタとエミッタを逆に接続すると，ミュートON時に信号ラインに現れる直流オフセット電圧が小さくなります．

● 汎用トランジスタのエミッタ-ベース間耐圧は5～7Vしかない

　図8.24の制御電圧が+5Vのとき，2SA1015はOFFとなり，2SC2878のベース電圧は-12Vになります．v_{in}の最大値を+12Vと仮定すると，2SC2878の逆接続動作時のエミッタ-ベース間電圧は24Vに達します．一般のトランジスタのエミッタ-ベース間耐圧V_{EBO}は5～7Vぐらいなのでブレークダウンしますが，2SC2878のV_{EBO}は25Vあるので大丈夫です．

8.3　交流増幅回路への応用

8.3.1　1石エミッタ共通増幅回路

● 無信号時の回路各部の直流電圧設定

　増幅回路は設計の自由度が高いので一筋縄には行きません．

　図8.27に示したのは，もっとも基本的なトランジスタ1個で作る増幅回路（写真8.6）です．エミッタ共通増幅回路と呼びます．ここでは，自由度を減らすため，無信号時のコレクタ電流I_Cを1mAとします．さて，I_Cを1mAに保つにはどうすればよいでしょうか．その答えは，I_Bを($1\,\mathrm{mA}/h_{FE}$)とするのです

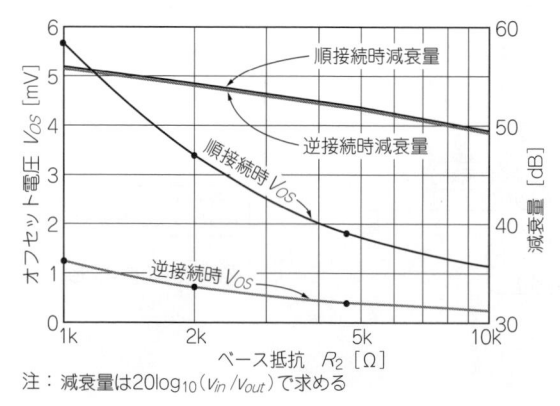

図8.26　図8.24のミューティング回路の減衰量特性とオフセット電圧特性（実測）

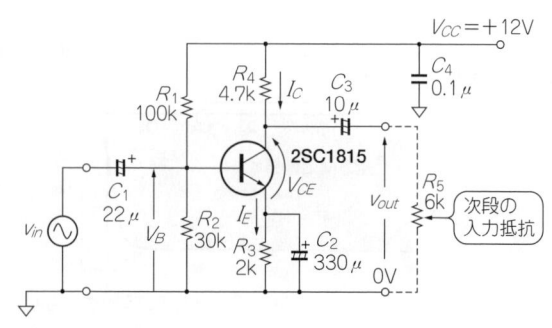

図8.27　増幅回路の基本「1石エミッタ共通増幅回路」

写真8.6 1石エミッタ共通増幅回路基板

が，そんなに簡単ではありません．h_{FE}はトランジスタによって大きくばらつくうえに，温度によって変化するからです．そこで，負帰還という技を使ってこの問題を解決します．次のしくみにより，動作点を安定化します．

- エミッタ電流I_Eを検出する
- I_Eが1 mAより少ないときはV_{BE}を増やし，多いときはV_{BE}を減らす

具体的に考えてみましょう．I_Bを無視すると，図8.27のベース電位V_Bは，

$$V_B = \left(\frac{R_2}{R_1 + R_2}\right) V_{CC} = \frac{30}{130} \times 12 \fallingdotseq 2.77 \text{ V}$$

となり，エミッタ電流I_Eは，

$$I_E = \frac{V_B - V_{BE}}{R_3} = \frac{2.75 - 0.65}{R_3} \quad \cdots\cdots (7)$$

です．R_3を2.1 kΩとすればI_Eは1 mAですから，I_Cもほぼ1 mAになります．何かの原因でI_Eが増えても，式(7)から，

$$V_{BE} = V_B - I_E R_3$$

となり，I_Eが増えるとV_{BE}が減少します．すると，図8.9(b)にしたがってベース電流が減少し，比例的にI_CとI_Eが減るので，I_CとI_Eの増加はキャンセルされます．実際のV_Bは，ベース電流の影響で上記の計算値より少し小さいので，R_3の値は2 kΩとします．R_4の値は，R_4の電圧降下$R_4 I_C$が実質的な電源電圧($V_{CC} - R_3 I_E = 10$ V)の半分ぐらいになるように定めます．

● 交流信号を入力したときの動作と特性

交流信号v_{in}を入力すると，図8.28に示すように動作点QのV_{BE}にv_{in}が重畳します．仮にv_{in}の振幅を±1 mVとすると，ベース電流は約±4％変化します．したがって，コレクタ電流も約±4％変化します．V_{CE}は，R_4とR_5の並列合成値の交流負荷線上で変化します．v_{in}の振幅が1 mVのとき交流出力電圧v_{out}は，

$$v_{out} \fallingdotseq 0.04 \times I_C (R_4 /\!/ R_5) \quad \cdots\cdots (8)$$

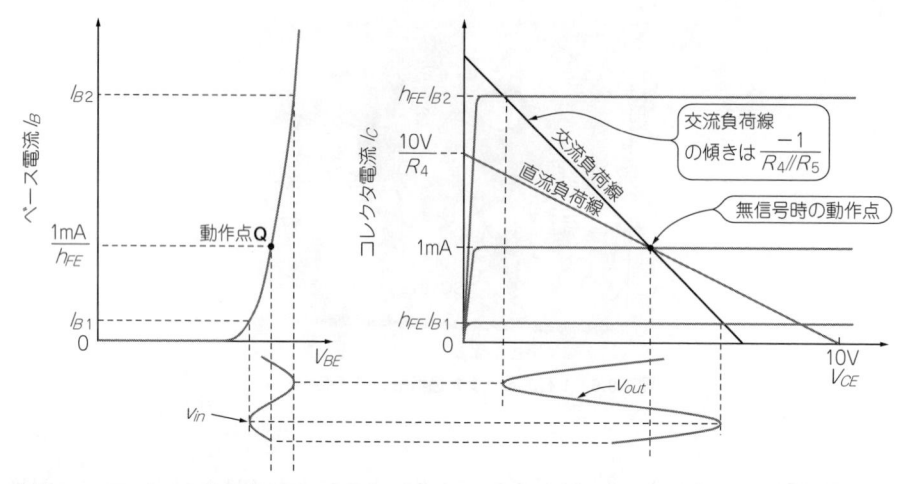

図8.28 1石エミッタ共通増幅回路の負荷線，動作点，交流入出力電圧特性

ただし，I_C；動作点の直流コレクタ電流
となり，電圧利得 $A_V(=v_{out}/v_{in})$ は，

$$A_V \fallingdotseq \frac{0.04 \times I_C(R_4/\!/R_5)}{0.001} = 40 \times I_C(R_4/\!/R_5) \quad \cdots\cdots (9)$$

となります．$I_C = 1\,\mathrm{mA}$，$R_4 = 4.7\,\mathrm{k\Omega}$，$R_5 = 6\,\mathrm{k\Omega}$ を代入すると，

$A_V \fallingdotseq 105$ 倍

と求まります．

C_1 と C_3 は直流分をカットしています．C_2 は，2SC1815のエミッタを交流的に接地するものです．これらのコンデンサによって，低い周波数の電圧利得が低下します．周波数特性の計算式は複雑なので省略しますが，たとえば20 Hzの減衰量を3 dBとするには，

$C_1 = 22\,\mathrm{\mu F}$，$C_2 = 330\,\mathrm{\mu F}$，$C_3 = 10\,\mathrm{\mu F}$

とします．実測周波数特性を，図8.29に示します．C_2 を省くと，交流信号に対しても負帰還がかかるので，周波数特性とひずみ率特性が改善されますが，代償として電圧利得 A_V が減少します．A_V は近似的に，

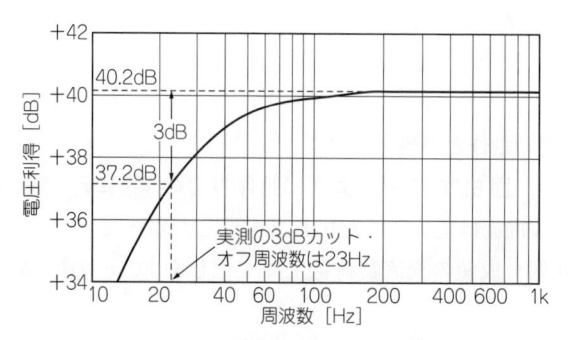

図8.29 1石エミッタ共通増幅回路の低域周波数特性（実測）

$$A_V \fallingdotseq \frac{R_4 /\!/ R_5}{R_3} \quad\cdots\cdots\cdots\cdots\cdots\cdots\cdots\cdots\cdots\cdots\cdots\cdots\cdots\cdots\cdots\cdots\cdots\cdots\cdots\cdots\cdots\cdots\cdots\cdots\cdots\cdots\cdots\cdots\cdots\cdots\cdots\cdots\cdots\cdots\cdots (10)$$

となります.

8.3.2 エミッタ・フォロワ

● エミッタ・フォロワとは

図8.30に示すように,エミッタから出力電圧を取り出す回路をエミッタ・フォロワ(**写真**8.7)と呼びます.次のような特徴があります.

- 電圧利得が約1倍
- 入力抵抗が高く出力抵抗が低い
- 周波数特性が良い
- 非直線ひずみが少ない(図8.31)
- 発振しやすい

この回路の直流エミッタ電流は,図8.27の回路とまったく同じように定まります.ただし,エミッタ・フォロワはベース-グラウンド間電圧が電源電圧の1/2程度になるようR_1とR_2の値を定めます.

正弦波信号電圧v_{in}を入力すると,ベース-グラウンド間電圧V_Bは図8.32のように変化します.エミッタ電圧V_Eは,

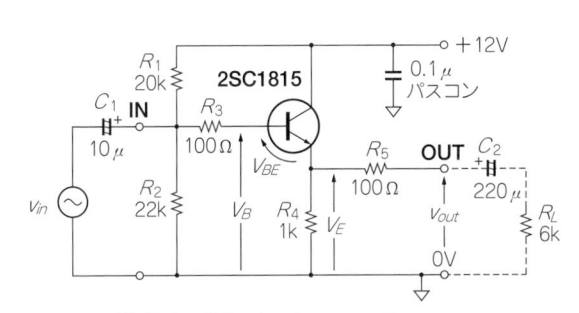

図8.30 増幅回路の基本エミッタ・フォロワ

写真8.7 1石エミッタ・フォロワ基板

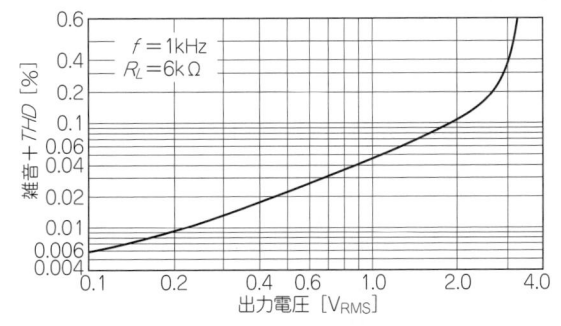

図8.31 図8.30のエミッタ・フォロワのひずみ特性(実測)

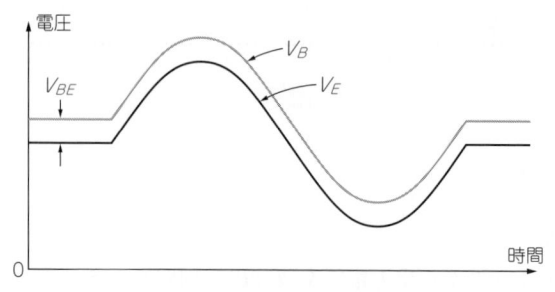

図8.32 ベース-グラウンド間電圧 V_B とエミッタ-グラウンド間電圧 V_E の波形

$$V_E = V_B - V_{BE}$$

です．つまり，V_E は V_B を V_{BE} だけ下方にシフトしたものです．信号に応じてベース電流も変化しますが，図8.9(b)からわかるように，ベース電流が2倍に増えても V_{BE} の変化は20 mV弱にすぎません．換言すると，フルスイング入力電圧振幅±4 Vに対し，出力電圧振幅は±20 mVだけ少ない±3.98 Vです．つまり，電圧利得は0.995倍で，ほぼ1倍です．

● 周波数特性とひずみ率は優れているが発振しやすい

周波数特性とひずみ率がよい理由は，負帰還がかかっているからです．したがって，エミッタ-グラウンド間に寄生容量（ケーブル容量や次段の入力容量など）が入ると，位相が遅れて高周波発振する可能性があります．そこで，図8.30に示した R_5 を挿入して容量性負荷を阻止します．エミッタ・フォロワは，信号源のインダクタンス成分によっても発振することがあるので R_3 を追加しています．**(黒田 徹)**

8.3.3 ビデオ回路用エミッタ・フォロワ・バッファ

図8.33は，シンプルな2値の白黒信号発生器で，アナログ・スイッチ IC_1 で合成したビデオ信号を Tr_1 と Tr_2 でインピーダンス変換し，75 Ωのビデオ信号として出力します．バッファを2段構成にしたのは，バイアス点の温度補償のためと，高周波における入力インピーダンスを高くするためです．電源は，ロジック用の+5 Vを簡単な LC フィルタで分離して流用しています．

● エミッタ・フォロワの定数設計

▶ C_1 の定数

エミッタ・フォロワの定数は，普通とは逆に自由度の低い回路後方から決めていきます．C_1 の容量は，出力信号の低域カットオフ周波数を左右します．白黒ビデオ信号の帯域は60 Hz～数MHzですが，低域側はその1/10程度まで伸びていないと，図8.34のような「サグ」が発生します．また，高域側は，カラー・バーストの周波数（3.579545 MHz）手前の約3.5 MHzに設定します．インピーダンス整合条件から $R_{10} = R_L = 75\ \Omega$ なので，

$$C_1 > \frac{1}{2\pi \times 60\ [\mathrm{Hz}] / 10 \times 150\ [\Omega]} \fallingdotseq 177\ \mu\mathrm{F}$$

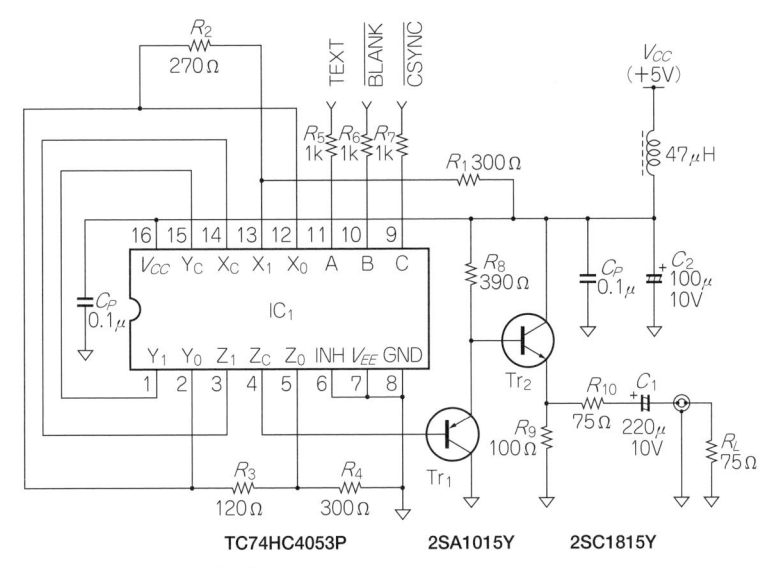

図 8.33 2値の白黒信号発生器

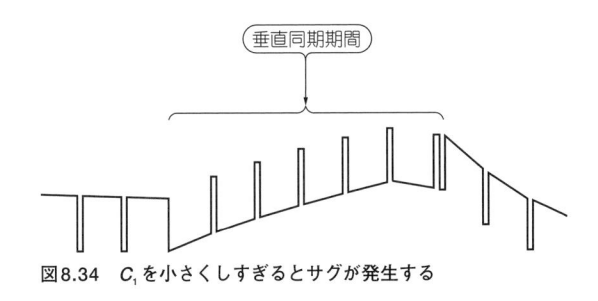

図 8.34 C_1 を小さくしすぎるとサグが発生する

を得て，C_1 には E3 系列から 220 μF を選びました．

▶ Tr_2 の動作点

ビデオ信号の振幅は R_L の両端で $1\,V_{P-P}$，Tr_2 のエミッタでは $2\,V_{P-P}$ ですが，電源電圧は +5 V と高くはないので，Tr_2 の動作点の設計が重要です．

仮に，Tr_2 のエミッタの振幅中心を電源電圧の半分の 2.5 V に設定すると，エミッタにおける信号の振幅範囲は，この電圧を中心に 1.5～3.5 V となります．Tr_2 のベース-エミッタ間電圧 V_{BE2} を 0.65 V とすると，Tr_2 のベースの信号は約 2.15～4.15 V の範囲となります．Tr_2 の最小コレクタ-エミッタ間電圧 V_{CE} は 1.5 V（= 5 − 3.5）しかなく，少々苦しいのですがなんとか実用になりそうです．

▶ 一石式エミッタ・フォロワの非対称性

直流分は C_1 でカットされ，図 8.35 のように電圧が高く明るい映像部分では C_1 から R_L の方向へ，電圧の低い同期信号部分では R_L から C_1 へと負荷電流 i_{LF} が流れます．ここで，Tr_2 のエミッタ電圧が 1.5 V から 3.5 V へ急上昇したとすると，R_9 に流れる電流 i_{R9} は増加し，同時に i_{LF} も流れます．この電流の増加分は，図 8.35(a) のように Tr_2 が電流 i_E を増やして補うので，たいてい問題なく動作します．

しかし，エミッタ電圧が下がってくると，i_{R9} は減少しますが，それと同時に図 8.35(b) のように R_L か

第8章

(a) Tr₂のエミッタ電圧が上昇したとき

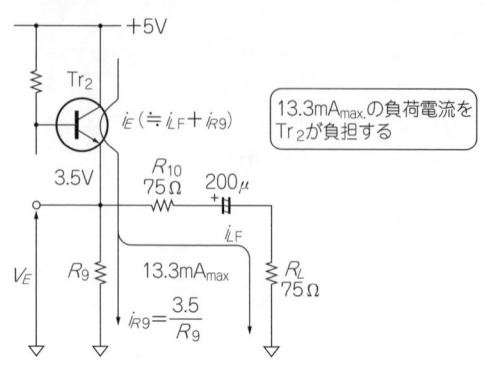

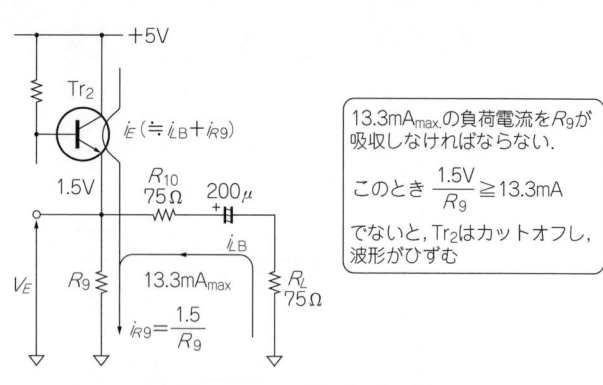

+5V / Tr₂ / 3.5V / R_{10} 75Ω / 200μ / R_9 / R_L 75Ω / V_E

$i_E (\fallingdotseq i_{LF} + i_{R9})$

13.3 mA$_{max}$ の負荷電流をTr₂が負担する

i_{LF} / 13.3 mA$_{max}$ / $i_{R9} = \dfrac{3.5}{R_9}$

(b) Tr₂のエミッタ電圧が下降したとき

+5V / Tr₂ / 1.5V / R_{10} 75Ω / 200μ / R_9 / R_L 75Ω / V_E

$i_E (\fallingdotseq i_{LB} + i_{R9})$

13.3 mA$_{max}$ の負荷電流をR_9が吸収しなければならない.
このとき $\dfrac{1.5\mathrm{V}}{R_9} \geqq 13.3\mathrm{mA}$
でないと, Tr₂はカットオフし, 波形がひずむ

i_{LB} / 13.3 mA$_{max}$ / $i_{R9} = \dfrac{1.5}{R_9}$

図8.35　負荷に流れる出力電流の極性と各部の電圧・電流

らC_1の負荷電流i_{LB}がR_9に流れ込みます．すると，Tr₂がその分i_Eを減らします．ここでR_9の定数設計が悪いと，Tr₂がi_Eをゼロにしても，Tr₂のエミッタ電圧が目的の1.5Vまで下がりきらず，波形の一部がひずみ，振幅が不足します．

このように，負荷が重い場合や信号が高速の場合は，1石式エミッタ・フォロワの動作の非対称性が問題となります．

▶ R_9の設計

i_{LB}が最大になるのは，全画面が真っ白な画像の同期信号部分ですが，その値は，

$i_{LB} = 1\,\mathrm{V}/75\,\Omega = 13.3\,\mathrm{mA}$

を越えることはありません．つまり，

$R_9 < 1.5\,\mathrm{V}/13.3\,\mathrm{mA} = 113\,\Omega$

の条件があります．そこで，$R_9 = 100\,\Omega$にすれば，エミッタ電圧が1.5VのときでもTr₂には少なくとも，

$i_E = 1.5\,\mathrm{V}/100\,\Omega - 13.3\,\mathrm{mA} = 1.7\,\mathrm{mA}$

が流れるので，カットオフには至りません．ただし，R_9を小さくし過ぎると，R_9やTr₂の発熱が増え，同時にTr₂の入力インピーダンスも低下します．また，R_9の消費電力は，エミッタ電圧v_Eが3.5Vで継続された場合でも122.5 mWなので，1/4 W型でOKです．

▶ R_8の設計

i_Eが最大になるのはv_Eが3.5Vに上昇した瞬間で，その大きさ$i_{E\,(\max)}$は，

$i_{E\,(\max)} = 3.5\,\mathrm{V}/100\,\Omega + 13.3\,\mathrm{mA} = 48.3\,\mathrm{mA}$

です．Tr₂の直流電流増幅率h_{FE2}は120以上ですが，これは高周波になるほど減少します．Tr₂のトランジション周波数f_Tは80 MHz$_{min}$なので，3.5 MHzでのh_{FE2}は，

$h_{FE2} = 80\,\mathrm{MHz}/3.5\,\mathrm{MHz} = 22.9$

と推定できます．Tr₂の入力容量C_{ob2}は小さいため無視できるとすれば，Tr₂の最大ベース電流i_{B2}は，

$i_{B2} = 48.3\,\mathrm{mA}/(22.9 + 1) = 2.0\,\mathrm{mA}$

です．したがって，R_8の条件は，

$R_8 < (5\text{ V} - 4.15\text{ V})/2.0\text{ mA} = 425\text{ }\Omega$

となります．そこで，E12系列から390 Ωを選びました．

▶ $R_1 \sim R_4$ の設計

$R_1 \sim R_4$ の抵抗は，Tr_2 の動作点と同期信号の深さから，次の条件を満たす必要があります．

- 同期信号の底
$$\frac{5\text{ [V]} \times R_4}{R_1 + R_2 + R_3 + R_4} = 1.5\text{ V} \quad \cdots\cdots(11)$$

- 同期信号の深さ
$$\frac{5\text{ [V]} \times R_3}{R_1 + R_2 + R_3 + R_4} = 0.6\text{ V} \quad \cdots\cdots(12)$$

- 最大輝度
$$\frac{5\text{ [V]} \times (R_2 + R_3 + R_4)}{R_1 + R_2 + R_3 + R_4} = 3.5\text{ V} \quad \cdots\cdots(13)$$

計算過程は省略しますが，3.5 MHzでの Tr_1 の入力インピーダンスは，C_{ob} を含めておよそ5 kΩです．そして，$R_1 \sim R_4$ のネットワーク各点のインピーダンスにアナログ・スイッチのオン抵抗を加えた値が，5 kΩより十分低い必要があります．E24系列からなるべく式(11)〜(13)を満足する抵抗値を探すと，$R_1 = R_4 = 300\text{ }\Omega$，$R_2 = 270\text{ }\Omega$，$R_3 = 120\text{ }\Omega$ という組み合わせが見つかります．

● PSpiceによる検証

Tr_1 と Tr_2 のバッファ部分の動作確認のためにPSpiceを使って解析してみました．使ったモデルは図8.36で，Q_1 と Q_2 は標準ライブラリのもので代用し，信号合成部は単純なパルス波形に置き換えています．シミュレーションするとき大切なのは，C_1 の電荷が平衡するまで待って波形を観察することです．

この例では，トランジェント解析のパラメータの記録開始時間を100 ms，終了時間を100.3 msに設定しました．解析結果を図8.37に示します．R_9 を220 Ωや470 Ωにすると波形の下部がひずみ，同期信号が浅くなります．

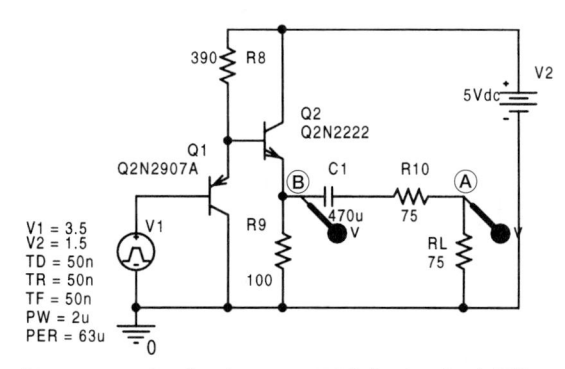

（三宅和司）

図8.36 8.33のエミッタ・フォロワのシミュレーション回路

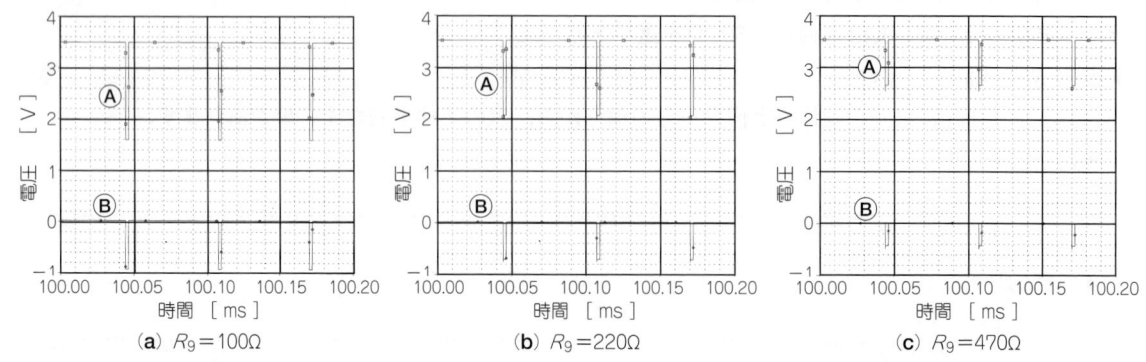

(a) $R_9 = 100Ω$　　(b) $R_9 = 220Ω$　　(c) $R_9 = 470Ω$

図8.37　図8.36のシミュレーション結果

8.3.4　バイアス回路への応用

　ここでいうバイアス回路とは，定電圧や定電流を供給する回路のことをいい，増幅回路と同様に能動領域を使います．各種バイアス回路の例を，図8.38に示します．

　図(a)は，5Vの定電圧出力と1mAの定電流出力を同時に得る回路です．どちらか片方を使わないときは，定電圧出力端子は開放，定電流出力端子は V_{CC} につないでおきます．

　図(b)はカレント・ミラー回路と呼ばれるもので，エミッタ抵抗が等しければ，Tr_1 と Tr_2 の電流は等しくなります．ここでは，1mAの定電流出力を得ています．

　図(c)は，図(b)の Tr_1 をダイオードに置き換えたもので，考え方は図(b)の場合とまったく同じです．

　図(d)は V_{BE} マルチプライヤと呼ばれる回路で，V_{BE} を $(R_1+R_2)/R_1$ 倍した電圧が得られます．さらに，コレクタに抵抗を入れれば，その電圧降下分だけ低い電圧が得られます．また，トランジスタのエミ

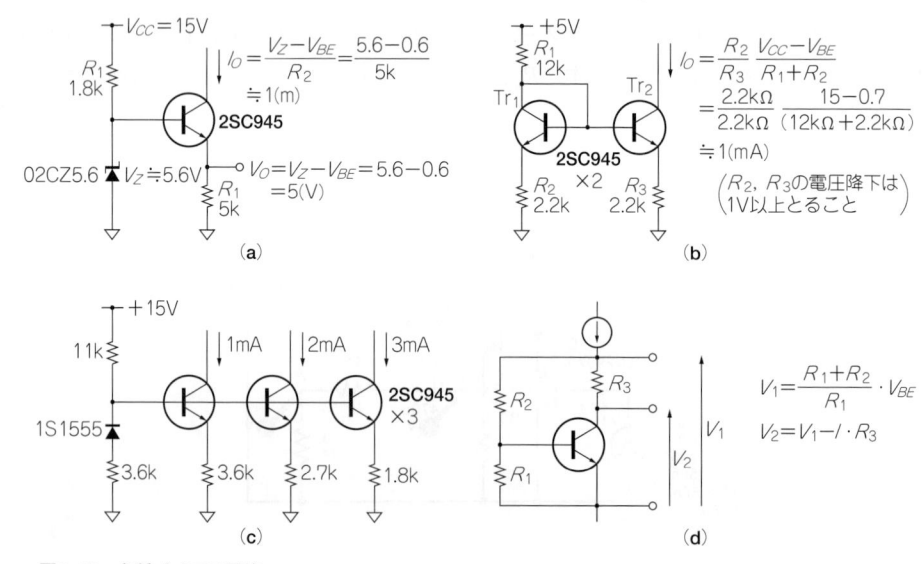

図8.38　各種バイアス回路

ッタや R_1 に直列にダイオードやツェナ・ダイオードを入れることもできます．

（青木英彦）

8.3.5 低雑音増幅回路

図8.39に，トランジスタによる差動増幅回路をOPアンプのフロントエンドに配置して低雑音化した増幅回路を示します（電圧利得は約40 dB）．

この回路の雑音特性は，初段の差動増幅回路に用いるトランジスタでほぼ決まってしまいます．図8.39では，Tr_1 に低雑音デュアル・マッチド・トランジスタ（特性がそろった二つのトランジスタを一つのパッケージに収めたもの）SSM2210（アナログ・デバイセズ）を用いています．

SSM2210の1 kHzにおける雑音電圧密度は0.85 nV/$\sqrt{Hz}$ ですから，回路全体で1 nV/$\sqrt{Hz}$ 以下の雑音特性を実現することができます．

差動増幅回路の次段のOPアンプ IC_1 は，雑音特性にほとんど影響しないので安価な汎用OPアンプを使うことができます．

（鈴木雅臣）

コラム8.A ●●●● C-E分割回路 ●●●●

トランジスタを用いた増幅回路では，エミッタ共通回路やベース共通回路ではコレクタから出力を取り出すのが普通です．また，コレクタ共通回路（エミッタ・フォロワ）ではエミッタから出力を取り出すのが普通です．ところが，場合によってはコレクタとエミッタの両方から信号を取り出すことがあります．

図8.Aを見てください．コレクタにもエミッタにも負荷抵抗がついており，両方から出力を取り出しています．この二つの出力信号の大きさの比は，ほぼ R_C と R_E の比に等しく，位相は180°ずれています．通常使われるときは，$R_C = R_E$ として V_1 と V_2 の大きさを等しくし，位相のみ反対になっている信号として使います．

この回路をC-E分割回路といい，最近ではあまり使われていませんが，真空管時代はP-K分割回路として非常にポピュラなものでした．特性的には，V_1 と V_2 が完全に等しくならない，出力インピーダンスが異なるなどの欠点がありますが，簡単に反対位相の信号を得るという用途には十分使えるものです．

（青木英彦）

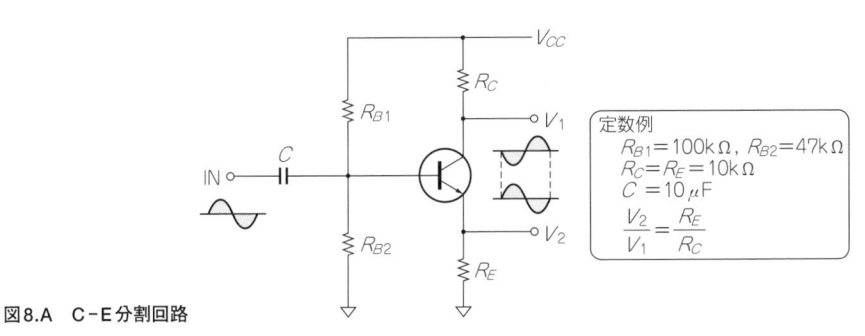

定数例
R_{B1}=100kΩ, R_{B2}=47kΩ
$R_C = R_E$ =10kΩ
C =10μF
$\dfrac{V_2}{V_1} = \dfrac{R_E}{R_C}$

図8.A　C-E分割回路

図8.39 低雑音増幅回路

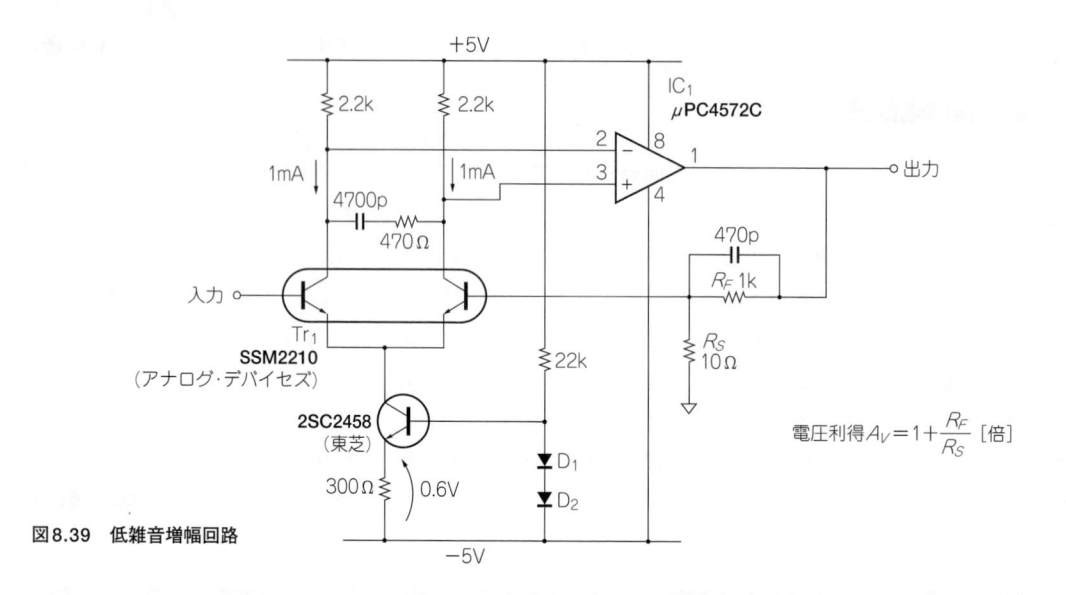

8.4 最低限覚えておきたい特性パラメータ

トランジスタのデータシートにある定格表や特性表を見ると，たくさんのパラメータが目に入ります．どの特性パラメータが重要かは利用する回路ごとに違いますが，最大公約数として次の5点が挙げられます．

①コレクター-エミッタ間電圧(V_{CEO})

これは絶対最大定格です．V_{CEO}は，電源電圧より20％以上高くなければなりません．

②許容コレクタ損失(P_C)

これも絶対最大定格です．P_Cはトランジスタの消費電力($\fallingdotseq I_C V_{CE}$)の2～3倍程度必要です．

③直流電流増幅率(h_{FE})

大きいほどベース電流が小さくなり回路設計が楽です．また，h_{FE}は増幅回路の入力インピーダンスを左右します．図8.10の等価回路で示したように，ベース-エミッタ間はダイオードで，その動作抵抗つまりベース-エミッタ間抵抗R_{BE}は近似的に，

$$R_{BE} = \frac{\Delta V_{BE}}{\Delta I_B} \fallingdotseq \frac{1}{40 I_B} = \frac{h_{FE}}{40 I_C} \quad \cdots \cdots (14)$$

なので，h_{FE}が大きいほど入力インピーダンスが高くなります．

図8.27のエミッタ共通増幅回路の電圧利得を求める式(9)はh_{FE}と無関係ですが，これは内部抵抗R_Sをゼロの信号源で駆動しているからです．R_Sがゼロでなければ，R_SとR_{BE}は分圧回路を形成し，電圧利得A_Vは$R_{BE}/(R_S + R_{BE})$分だけ減少します．R_{BE}はh_{FE}に依存するので，R_SがゼロでなければA_Vもh_{FE}に依存します．

④トランジション周波数(f_T)

コレクタ電流の微小変化分ΔI_Cとベース電流の微小変化分ΔI_Bの比を小信号電流増幅率h_{fe}といいま

す．低周波の h_{fe} の値は，直流電流増幅率 h_{FE} と同程度ですが，図8.40に示すように，高周波ではトランジスタのベース-エミッタ間容量やベース-コレクタ間に存在する容量のため，h_{fe} は $-6\,\text{dB/oct.}$ で低下します．h_{fe} が1倍になる周波数をトランジション周波数 f_T（図8.41）といいます．小信号低周波回路には，f_T が $50 \sim 500\,\text{MHz}$ 程度のトランジスタを使うのが普通です．

⑤ **コレクタ出力容量**（C_{ob}）

ベース-コレクタ間に存在する容量をコレクタ出力容量 C_{ob} と呼びます．小信号トランジスタの C_{ob} は数p～数十pFですが，エミッタ共通回路は次に説明するミラー効果が働くため，C_{ob} は周波数特性に重大な影響を与えます．

▶ エミッタ共通回路の入力容量は C_{ob} の $(1+A)$ 倍

図8.28に示したように，エミッタ共通増幅回路の入力電圧 v_{in} と出力電圧 v_{out} は位相が180°ずれています．このような増幅回路を「反転増幅回路」と呼びます．入力信号と出力信号の位相が互いに反転しているからです．

図8.42(a)のように，電圧利得 A 倍の反転増幅回路の入出力間にコンデンサ C を接続すると，図8.42(b)のようにあたかも C の $(1+A)$ 倍の静電容量を入力端子とグラウンド間に挿入したように動作します．これをミラー効果と言います．

図8.27のエミッタ共通増幅回路を例にして考えると，2SC1815単体の C_{ob} は約2 pF（表8.3）にすぎませんが，電圧利得が約100倍あるので，約200 pFという大きな容量（C_{eq}）が接続された反転増幅回路と

コラム8.B

●●●● トランジスタの高周波特性 ●●●●

トランジスタの端子間には構造上，コンデンサが寄生しています．この静電容量の大小で高周波特性が決まります．高周波における電流増幅率を h_{fe} で表します．f_β は h_{fe} が直流電流増幅率 h_{FE} の約70%（$-3\,\text{dB}$）になる周波数です．h_{fe} が1になる周波数をトランジション周波数といい，f_T で表します．$f_T = h_{FE} f_\beta$ の関係があります．

規格表に $f_T = 100\,\text{MHz}$ と書いてあるのは，100 MHz まで使えるということではなく，10倍の増幅率がとれるのは 10 MHz まで，100倍の増幅率がとれるのは 1 MHz までということです．

エミッタ共通増幅回路では，図8.Bのようにコレクタとベース間の結合容量（C_{re} とか C_{bc} で表す）が出力から入力への負帰還として働く（ミラー効果）ので，実用になる周波数はさらに下がります．

本来は，高周波用トランジスタである "2SC" や "2SA" 型のトランジスタでも，低周波用の "2SB" や "2SD" 型のトランジスタに劣るものもあります．選択に，先入観は禁物です．

〈柳川誠介〉

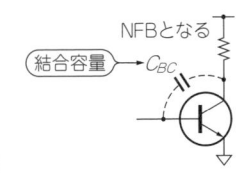

図8.B
ミラー効果によって高周波特性が悪化する

第8章

等価になります．信号源抵抗 R_S がゼロでなければ，C_{eq} と R_S と R_{BE} により LPF（ローパス・フィルタ）が形成され，図8.43に示したように高域の周波数特性が悪化します．

（黒田 徹）

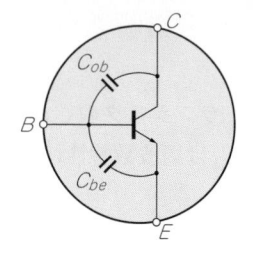

図8.40 トランジスタ内部の寄生容量

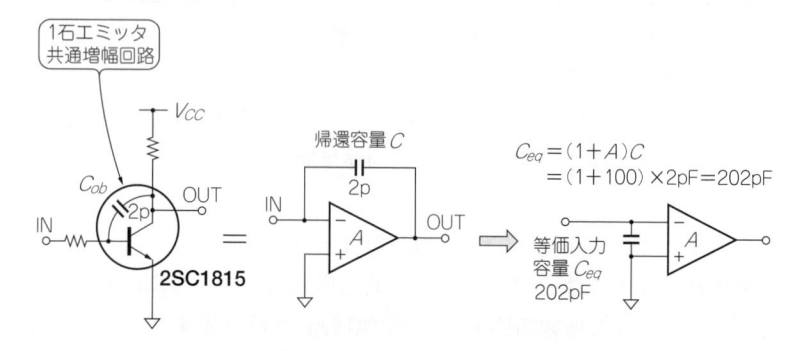

$$C_{eq} = (1+A)C = (1+100) \times 2\text{pF} = 202\text{pF}$$

(a) 入出力間にCがある反転増幅器
(b) 等価回路

図8.42 反転増幅回路の入力容量は増幅素子の入出間に存在する寄生容量をゲイン倍したものに等しい

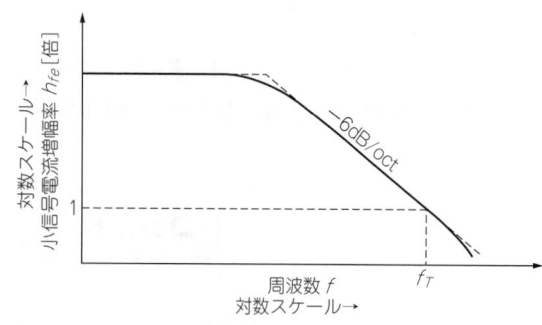

図8.41 小信号電流増幅率 h_{fe} の周波数特性とトランジション周波数 f_T の関係

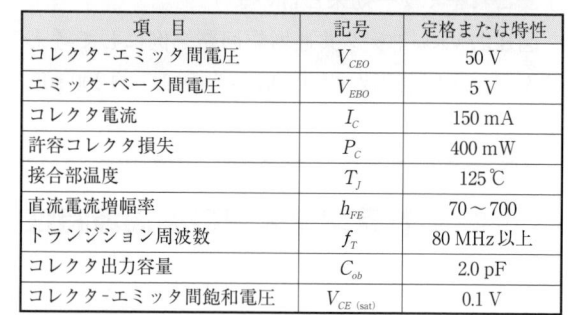

表8.3 NPNトランジスタ2SC1815の主な定格と電気的特性

項 目	記号	定格または特性
コレクタ-エミッタ間電圧	V_{CEO}	50 V
エミッタ-ベース間電圧	V_{EBO}	5 V
コレクタ電流	I_C	150 mA
許容コレクタ損失	P_C	400 mW
接合部温度	T_J	125 ℃
直流電流増幅率	h_{FE}	70〜700
トランジション周波数	f_T	80 MHz 以上
コレクタ出力容量	C_{ob}	2.0 pF
コレクタ-エミッタ間飽和電圧	$V_{CE\,(sat)}$	0.1 V

注：h_{FE} 分類
O：70〜140，Y：120〜240，GR：200〜400，BL：350〜700

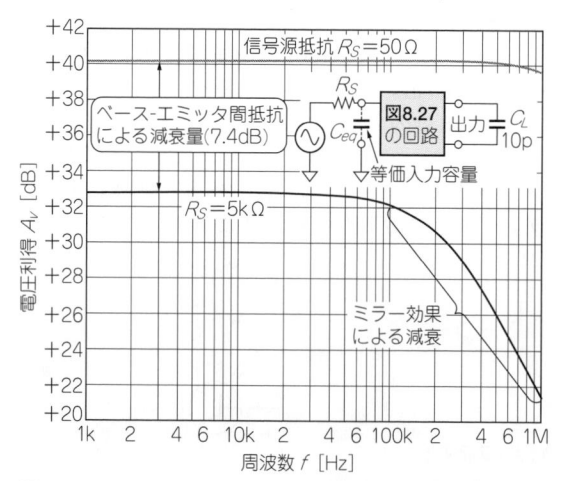

図8.43 図8.27の1石エミッタ共通増幅回路の周波数特性（実測）

第二部 トランジスタの基礎と応用

第9章

パワー・トランジスタの使い方

　本章では，パワー・トランジスタについて取りあげます．パワー・トランジスタも，前章で述べた小信号用トランジスタと性質や動作は何ら変わりありませんが，扱う電力がはるかに大きくなります．そのため，発熱と放熱に対する知識が必要になります．ここでは，次に示すパワー・トランジスタを使ううえで特に注意しなければならないことについての知識と，具体的な回路について解説します．
　　(1) 最大定格
　　(2) 安全動作領域（ASO）
　　(3) 放熱設計

9.1　トランジスタの最大定格

　(絶対)最大定格とは，いかなる動作条件においても越えてはならない限界値を規定するものです．最大定格値をオーバして使用した場合，素子の特性が劣化したり破壊を招くことがあるので，部品のばらつきや電圧変動，温度変化などをすべて考慮して，瞬時たりとも最大定格値はオーバしないようにしなければなりません．
　最大定格で規定されているものには電圧，電流，電力，温度があります．なお，単に定格という場合も，最大定格のことを指しています．

● コレクタ電圧定格

　コレクタ電圧定格には，対ベース間と対エミッタ間があり，表9.1に示すようなものがあります．
　通常，ベース接地におけるI_C-V_{CB}特性や，エミッタ接地におけるI_C-V_{CE}特性は，図9.1のようになります．図(a)はI_C-V_{CB}特性でV_{CB}がある値に達すると，I_Cは急激に増加し始めます．また，図(b)は

第9章

表9.1 トランジスタの電圧定格

	記 号	回 路	定 義	実際の値
コレクタ電圧定格	V_{CBO} (CBOはコレクタ-ベースに電圧をかけて，残りの端子（エミッタ）をオープンにするということ)		エミッタ・オープン時のコレクタ-ベース間耐圧	数10V ～ 千数百V
	V_{CEO}		ベース・オープン時のコレクタ-エミッタ間耐圧	
	V_{CER} (Rは抵抗でターミネートするということ)		ベース-エミッタ間に抵抗を接続したときのコレクタ-エミッタ間耐圧	
	V_{CES} (Sはショートするということ)		ベース-エミッタ短絡時のコレクタ-エミッタ間耐圧	
	V_{CEX} (Xは逆バイアスをかけるということ)		ベース-エミッタ間を逆バイアスしたときのコレクタ-エミッタ間耐圧	
エミッタ電圧定格	V_{EBO}		コレクタ・オープン時のエミッタ-ベース間耐圧	数V

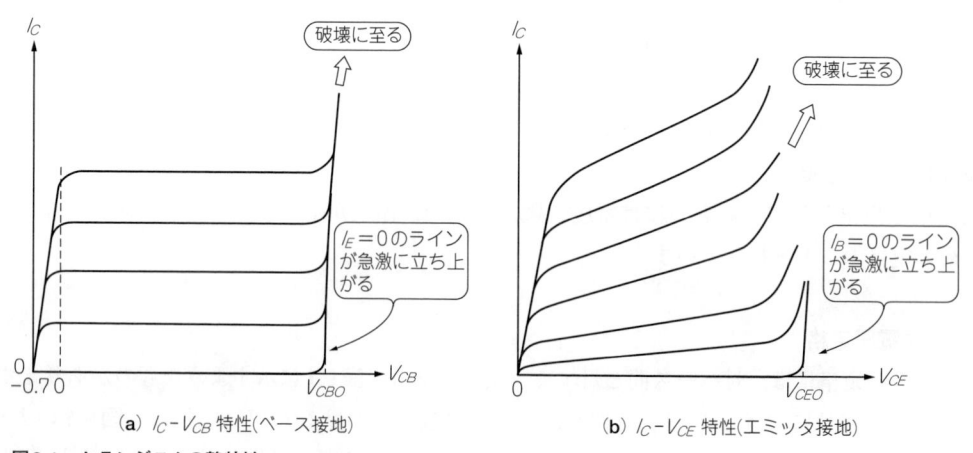

(a) I_C-V_{CB} 特性（ベース接地）

(b) I_C-V_{CE} 特性（エミッタ接地）

図9.1 トランジスタの静特性

I_C-V_{CE}特性ですが,図(a)と同様にV_{CE}がある値になるとI_Cは急に増加します.ただ,こちらではI_Bが大きくなるほど,I_Cが増加し始めるV_{CE}は低くなります.

I_C-V_{CB}特性の$I_E=0$で電流が急激に増加し始める電圧をV_{CBO}といいます.これは$I_E=0$なので,エミッタをオープンにしたときのコレクタ-ベース間耐圧に相当します.

また,I_C-V_{CE}特性において,$I_B=0$のときに電流が急激に増加し始める電圧をV_{CEO}といいます.これは$I_B=0$なので,ベースをオープンにしたときのコレクタ-エミッタ間耐圧に相当します.

コレクタ電圧定格の中では,この二つがもっとも重要な値になります.というのは,**表9.1**の中にあるコレクタ電圧定格の大小関係は,

$$V_{CBO} \fallingdotseq V_{CES} > V_{CEX} > V_{CER} > V_{CEO}$$

となっているからです.このため,メーカのデータシートを見てみると,記載されているのは,V_{CBO}とV_{CEO}の2項目となっています.また,単にトランジスタの耐圧というときはV_{CEO}を指し,回路設計においてはコレクタ-エミッタ間にかかる電圧が絶対にV_{CEO}を越えないようにします.

● エミッタ電圧定格

エミッタ電圧定格は,コレクタを開放したときのエミッタ-ベース間耐圧V_{EBO}で,通常数Vです.このため,ベース-エミッタが深く逆バイアスされるような回路では,保護回路が必要です.

この保護のためには,図9.2に示すような方法が考えられます.図(a)はエミッタ-ベース間にダイオードを入れて,V_{BE}逆電圧がダイオードのV_F以上にならないようにしています.また図(b)では,信号源とベースの間にダイオードを入れて,$V_i<0$のときは抵抗でベース-エミッタ間をターミネートして,電圧が加わらないようにしています.

● 電流定格

電流定格には,コレクタ電流とベース電流があり,以下のような点を考慮して決められています.
(1) ある一定のコレクタ飽和電圧と電流によって生じる電力が,定格値を超えないこと.
(2) h_{FE}がピーク値の1/2〜1/3以下になるような電流.スイッチング用では,中電力トランジスタでh_{FE}

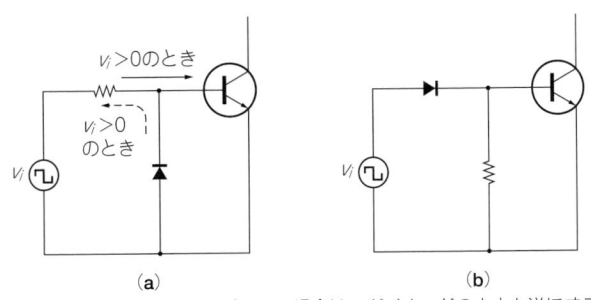

(トランジスタがPNPトランジスタの場合は,ダイオードの方向も逆にする)

図9.2 V_{BE}逆電圧の保護

≒10，大電力トランジスタでh_{FE}≒3に低下する電流．
(3) 内部リード線が溶断しないこと．

　なお，最大コレクタ電流が直流以外にパルスで規定されているものもあります．この場合は，その平均電流値が直流の最大コレクタ電流以下で流し得るピーク値のことをいっています．

● 温度定格

　温度定格には，動作時の接合部分の最高温度定格を規定した$T_{j\,(max)}$と，保存時の温度範囲を規定したT_{stg}があります．実際には，T_{stg}が問題となることはほとんどありませんが，大電力を扱うトランジスタでは，放熱設計がしっかりしていないと，電力損失による温度上昇が$T_{j\,(max)}$を越えてしまうというようなことが起こります．

　これら$T_{j\,(max)}$，T_{stg}は，半導体の材料とパッケージ材料によって決まるものですが，信頼性との兼ね合いもあります．

● 電力定格

　トランジスタに電圧がかかって電流が流れていれば，そこには必ず電力損失が生じ，これによって内部の温度が上昇します．周囲温度，あるいはケース温度が25℃のとき，内部電力損失によって接合温度が$T_{j\,(max)}$になるときの電力が，最大コレクタ損失$P_{c\,(max)}$で規定されています．

9.2　安全動作領域(ASO)

● 安全動作領域(ASO)とは

　トランジスタの特性が劣化したり破壊せずに使用できる動作領域を，安全動作領域(ASO：Area of Safe Operation，SOA：Safe Operating Areaともいう)といいます．

　ASOは最大定格によって制限されますが，さらに2次降伏現象(S/B：Secondary Breakdown．ある電圧・電流点で低インピーダンス領域へ遷移する現象)によっても制限されます．

　この結果，ASOの形は図9.3のようになります．ここで，①は電流定格で制限される部分で$I_{C\,(max)}$に等しく，Ⅳは電圧定格で制限される部分でV_{CEO}に等しくなります．また，Ⅱは電力定格で制限される部分(Dissipation Limit)で，$I_C \cdot V_{CE}$が最大コレクタ損失$P_{C\,(max)}$に等しいところです．Ⅲが2次降伏で制限される部分(S/B Limit)です．

　この①～Ⅳで囲まれる領域がASOです．トランジスタの動作点は，いかなる場合でもこの中にある必要があります．

　実際のASOは，電流が直流かパルスかによって異なり，また温度によっても異なります．ケース温度が25℃のときのASOの具体例を図9.4に示します．

　ASOで注意するのは，負荷がインダクタンスL負荷の場合です．図9.5のようなASOのトランジスタを用いて，mのようなロード・ラインの回路を設計したとします．負荷が純粋な抵抗ならば何の問題もないのですが，L性があると，nの曲線のようにロード・ラインは円を描くようになり，最悪の場合

9.2 安全動作領域（ASO）

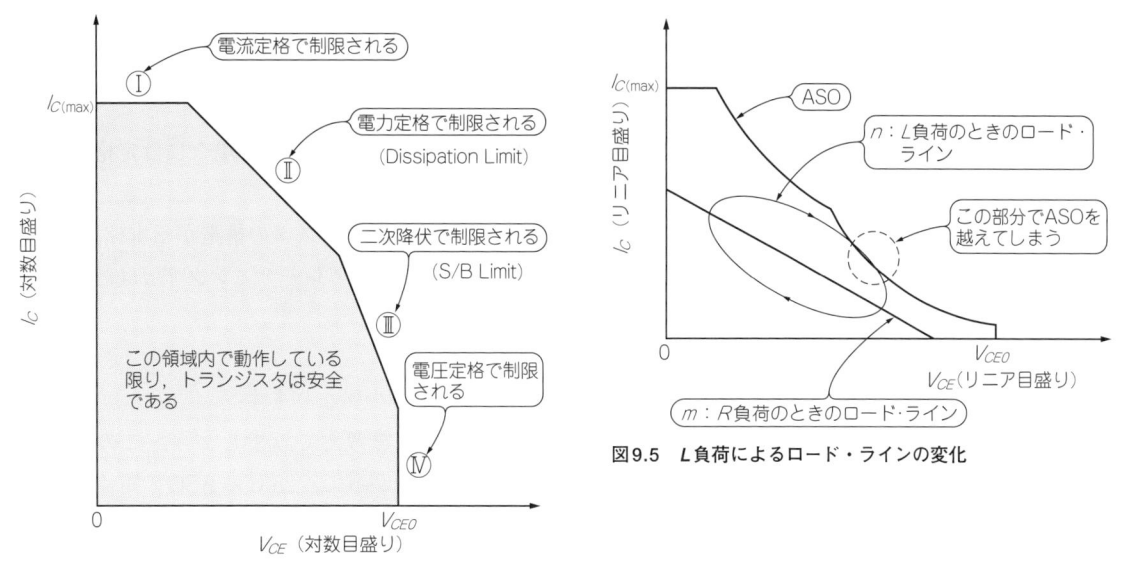

図9.3 ASOの概念図

図9.5 L負荷によるロード・ラインの変化

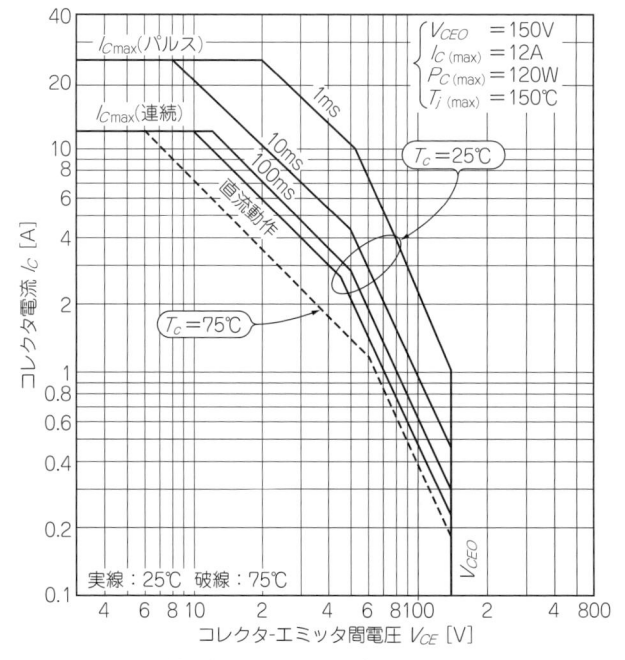

図9.4 ASOの具体例（2SD845，三重拡散型）

ASOを越えてしまうこともあります．

したがって，L負荷の場合は，できるだけASOの広いトランジスタを使用することが重要です．また，電圧，電流，損失のすべてが定格を下回っているのにトランジスタが壊れるというようなときは，

第9章

このようなASOオーバを疑ってみる必要があります．

● 定格のディレーティング

データシートに記載されているASOは25℃のときの値なので，使用温度が高い場合には定格をディレーティング(低減)する必要があります．

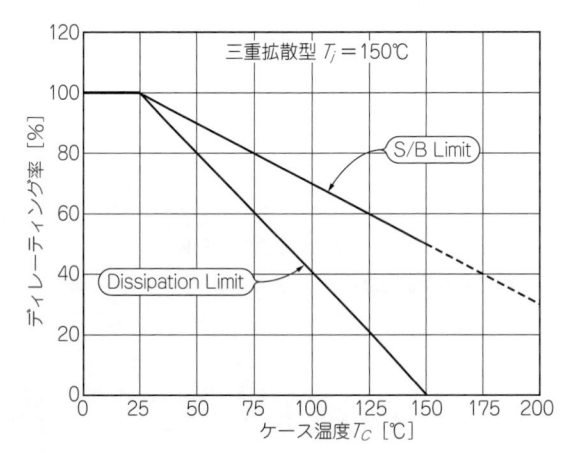

ディレーティング・カーブの一例を，図9.6に示します．これはトランジスタの構造が三重拡散型で，$T_{j\,(max)}$ = 150℃の場合です．Dissipation Limit は $T_{j\,(max)}$ のみで決まり，ディレーティング率 d は，

$$d = \frac{T_{j\,(max)} - T_C}{T_{j\,(max)} - 25\,[℃]} \times 100\ [100\%]$$

と表されます．また，S/B Limit は，トランジスタの構造によって多少異なります．

たとえば，図9.6において，ケース温度を75℃で使用するときを考えてみましょう．このときのDissipation Limit は60％，S/B Limit は80％となっています．したがって，25℃のASOの電流値にこの率をかけたものが，75℃のときのASOになるわけです．

図9.4の破線は，この考え方に基づいて T_C = 75℃のときのASOを表しています．

● 信頼性を高めるためのディレーティング

温度によるディレーティングのほかに，信頼性を高めるためのディレーティングも重要です．

ASOの範囲内だからといって，その範囲で目一杯の動作をさせては信頼性の点で好ましくありません．しかし，余裕をもたせすぎるとコスト的に高くつくので，おおよその目安として，以下のようなディレーティングが望ましいでしょう．

(1) 電圧：サージなども含んだ最大値が V_{CEO} の80％以下
(2) 電流：サージなども含んだ最大値が $I_{C\,(max)}$ の80％以下
(3) 電力：サージなども含んだ最大値が，最高周囲温度でディレーティングされた $P_{C\,(max)}$ の50％以下

図9.6 ディレーティング・カーブ

(4) 温度：サージなども含んだ最大値が $T_{j\,(\max)}$ の80％以下

9.3 放熱設計の基本

パワー・トランジスタは，ほとんどの場合，放熱器をつけて使用しますが，この放熱設計によって，その機器の経済性，信頼性，寿命などが大きく変わってきます．

パワー設計というのは，イコール放熱設計といっても過言ではありません．

● 熱抵抗と熱等価回路

放熱設計をするには，必ず熱抵抗 θ を考えなければなりません．熱抵抗とは，電流の流れにくさを表すのに抵抗があるのと同様に，熱の伝えにくさを表すもので，熱等価回路では抵抗に置き換えることができます．同様に，熱源（電力損失）は電流源に，温度は電位に置き換えられ，パワー・トランジスタの内部で発生する熱が大気中に伝わる経路は，図9.7のような等価回路で表されます．

この図において，P_C はトランジスタ内部で発生する熱源で，トランジスタのコレクタ損失（= $V_{CE}\cdot I_C$）です．θ_{jc} は，トランジスタの接合部からケースまでの熱抵抗です．θ_S は絶縁板の熱抵抗，θ_C は接触熱抵抗，θ_f は放熱器から大気までの熱抵抗です．また，θ_b はトランジスタのケースから直接大気に伝わる熱抵抗ですが，パワー・トランジスタのように放熱器を付けて使用する場合は，$\theta_b \gg \theta_S + \theta_C + \theta_f$ なので，θ_b は無視してもかまいません．

一方，小信号トランジスタのように放熱器を使用しない場合は，$\theta_S \sim \theta_C \sim \theta_f$ の経路はないので，θ_b の値が重要になってきます．また，T_j はトランジスタの接合部の温度，T_C はケースの温度，T_a は大気の温度（周囲温度）です．この T_a が電気回路ではグラウンドに相当し，基準となる温度です．

この等価回路により，以下の式が得られます．

$$P_C = (T_j - T_C) / \theta_{jc} \quad \cdots\cdots (1)$$
$$P_C = (T_j - T_a) / \theta_{ja} \quad \cdots\cdots (2)$$

ただし，θ_{ja} は接合部より大気までの熱抵抗で，

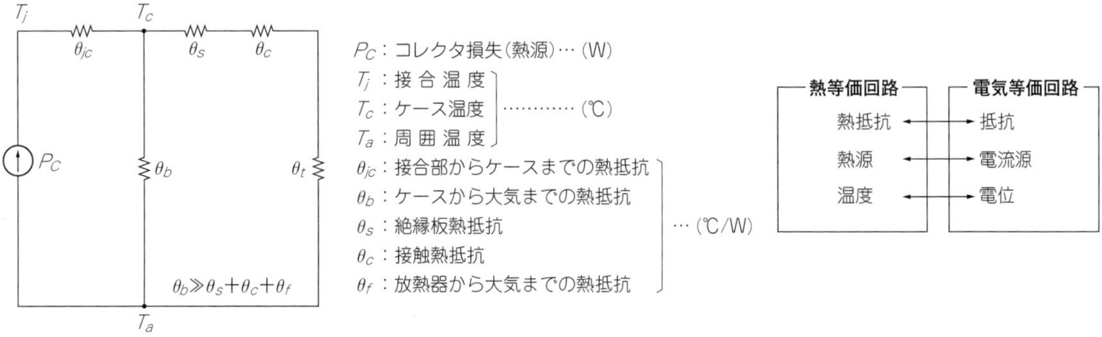

図9.7 パワー・トランジスタに放熱器を付けたときの熱等価回路

P_C：コレクタ損失（熱源）… (W)
T_j：接合温度
T_C：ケース温度 ………… (℃)
T_a：周囲温度
θ_{jc}：接合部からケースまでの熱抵抗
θ_b：ケースから大気までの熱抵抗
θ_S：絶縁板熱抵抗 … (℃/W)
θ_C：接触熱抵抗
θ_f：放熱器から大気までの熱抵抗

$\theta_b \gg \theta_S + \theta_C + \theta_f$

熱等価回路	電気等価回路
熱抵抗 ↔	抵抗
熱源 ↔	電流源
温度 ↔	電位

第9章

$$\theta_{ja} = \theta_{jc} + \theta_b // (\theta_s + \theta_C + \theta_f)$$
$$\fallingdotseq \theta_{jc} + \theta_s + \theta_C + \theta_f \quad \cdots\cdots (3)$$

ここで，//は並列接続を意味する

で表されます．

放熱設計は，これらの式が基本となります．

● 絶縁板の熱抵抗 θ_s と接触熱抵抗 θ_c

　トランジスタと放熱板を絶縁する必要があるときは，絶縁板を使います．この絶縁板の熱抵抗が絶縁板熱抵抗 θ_s で，材質は熱伝導率が高く高温まで使え，均一な薄いシートを作れることが望まれます．これを完全に満たすことは難しいのですが，現在はマイカや伝熱性絶縁シートが一般的に使われています．

　伝熱性絶縁シートの特徴は，マイラやマイカと異なり非常に柔らかいので，ある程度締め付けトルクをとれば，後述するシリコン・グリスなどを必要としないという点です．

　トランジスタのケースと放熱器の間，あるいは絶縁板の間の接触熱抵抗 θ_c は，接触面の状態や面積，締め付け方に大きく影響されます．できるだけ広い面積で密着しているのが望ましいのですが，締め付けトルクを増せばそれだけで密着するというものではありません．というのは，トランジスタのケース，絶縁板，放熱器共に一見平面のようですが，ミクロ的に見ると凸凹があり，いくらきつく締めても限度があるからです．このため，この凸凹を埋めるのにシリコン・グリスやコンパウンドが使われます．

　参考までに，東芝製トランジスタの熱抵抗値を**表9.2**に示します．

表9.2　ケース－放熱器間の熱抵抗（$\theta_s + \theta_c$）

外囲器	絶縁板	$\theta_s + \theta_c$ [℃/W]	
		シリコン・グリース	
		有	無
TO-126(IS) 2-8H1A	絶縁板なし	0.3～0.5	1.5～2.0
TO-220AB	絶縁板なし マイカ（50～100 μm）	0.3～0.5 2.0～2.5	1.5～2.0 4.0～6.0
TO-220(NIS)	絶縁板なし	0.4～0.6	1.0～1.5
TO-3P 2-16B1A 2-16C1A	絶縁板なし マイカ（50～100 μm）	0.1～0.2 0.5～0.8	0.5～0.9 2.0～3.0
TO-3P(L) 2-21F1A	絶縁板なし マイカ（50～100 μm）	0.1～0.2 0.5～0.7	0.4～1.0 1.2～1.5
TO-3P(H)（BS） 2-16D3A	絶縁板なし マイカ（100～160 μm）	0.2～0.4 1.4～1.6	1.1～1.5 2.5～3.5
TO-3P(H)（IS） 2-16E3A	絶縁板なし	0.6～0.8	1.3～1.7

● 放熱器の熱抵抗 θ_f

放熱器の熱抵抗 θ_f は，放熱器の有効表面積，包絡体積，材質，さらに置き方や外気の状態によって決まります．実際にどのくらいの熱抵抗になるのか，放熱板面積と熱抵抗の関係を図9.8に，放熱器包絡体積と熱抵抗の関係を図9.9に示します．

放熱器を使う際は，その配置方法が重要なポイントです．まず，置き方としては，放熱フィンが垂直になるように立てて使います．放熱フィンのない板の場合でも，垂直に立てて使うようにします．また，放熱器から発生した熱気流も十分配慮に入れる必要があり，放熱器の上下には何もないのが理想です．それができないときは，通気口を設ける必要があります．

よくないのは，密閉されたケースの中に放熱器がある場合です．すなわち，熱が中にこもってしまい，期待した放熱効果はまったく得られません．このような場合には，放熱器をケースの外に出すようにします．また，ケース自身を放熱器に利用することもよく行われます．

9.4 具体的なパワー設計

次に，具体的な例をあげて，そのパワー設計を行ってみます．放熱設計で用いる式は，基本的に前述した式(1)，式(2)ですが，実際に使うときは以下のようになります．

$$P_{C\,(\max)} = (T_{j\,(\max)} - T_C)/\theta_{jc} \quad\cdots\cdots(4)$$

$$P_C = (T_{j\,(\max)} - T_a)/\theta_{ja} \quad\cdots\cdots(5)$$

ただし，$P_{C\,(\max)}$ ；$T_C = 25\,℃$における最大コレクタ損失
　　　　P_C ；実際にトランジスタで消費される電力
　　　　T_C ；ケース温度 $= 25\,℃$
　　　　T_a ；許容される最高周囲温度

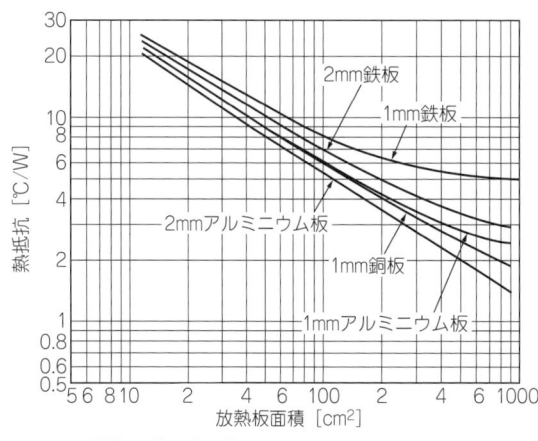

図9.8　放熱板面積と熱抵抗

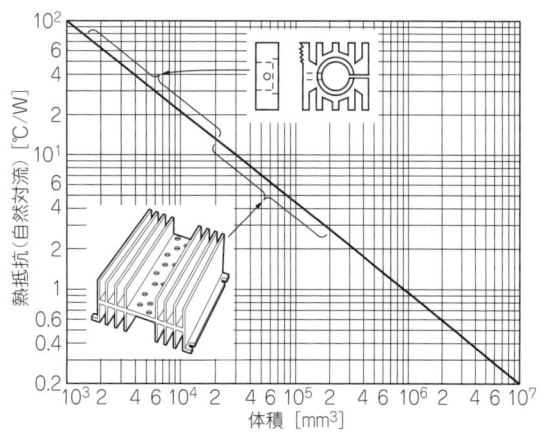

図9.9　放熱器包絡体積と熱抵抗

第9章

● 5 V，10 A定電圧回路の例

- 出力電圧　　：$V_O = 5$ V
- 出力電流　　：$I_O = 10$ A$_{(max)}$
- 最高周囲温度：$T_a = 60$ ℃

パワー・トランジスタの定格を最初に決めて，その後で放熱器の熱抵抗を求める．

3端子レギュレータにパワー・トランジスタを組み合わせると，簡単に出力電流を大きくすることができます．ここでは，5 V，0.5 Aの3端子レギュレータ μPC78M05A（NEC）を用いて，**図9.10**のような回路にします．

ここで，Tr_1とTr_2がパワー・トランジスタ，R_1とR_2は電流をバランスさせるためのものです．また，Tr_3とR_3は過電流を防ぐもので，R_3の電圧降下が0.6 V以上になるとTr_3がONして，それ以上にパワー・トランジスタのベース電流が増えないようにするものです．

① パワー・トランジスタの損失を求める

パワー・トランジスタの損失（消費される電力）は，そのV_{CE}とI_Cの積になります．10 A流れているときの入力電圧を10 Vとすると$V_{CE} \fallingdotseq 5$ Vとなります．そして，各トランジスタのコレクタ電流I_Cは，2本のトランジスタを並列にしているので5 Aとなり，電力損失P_Cは以下のようになります．

$$P_C = V_{CE} \cdot I_C = 5 \times 5 = 25 \text{ [W]}$$

② パワー・トランジスタの定格を決める

電圧，電流は余裕を見込んで，$V_{CEO} \geq 20$ V，$I_{C(max)} \geq 7$ Aとします．また，$P_{C(max)}$は放熱器によって大きく異なり，P_Cの2〜4倍とします．ここでは$P_{C(max)} \geq 80$ Wとします．これらの条件より，ここでは2SA1940としました．このトランジスタの定格は$V_{CEO} = 120$ V，$I_{C(max)} = 8$ A，$P_{C(max)} = 80$ W〔$T_{j(max)} = 150$ ℃〕です．

③ (4)式よりθ_{jc}（トランジスタの接合部からケースまでの熱抵抗）を求める

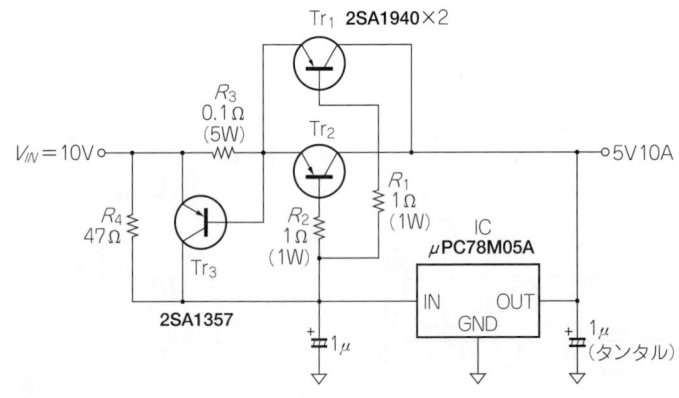

図9.10　5 V，10 Aの定電圧回路

θ_{jc} = 〔150〔℃〕− 25〔℃〕〕/ 80〔W〕
　　≒ 1.56〔℃/W〕

④ (5)式より θ_{ja}(トランジスタの接合部から大気までの熱抵抗)を求める

θ_{ja} = 〔150〔℃〕− 60〔℃〕〕/25〔W〕
　　≒ 3.6〔℃/W〕

⑤ (3)式より θ_f(放熱器から大気までの熱抵抗)を求める

パワー・トランジスタは外囲器がTO-3Pで，シリコン・グリスを塗布してマイカ絶縁板を介して放熱器に取り付けるとすると，**表9.2**より $\theta_S + \theta_C$ = 0.8℃/W(0.5〜0.8の最大値をとる)となるので，

θ_f = 3.6 − 1.56 − 0.8
　≒ 1.2〔℃/W〕

となります．

つまり，Tr_1とTr_2はそれぞれ熱抵抗が1.2℃/W以下の放熱器に取り付ければよいことになります．また，Tr_1とTr_2を一つの放熱器に取り付けるときには，0.6℃/W以下の放熱器にします．

● B級30 Wオーディオ用パワー・アンプの例

- 出力電力　　：P_O = 30 W
- 負荷抵抗　　：R_L = 8 Ω
- 最高周囲温度：T_a = 75℃

放熱器の熱抵抗が先に決まっていて，パワー・トランジスタの定格を求める．

ここでは，**図9.11**のような回路構成のオーディオ用パワー・アンプの出力段の設計について述べますが，この回路形式にかかわらず出力段がB級のSEPPであれば，出力段のパワー設計はこの回路とまったく同じように考えることができます．

① 電源電圧を求める

パワー・トランジスタのコレクタ-エミッタ間飽和電圧 $V_{CE\ (sat)}$ やエミッタ抵抗の損失を無視すると，必要な電源電圧 ± V_{CC} は，

$V_{CC} = \sqrt{2R_L \cdot P_O}$
　　 $= \sqrt{2 \times 8 \times 30} ≒ 22$〔V〕

となります．しかし，実際には上記のような損失があるので，その分を見込んで30％ほど高くして，V_{CC} = ± 29 V とします．

② パワー・トランジスタの損失を求める

Tr_7の電圧-電流波形は，**図9.12**のようになっていますので，電力損失P_Cは次のようになります．

$P_C = \dfrac{1}{T} \int v_{CE} \cdot i_C dt$

第9章

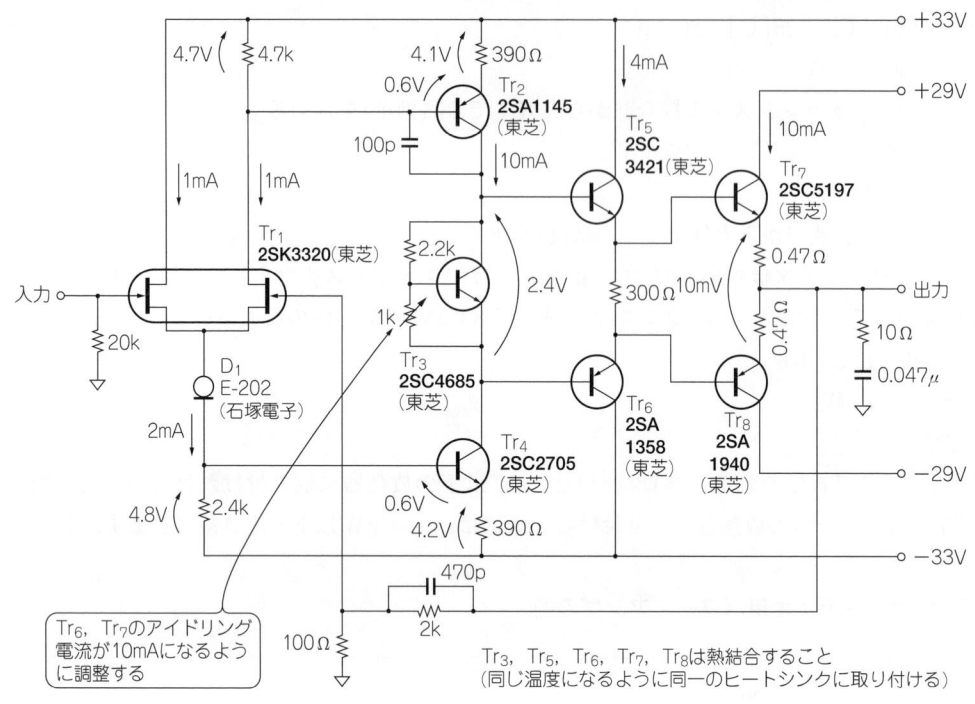

図9.11　30 W出力オーディオ用パワー・アンプ

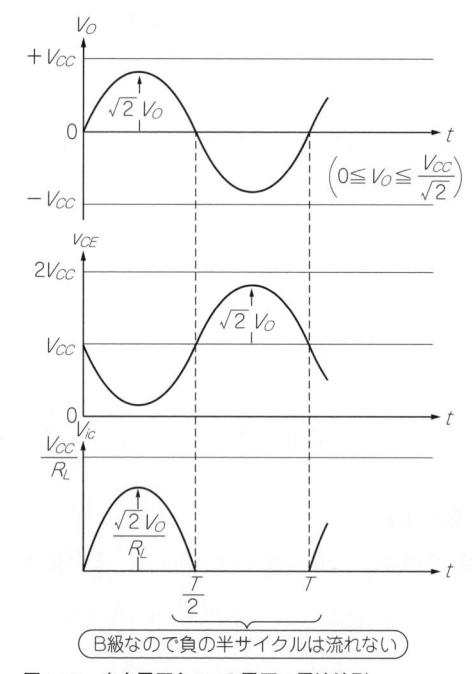

図9.12　出力電圧とTr_6の電圧・電流波形

9.4 具体的なパワー設計

図中の注記:
- $\dfrac{1}{\pi^2} \cdot \dfrac{V_{CC}^2}{R_L}$ (148%)
- $\left(\dfrac{1}{\pi} - \dfrac{1}{4}\right) \cdot \dfrac{V_{CC}^2}{R_L}$ (100%)
- 横軸: $\dfrac{\sqrt{2}}{\pi} \cdot V_{CC}$ (64%), $\dfrac{V_{CC}}{\sqrt{2}}$ (100%)

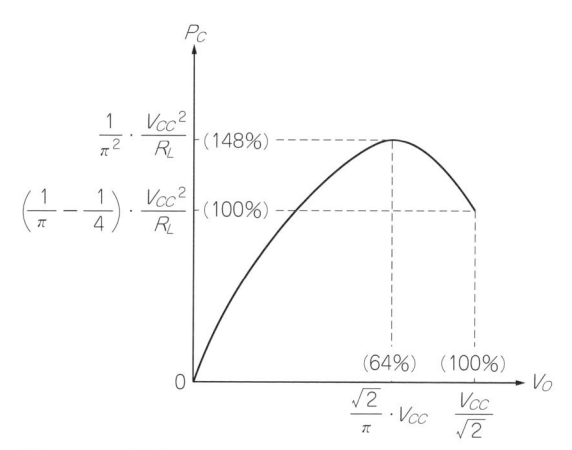

図9.13 出力振幅とコレクタ損失の関係

$$= -\frac{1}{2 \cdot R_L} \cdot V_O{}^2 + \frac{\sqrt{2}}{\pi} \cdot \frac{V_{CC}}{R_L} \cdot V_O$$

したがって，P_C の最大値は最大出力時ではなく，**図9.13**のように最大出力時の振幅の約64%のときに最大となり，このときの P_C は次のようになります．

$$P_C = \frac{1}{\pi^2} \cdot \frac{V_{CC}^2}{R_L}$$

$$= \frac{1}{\pi^2} \times \frac{29^2}{8} = 10.7\ [\mathrm{W}]$$

Tr_8 についてもまったく同様に，$P_C = 10.7\ \mathrm{W}$ となります．

③ 式(5)より θ_{ja} (トランジスタの接合部から大気までの熱抵抗)を求める

$T_{j\,(\mathrm{max})} = 150\,\mathrm{℃}$ のパワー・トランジスタを使うとすると，θ_{ja} は以下のようになります．

$\theta_{ja} = [150[\mathrm{℃}] - 75[\mathrm{℃}]]/10.7\ [\mathrm{W}]$

$\quad \fallingdotseq 7.0\ [\mathrm{℃/W}]$

④ 式(3)より θ_{jc} (トランジスタの接合部からケースまでの熱抵抗)を求める

放熱器には，熱抵抗 $\theta_f = 2\,\mathrm{℃/W}$ (パワー・トランジスタ1個あたり)のものを使用するとします．パワー・トランジスタは外囲器をTO-3Pクラスとし，シリコン・グリスを塗布してマイカ絶縁板を介して放熱器に取り付けるとすると，$\theta_S + \theta_C = 0.8\,\mathrm{℃/W}$ となります．

したがって，θ_{jc} は以下のようになります．

$\theta_{jc} = 7.0 - 2 - 0.8 = 4.2\ [\mathrm{℃/W}]$

⑤ 式(5)よりパワー・トランジスタの $P_{C\,(\mathrm{max})}$ を求める

$$P_{C\,(\mathrm{max})} = \frac{150[\mathrm{℃}] - 25[\mathrm{℃}]}{4.2[\mathrm{℃/W}]} = 29.8\ [\mathrm{W}]$$

電源変動や電源トランスのレギュレーションなどを見込んで，30%程度の余裕をもたせ，$P_{C\,(\mathrm{max})} \geq 40$

Wとします．

⑥パワー・トランジスタのV_{CEO}，$I_{C(max)}$を求める

V_{CEO}は，$2V_{CC}$に余裕をもたせて1.5倍ほどにし，

$V_{CEO} \geq 1.5 \times 2V_{CC}$
$= 1.5 \times 2 \times 29 \fallingdotseq 90$ [V]

とします．

また，$I_{C(max)}$は，

$I_{C(max)} \geq 2 \cdot P_O / P_L$
$= 2 \times 30/8 \fallingdotseq 2.74$ [A]

ですが，余裕をもたせて3Aとします．

●●●● パワー・アンプのGND配線方法 ●●●●

スピーカやDCモータ，アクチュエータなどを駆動するパワー・アンプのように，大電流を扱う回路では実際の配線にも注意が必要です．

極端に悪い例として，**図9.A**について説明しましょう．r_1とr_2は配線抵抗です．大電流ラインは図中に示すようになり，負荷から流れ出た電流はⓒ→ⓑ→ⓐの順に流れて，電源にもどっていきます．このとき，この電流を1A，配線抵抗r_1を1mΩとすると，r_1の両端には1mVが発生します．ところが，入力信号V_{IN}は通常数mV～数百mVであることが多く，r_1の両端に発生する1mVというのは決して無視できない値です．

この結果，直線性や雑音特性が悪化し，最悪の場合は発振を起こして正常な動作をしなくなります．そのために，パワー・アンプICでは，小信号GNDと大電流用GNDを分離して，GNDを2ピン出しているのが普通です．

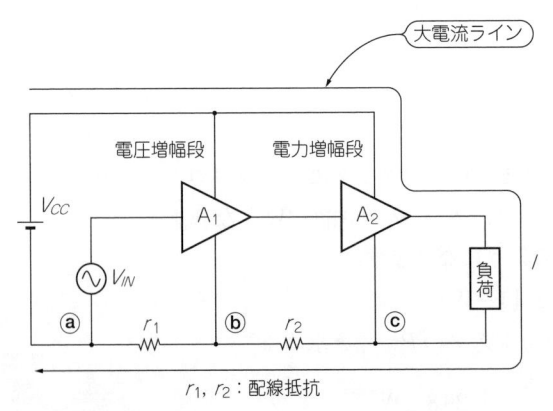

図9.A　悪い配線の例

以上より，パワー・トランジスタの定格は $V_{CEO} \geq 90\,\text{V}$，$I_{C(\text{max})} \geq 3\,\text{A}$，$P_{C(\text{max})} \geq 40\,\text{W}$，$T_{j(\text{max})} = 150\,°\text{C}$ のコンプリメンタリ・ペア(特性が似ているNPN/PNPのペア・トランジスタ)のものを探せばよいことになります．

ここでは，2SA1940/2SC5197にします．このトランジスタの定格は，$V_{CEO} = 120\,\text{V}$，$I_{C(\text{max})} = 8\,\text{A}$，$P_{C(\text{max})} = 80\,\text{W}$ となっています．

(青木英彦)

参考・引用*文献
(1)* 竹田俊夫，江藤典夫；はじめての電源回路設計技術，トランジスタ技術，1985年4月号，pp.423〜432，CQ出版(株)．
(2) モトローラ・ボルテージ・レギュレータ・ハンドブック，CQ出版社，第2版，pp.113〜114．
(3) NEC電子デバイス・データブック，トランジスタ編 '84，pp.30〜35
(4) '83東芝半導体データブック パワー・トランジスタ編，p.13, pp.31〜61, pp.183〜184, pp.271〜272, pp.698〜699, p.819

コラム9.A

配線抵抗による影響をなくしたのが，図9.Bの配線です．電力増幅段，負荷のように大電流が流れるラインは直接電源から配線し，小信号ライン(入力信号，電圧増幅段，帰還抵抗など)はひとまとめにして，大電流ラインとは分離して電源に接続するようにします．このようにすれば，小信号ラインは大電流ラインと完全に分かれているので，図9.Aのような不具合はありません．

あるいは，図9.Bの点線にあるように，ひとまとめにした小信号ラインを，電力増幅段のラインとまとめてもかまいません．こうすると，r_2 の影響は出てきますが，小信号ライン全体が同じように振られるので，何ら問題はありません．

このように，小信号ラインと大電流ラインを分離するのは，何もパワー・アンプだけに限ったわけではなくて，小信号と大電流の両方を扱う回路ではすべていえることです．

(青木英彦)

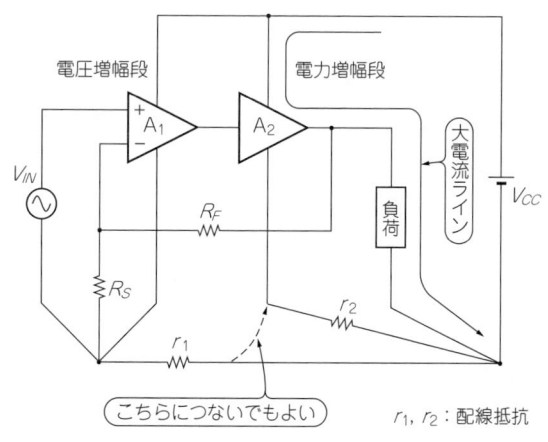

図9.B 配線抵抗の影響をなくした例

第二部 トランジスタの基礎と応用

第10章

高周波トランジスタの使い方

　高周波回路は，無線ネットワーク・システムや無線受信機などの性能を決めるとても大切な回路です．本章では，高周波回路用トランジスタに焦点を当て，その使い方について解説します．
　図10.1に示したのは，周波数帯域を呼称で区分したものです．ここで，3 MHzを越える周波数をHF（High Frequency）と呼びますが，この周波数より高い領域が一般に高周波と呼ばれています．

10.1　高周波トランジスタの基礎知識

　写真10.1に示したのは，テレビに組み込まれた高周波回路基板の例です．写真10.1(a)は受信回路基板，写真10.1(b)は映像信号処理回路基板です．このように，ほとんどチップ部品で作られています．これは，高周波回路をリード・タイプのディスクリート部品を使用して構成すると，リード部によるインダクタンス成分や浮遊容量によって，不要な回路間の結合が生じ，動作が不安定になることがあるからです．チップ部品はリード線がほとんどないため，インダクタンスなど寄生素子の影響を受けにくく，しかも回路面積が小さくなります．
　写真10.2と写真10.3に，チップ・タイプの高周波トランジスタのパッケージを示します．多くのバイポーラ・トランジスタ（以下，単にトランジスタ）の端子数は，コレクタ，ベース，エミッタの三つですが，最近では5端子や6端子のものがあります．これは一つのパッケージに二つのトランジスタを内蔵したもので，セル・パックと呼ばれます．
　表10.1に，VHF帯からUHF帯で使用できるトランジスタの例を示します．
　高周波回路で使われるトランジスタは，NPNタイプが主流です．高周波用のトランジスタの基本的な構造はエピタキシャル・プレーナ型で，低周波用トランジスタと同じ製造工程で作られますが，ベース層の厚さを薄くすることにより，高い周波数での特性を改善しています．

10.1 高周波トランジスタの基礎知識

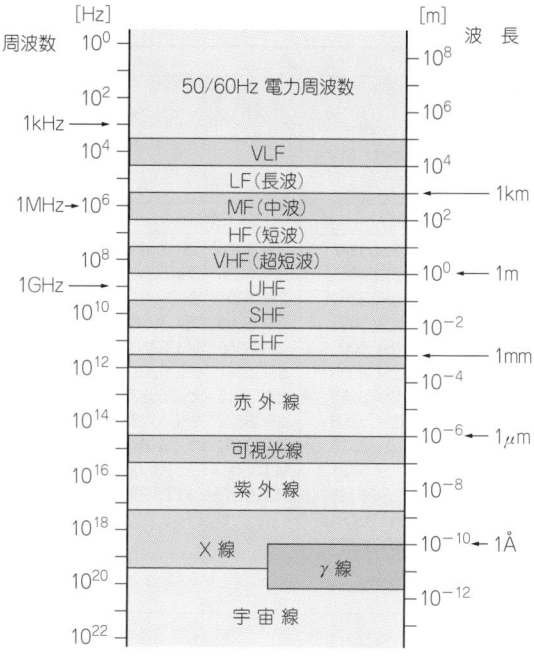

図10.1 周波数帯の区分

VLF：Very Low Frequency
MF：Medium Frequency
HF：High Frequency
VHF：Very High Frequency
UHF：Ultra High Frequency
SHF：Super High Frequency
EHF：Extremely High Frequency

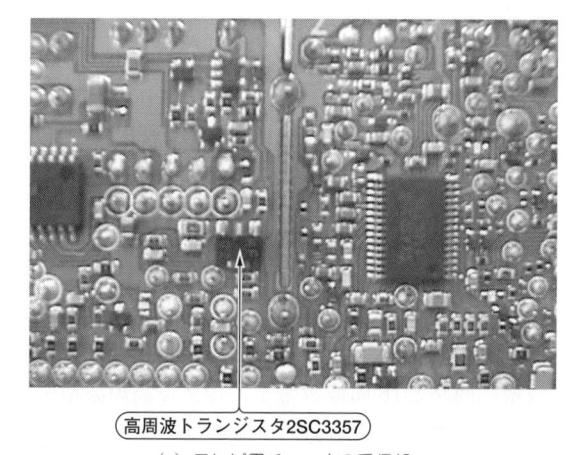

(a) テレビ用チューナの受信部 — 高周波トランジスタ2SC3357

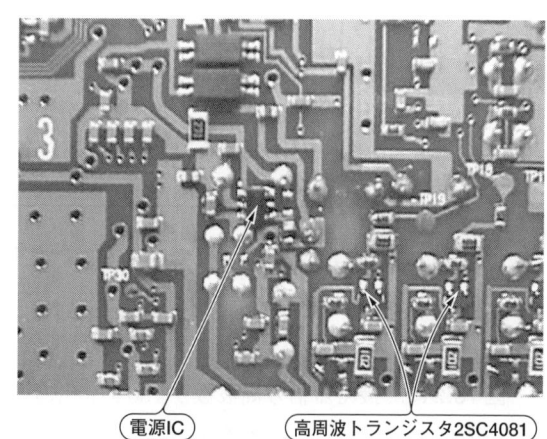

(b) 映像信号処理部 — 電源IC，高周波トランジスタ2SC4081

写真10.1 テレビの受信部と映像信号処理部に使われている高周波トランジスタ

　高周波トランジスタを選ぶときは，データシートに書かれているトランジション周波数f_Tが参考になります．f_Tは，エミッタ共通回路の電流増幅率が1になる周波数を表します．

　大まかな目安ですが，HF帯で使用するトランジスタのf_Tは600 MHz，VHF帯で1 GHz，UHF帯で3 GHzです．また，1 GHz以下の増幅器で使用するときには，5～7 GHz程度のものを選びます．

表10.1 VHF～UHF帯で使用できる高周波トランジスタ(東芝)

用途			\multicolumn{9}{c	}{パッケージ}
			TO-92	Power-MINI (SOT-89)	Super-MINI (SOT-23 MOD, TC-236 MOD)	UItra Super-MINI	SSM	TESM	Super-MINI Quad (SOT-143 MOD)	USQ
VHF-UHF ロー・ノイズ・アンプ	PNP		2SA1161	–	–	–	–	–	–	–
	NPN		2SC2498 2SC2644 2SC2753 2SC3605 2SC4316	2SC3268 2SC3607 2SC4318	2SC3098 2SC3099 2SC3011 2SC5064 2SC3429 2SC5084 2SC4470 2SC5089 2SC5094 2SC5254 2SC5259 2SC5315 2SC5320	2SC4392 2SC5065 2SC4393 2SC5085 2SC5090 2SC5095 2SC5255 2SC5260 2SC5316 2SC5321 2SC5463 MT3S06U MT3S07U	2SC5066 2SC5086 2SC5091 2SC5096 2SC5256 2SC5261 2SC5317 2SC5322 2SC5464 MT3S06S MT3S07S	2SC5066FT 2SC5086FT 2SC5091FT 2SC5096FT 2SC5256FT 2SC5261FT 2SC5317FT 2SC5322FT 2SC5464FT MT3S06T MT3S07T	2SC3745 2SC5087 2SC5092 2SC5097 2SC5257 2SC5262 2SC5318 2SC5323 MT4S06 MT4S07	2SC5088 2SC5093 2SC5096 2SC5258 2SC5263 2SC5319 2SC5324 MT4S06U MT4S32U MT4S34U
テレビ用 UHF	RF		–	–	–	2SC4244	–	–	2SC3828 2SC4214	–
	MIX		–	–	2SC3120 2SC3862	2SC4245	–	–	–	–
	OSC		–	–	2SC3120 2SC3121 2SC3547A 2SC3547B	2SC4245 2SC4246 2SC4247 2SC4248 2SC4527	–	–	–	–
テレビ用 VHF	RF		–	–	2SC3122	2SC4249	–	–	–	–
	MIX		–	–	2SC3123	2SC4250	–	–	–	–
	OSC		–	–	2SC3124 2SC4255	2SC4251 2SC4252	–	–	–	–

● 低周波増幅回路と回路構成は同じ

　高周波回路といっても動作原理は低周波回路と同じなので，HF帯程度の周波数までは低周波回路と同様に回路を組むことがきます．

　図10.2に，扱える信号周波数が100 kHz以下の低周波増幅回路とIF周波数帯まで扱える高周波増幅回路の例を示します．両者の違いは，使用されているトランジスタと入出力の直流カット用のコンデンサ，抵抗値（高周波回路では全体的に低い）だけです．低周波増幅回路では容量の大きい電解コンデンサを使用し，高周波増幅回路では周波数特性のよいセラミック・コンデンサを使用しています．

10.2　高周波で重要な特性パラメータ

　ここでは，TO-92パッケージの高周波用トランジスタ2SC3605（東芝）を取り上げて，データシートに記載されている最大定格，マイクロ波特性，電気的特性について簡単に説明しましょう．

　高周波回路を設計するには，高周波トランジスタなどの半導体部品のデータシートに書かれている

10.2 高周波で重要な特性パラメータ

写真10.2 各種高周波トランジスタの外観（東芝）

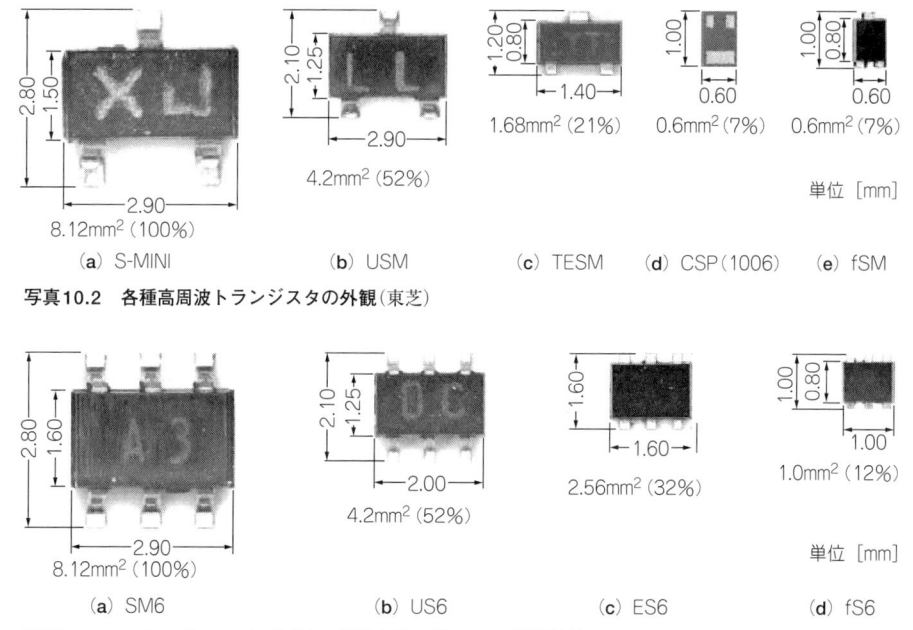

(a) S-MINI　8.12mm²（100%）
(b) USM　4.2mm²（52%）
(c) TESM　1.68mm²（21%）
(d) CSP（1006）　0.6mm²（7%）
(e) fSM　0.6mm²（7%）

単位［mm］

写真10.3 セル・パック・タイプの高周波トランジスタの外観（東芝）

(a) SM6　8.12mm²（100%）
(b) US6　4.2mm²（52%）
(c) ES6　2.56mm²（32%）
(d) fS6　1.0mm²（12%）

単位［mm］

(a) 低周波増幅回路の例（100kHz以下）
(b) 高周波増幅回路の例（30MHz以下）

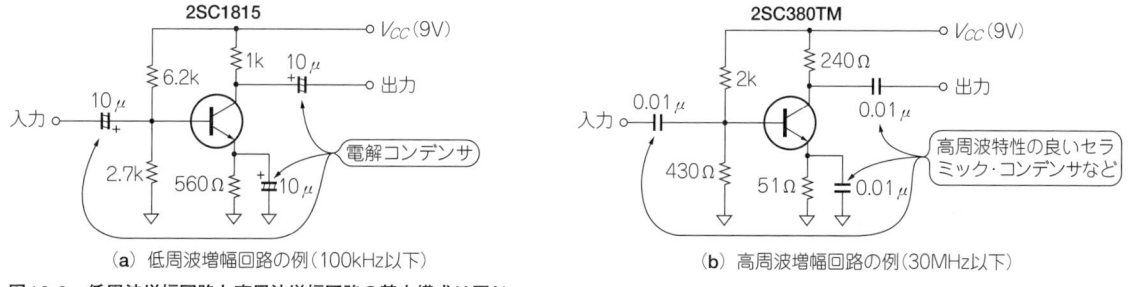

図10.2 低周波増幅回路と高周波増幅回路の基本構成は同じ

定格やコレクタ電流，周波数を変数にした特性グラフから，素子の実力を読み取る力が必要です．Sパラメータなどを理解することも大切ですが，データシートから自分が設計したい回路を実現できるかどうかを見極める力も重要です．

● 最大定格

表10.2(a)に，VHF～UHF低雑音増幅用のトランジスタ2SC3605の最大定格を示します．この部分に書かれている定格は，直流バイアスによって決まる性能で，低周波トランジスタとまったく同じです．高周波トランジスタ特有のものはありません．

あえて挙げるとすれば，コレクタ損失P_Cの定格には注意してください．高周波回路では，混変調・相互変調などのひずみ特性が良好なことを求められることがあります．この場合，定格に対して比較

183

表10.2 VHF～UHF低雑音増幅用のトランジスタ2SC3605の定格と特性

項　目	記号	定格	単位
コレクタ-ベース間電圧	V_{CBO}	20	V
コレクタ-エミッタ間電圧	V_{CEO}	12	V
エミッタ-ベース間電圧	V_{EBO}	3	V
コレクタ電流	I_C	80	mA
ベース電流	I_B	40	mA
コレクタ損失	P_C	600	mW
接合温度	T_J	150	℃
保存温度	T_{stg}	−55～150	℃

(a) 最大定格 (T_a = 25℃)

項　目	記号	測定条件	最小	標準	最大	単位
トランジション周波数	f_T	V_{CE} = 10 V, I_C = 20 mA	5	6.5	—	GHz
挿入電力利得	$\|S_{21e}\|^2$	V_{CE} = 10 V, I_C = 20 mA, f = 500 MHz	—	16		dB
	$\|S_{21e}\|^2$	V_{CE} = 10 V, I_C = 20 mA, f = 1 GHz	7.5	10		
雑音指数	NF	V_{CE} = 10 V, I_C = 5 mA, f = 1 GHz	—	1.1		dB
	NF	V_{CE} = 10 V, I_C = 40 mA, f = 1 GHz	—	1.8	3	

(b) 高周波特性

項　目	記号	測定条件	最小	標準	最大	単位
コレクタしゃ断電流	I_{CBO}	V_{CB} = 10 V, I_E = 0	—	—	1	μA
エミッタしゃ断電流	I_{EBO}	V_{EB} = 1 V, I_C = 0	—	—	1	μA
直流電流増幅率	h_{FE}	V_{CE} = 10 V, I_C = 20 mA	30	—	250	—
コレクタ出力容量	C_{ob}	V_{CB} = 10 V, I_E = 0, f = 1 MHz(注)	—	1.2	—	pF
帰還容量	C_{re}		—	0.75	1.2	pF

注：C_{re}は3端子法でエミッタ端子をブリッジのガード端子に接続して測定する

(c) 電気的特性 (T_a = 25℃)

的大きな電力を消費させた状態で使う場合があります．コレクタ-エミッタ間の電圧とコレクタ電流からP_Cを割り出し，回路が置かれる環境の温度を考慮して，P_Cの定格に対してマージンを取ることが大事です．

また，P_Cの定格値は周囲温度が高くなると減少します．**表10.2(a)**には25℃で600 mW消費できると示されていますが，周囲温度82.5℃で使う場合は300 mWに減ります（データシートのP_C対周囲温度のグラフを見て判断する）．

● 高周波特性

表10.2(b)に，2SC3605の高周波特性を示します．高周波特性で特に重要なのは，Sパラメータと NF です．これらの意味について簡単に説明します．

▶ S_{11}

図10.3に示したのは，エミッタ共通増幅回路を2ポート回路で表現したものです．S_{11}は，出力ポートを特性インピーダンス（一般に50 Ω）で整合させたときの，入力ポートの反射係数です．この値を使

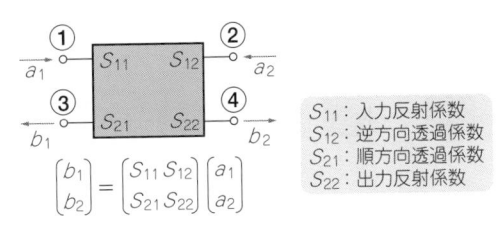

図10.3　2ポート回路で表現したエミッタ共通増幅回路

S_{11}：入力反射係数
S_{12}：逆方向透過係数
S_{21}：順方向透過係数
S_{22}：出力反射係数

$$\begin{pmatrix} b_1 \\ b_2 \end{pmatrix} = \begin{pmatrix} S_{11} & S_{12} \\ S_{21} & S_{22} \end{pmatrix} \begin{pmatrix} a_1 \\ a_2 \end{pmatrix}$$

って，入力回路の整合を行います．入力回路のマッチングを考える場合に使う値と理解してください．

▶ S_{22}

入力ポートを特性インピーダンスで整合させたときの，出力側のポートの反射係数です．実際の設計では，この値を使って出力回路の整合を行います．出力回路のマッチングを考えるときのパラメータです．

▶ S_{21}

出力ポートを特性インピーダンスで整合させたときの，順方向伝送特性を表します．入力-出力間の電力利得，つまり利得がどれだけ得られるかを示します．

増幅器を設計する場合は，使用する周波数帯域でS_{21}が必要とする電力利得以上の素子を選びます．

▶ S_{12}

入力ポートを特性インピーダンスで整合させたときの，逆方向伝送特性です．出力から入力への利得を表しており，一般に小さな値です．出力側から入力側への減衰量を示すパラメータと理解してください．アイソレーション・アンプのように，この特性が重要な意味をもつ回路以外は，一般にゼロと考えても問題ありません．

▶ *NF*

雑音指数 *NF* (Noise Figure) は，増幅素子を通したときのSN比の悪化の度合いを表したものです．*NF*が小さい素子ほど内部で発生する雑音が小さいと考えられます．

● 電気的特性

表10.2(c)に，2SC3605の電気的特性を示します．コレクタしゃ断電流，エミッタしゃ断電流，直流増幅率は，低周波用トランジスタの内容とほぼ同じです．一般に，使われる周波数が高いほどコレクタ出力容量と帰還容量が小さな値になります．

10.3　テレビ受信機用広帯域増幅回路

ここでは，高周波トランジスタを使ってIF増幅回路を設計してみます．HF帯(IF周波数)の高周波増幅回路は，低周波増幅回路とほとんど同じ手法で設計できます．

図10.4に，テレビの受信回路のブロック図を示します．テレビ・チューナの出力インピーダンスは公称75Ωですから，IF増幅器の入力インピーダンスは75Ωとします．負荷であるSAWフィルタは，

第10章

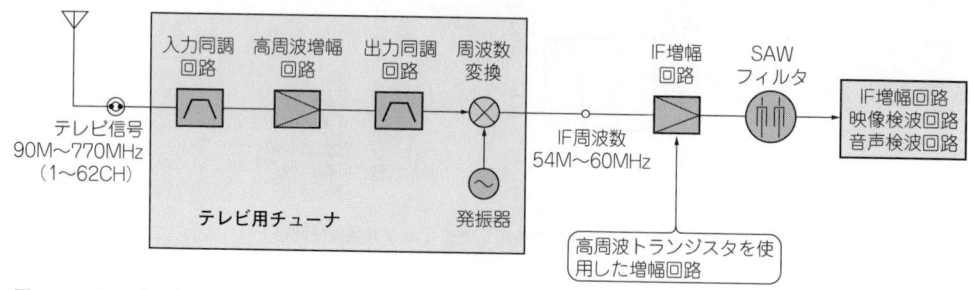

図10.4 テレビの受信回路部のブロック図

内部反射が起きないように低インピーダンスで駆動します．電圧ゲインを13 dBとし，SAWフィルタのロス分を補います．**図10.5**に，設計の要点をまとめます．

仕様をまとめると，次のようになります．
- IF周波数：39～45 MHz（映像中間周波数45.75 MHz）
- 入力インピーダンス：75 Ω
- 出力回路：エミッタ・フォロワ
- 電圧ゲイン：13 dB
- 電源電圧：9 V

まず，トランジスタの選択ですが，IF増幅回路用チップ・トランジスタ2SC380TMを使います．f_Tは600 MHzです．良好なひずみ特性を得るため，コレクタ電流を多めに流す必要があります．基板放熱効果の高いS-MINIパッケージのものを選びました．トランジスタの許容損失は，一般に単体動作での値が示されていますが，実際には基板に実装するため，もう少し大きな電力を消費できます．チップの温度を測定するか，半導体メーカに実装状態を確認してもらうとよいでしょう．

● 回路定数の設計

大まかには，次の順序で定数を設計しました．
- Tr_1とTr_2のコレクタ電流はひずみ特性を十分得るために15 mAとする

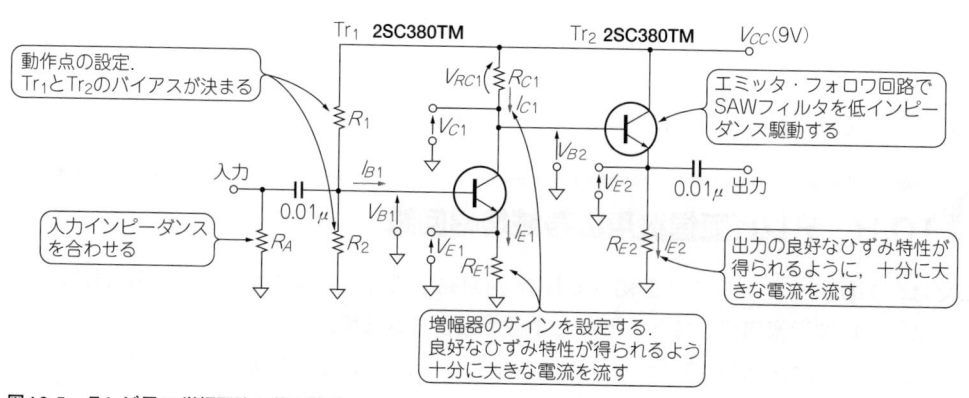

図10.5 テレビ用IF増幅回路の基本構成

- Tr_2のエミッタ電圧は電源電圧の約1/2に設定する
- 直流バイアスは電流帰還バイアスとし，同時に交流ゲインも設定する

以下，定数の具体的な求め方を示します．

▶ R_{E2}

Tr_2のエミッタ抵抗R_{E2}はエミッタ電圧をV_{CC}の1/2とし，エミッタ電流I_{E2}を15 mAとすると，

$$R_{E2} = \frac{V_{CC}/2}{I_{E2}} = \frac{4.5}{0.015} = 300\ \Omega \quad \cdots\cdots (1)$$

となります．

▶ R_{C1}

Tr_2のベース電圧V_{B2}はエミッタ電圧に0.7 V加えた値ですから，

$$V_{B2} = V_{E2} + 0.7 = 5.2\ \text{V} \quad \cdots\cdots (2)$$

となります．Tr_2のベースはTr_1のコレクタに直結しているため，コレクタ電圧V_{C1}はV_{B2}と同じ値です．Tr_1のコレクタ抵抗R_{C1}に加わる電圧V_{RC1}は，V_{CC}(9 V)とV_{C2}の差分です．つまり，

$$V_{RC1} = V_{CC} - V_{C1} = 9 - 5.2 = 3.8\ \text{V} \quad \cdots\cdots (3)$$

Tr_1のコレクタ電流I_{C1}を15 mAとすると，

$$R_{C1} = \frac{V_{RC}}{I_{C1}} = \frac{3.8}{0.015} \fallingdotseq 253\ \Omega \quad \cdots\cdots (4)$$

となります．

▶ R_{E1}

出力段はエミッタ・フォロワですから，電圧ゲインは約1倍です．仕様の電圧ゲインG_V(13 dB)は，Tr_1のエミッタ接地増幅回路で得ます．次のように，ゲインG_VはTr_1の負荷抵抗R_{C1}とR_{E1}の比で決まります．

$$G_V = \frac{R_{C1}}{R_{E1}} = \frac{253}{R_{E1}} = 4.46\ \text{倍 (13 dB)}$$

R_{E1}は，

$$R_{E1} = \frac{R_{C1}}{G_V} = \frac{253}{4.46} \fallingdotseq 57\ \Omega \quad \cdots\cdots (5)$$

と求まります．

▶ R_1とR_2

R_{E1}と$I_{E1}(\fallingdotseq I_{C1})$から$\text{Tr}_1$のエミッタ電圧$V_{E1}$が決まります．$V_{E1}$は，

$$V_{E1} = I_{E1} R_{E1} = 0.015 \times 57 = 0.855\ \text{V} \quad \cdots\cdots (6)$$

と求まります．

Tr_1のベース電圧V_{B1}はV_{E1}に0.7 V加えた値ですから，

$$V_{B1} = V_{E1} + 0.7 = 1.555\ \text{V} \quad \cdots\cdots (7)$$

となります．

V_{B1}は，R_1とR_2でV_{CC}を分圧して作り出します．R_1とR_2に流す電流は，Tr_1のベース電流I_{B1}の最大値

を考慮して決定します．

$$I_{B1} = \frac{I_{E1}}{h_{FE1}}$$

ただし，h_{FE1}；Tr_1の電流増幅率

が成り立ちます．h_{FE1}の最小値はデータシートから20ですから，I_{B1}の最大値は次の値となります．

$$I_{B1} = \frac{I_{C1}}{h_{FEmin}} = \frac{0.015}{20} = 0.00075 \text{ A} \quad \cdots\cdots (8)$$

R_1とR_2に流す電流は，h_{FE1}のばらつきによるI_{B1}の変動の影響を受けないように，I_{B1}の5～10倍程度に設定します．R_1とR_2の電流を5倍のI_{B1}とすると，$R_1 + R_2$の値は次のようになります．

$$R_1 + R_2 = \frac{V_{CC}}{5 \times I_{B1}} = 2400 \text{ Ω} \quad \cdots\cdots (9)$$

式(7)と式(9)の二つの条件から，R_1とR_2を求めると次のようになります．

$$R_2 = 415 \text{ Ω},\ R_1 = 2400 - 415 = 1985 \text{ Ω}$$

▶ R_A

最後に，増幅器の入力インピーダンスR_{in}が75 Ωになるよう，抵抗R_Aを求めます．Tr_1の入力インピーダンスR_{in1}は，R_1，R_2，Tr_1の入力抵抗の並列接続で算出できます．入力インピーダンスR_{in1}は，

$$R_{in1} = R_1 // R_2 // h_{FE1\ (typ)} R_{E1}$$

となります．$h_{FE1\ (typ)}$を100とすると，R_{in1}は，

$$R_{in1} = 415 // 1985 // (100 \times 57) \fallingdotseq 324 \text{ Ω} \quad \cdots\cdots (10)$$

と算出できます．

$$R_{in} = R_{in1} // R_A$$

から，

$$R_A = \frac{1}{\frac{1}{R_{in}} - \frac{1}{R_{in1}}} = \frac{1}{\frac{1}{75} - \frac{1}{324}} \fallingdotseq 98 \text{ Ω} \quad \cdots\cdots (11)$$

と求まります．

以上から，各定数は次のように算出されました．

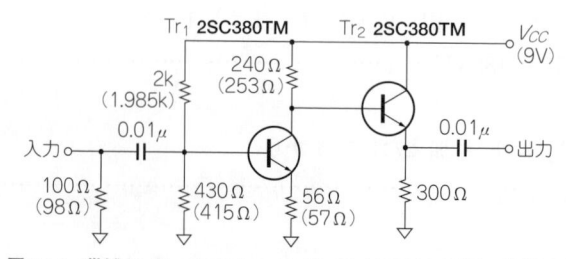

図10.6 帯域39 M～45 MHz，ゲイン13 dBのテレビ用IF増幅回路

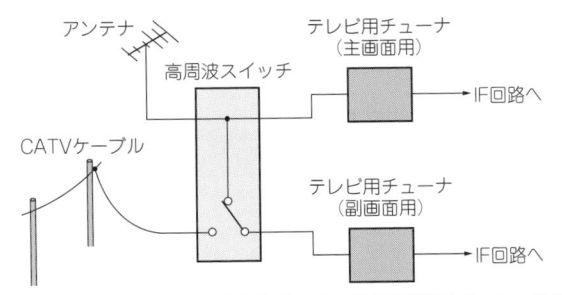

図10.7 ピクチャ・イン・ピクチャ機能をもつテレビの高周波スイッチャのブロック図

$R_A = 98\,\Omega$, $R_1 = 1985\,\Omega$, $R_2 = 415\,\Omega$, $R_{C1} = 253\,\Omega$
$R_{E1} = 57\,\Omega$, $R_{E2} = 300\,\Omega$

実際には，98Ω，415Ωといった抵抗を使わず，E12シリーズまたはE24シリーズといった標準化された部品を使います．図10.6に，最終的な回路を示します．

10.4 高周波スイッチャ

図10.7に，ピクチャ・イン・ピクチャ機能を持つテレビの高周波スイッチを示します．このスイッチは，二つの入力端子をもつもので，広帯域増幅回路，分配器，高周波スイッチで構成されています．入力信号の増幅と主画面/副画面の入力信号切り替えが可能です．

この高周波スイッチャを設計してみましょう．図10.8に，ブロック図を示します．三つの広帯域増幅回路，二つの高周波スイッチ，そして切り替え回路で構成されています．これらの回路は，テレビ受像器を構成するほかの回路とは扱う周波数が異なります．また，アンテナからの微弱な電波信号を扱うため，金属でできたシールド・ケース内に作り込みます．仕様を次に示します．

- 周波数特性：54〜806 MHz
- 入力①②-出力②③間の通過特性：0〜6 dB

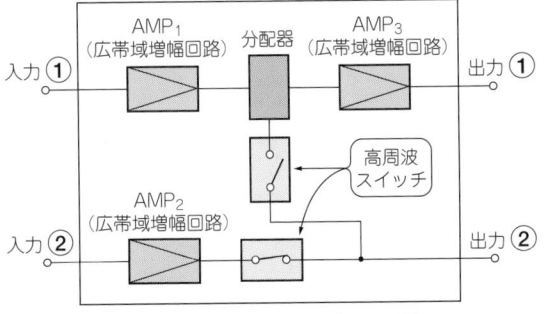

図10.8 設計する高周波スイッチャのブロック図

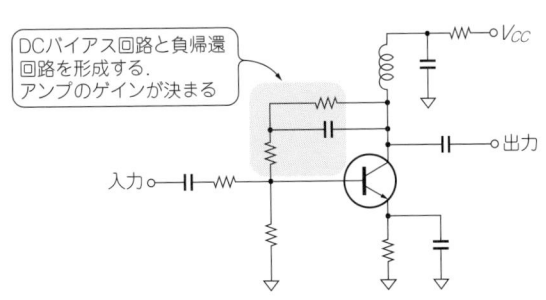

図10.9 インダクタンス負荷方式の1石増幅回路の基本構成

- 入出力インピーダンス：$VSWR \leq 3@75\,\Omega$
- 入力①-②間アイソレーション：50〜80 dB
- 出力②-③間アイソレーション：40〜60 dB
- 相互変調特性：-50 dB（2波入力）
- 最大入力レベル：100 dBµV 以上

10.4.1 広帯域増幅回路の設計

図10.8の広帯域増幅回路AMP_1〜AMP_3は，図10.9に示すようにインダクタンス負荷方式の1石増幅回路とします．AMP_1は2分配器のロスを補う役割をし，増幅度よりも良好なひずみ特性を追求します．AMP_2は入出力間を分離する能力が要求されるので，増幅度よりもむしろ入力①-入力②間のアイソレーション特性を重視します．AMP_3もAMP_2と同様に，出力①と出力②に接続されるテレビ・チューナの局部発振器からの漏れ信号による影響を抑えるため，アイソレーション・アンプとして機能させます．

● アイソレーション・アンプとは

アイソレーション・アンプは，入力から出力へは増幅作用を持ち，出力から入力へは減衰作用をもつ増幅回路です．図10.10に，増幅回路を内蔵した2分配器を示します．

AMP_AとAMP_Bは，入力から出力Ⓐと出力Ⓑに対してゲインをもっています．それぞれの増幅器には入力から出力への増幅度，ひずみ特性，NF特性だけでなく，アイソレーション特性が要求されます．出力Ⓐと出力Ⓑの後段に接続される発振器から信号が漏れてくる信号をAMP_AとAMP_Bでしゃ断する必要があるからです．

増幅回路の出力側から入力側へのアイソレーション特性は，出力Ⓐ-Ⓑ間の伝送損失で評価できます．SパラメータのS_{12}が，ちょうどアイソレーション・アンプの伝送特性を表すパラメータになります．

トランジスタには，前述の2SC3605を使います．このトランジスタは，VHF帯からUHF帯の広帯域増幅器としてよく使われます．今回はTO-92パッケージを使いますが，チップ・タイプでもOKです．S-MINIの場合は2SC5084（東芝），USMの場合は2SC5085（東芝）が同等のトランジスタです．チップ・タイプを使用する場合は，コレクタ損失が最大定格を越えないように注意しましょう．

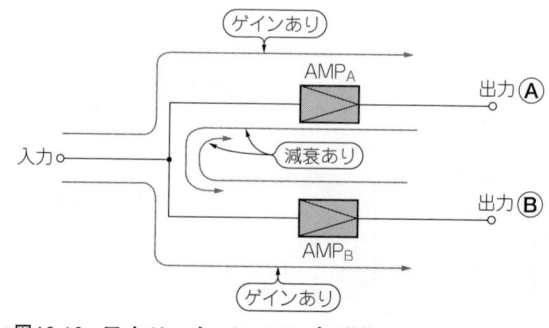

図10.10　アイソレーション・アンプの動作

10.4 高周波スイッチャ

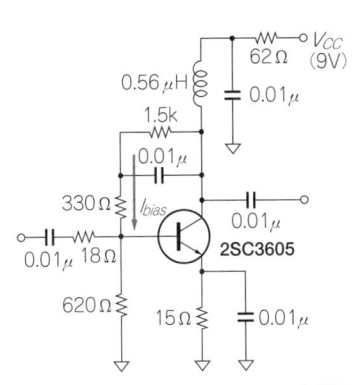

図10.11 帯域54～806 MHzの広帯域アンプ

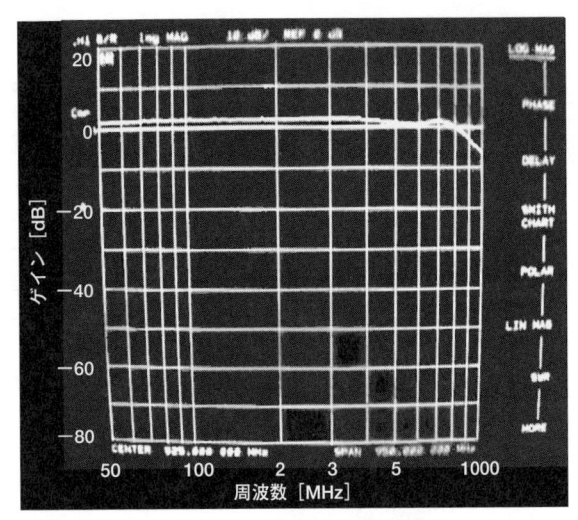

写真10.4 図10.11の広帯域増幅回路の周波数特性

● バイアス回路の設計

はじめに，直流バイアス回路の定数を決定します．図10.9に示すように，直流バイアス回路は電圧帰還・電流帰還バイアス型を採用します．この回路は，負荷インピーダンスがインダクタンス負荷の場合によく使われます．

直流バイアスを設定するときに注意しなければならない項目を，次に示します．

- バイアス電流が温度に対して安定している
- 交流のひずみ特性に対して，希望する性能が得られる交流動作点に設定する．コレクタ電流やコレクタ-エミッタ間の電圧はNF，増幅度，f_T，ひずみ特性に大きな影響を与える
- トランジスタの最大定格の範囲内でバイアス電流と電圧を設定する

バイアス電圧の温度に対する安定度は，固定バイアス，電流帰還バイアス，電圧帰還バイアスなどバイアス回路の種類によります．直流バイアスの温度に対する安定度を示すS係数と呼ばれるパラメータを使って算出する方法があります．

図10.11に，バイアス回路を設定した例を示します．良好なひずみ特性を得るために，コレクタ電流を40 mAほど流しました．

なお，AMP1～AMP3は，すべて同じ設定で問題ありません．

● 交流特性の設定

交流ゲインは，コレクタからベースへの帰還回路で決定します．インダクタンス負荷回路のオープン・ループ・ゲインは-6 dB/oct.の減衰特性を示しますが，このゲインの範囲内で負帰還をかけて所要のゲイン，周波数範囲を決定します．前述の仕様のとおり，AMP_1に要求される周波数範囲は，54～806 MHzです．ゲインは，後段のロスを補うために仕様に1～2 dB加えた7～8 dBとします．写真10.4に帰還回路を付加した後の特性を示します．このように，負帰還を施すことによって平たんな周

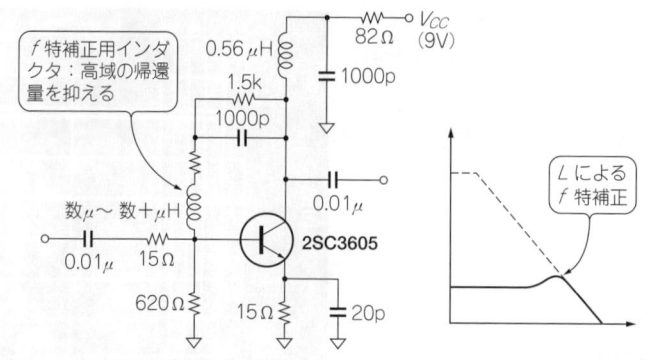

図10.12 バイアス回路にインダクタを追加すると周波数特性を補正できる

波数特性が得られます．

図10.12に示すように，帰還回路に数μ～数十μHのインダクタンスを付加すると，周波数の高域の減衰を低減できます．ただし，設定によっては増幅回路が異常発振する可能性があります．

10.4.2 高周波スイッチ回路の設計

高周波スイッチは，高周波特性のよいダイオードやトランジスタを組み合わせると容易に構成することができます．

ここでは，VHF～UHF帯の周波数範囲で良好な通過/しゃ断特性を得るために，高周波ダイオード2個，トランジスタ2個を使って構成します．

● ダイオードとトランジスタの要件

図10.13に，スイッチ回路のON/OFF時の動作を示します．高周波スイッチに使用するダイオードとトランジスタに要求される特性を次にまとめます．

▶ ON時の抵抗が小さいこと

高周波ダイオードのON時の残留抵抗は，0.数Ω以下が望ましいです．PINダイオードの場合，1～数Ωの特性が得られます．

▶ OFF時のインピーダンスが大きいこと

OFF時の特性を決定するのは，残留容量の大きさです．一般の高周波ダイオードでは1pF程度，

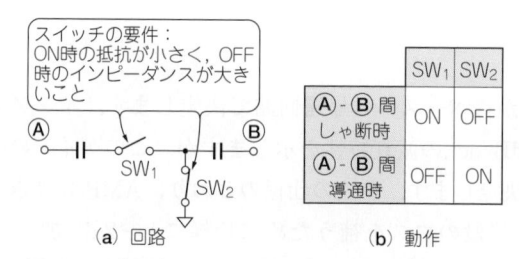

図10.13 高周波スイッチ回路の基本構成と動作

	SW$_1$	SW$_2$
Ⓐ-Ⓑ間 しゃ断時	ON	OFF
Ⓐ-Ⓑ間 導通時	OFF	ON

(a) 回路　　(b) 動作

PINダイオードでは0.5 pF以下です．
▶ ON時のひずみ特性が良好なこと

　良好なひずみ特性を得るためには電流を多めに流したり，場合によってはダイオードを2個，またはトランジスタを使用する方法があります．

　以上を考慮して，ダイオードには$C_T = 1.2\ \mathrm{pF_{max}}$，$R_S = 0.6\ \Omega_{max}$の1SS312（東芝）を，トランジスタにはVHF帯の発振回路に使える$f_T = 1.1\ \mathrm{GHz}$の2SC4251（東芝）を選択しました．

● 高周波スイッチ回路の動作

　図10.14に，高周波スイッチ回路の一例を示します．信号ラインに直列にダイオードを接続し，さらにTr_1のコレクタ，エミッタを信号ライン，グラウンド間に接続します．D_1が図10.13のSW_1に，Tr_1がSW_2に相当します．

▶ しゃ断時の動作

　ON/OFF制御電圧信号を"H"にすると，Tr_1のコレクタ-エミッタ間のインピーダンスが低下し，入出力の中点（Tr_1のコレクタ）はグラウンド電位にショートされます．同時に，IC_1の出力が"L"になり，D_1が逆バイアスされて，アノード-カソード間のインピーダンスが上がります．

　低周波信号や直流信号の切り替えの場合，信号ラインのダイオードだけでスイッチ回路を構成できますが，高周波スイッチは高い周波数まで入力-出力間をしゃ断しなければ，良好な特性は得られません．

▶ 導通時の動作

　ON/OFF制御電圧信号を"L"にすると，Tr_1のコレクタ-エミッタ間のインピーダンスが上昇し，入出力の中点はグラウンドと切り離されます．同時に，IC_1の出力が"H"になり，D_1が順バイアスされて，アノード-カソード間のインピーダンスが下がります．D_1に流す電流は，5 m～10 mA程度を目安に設計します．通常は，信号ラインを通過する高周波信号のひずみ特性やしゃ断特性を確認して設定を行います．

● プリント・パターンの描き方で特性が変化する

　高周波回路を基板に実装すると，配線パターンの描き方で回路の性能が大きく変化します．高周波回路の基板は，できるだけグラウンド・パターンを大きくし，グラウンドの電位を安定に確保する必要があります．

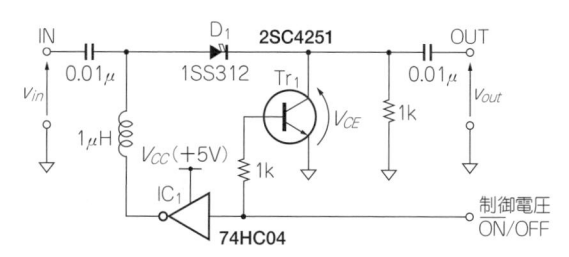

図10.14 高周波スイッチ回路

写真10.5 図10.14の高周波スイッチャの相互変調特性

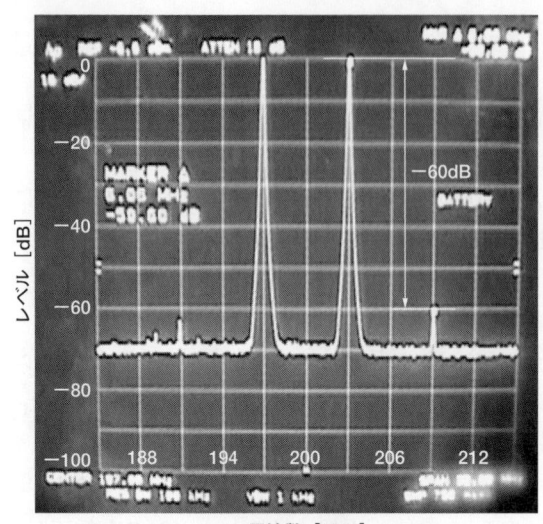

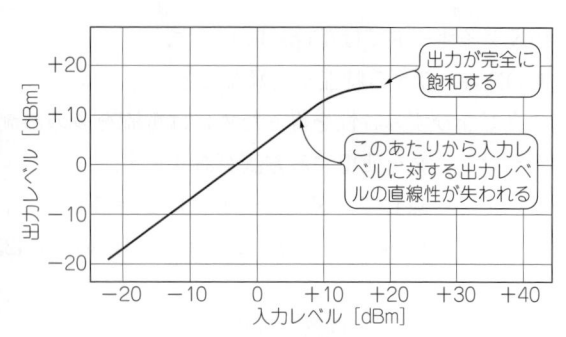

図10.15 設計した高周波スイッチャの入出力特性

　最近はとても小さなチップ部品を使うことが多く，実装密度が上がっていますから，広いグラウンドを描くことが困難です．このような場合，次のような点に注意するとよいでしょう．
- トランジスタ増幅回路が複数ある場合，それぞれの回路をできるだけ小さくパターンにまとめ，近接する回路の影響を受けないようにする
- 一つの増幅回路内での高周波グラウンドは同一のグラウンドに接続する
- シールド・ケース内に高周波回路を組み込む場合，回路ブロックごとに仕切ったシールド・ケースを使う．今回の例では，高周波増幅回路，高周波スイッチ間に仕切りが入るようなケースを使うとよい

● 高周波スイッチャの特性
　図10.14の高周波スイッチャの特性を測定してみました．
▶相互変調特性
　相互変調特性を，写真10.5に示します．203 MHzと197 MHzの二つの信号を入力したとき，出力に現れた信号をスペクトラム・アナライザで測定した波形です．相互変調特性とは，203 MHzと197 MHzの両側に6 MHz離れた周波数に発生するひずみと出力信号レベルの差分です．
　入力信号レベルは－9 dBmで，設計目標であった－50 dB以上の値を満足しています．
▶入出力特性
　図10.15に，入出力特性を示します．これは，出力がどのくらいのレベルで飽和し始めるかを示しています．今回の増幅回路は，＋9 dBm付近から出力レベルが下がり始め，＋15 dBm程度のレベルで出力が飽和しています．

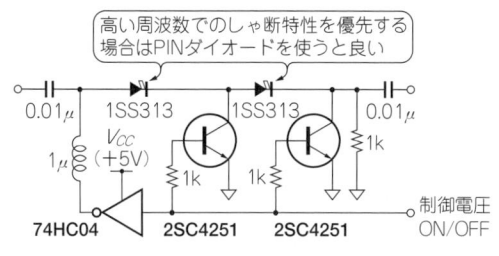

図10.16 しゃ断特性を改善した高周波スイッチャ

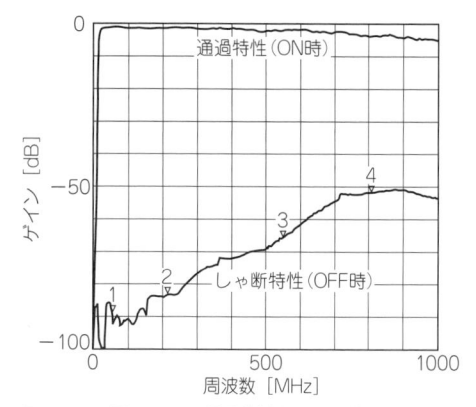

図10.17 図10.16の通過特性としゃ断特性

● しゃ断特性の改善

図10.16に示すように，PINダイオードとトランジスタのスイッチ回路を2段直列にするとしゃ断時の減衰量が大きくなります．図10.17に，通過特性としゃ断特性を示します．通過特性は800 MHzまで2～4 dB，遮断特性は500 MHzの範囲で70 dB以上，500～800 MHzで50 dB以上得られています．

〈小林昌裕/大島忠秋〉

10.5　AGC増幅回路

AGC(Automatic Gain Control)増幅回路は，入力信号の大きさにより増幅回路の利得を自動的に変え，常に一定の出力が得られるようにした利得制御回路のことで，AM/FMの受信機，TVのUHF/VHF受信機のチューナ・フロントエンド，中間周波増幅回路，各種無線機器の増幅回路などに多く用いられています．

ここでは，ディスクリート部品による基本的なAGC増幅回路について述べることにします．

● 順方向AGC(Forward AGC)増幅回路

入力信号電圧の増加にしたがって，その増幅回路の利得を減少させるために，制御端子(AGC端子)のバイアスを増加させて利得制御を行う方法を順方向AGCといいます．

この方式は，図10.18に示すように，トランジスタのコレクタに直列にR_cを挿入して，入力信号電圧の増加にしたがって，AGC検波器から出てくる直流のAGC電圧V_{AGC}を増やします．それによってコレクタ電流I_Cを増加させて，実際にトランジスタにかかるV_{CE}を減少させ，図10.19に示すように電流増幅率の小さくなったところへ動作点を移動して，利得制御を行うようにしたものです．

一般のトランジスタは，低電圧でも使用できるようにコレクタ側の抵抗を小さくするような構造をとっていますが，順方向AGC用のトランジスタはコレクタ側の抵抗を数百Ω程度にするように設計されています．したがって，トランジスタ単体でも図10.19のようにI_C-V_{CE}特性が電流の大きい領域でつ

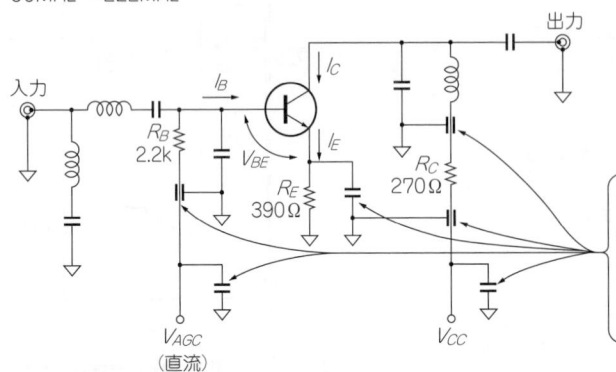

第10章

TV信号の場合，入出力の周波数は
90MHz～222MHz

$$I_E = \frac{V_{AGC} - V_{BE}}{\frac{R_B}{1 + h_{FE}} + R_E}$$

$$I_E = \left(\frac{1 + h_{FE}}{h_{FE}}\right) I_C$$

($R_E + R_C$)は一般的に
500～1000Ωくらいに選ぶ．

バイパス・コンデンサ，エミッタとコレクタ側は1000pFくらいの貫通コンデンサ，またはウェッジ・コンデンサがよい．電源側は0.1～1μFでバイパスする．

図10.18　順方向AGC回路

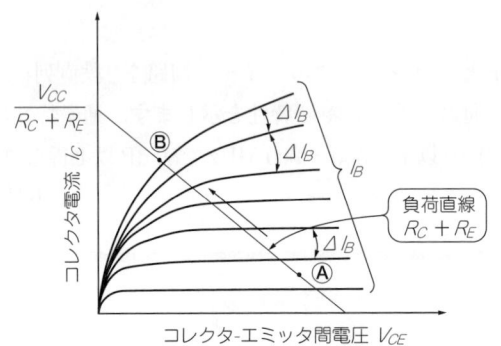

図10.19　トランジスタのI_C-V_{BE}特性と動作点

図は，同じ割合ΔI_Bでベース電流を変化させたグラフ上に，負荷直線を重ねたもの．
Ⓐ点よりもⒷ点のほうが$\Delta V_{CE}/\Delta I_B$は小さくなり，利得が下がっている．

まるように（電流増幅率が小さくなるように）作られています．

● **逆方向AGC（Reverse AGC）増幅回路**

　逆方向AGCは，順方向AGCとは逆に入力信号電圧の増加にしたがって，その増幅回路の利得を減少させるために，制御端子のバイアスを減少させて利得制御を行うものです．

　この回路は，入力信号が増加すると帰還回路からのAGC電圧を減少させ，トランジスタのコレクタ電流が下がることによるh_{FE}の減少（**図10.20**）と，入出力抵抗の増加による入出力回路の不整合損失の増加を利用して利得制御を行うものです．

　トランジスタによる逆方向AGCは，順方向AGCとは逆にトランジスタの動作点がトランジスタのカットオフ点に近づきます．そのために非直線ひずみが生じやすく，入力信号の過入力に弱く，混変調特性にも不利になります．

　しかし，トランジスタによる逆方向AGCは，回路が簡単であること，電源の電力消費がAGCによって増加しないこと，利得制御電力が少なくてすむことなどの利点があり，電池駆動のAGC増幅回路に

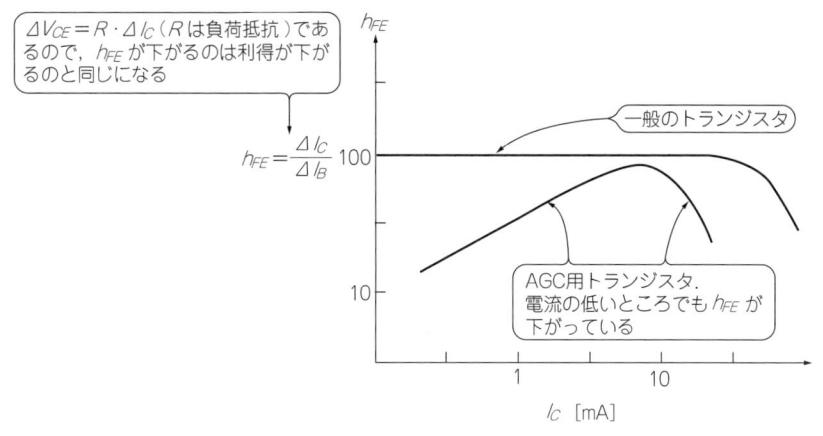

図10.20 順方向AGC用トランジスタと一般用トランジスタの違い

利用されています.

逆方向AGC用のトランジスタは,順方向AGC用のトランジスタのように特別な設計にはなっていませんので,使用周波数のみ考えておけば一般的なトランジスタを使用できます.

● トランジスタの選択

順方向AGC用として各社から専用のトランジスタが発表されています.**図10.20**に,一般のトランジスタと順方向AGC用のトランジスタの特性の差を示します.

AGC動作は,出力の信号振幅が希望する一定の値になるように動作させることが目的であるわけです.つまり,入力信号が大きくなるとその値を小さくして一定の値になるように変化させなければなりません.順方向AGCトランジスタの場合,その動作は電流を多く流すことによって実現することができます.

また,トランジスタはベース-エミッタ間にバイアスを加え,コレクタ側に電流を取り出す動作をしているわけですから,ベース-エミッタ間の特性がそのまま出力のコレクタ電流に影響を与えています.

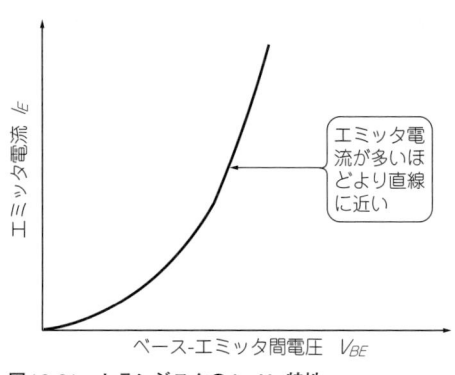

図10.21 トランジスタのI_E-V_{BE}特性

第10章

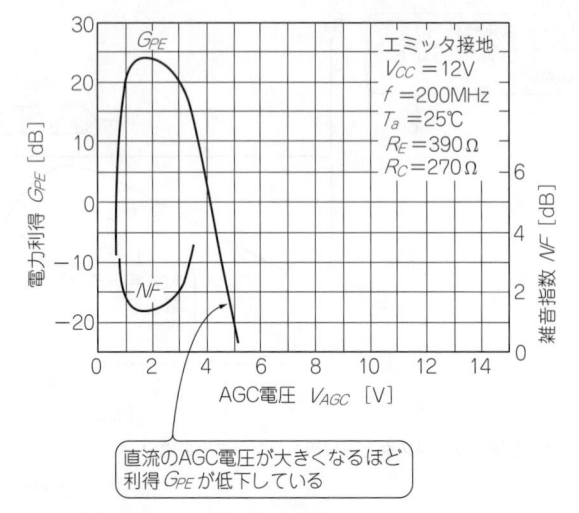

図10.22 トランジスタの順方向AGC特性

（グラフ注記：エミッタ接地 $V_{CC}=12V$, $f=200MHz$, $T_a=25℃$, $R_E=390Ω$, $R_C=270Ω$）

（吹き出し：直流のAGC電圧が大きくなるほど利得 G_{PE} が低下している）

　図10.21にトランジスタのベース-エミッタの特性を示していますが，電流が多く流れたほうが，直線に近いところで動作することになります．つまり，順方向AGCトランジスタの場合，大信号入力であるほど，より直線に近いところで動作するようになるわけです．

　したがって，入力信号の過入力に強く，混変調特性も利得減衰量(Gain Reduction)が大きくなるほど，つまり h_{FE} を低下させるためにコレクタ電流 I_c を流すほど，改善される特性をもっています．

　しかし，コレクタ電流を増加させると利得制御をするためにコレクタ損失が大きくなること，比較的大きな利得制御電力を必要とすることなどのマイナス面があります．図10.22に，TV VHFチューナRF増幅回路用トランジスタの順方向AGC特性を示します．

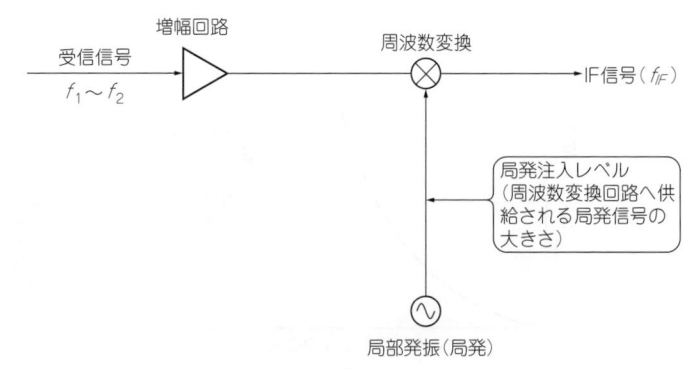

図10.23 スーパー・ヘテロダインのブロック図

（図中：受信信号 $f_1 \sim f_2$，増幅回路，周波数変換，IF信号（f_{IF}），局部発振（局発），局発注入レベル（周波数変換回路へ供給される局発信号の大きさ））

10.6 MIX回路

MIX回路はAM，FMなどの受信回路に欠かせないもので，図10.23に示した受信機に用いられるスーパ・ヘテロダイン方式の中で重要な働きをしているのがMIX回路です．

図10.23で受信周波数範囲を$f_1 \sim f_2$とするとき，その範囲内のどの周波数が入力されても，スーパ・ヘテロダイン方式の出力がf_{IF}なる一定の周波数となるように，周波数変換をしているのがMIX回路です．

MIX回路に使用される半導体は，ショットキー・バリア・ダイオード，バイポーラ・トランジスタ，MOS FETなどです．

このうちバイポーラ・トランジスタは，ショットキー・バリア・ダイオードにはない増幅動作も可能ですから，周波数変換と信号増幅も同時に行いたい場合に用いられます(MOS FETも同様)．ただし，現在のところ，TV，VTRチューナのUHF帯(900 MHz程度)までには使用されていますが，それ以上の使用例はあまり見かけません．

バイポーラ・トランジスタの接地方式としては，f_T(トランジション周波数：h_{fe}が1になる周波数)がまだ低い時代は，ベース接地(f_Tが低くても高周波増幅の可能な接地方式)にて使用されていましたが，f_Tが高くなるにしたがい，エミッタ接地で使用される周波数も高くなってきました．現在では，UHF帯までエミッタ接地で使用される例が多くなっています．

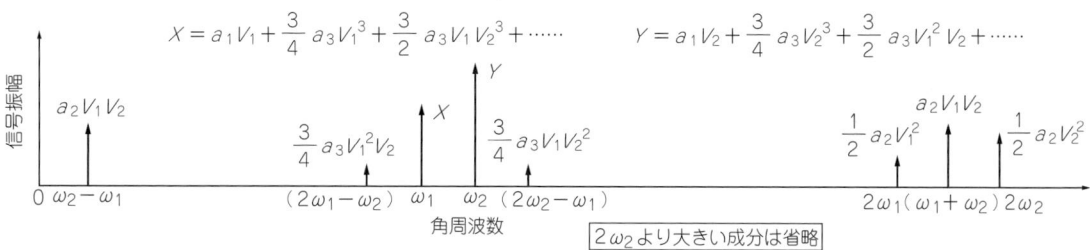

$$X = a_1 V_1 + \frac{3}{4}a_3 V_1^3 + \frac{3}{2}a_3 V_1 V_2^3 + \cdots \cdots$$

$$Y = a_1 V_2 + \frac{3}{4}a_3 V_2^3 + \frac{3}{2}a_3 V_1^2 V_2 + \cdots \cdots$$

信号振幅の角周波数成分：$a_2 V_1 V_2$ ($\omega_2 - \omega_1$)， $\frac{3}{4}a_3 V_1^2 V_2$ ($2\omega_1 - \omega_2$)， X (ω_1)， Y (ω_2)， $\frac{3}{4}a_3 V_1 V_2^2$ ($2\omega_2 - \omega_1$)， $\frac{1}{2}a_2 V_1^2$ ($2\omega_1$)， $a_2 V_1 V_2$ ($\omega_1 + \omega_2$)， $\frac{1}{2}a_2 V_2^2$ ($2\omega_2$)

$2\omega_2$より大きい成分は省略

バイポーラ・トランジスタにおける出力電流と入力電圧の関係は，

$$I_C = a_0 + a_1 V_{be} + a_2 V_{be}^2 + a_3 V_{be}^3 + a_3 V_{be}^4 \cdots \cdots (1)$$

(FETの場合は，$I_C \to I_a$，$V_{be} \to V_{gs}$とする．ダイオードの場合は，$I_C \to I_F$，$V_{be} \to V_F$とする)

ここで，角周波数ω_1，ω_2なる2信号が入力されたとき，出力周波数成分はV_{be}^2，V_{be}^3……などにより，いろいろな成分をもつことになる．以下，計算式を示す．まず，入力信号は次式で表される．

$$V_{be} = V_1 \sin \omega_1 t + V_2 \sin \omega_2 t \cdots \cdots (2)$$

ここで，式(2)を式(1)に代入する．ただし，簡単にするためV_{be}^3まで考える．

$$I_C = a_0 + a_1(V_1 \sin \omega_1 t + V_2 \sin \omega_2 t) + \frac{1}{2}a_2(V_1^2 + V_2^2) - \frac{1}{2}a_2(V_1^2 \cos 2\omega_1 t + V_2^2 \cos 2\omega_2 t) \boxed{\pm a_2 V_1 V_2 \cos(\omega_1 + \omega_2)t}$$

$$+ \frac{3}{4}a_3(V_1^3 \sin \omega_1 t + V_2^3 \sin \omega_2 t) - \frac{1}{4}a_3(V_1^3 \sin 3\omega_1 t + V_2^3 \sin 3\omega_2 t)$$

$$+ \frac{3}{4}a_3(V_1^2 V_2 \sin(\mp 4\omega_1 - \omega_2)t + V_1 V_2^2 \sin(\mp 2\omega_2 - \omega_1)t) + \frac{3}{2}a_3(V_1^2 V_2 \sin \omega_2 t + V_1 V_2^2 \sin \omega_2 t) \cdots \cdots (3)$$

図10.24 バイポーラ・トランジスタの角周波数成分

第10章

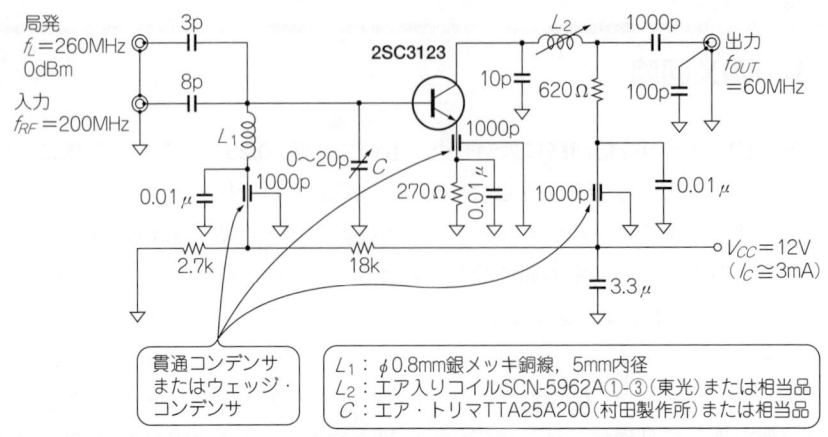

図10.25 バイポーラ・トランジスタを用いたMIX回路

● 周波数変換の基本動作

まず，MIX回路における周波数変換の基本動作について，半導体の基本動作から説明します．

図10.24の式(3)中の□の項が，周波数変換の成分です．つまり，受信角周波数をω_2とし，MIX回路に注入する局部発振角周波数をω_1とすると，$(\omega_2 - \omega_1)$なる角周波数成分が出力に存在しますので，出力同調回路によりその周波数成分だけを出力端子に取り出すようにします．これがMIX回路の基本動作ということになります．

なお，周波数変換成分は，**図10.24**の式(1)と式(3)からわかるように，$a_2 V_{be}^2$の項から作り出されて

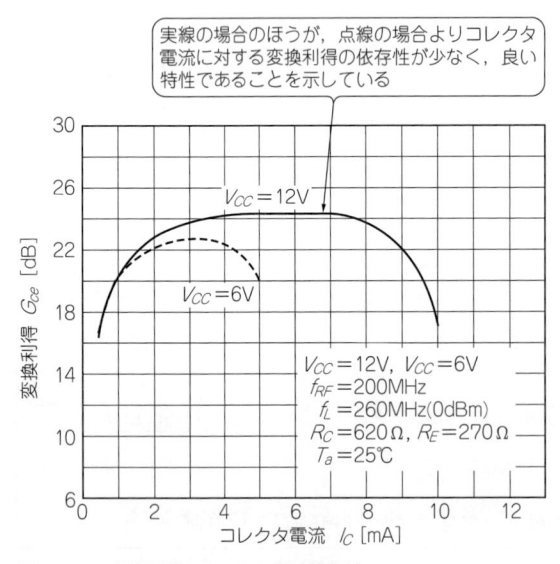

図10.26 変換利得のコレクタ電流依存性

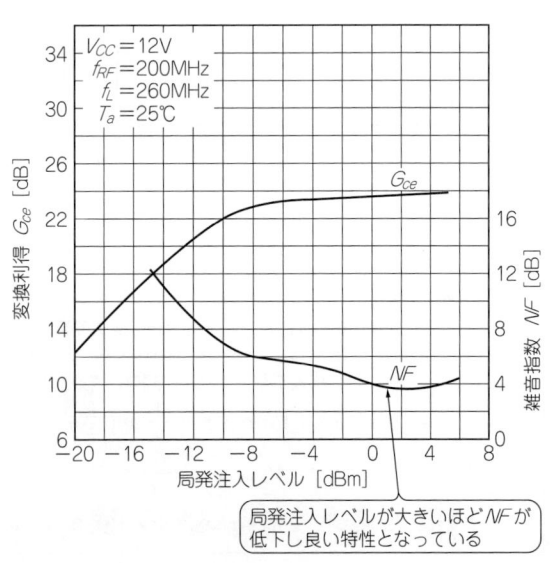

図10.27 変換利得，雑音指数の局発注入レベル依存性

います．したがって，MIX回路に使用される半導体素子の理想的な入出力の関係は，$I_C = a_2 V_{be}^2$ ということになります．

しかし，実際にはなかなかそううまくはいかず，$a_3 V_{be}^3$ の項も存在するため，式(3)中の網で囲んだ項で示される，いわゆるひずみ成分も出力に含まれます．

● MIX回路の設計例

図10.25に，バイポーラ・トランジスタを用いたVHF帯のMIX回路例を示しますが，出力回路はIF周波数60 MHzヘルツに同調されています．

入力回路は入力信号200 MHzに同調され，局発信号は3 pFを通してバイポーラ・トランジスタのベースへ注入されます．局発信号の結合用コンデンサの容量が3 pFと小さいのは，局発信号源のインピーダンスが入力同調回路に影響を与えにくくし，入力同調回路の設計を簡単にするためです．

図10.25の回路における変換利得のコレクタ電流依存性を図10.26に，局発注入レベル依存性を図10.27に示しますが，バイポーラ・トランジスタの場合はコレクタ電流の設定と局発注入レベルの設定が重要です．

10.7　発振回路の設計

● 発振回路の基本動作

情報を電気信号として伝えるためには，電気信号を情報に応じて変化させなければなりません．その際に，情報を伝送するための媒体を効率よく利用する目的から，情報がもつ周波数そのものではなく，もっと高い周波数までもち上げているのが普通であり，このときに必ず発振器が必要になります．

この発振器を構成する回路の形式には数多くの種類がありますが，基本動作はいずれも同じです．ただし，どのような発振回路であっても，本来は非線形な動作であり，この動作を詳細に説明することは極めて難しいことです．しかし，微妙な動作を扱わないことにすれば，発振回路の基本動作は線形理論で説明することができます．

A：基本増幅器の利得
β：帰還回路網の減衰率
V_i：入力信号レベル
V_O：出力信号レベル

図において次式が成り立つ．
$$A(V_i - \beta V_O) = V_O$$
$$\therefore \frac{V_O}{V_i} = \frac{A}{1 + A\beta}$$

この式で，$1 + A\beta = 0$ であれば式の右辺が無限大になる．したがって，発振するための条件は，
$$1 + A\beta = 0$$

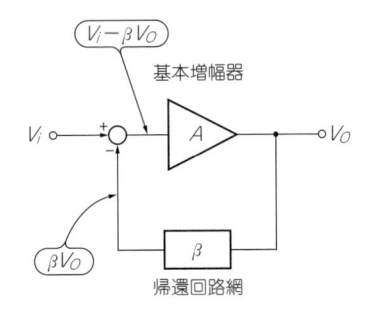

図10.28　負帰還による発振の説明

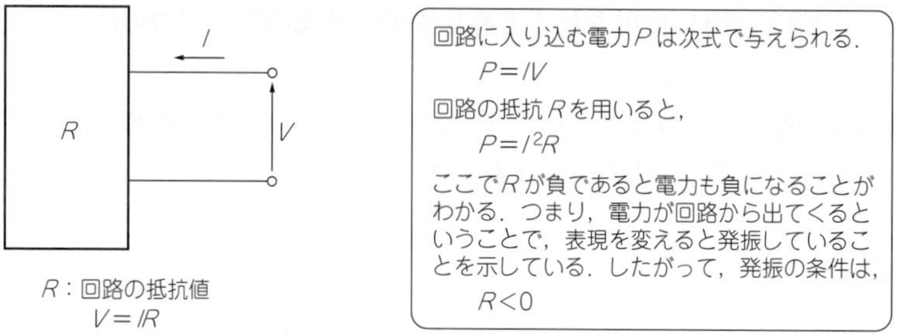

図10.29 負性抵抗による発振の説明

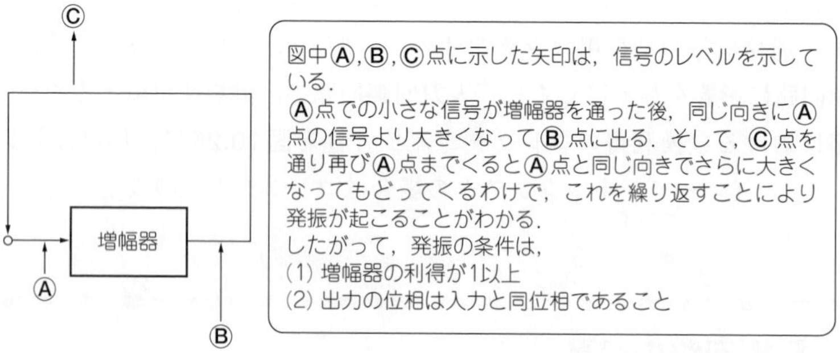

回路に入り込む電力 P は次式で与えられる.
$$P = IV$$
回路の抵抗 R を用いると,
$$P = I^2 R$$
ここで R が負であると電力も負になることがわかる. つまり, 電力が回路から出てくるということで, 表現を変えると発振していることを示している. したがって, 発振の条件は,
$$R < 0$$

R：回路の抵抗値
$V = IR$

図10.30 信号の位相による発振の説明

図中Ⓐ, Ⓑ, Ⓒ点に示した矢印は, 信号のレベルを示している.
Ⓐ点での小さな信号が増幅器を通った後, 同じ向きにⒶ点の信号より大きくなってⒷ点に出る. そして, Ⓒ点を通り再びⒶ点までくるとⒶ点と同じ向きでさらに大きくなってもどってくるわけで, これを繰り返すことにより発振が起こることがわかる.
したがって, 発振の条件は,
(1) 増幅器の利得が1以上
(2) 出力の位相は入力と同位相であること

　ここでは, 正弦波信号を発生する発振回路の基本動作に限って説明していきます. 発振という現象を理解するには, 主に次の三つの説明の方法があります.
(1) 帰還理論による方法
(2) 負性抵抗による方法
(3) 信号の位相による方法

　(1)の帰還理論による方法とは, 図10.28に示すように, 全回路の利得が無限大となれば, 何ら入力がなくとも出力が出てくるという考えに基づいています. ほんのわずかな, たとえば雑音のような信号でもあれば, 回路によって増幅されるわけで, そこから必要とする信号成分を取り出せばよいわけです.
　(2)の負性抵抗による説明は, 図10.29に示すように, 回路が負の抵抗成分をもてば回路から信号のエネルギが出てくる, という理論により説明するものです.
　(3)の信号の位相による説明は, (1)の帰還理論の変形です. 図10.30に示すように, 信号が回路を一巡して元のところまでもどったときに, 最初の信号と元のところまでもどってきた信号と位相が同じであれば, 何度も回路を通過することによって, 信号は次第に大きくなって発振するというものです.
　以上の説明は, 同一の現象を別々の立場から表現しているだけです. 発振の条件としては, いずれも同じ結果が得られます.

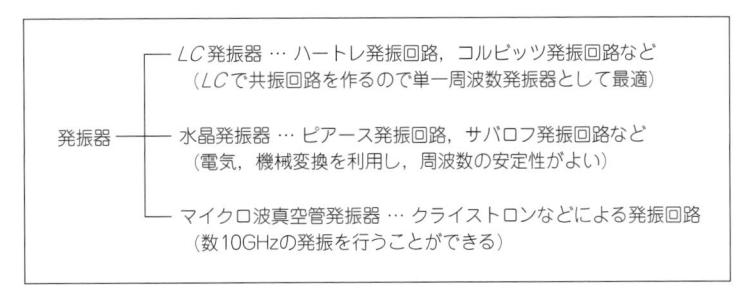

```
                ┌─ LC発振器 … ハートレ発振回路，コルピッツ発振回路など
                │   （LCで共振回路を作るので単一周波数発振器として最適）
                │
    発振器 ──┼─ 水晶発振器 … ピアース発振回路，サバロフ発振回路など
                │   （電気，機械変換を利用し，周波数の安定性がよい）
                │
                └─ マイクロ波真空管発振器 … クライストロンなどによる発振回路
                    （数10GHzの発振を行うことができる）
```

図10.31 発振回路の分類

● 発振回路の選び方

発振器には様々な回路の構成法がありますが，ここでは代表的な回路を取り上げて説明します．

図10.31に，発振回路の分類を示します．この図は，使用する部品について分類したものとなっています．部品の精度や周波数特性，温度特性などによってこれらを使い分ける必要があります．

たとえば，マイクロ波帯の発振周波数を LC 発振器で得ることは難しく，マイクロ波真空管発振器などを用いる必要があります．これは LC 発振器の場合，マイクロ波帯では，L や C の値が小さくなりすぎて実現することが難しく，うまく発振させることができないからです．

また，発振周波数の精度を高く，安定に発振させようとする場合には，水晶発振器などを用いる必要があります．

● クラップ発振回路による部品の選び方

高周波でよく用いられる発振回路として，コルピッツ発振回路の改良型であるクラップ発振回路について説明します．図10.32に，その回路図を示します．

発振周波数が変動する一番大きな原因は，周囲温度の変動によってコイルやコンデンサの値が変化してしまうことにあります．その他にも，能動素子のパラメータの温度変化も原因のひとつです．

たとえば，シリコン・トランジスタのベース-エミッタ間電圧は約 $-2\,\mathrm{mV/°C}$ の温度変化をします．

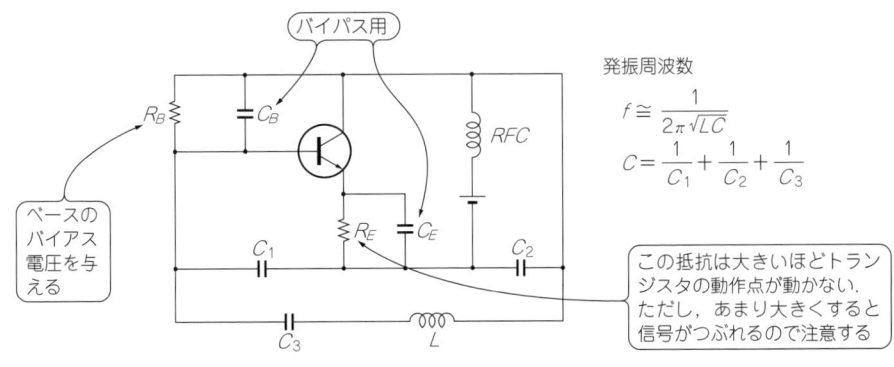

発振周波数
$$f \cong \frac{1}{2\pi\sqrt{LC}}$$
$$C = \frac{1}{C_1} + \frac{1}{C_2} + \frac{1}{C_3}$$

図10.32 クラップ発振回路の基本構成

第10章

この変動があると，トランジスタのコレクタ電流が変化してトランジスタの動作点が変化してしまいます．

これを防ぐ方法として，図10.32ではエミッタ側に接続されているR_Eで示されている抵抗値を大きくとっておくことが考えられます．こうすることによって，R_Eによって生じる電圧のほうがベース-エミッタ間の電圧変動より大きくなり，トランジスタのコレクタ電流はほとんどR_Eによって決定されるようになるからです．

図10.32に示した発振周波数を決定する式の中で，容量値を与える式は，C_1，C_2，C_3の中で最小の容量値を与える値よりも，必ず全体の容量Cの容量値のほうが小さくなることを示していることに注意してください．つまり，C_1とC_2はかなり大きくしても発振周波数は変化しないわけです．これはたとえば，トランジスタのベース-エミッタ間容量が変化しても，C_1が大きくとってあれば，発振周波数は変化しないことを示しています．したがって，同じ種類の違ったトランジスタに取り替えても，発振周波数はほとんど変化しないことになります．

また，どのような発振回路においても，トランジスタのもつf_T（トランジション周波数）よりも発振させようとする周波数は低くなければなりません．それは，周波数がf_Tの値を越えてしまうと，トランジスタはたんなる減衰器としての働きしかなくなるからです．しかし，むやみにトランジスタのf_Tが大きければよいというものではありません．

というのは，図10.32に示すような理想的な回路定数は現実には存在しないものだからです．たとえば，抵抗にしても周波数が高くなると容量性をもってきますが，容量が存在すれば信号の漏れが大きくなります．コイルも巻線間に容量をもってきますから，図10.32の回路とは違った回路を考える必要

発振周波数 $f_O = \dfrac{1}{2\pi\sqrt{LC}}$ [Hz]

$C = \dfrac{C_L \cdot C_{D1}}{C_1 + C_{D1}} + C_2 + C_1 + \dfrac{C_3 \cdot C_4 \cdot C_5}{C_3 \cdot C_4 + C_4 \cdot C_5 + C_5 \cdot C_3}$

C_{D1}：D_1の容量

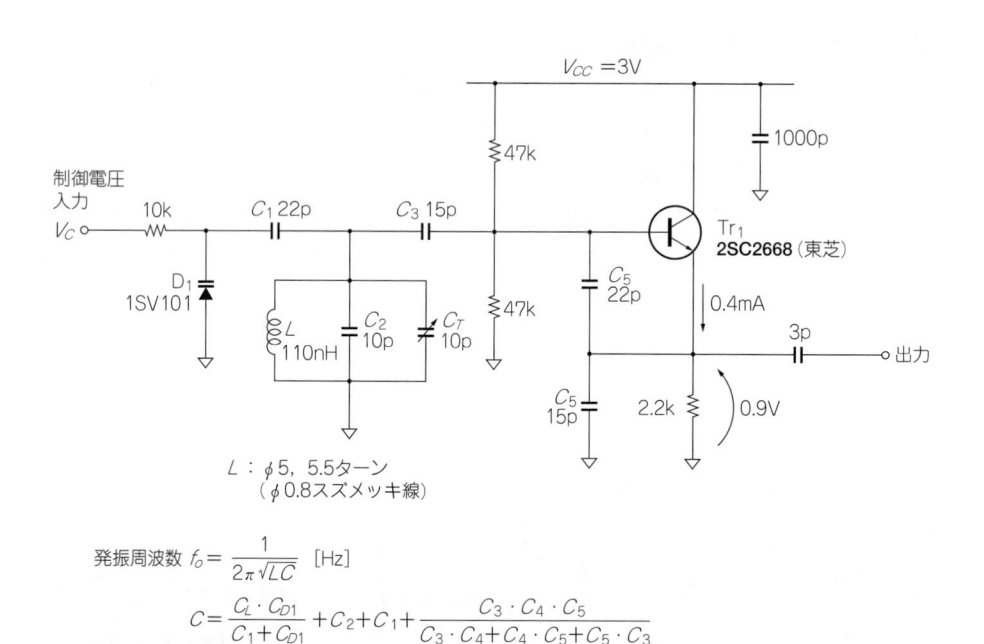

図10.33　VHF帯のVCO

がでてくるからです.

また，基板上に回路を作った場合には，基板の影響も出てきます．つまり，周波数が高くなるにつれ，いろいろなところに共振回路が出てくることになり，本来発振させようとしていた周波数以外の発振が生じてしまいます．そこで，f_Tの値は求める発振周波数に対して1.1～1.3倍(厳密ではありませんが)程度に選ぶのが普通です． 〈新原盛太郎〉

● VHF帯VCOとUHF帯VCO

図10.33に，クラップ発振回路の例として，VHF帯のVCO(電圧制御発振器)を示します．トランジスタには，f_T = 550 MHzの2SC2668(東芝)を用いています．

この回路で制御電圧V_Cを1～3 Vの範囲で変化させた場合，発振周波数f_0は81～83 MHzになります(C_T = 5 pF，C_{D1} = 43 pF～30 pFとする)．

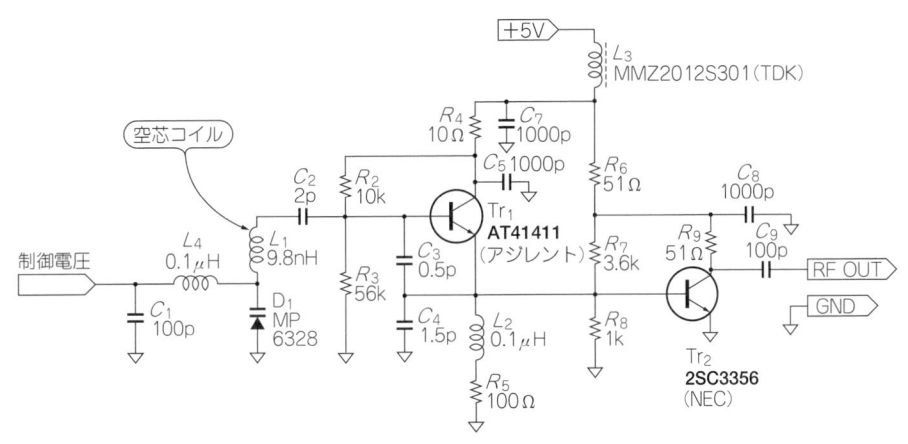

図10.34 UHF帯のVCO

写真10.6 UHF帯VCOの外観

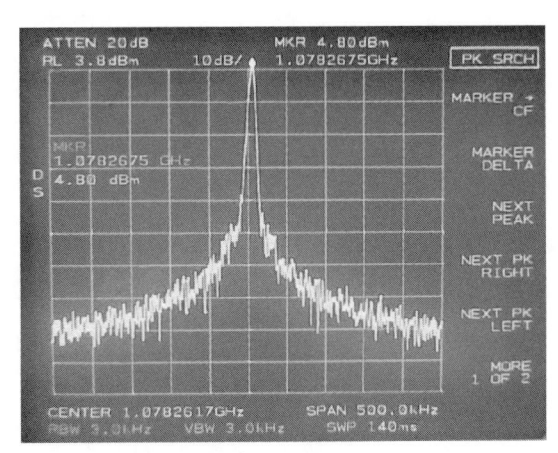

写真10.7 UHF帯VCOの出力信号のスペクトラム

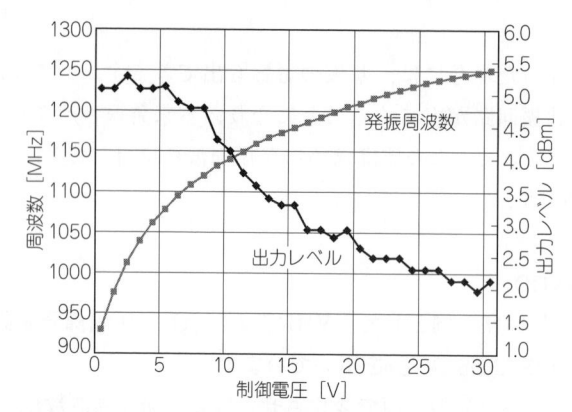

図10.35　UHF帯VCOの発振周波数と出力レベル

　図10.34にクラップ型のUHF帯VCOを示します．発振回路部のトランジスタTr_1には，f_T = 7 GHzのAT41411（アジレント）を用いています．写真10.6に製作した基板の概観を示します．

　写真10.7は，出力信号のスペクトラムです．オフセット周波数100 kHzのとき，約105 dBc/Hzの位相雑音が得られています．これは，LCタイプのVCOでは一般的な値です．

　位相雑音特性は，発振周波数から上側または下側のある周波数分離れた点での1 Hz帯域幅の雑音電力レベルと発振出力レベルの電力比で定義されています．オフセット周波数が100 kHzとは，発振周波数から100 kHz離れた点での位相雑音を測定しているという意味です．

　図10.35に，製作したVCOの発振周波数と出力レベルを示します．この回路は，制御電圧を1～20 Vの範囲で変化させた場合，発振周波数は950～1200 MHzになります．

（青木　勝）

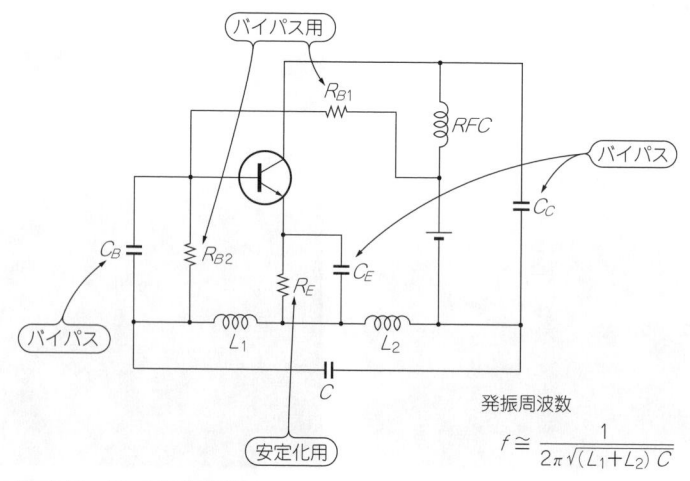

発振周波数
$$f \cong \frac{1}{2\pi\sqrt{(L_1+L_2)C}}$$

図10.36　ハートレ発振回路

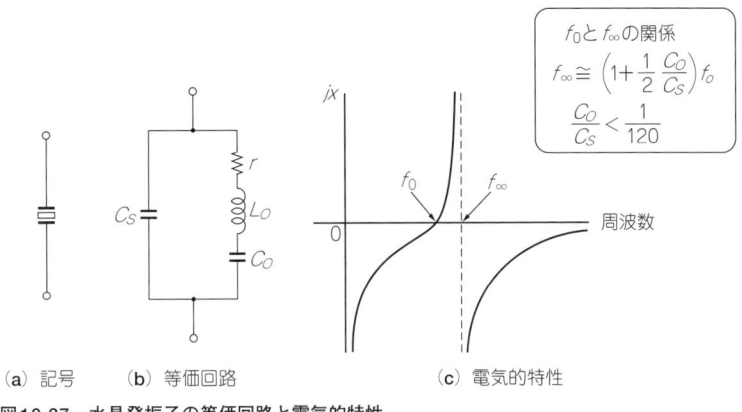

f_0とf_∞の関係
$$f_\infty \cong \left(1+\frac{1}{2}\frac{C_O}{C_S}\right)f_0$$
$$\frac{C_O}{C_S} < \frac{1}{120}$$

(a) 記号　(b) 等価回路　(c) 電気的特性

図10.37　水晶発振子の等価回路と電気的特性

● ハートレ発振回路

図10.36に，前述のクラップ回路とは違った型式のハートレ発振回路を示します．この回路はコイルが2個必要であるため，高周波になるにしたがい製作が面倒になります．というのは，高周波になるとコイルのQが低下，つまり抵抗成分が大きくなってくるため，抵抗によって信号が減衰させられ発振しにくくなってくるからです．

コイルは，高周波になるにしたがいQを高く取るために，抵抗が小さい銀メッキ線を用いた空心コイルを使うようにならざるを得ません．コアによる損失が高周波では大きくなるからです．したがって，なるべくコイルを使わないコルピッツ回路やクラップ回路のほうがQを高く取れ，またよく用いられます．容量のほうが，コイルと比べて比較的Qを高く取れることにその理由があります．

さらに周波数が高くなった場合には，容量やコイルはいわゆる伝送線路（たとえば，ストリップ・ライン）などを用いて作る必要があります．この境目としては，300 MHz前後が通常選ばれているようです．

● 水晶発振器

水晶の結晶を用いた水晶発振器は，電気-機械の相互作用を用いた一種の機械振動発振器ですが，非常に安定な発振を行うことができます．水晶の記号と電気的等価回路および電気的特性を図10.37に示します．

水晶のもつQの値はきわめて高く，10000～100000程度の値をもっています．この水晶を用いた発振回路を図10.38に示します．この回路はコルピッツ発振器のコイルの代わりに水晶を用いたもので，ピアース発振回路と呼ばれています．

水晶発振回路は周波数安定性がよく，手軽に作成することができます．30 MHz程度までは基本波で発振させ，それ以上の周波数はオーバトーン発振と呼ばれる，高調波を取り出す方式か，てい倍法と呼ばれる方法を用いて周波数を上げてやらなければなりません．

（新原盛太郎）

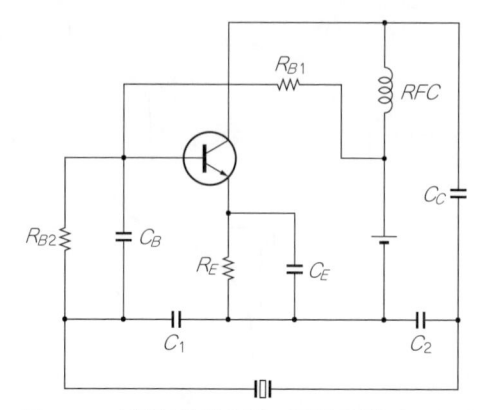

図10.38 水晶発振回路(ピアース発振回路)

10.8 SiGeヘテロ接合トランジスタ

SiGeトランジスタとは，ベースがSi(シリコン)とGe(ゲルマニウム)の混晶で構成されるヘテロ接合型のバイポーラ・トランジスタのことです．

このトランジスタの特徴は，ベースの不純物濃度を高くしてベースの寄生抵抗を下げられること，ベースでのSiとGeの組成比を変化させベース内に電界を働かせ，電子の通過速度を上げられることです．その結果，従来のSi単体のトランジスタよりも優れた高周波特性を実現できるようになりました．

WCDMA(Wideband Code Division Multiple Access)を初めとする携帯電話の受信部には低雑音，低ひずみの素子が必要とされますが，両者にはトレード・オフの関係があり，従来のSi単体のトランジスタでは両立が困難でした．SiGeトランジスタでは，この優れた高周波特性により余裕をもった設計が可能になると考えられます．

表10.3に，SiGeトランジスタ MT4S102T(東芝)のデータシートの一部を示します．パッケージのピン名称や I_C-V_{CE}，h_{FE}-I_C 特性などをみると，SiGeトランジスタは一般的なバイポーラ・トランジスタとまったく同じであることがわかります．

ただし，I_C-V_{BE} 特性からわかるように，ベース-エミッタ間電圧 V_{BE} は0.8 V程度(@I_C = 10 mA)で，

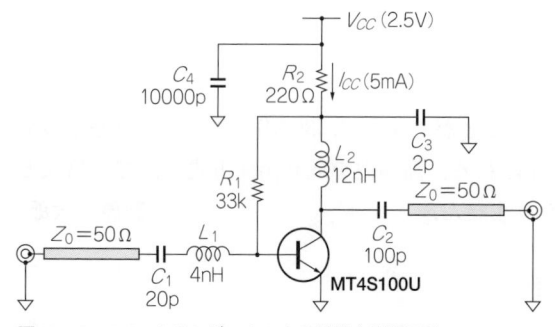

図10.39 SiGeトランジスタによる低雑音増幅回路

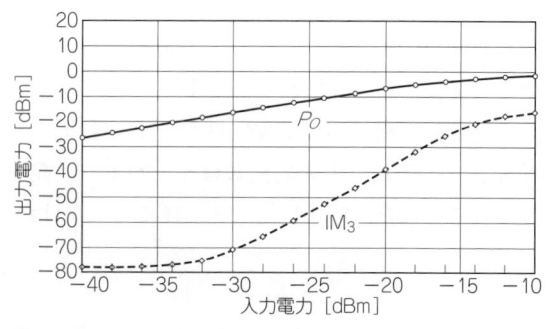

図10.40 図10.39の回路の入出力特性

10.8 SiGeヘテロ接合トランジスタ

表10.3 MT4S102Tのデータシート抜粋

項　目	記号	定格	単位
コレクタ-ベース間電圧	V_{CBO}	6	V
コレクタ-エミッタ間電圧	V_{CEO}	3	V
エミッタ-ベース間電圧	V_{EBO}	1.2	V
コレクタ電流	I_C	20	mA
ベース電流	I_B	10	mA
コレクタ損失	P_C	60	mW
接合温度	T_j	150	℃
保存温度	T_{sg}	−55〜150	℃

(a) 最大定格 (T_a=25℃)

項　目	記号	測定条件	最小	標準	最大	単位
トランジション周波数	f_T	V_{CE}=2V, I_C=15mA, f=2GHz	21	2.5	−	GHz
挿入電力利得	$|S_{21e}|^2$	V_{CE}=2V, I_C=15mA, f=2GHz	13.5	16.0	−	dB
	$|S_{21e}|^2$	V_{CE}=2V, I_C=15mA, f=5.2GHz	−	9.0	−	dB
雑音指数	NF	V_{CE}=2V, I_C=10mA, f=2GHz	−	0.58	0.85	dB
	NF	V_{CE}=2V, I_C=10mA, f=5.2GHz	−	1.4	−	dB

(b) マイクロ波特性 (T_a=25℃)

項　目	記号	測定条件	最小	標準	最大	単位
コレクタしゃ断電流	I_{CBO}	V_{CB}=6V, I_E=0	−	−	1	μA
エミッタしゃ断電流	I_{EBO}	V_{CB}=1V, I_C=0	−	−	1	μA
直流電流増幅率	h_{FE}	V_{CB}=2V, I_C=15mA	200	−	400	
コレクタ出力容量	C_{ob}	V_{CB}=2V, I_E=0, f=1MHz	−	0.43	0.6	pF
帰還容量	C_{re}	V_{CB}=2V, I_E=0, f=1MHz	−	0.17	0.25	pF

(c) 電気的特性 (T_a=25℃)

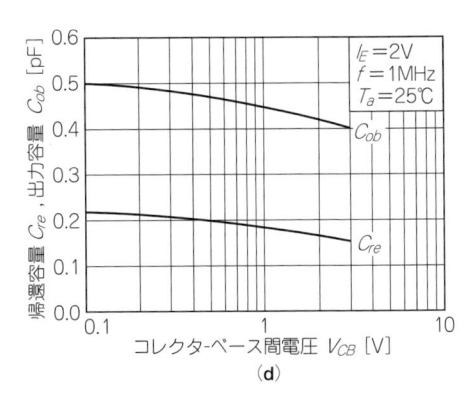

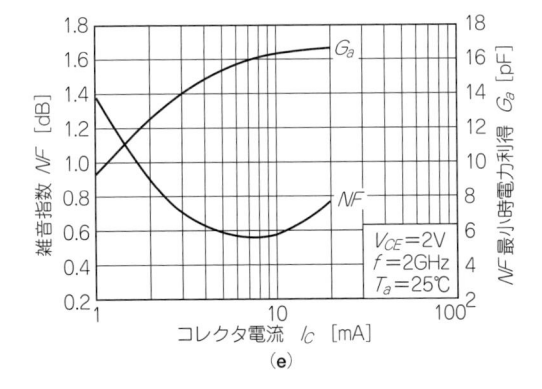

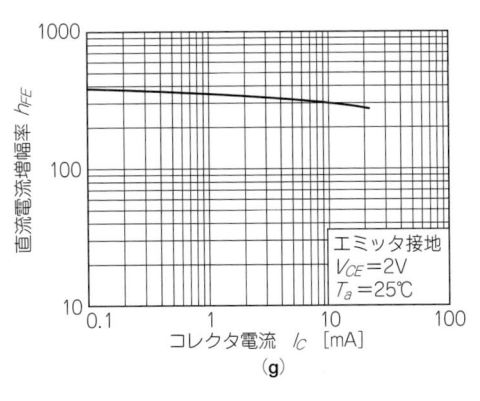

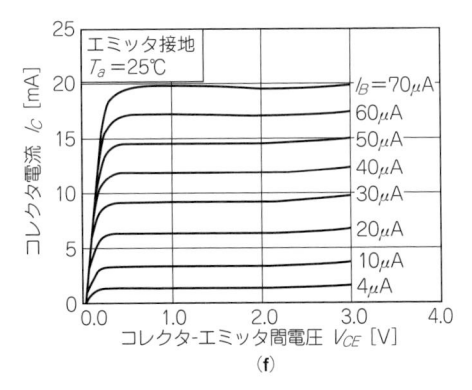

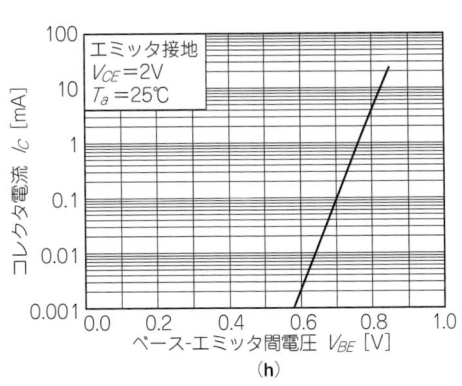

(d) 帰還容量 C_{re}, 出力容量 C_{ob} 対 コレクタ-ベース間電圧 V_{CB} (I_E=2V, f=1MHz, T_a=25℃)

(e) 雑音指数 NF, NF最小時電力利得 G_a 対 コレクタ電流 I_C (V_{CE}=2V, f=2GHz, T_a=25℃)

(f) コレクタ電流 I_C 対 コレクタ-エミッタ間電圧 V_{CE} (エミッタ接地, T_a=25℃)

(g) 直流電流増幅率 h_{FE} 対 コレクタ電流 I_C (エミッタ接地, V_{CE}=2V, T_a=25℃)

(h) コレクタ電流 I_C 対 ベース-エミッタ間電圧 V_{BE} (エミッタ接地, V_{CE}=2V, T_a=25℃)

一般的なバイポーラ・トランジスタの0.6～0.7 Vより少し高い値になります．また，高周波特性は，NF，G_a-I_C特性からわかるように2 GHzにおいて16 dB強の電力利得と0.6 dB弱の雑音指数を両立できることがわかります．

このように，SiGeトランジスタは，V_{BE}が少し大きくて高周波特性がよいバイポーラ・トランジスタなのですが，一般的なバイポーラ・トランジスタに比べると静電気にたいへん弱いので，取り扱いには十分な対策が必要です．

図10.39は，携帯電話の低雑音アンプをSiGeトランジスタを使って設計したものです．携帯電話では低電圧，低電流を要求されるため，V_{CC} = 2.5 V，I_{CC} = 5 mAのバイアス設計となっています．R_2およびR_1にてバイアスを決定し，C_1，L_1，C_2にて回路を目的の周波数帯に整合します．ここではWCDMAで使われている2 GHz帯に整合します．

図10.40に，この回路の入出力特性を示します．2 GHzにて雑音指数NF = 0.84 dB，ゲインG = 14 dB，3次インターセプト・ポイントIP_3 = 10.5 dBmを実現しており，十分な特性が得られています．エミッタ-グラウンド間にチップ抵抗を挿入することにより，雑音特性が少し劣化するもののひずみ特性が改善されるといったチューニングも可能です．

〈有本秀夫〉

第三部 FETの基礎と応用

第11章 小信号FETの使い方

現在は，ディジタルIC/LSIのほとんどがFET（Field Effect Transistor：電界効果トランジスタ）で作られているといっても過言ではありません．また，FET単体でも無線ネットワーク・システムの高周波増幅部やスイッチング電源，モータ駆動回路などに，増幅素子/スイッチング素子として広く用いられています．

11.1 FETの基本動作

FETは，バイポーラ・トランジスタとは動作原理がまったく異なるデバイスです．バイポーラ・トランジスタは，ベース電流でコレクタ電流をコントロールする電流制御型素子ですが，FETはゲート-ソース間電圧でドレイン電流をコントロールする電圧制御型素子です．

FETは，バイポーラ・トランジスタと比べて以下のような特徴があります．
(1) 低周波領域で入力インピーダンスが非常に高い
(2) 高抵抗の信号源で駆動したときの雑音が低い（電流性雑音が低い）
(3) スイッチング・スピードが速い（少数キャリアの蓄積効果がない）
(4) 混変調特性，相互変調特性が優れている

● FETの種類と構造

FETは，図11.1に示すように内部構造によって大きく2種類に分類することができます．ゲート-チャネル（ドレイン-ソース間の導通経路）間にダイオードが存在するタイプには，JFET（Junction FET：接合型FET）とMES FET（MEtal Semiconductor FET：ショットキー・バリア型FET），HEMT（High Electron Mobility Transistor：高電子移動度トランジスタ）の3種類があります．

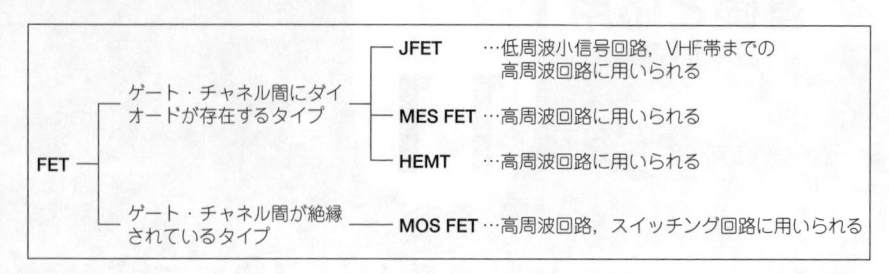

第11章

```
         ┌─ ゲート・チャネル間にダイ ─┬─ JFET    …低周波小信号回路，VHF帯までの
         │   オードが存在するタイプ    │            高周波回路に用いられる
         │                              ├─ MES FET …高周波回路に用いられる
FET ─────┤                              └─ HEMT    …高周波回路に用いられる
         │
         └─ ゲート・チャネル間が絶縁 ── MOS FET …高周波回路，スイッチング回路に用いられる
             されているタイプ
```

図11.1　FETの分類

　ゲート-チャネル間が絶縁されているタイプは，MOS FET(Metal Oxide Semiconductor FET：絶縁ゲート型FET)と呼ばれています．

　低周波小信号回路には，主にJFETが用いられます．本章では，低周波小信号用JFETに焦点をあてて説明します．

● **JFETの構造**

　図11.2に，JFETの回路記号を示します．FETは，ドレイン電流が流れるチャネル部分がN形半導体で作られているNチャネルとP形半導体で作られているPチャネルがあります．各端子は，ゲートがバイポーラ・トランジスタのベース，ソースがエミッタ，ドレインがコレクタに相当します．

　図11.3に，NチャネルJFETの簡略化した内部構造を示します．PチャネルJFETは，NとPが**図11.3**と正反対になります．

　NチャネルJFETのゲートはP型で作られているので，チャネルとの間にPN接合，つまりダイオードが形成されています(PチャネルJFETはダイオードの向きが**図11.3**と逆になる)．JFETを動作させ

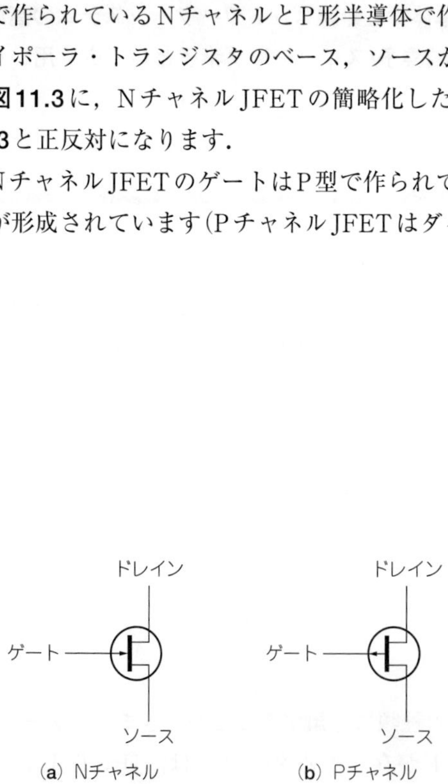

図11.2　JFETの回路記号 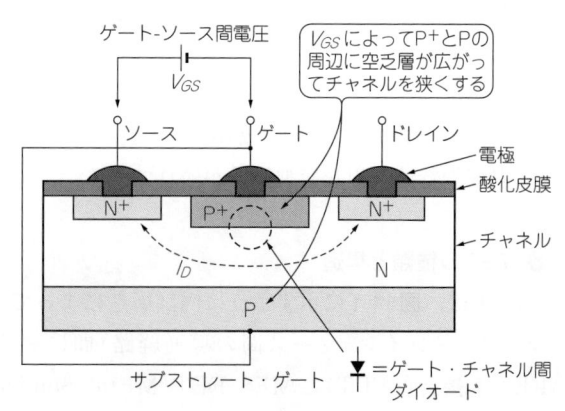　　　　　　　　　　　図11.3　Nチャネル型JFETの構造

る場合は，このダイオードをOFFさせるように各部の電圧を設定します．ダイオードがOFFしているので，通常の使用状況ではゲートにほとんど電流が流れません(ゲート電流はnAオーダ)．

図11.3のように外部からゲート-ソース間電圧 V_{GS} を加えると，ゲートのP^+領域とサブストレート・ゲートのP領域の周辺に空乏層(電子が存在しない領域)ができます．電流は空乏層を流れることができないので，チャネルが狭くなったのと同じことになり，チャネルの抵抗値が高くなってドレイン-ソース間に流れる電流 I_D が制限されます．さらに V_{GS} を大きくしていくと空乏層も大きくなり，最終的にはチャネルを塞いで I_D が全く流れなくなります(実際は，これらの動作にドレイン-ソース間電圧 V_{DS} が関係してくる)．

このように，JFETは V_{GS} によって I_D をコントロールすることができます． 　　　　　　(鈴木雅臣)

11.2　FETの電気的特性

● FETの伝達特性

FETの基本的な使い方を，図11.4に示します．FETは電圧制御素子なので，ゲート-ソース間電圧 V_{GS} でドレイン電流 I_D を制御することができます．その関係は，

$$I_D = I_{DSS}\left[1 - (V_{GS}/V_P)\right]^2 \quad\cdots\cdots(1)$$

　　ただし，I_{DSS}；$V_{GS} = 0$ のときに流れるドレイン電流
　　　　　V_P(ピンチ・オフ電圧)；$I_D = 0$ になるときのゲート-ソース間電圧

と表されます．これをグラフに表したのが，図11.5です．このグラフは伝達特性と呼ばれています．$V_{GS} = 0$ で I_D は最大で，V_{GS} を負の方向に大きくしていくと I_D は小さくなっていき，$V_{GS} = V_P$ の点で $I_D = 0$ となります．このように，$V_{GS} = 0\,\text{V}$ のときに I_D が流れる特性をディプリーション特性といいます．

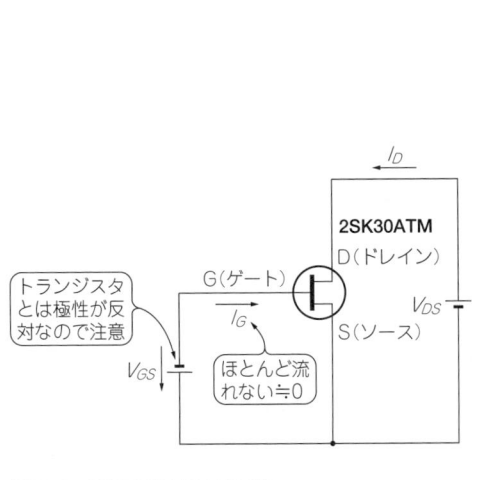

図11.4　FETの基本的な使い方

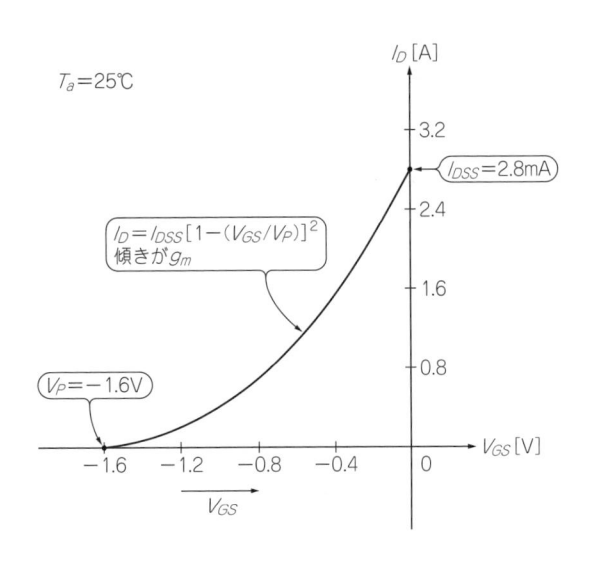

図11.5　FETの伝達特性(2SK30ATM)

JFETは，すべての品種がディプリーション特性です（MES FETもディプリーション特性になる）．

FETには，この他にエンハンスメント特性のものがあります．これは，$V_{GS} = 0\,\text{V}$で$I_D = 0$になる特性です．パワーMOS FETは，ほとんどの品種がエンハンスメント特性です．

式(1)をV_{GS}で微分したものを相互コンダクタンスg_mと呼び，次式のようになります．

$$g_m = \frac{\partial I_P}{\partial V_{GS}} = -\frac{2 \cdot I_{DSS}}{V_P}\left(1 - \frac{V_{GS}}{V_P}\right) \quad \cdots \cdots (2)$$

単位：S（ジーメンス）

g_mはその定義から，図11.5のグラフの傾きに相当することがわかります，データシートなどで規定されているのは，$V_{GS} = 0$におけるg_mであることがほとんどです．g_mは順方向伝達アドミタンス$|Y_{fs}|$とも表されます．

データシートに載っている伝達特性は，図11.6のようにカーブが何本も描いてあります．これはJFETのI_{DSS}がばらつくからです．そのため，JFETはI_{DSS}の値で分類されています（I_{DSS}分類がない品種もある）．これはバイポーラ・トランジスタのh_{FE}分類に相当します．

● 出力特性（静特性）

図11.4の回路で，V_{GS}をパラメータとしたI_D-V_{DS}の特性は図11.7のようになり，これを出力特性と呼んでいます．パラメータは異なりますが，バイポーラ・トランジスタの出力特性と非常に似ていることがわかります．

飽和領域では，ドレイン-ソース間の電圧V_{DS}の変化に対してI_Dはほとんど変化しないので，動作抵抗（ドレイン-ソース間抵抗：$\Delta V_{DS}/\Delta I_D$）は非常に高いといえます．増幅回路や定電流回路などに用いるときは，この領域を使います．

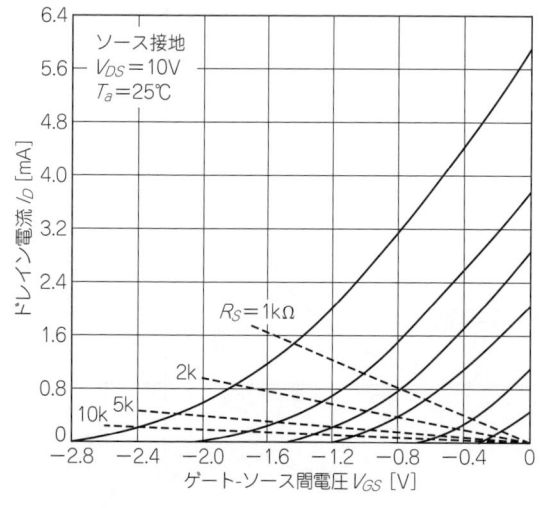

図11.6　実際の伝達特性の例（2SK30ATM）

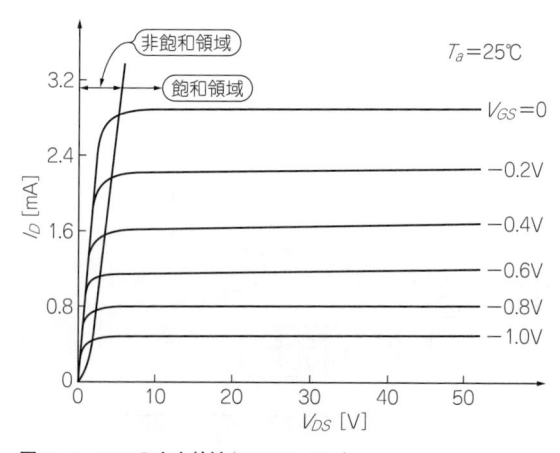

図11.7　FETの出力特性（2SK30ATM）

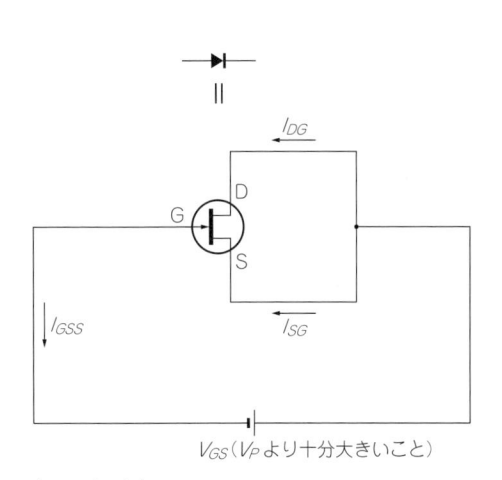

図11.8 FETのゲート漏れ電流 (I_{GSS})

$I_{GSS} = I_{DG} + I_{SG}$

V_{GS} (V_P より十分大きいこと)

図11.9 温度変化による伝達特性の変化

温度が変化しても，I_Dは変化しない（Qポイント）

低温／常温／高温

V_P（常温） V_Q

0.6～0.8V

　一方，非飽和領域では，V_{DS} が変化すると I_D も変化します．このことは，動作抵抗が飽和時に比べてかなり小さくなっていることを意味しており，実際の値としては数十～数百Ωにまで小さくなります．そして，動作抵抗は V_{GS} によって制御できるので，電子可変抵抗やスイッチとして用いることができるわけです．

● **ゲート漏れ電流**

　本来，FETのゲートには電流は流れないはずですが，現実には極めてわずかながら電流が流れています．

　図11.8のようにドレインとソースを接続して，ゲートにピンチ・オフ電圧 V_P 以上の電圧をかけたときに流れるのが I_{GSS} です．その値は非常に小さく，小信号用のJFETで1～100 nA以下，パワーMOS FETでも1 μA以下です．なお，JFETのこの漏れ電流の値は，一般用ダイオードの漏れ電流よりも小さいので，漏れ電流が問題となるような回路では，ダイオードの代わりにJFETが使われます（p.229参照）．

● **JFETの温度特性**

▶ ドレイン電流 (I_D)

　図11.9に示すように，I_D はその動作点によって正にも負にもなります．そして，温度係数がゼロとなるQポイントの電流 I_Q よりも I_D が大きいときは温度係数は負，小さいときは正になるのです．

　Nチャネル（2SKタイプ）JFETの場合，ピンチ・オフ電圧 V_P より0.6～0.8 V低いところにQポイント（V_Q）があります．ただし，素子（品種）によりばらつきがありますので，正確に知りたい場合は，実際に測定してみる必要があります．

　回路設計に際しては，動作点をこのQ点とすることにより，温度変化に対して安定な回路にすることができます．

▶ ピンチ・オフ電圧 (V_P)

　V_Pの温度係数は基本的にPN接合と同じなので，約$-2\,\mathrm{mV/℃}$の温度係数をもっています．

▶ 相互コンダクタンス (g_m)

　g_mもI_Dと同様に，$I_D > I_Q$の範囲では負，$I_D < I_Q$の範囲では正の温度係数をもちます．

▶ ゲート漏れ電流 (I_{GSS})

　I_{GSS}は，温度の上昇に伴って指数関数的に増加します．温度変化が10℃で2倍，50℃では10倍にもなります（I_{DSS}が小さいほど増加率は大きい）．したがって，FETを使った回路でゲート漏れ電流が問題となるような場合は，温度が高くならないような配慮が必要です．

11.3　FETを使った増幅回路

FETの特性が理解できたところで，回路について見ていきましょう．

● バイアスの方法

　FETを動作させるには，ゲート-ソース間に必要な電圧（バイアス電圧）を与えてやる必要があります．バイポーラ・トランジスタではこの電圧は常に0.6～0.7Vでしたが，FETでは品種により，また動作点によって異なります．表11.1に，3種類のバイアス法の回路と特徴を示します．

　バイアスの方法を大きく分けると，V_{GS}を外部から一方的に決めてやる固定バイアスと，自分自身の回路でV_{GS}が決まってくる自己バイアスとに分かれます．なお，表中の伝達特性が2本書いてあるのは，FETの場合は同一品種でもI_{DSS}のばらつきが大きく，min，max値の両方を考えなければならないためです．

　固定バイアスはバイアス電圧を外部から決めるため，素子のばらつきがそのまま出てしまいます．したがって，使用する素子のばらつきはできるだけ小さなものを選び，その上限と下限を十分考慮に入れた回路設計をしなければなりません．

　一方，自己バイアスになると，ソースに抵抗が入る分だけばらつきは小さくなります．表11.1中の自己バイアス(a)では，ばらつきを小さくしようとしてR_Sを大きくすると，I_Dが小さくなってしまいます．自己バイアス(b)ではその欠点はなくなりますが，ソース電位が上がってくるため，最大振幅が小さくなってしまいます．

● 増幅回路の種類

　バイポーラ・トランジスタにエミッタ共通増幅回路，エミッタ・フォロワ（コレクタ共通増幅回路），ベース共通回路があるように，FETにもこれに対応する3種類の回路方式があります．

▶ ソース共通増幅回路

　トランジスタのエミッタ共通増幅回路に相当するのが，このソース共通増幅回路です．基本的には図11.10のような回路で，ゲートに信号を入力してドレインから出力を取り出すものです．増幅回路としてはもっとも一般的なもので，入力信号が非常に小さい場合は$R_S = 0$とすることもできます．

表11.1 FETの各種バイアス法(ソース共通増幅回路)

方式	回路構成	伝達特性から見たばらつき	設計式	特徴
固定バイアス	(回路図)	(グラフ)	$V_{GS} = V_P \left(1 - \sqrt{\dfrac{I_D}{I_{DSS}}}\right)$	・動作点を自由に選べる ・ソース電圧が0なので、電源利用率が高い ・素子のばらつき(I_{DSS})が、そのままI_Dのばらつきとなる ・RF回路でAGCをかけるときに用いられる
自己バイアス(a)	(回路図)	(グラフ) 傾き $\dfrac{1}{R_S}$	$V_{GS} = V_P \left(1 - \sqrt{\dfrac{I_D}{I_{DSS}}}\right)$ $R_S = -\dfrac{V_P}{I_D}\left(1 - \sqrt{\dfrac{I_D}{I_{DSS}}}\right)$	・FETバイアス回路の中でもっとも一般的で、回路構成も簡単 ・R_Sにより、I_Dのばらつきが抑えられる ・I_Dにより、R_Sが決定してしまうので、設計の自由度が大きい
自己バイアス(b)	(回路図)	(グラフ) 傾き $\dfrac{1}{R_S}$	$V_{GS} = \dfrac{R_{G2}}{R_{G1}+R_{G2}}V_{DD} - I_D \cdot R_S$ $R_S = \dfrac{R_{G2}}{R_{G1}+R_{G2}}V_{DD} - \dfrac{V_P}{I_D}\left(1 - \sqrt{\dfrac{I_D}{I_{DSS}}}\right)$	・R_Sの値をI_Dに無関係に選べるので、設計の自由度が大きい ・入力インピーダンスは$R_{G1}//R_{G2}$となり、低くなってしまう ・ソース電圧が高くなり、電源利用率が低い ・ダイナミック・レンジが小さくなる

▶ソース・フォロワ(ドレイン共通増幅回路)

　これは、トランジスタのコレクタ共通増幅回路に相当します。ソース・フォロワの最大の特徴は、高入力インピーダンス、低出力インピーダンスであるということです。そのために、用途もインピーダンス変換を目的としたものがほとんどで、バッファやアンプの終段によく用いられます。回路は**図11.11**のとおりで、ソースから出力を取り出すようになっています。

▶ゲート共通回路

　これはトランジスタのベース共通増幅回路に相当します。ソース・フォロワのときとは反対に、こちらは低入力インピーダンス、高出力インピーダンスとなっています。

　ゲート共通増幅回路は、高周波回路を除くとそれ単体で使われることは少なく、ソース共通増幅回路と組み合わせて使用する、**図11.12**のようなカスコード接続が一般的です。

　このようにする利点は二つあります。一つはドレイン-ゲート間の帰還容量(C_{rss})によるミラー効果が、カスコード接続によりなくなることです。このため、たんなるソース共通増幅回路に比べて周波数特性が約A_v倍に伸びます。

　もう一つの利点は、FETは通常V_{DS}が大きくなるとゲート漏れ電流が急激に大きくなるのですが、カスコード接続によりV_{DS}が低く保たれるので、このようなことは起こりません。

第11章

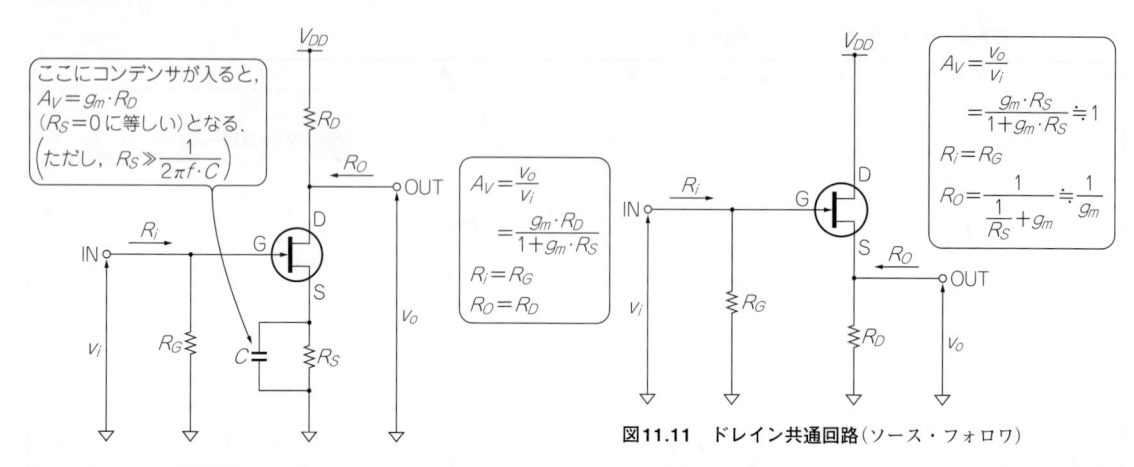

ここにコンデンサが入ると，$A_V = g_m \cdot R_D$（$R_S=0$に等しい）となる．（ただし，$R_S \gg \dfrac{1}{2\pi f \cdot C}$）

$A_V = \dfrac{v_o}{v_i} = \dfrac{g_m \cdot R_D}{1 + g_m \cdot R_S}$

$R_i = R_G$

$R_O = R_D$

図11.10 ソース共通回路

$A_V = \dfrac{v_o}{v_i} = \dfrac{g_m \cdot R_S}{1 + g_m \cdot R_S} \fallingdotseq 1$

$R_i = R_G$

$R_O = \dfrac{1}{\dfrac{1}{R_S} + g_m} \fallingdotseq \dfrac{1}{g_m}$

図11.11 ドレイン共通回路（ソース・フォロワ）

FETによる増幅器は，このほかに差動増幅器として用いられることが多いのですが，差動増幅回路はOPアンプを利用することが多いので，ここでは省略します．

（青木英彦）

● ソース共通増幅回路の例

図11.13と写真11.1に，センサ出力などの微小レベルの信号を増幅する高入力インピーダンスのソース共通増幅回路を示します．

▶ ソース抵抗をつけるとゲート-ソース間が負にバイアスされる

この回路は，ソース端子にR_2を挿入し，その電圧降下を利用する「自己バイアス方式」を採用しています．R_2に，ドレイン電流I_Dと等しい大きさのソース電流I_Sが流れるので，ソース電位が$R_2 I_S$だけ上昇

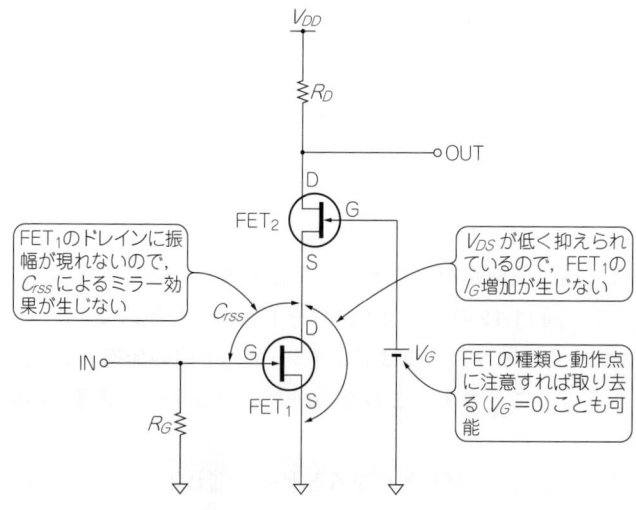

FET₁のドレインに振幅が現れないので，C_{rss}によるミラー効果が生じない

V_{DS}が低く抑えられているので，FET₁のI_G増加が生じない

FETの種類と動作点に注意すれば取り去る（$V_G = 0$）ことも可能

図11.12 カスコード接続

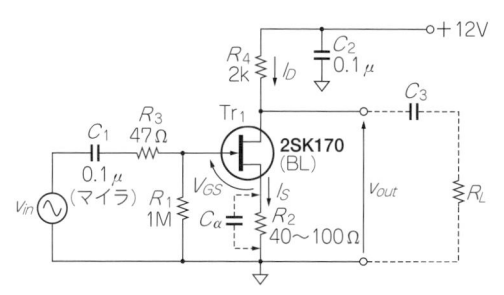

図11.13 自己バイアス方式による1石ソース共通増幅回路

写真11.1 自己バイアス方式のソース共通増幅回路基板

し，次のバイアス電圧 V_{GS} が生じます．

$$V_{GS} = -R_2 I_S \quad \cdots\cdots\cdots\cdots\cdots\cdots\cdots\cdots\cdots\cdots\cdots\cdots\cdots\cdots\cdots\cdots\cdots\cdots\cdots\cdots\cdots\cdots\cdots\cdots\cdots\cdots\cdots\cdots\cdots\cdots\cdots\cdots\cdots\cdots\cdots\cdots\cdots\cdots\cdots\cdots\cdots (3)$$

▶ ソース抵抗で直流動作点を決める

図11.14に示すように，式(3)は原点を通る直線になります．動作点Qは，この直線と伝達曲線の交点になります．図11.13の回路で，出力電圧振幅を最大にするには，R_4 の電圧降下を電源電圧の半分の6Vにします．つまり，無信号時のドレイン電流を3mAとします．

そのために必要なバイアス電圧 V_{GS} と R_2 の値を計算しましょう．2SK170(BL)(東芝)の伝達曲線は，図11.14のようにばらつきます．もし，$I_{DSS} = 10$ mA ならば，この伝達曲線と $I_D = 3$ mA の交点 ($V_{GS} = -0.24$ V，$I_D = 3$ mA) を動作点Qに定めます．そして，式(3)の直線がQを通るようにすればよいわけです．R_2 の値は，次式から80Ωです．

　　0.24/0.003 = 80 Ω

もし，$I_{DSS} = 6$ mA ならば，$R_2 = 0.12/0.003 = 40$ Ω です．

写真11.1では，R_2 を可変抵抗器にして調整しています．

▶ 入力インピーダンスは R_1 で決まる

図11.13の R_1 は，Tr_1 のゲート電位をゼロにするための抵抗です．Nチャネル接合型FETのゲート-

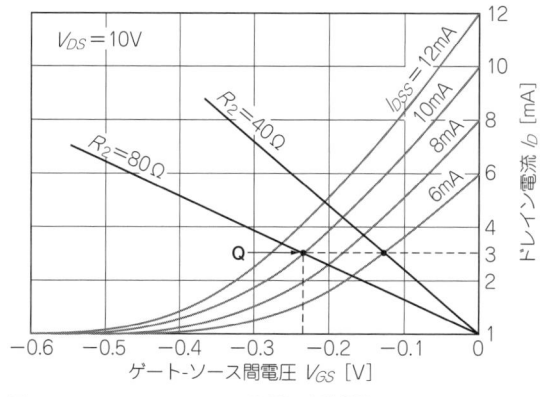

図11.14 2SK170のソース共通伝達静特性

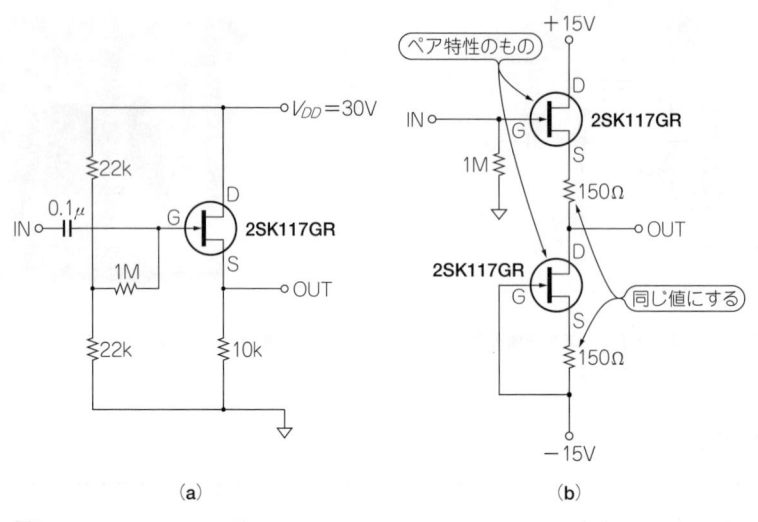

図11.15 ソース・フォロワ

　ソース間抵抗は，V_{GS}が負のとき100 MΩ以上あるので，この増幅回路の低周波の入力インピーダンスは，事実上R_1です．

　高い周波数では，ゲート-ソース間寄生容量やゲート-ドレイン間寄生容量のため，入力インピーダンスが低下します．FETはゲート-ソース間抵抗が高いため，寄生容量と配線のインダクタンスによる高Q（クォリティ・ファクタ）の共振回路が形成され，超高域発振を起こしやすいので，Qダンプ用の$R_3 = 47\,\Omega$をゲートに最短距離で接続します．

● ソース・フォロワの例

　図11.15(a)に示す回路はもっとも基本的なものですが，コンデンサで直流カットしないと使えないため，このような形ではあまり使われず，前段と直結するのが普通です．

　図(b)は負荷を定電流にしたものですが，二つのFETをペアにしてソース抵抗を等しくすると，入出力電位が0 Vになるという性質があり，また温度変化に対しても安定です．

　図11.16にコンプリメンタリ・ペア（特性がほぼ同じで，極性が逆の組み合わせ）のJFET 2SK170/2SJ74（東芝）を使ったソース・フォロワを示します．この回路は，上下のJFETを$V_{GS} = 0$ V（通称，ゼロ・バイアス）で動作させていることが大きな特徴です．

　図11.17に，2SK170(BL)の実測I_D-V_{GS}特性と実測I_G-V_{GS}特性を示します．$V_{GS} = 0$ Vを中心にしてV_{GS}を可変しても，I_Dをコントロールできることがわかります．

　もちろん，順バイアス時はゲート電流が大きくなりますが，接合型FETのゲート-チャネル間PN接合の逆方向飽和電流は非常に小さいので，25℃ではV_{GS}が+ 0.35 Vまでゲート電流は1 nA以下です．75℃でも，$V_{GS} = 0.35$ Vにおけるゲート電流は40 nA程度でしょう．

　FETは温度が上昇するとドレイン電流が減少するため，コンプリメンタリFETの両ソース間に熱暴

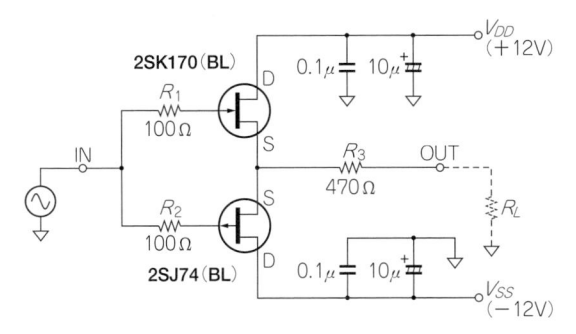

図11.16 ゼロ・バイアス・コンプリメンタリ・ソース・フォロワ

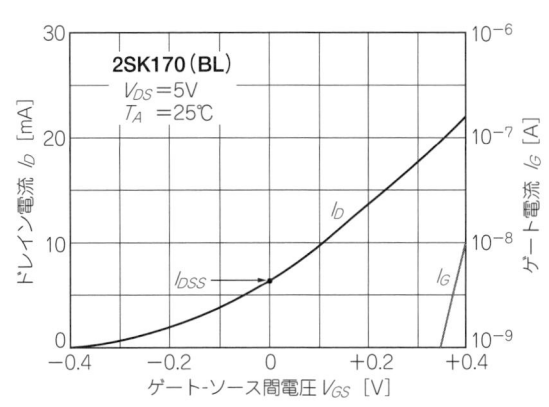

図11.17 2SK170(BL)のI_D-V_{GS}およびI_G-V_{GS}特性(実測)

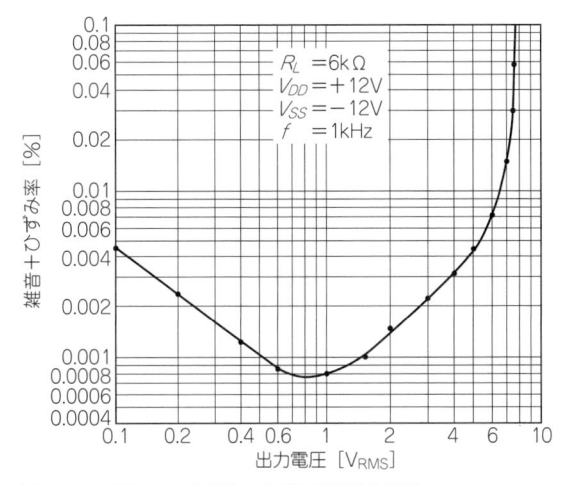

図11.18 図11.16の回路のひずみ率特性(実測)

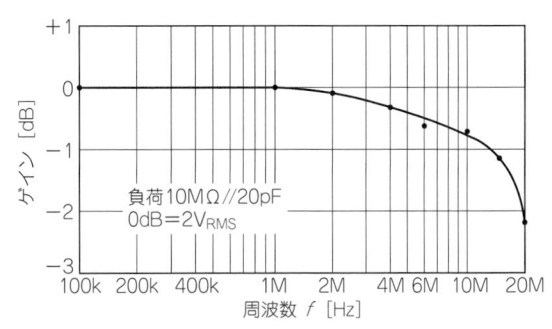

図11.19 図11.16の回路の周波数特性(実測)

走防止用抵抗を入れる必要はありません.ただし,負荷短絡時にFETのドレイン損失を定格内に抑えるため,負荷と直列にR_3 = 470Ωを挿入します.また,R_3は容量負荷時の発振を防ぎます.R_1とR_2は超高域の寄生振動(発振)防止用です.

実測ひずみ率特性を図11.18に,実測周波数特性を図11.19に示します. (黒田 徹)

11.4 増幅回路以外への応用

FETもトランジスタと同様に,増幅以外にも利用方法があります.ここでは,それらの代表的なものを紹介しましょう.

● 定電流回路への応用

V_{GS}が一定ならば,V_{DS}が変化してもI_Dはほとんど変化しない(飽和領域)というFETの性質を利用して,簡単に定電流回路が実現できます.

第11章

もっとも簡単なものは，**図11.20**(a)のようにゲートとソースを接続したもので，$V_{GS} = 0\,\text{V}$なので電流値I_{DSS}の定電流回路になります．

しかし，FETのI_{DSS}はかなりばらつきが多いので，このままでは使いにくく，ゲート-ソース間に抵抗を入れて，これで電流を調整できるようした図(b)のほうが使いやすいでしょう．

実際の定電流回路として使えるように，FETとRの関係を，**表11.2**に示しておきます．ただし，Rは大体の目安なので，実際には調整する必要があります．また，定電流値が大きくなるにつれて動作抵抗は低くなってしまいます．

Rの値をうまく調整すると，ドレイン電流が温度の影響を受けないQポイントに設定することができます．**図11.21**は，Qポイント設定した定電流回路とOPアンプを組み合わせた+10V基準電圧源回路です．

VR_1でドリフト（出力電圧の温度係数）をゼロに調整し，VR_2で出力電圧を+10Vに調整します．

C_1とC_2は，抵抗の熱雑音を減衰させます．また，C_2はOPアンプの高域クローズド・ループ利得を下げ，出力雑音の高域成分を10dB近く減らします．

図11.21の回路の実測出力雑音電圧は，40Hz～100kHzの範囲で13μV_{RMS}です．ちなみに，C_2を省くと出力雑音電圧は30μV_{RMS}に増大します．

実測した出力電圧-周囲温度特性を，**図11.22**に示します．30℃の温度変化に対し，出力電圧の変動は0.1%に収まっています．

Qポイントのドレイン電流の値$I_{D(Q)}$は，FETの品種によって大幅に異なります．**図11.21**の回路は，なるべく$I_{D(Q)}$の小さなFETが適しています．自己発熱によるFETの温度上昇を少なくできるからです．具体的には，$I_{D(Q)}$が約0.4mAである2SK30ATM(Y)や，同等の2SK246(Y)などが適当です．

OPアンプには，LM358のほかにLM2904も使えます．

● **OPアンプと組み合わせた定電流回路**

OPアンプと組み合わせると，さらに高性能の定電流回路を作ることができます．**図11.23**(a)は，バイポーラ・トランジスタを用いた定電流回路です．この定電流出力I_{OUT}は理想的には，

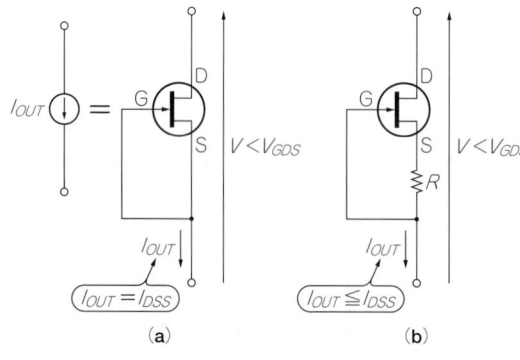

図11.20 FETを使った定電流回路

表11.2 図11.20(b)の特性実例

I_{OUT}	$V_{(max)}$	FET		R
0.5 mA	50 V	2SK30ATM	○	470 Ω
0.5 mA	100 V	2SK373	○	360 Ω
1 mA	50 V	2SK30ATM	Ⓨ	390 Ω
1 mA	100 V	2SK373	Ⓨ	360 Ω
2 mA	50 V	2SK30ATM	ⒼⓇ	430 Ω
2 mA	100 V	2SK373	ⒼⓇ	200 Ω
3 mA	50 V	2SK246	ⒷⓁ	510 Ω
5 mA	50 V	2SK246	ⒷⓁ	180 Ω
10 mA	40 V	2SK363	Ⓥ	20 Ω

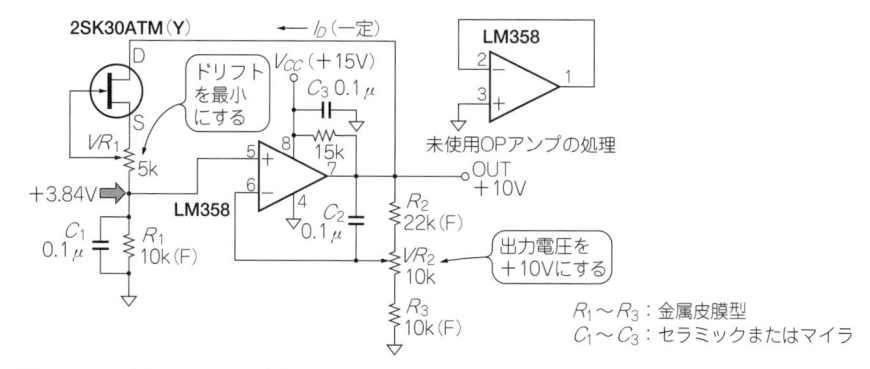

図11.21⁽⁵⁾ 低ドリフトで低雑音の+10V基準電圧源回路

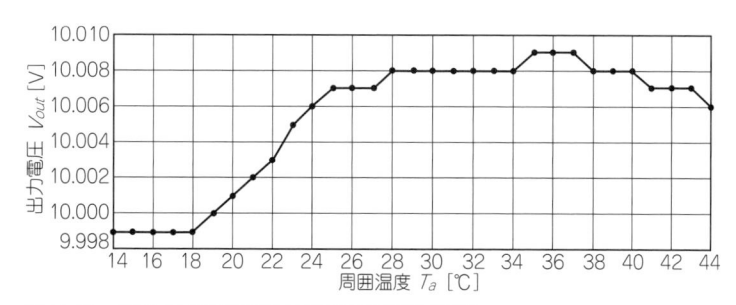

図11.22 図11.21の回路の出力電圧の温度特性(実測)

$$I_{OUT} = E_i/R$$

ですが，実際にはベース電流があるために，これが誤差となって現れます．それをFETに置き換えて図(b)のようにすると，ゲートに流れる電流は無視できるので誤差がなくなります．

このような高精度な回路では，OPアンプの入力電流も十分小さい値にする必要があります．また，図(a)の回路では単電源OPアンプでも使えますが，図(b)の回路では使えません．

● 可変抵抗回路

FETの出力特性は図11.7に示したような形をしていますが，この原点に近い部分を拡大して，さらに負の領域まで描くと図11.24(a)のようになります．

つまり，V_{DS}の非常に小さい領域では，V_{DS}-I_Dがほとんど直線なので，ドレイン-ソース間はたんなる抵抗(R_{DS})と見なすことができ，その抵抗値はV_{GS}によって制御することができるということです．R_{DS}-V_{GS}特性を図11.24(b)に示しますが，この図からも上記のことはわかると思います．

FETのドレイン-ソース間がこのように抵抗と見なせるのは，V_{DS}が数十mVまでです．100mVを越すと非直線ひずみが大きくなって実用にはなりません．

● ソフト・リミッタへの応用

図11.25と写真11.2に示したのは，FETを可変抵抗素子として利用したソフト・リミッタです．入

第11章

(a) トランジスタを用いた場合

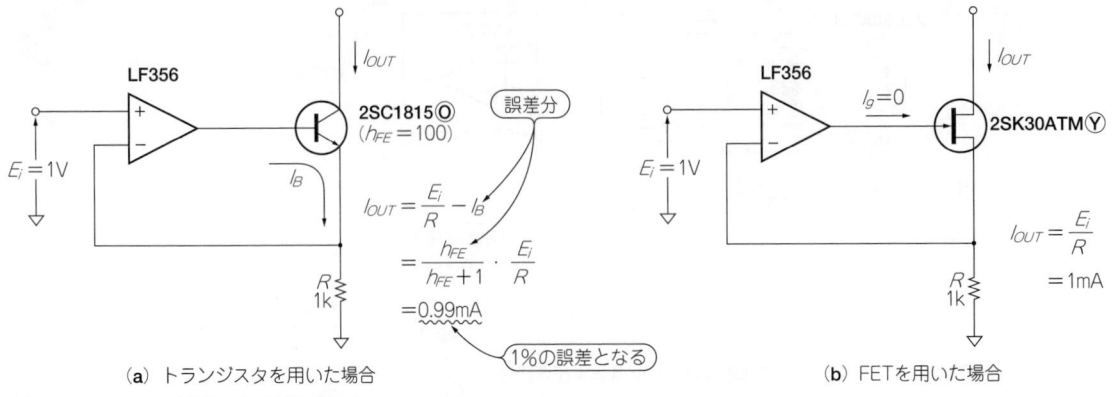

$$I_{OUT} = \frac{E_i}{R} - I_B$$
$$= \frac{h_{FE}}{h_{FE}+1} \cdot \frac{E_i}{R}$$
$$= 0.99\text{mA}$$

1%の誤差となる

(b) FETを用いた場合

$$I_{OUT} = \frac{E_i}{R} = 1\text{mA}$$

図11.23 OPアンプを使った定電流回路 ($I_{OUT} = 1\,\text{mA}$)

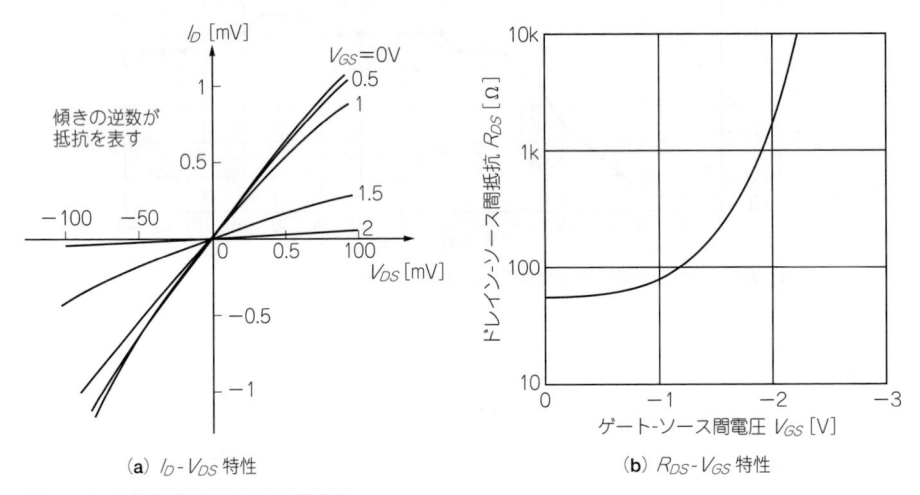

(a) I_D-V_{DS} 特性

傾きの逆数が抵抗を表す

(b) R_{DS}-V_{GS} 特性

図11.24 可変抵抗素子としての特性例

力電圧があるレベルを越えるとゲインを下げ，出力電圧を一定に抑えます．

▶アッテネータ

R_1，R_2，Tr_1 はアッテネータ（分圧回路）を形成します．Tr_1 は2SK170です．FETの I_{DSS} はばらつきが大きいので，表11.3の脚注に示したようにメーカがランク分けしています．ここではBLランクを使います．V_{DS} が100 mVを越えるとひずみが急増するので，R_1 と R_2 で信号レベルを下げ，後段の非反転増幅回路でレベルを上げます．非反転増幅回路のゲイン A は次式で求まります．

$$A = \frac{R_3 + R_4}{R_3} \quad \cdots\cdots(4)$$

▶出力電圧検出回路と積分回路

ダイオード1N4148と R_8 で出力電圧の振幅を検出します．v_{in} が正弦波のとき，出力電圧が0.56 V_{RMS} 以下ならば，R_8 を流れる検波電流の平均値は R_7 を流れる直流電流より小さいため，積分回路のOPアンプ

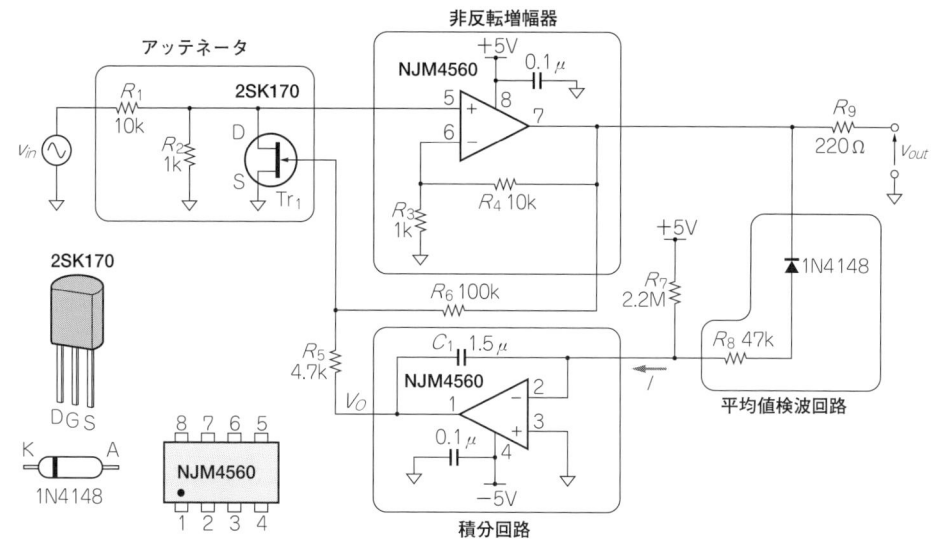

図11.25 FET可変抵抗によるソフト・リミッタ

写真11.2 FETを使ったソフト・リミッタ基板

表11.3 小信号FET 2SK170と2SJ74の主な定格と電気的特性

項目	記号	2SK170	2SJ74	単位
ゲート-ドレイン間電圧	V_{GDS}	−40	25	V
ゲート電流	I_G	10	−10	mA
許容損失	P_D	400	400	mW
接合部温度	T_J	125	125	℃
ドレイン電流	I_{DSS}	2.6〜20	−2.6〜−20	mA
ピンチ・オフ電流	V_P	−0.2〜−1.5	0.15〜2.0	V
順方向伝達アドミタンス	$|Y_{fs}|$	22	22	mS
入力容量	C_{iss}	30	105	pF
帰還容量	C_{rss}	6	32	pF

注：2SK170のI_{DSS}分類
　　　GR：2.6〜6.5，BL：6.0〜12，V：10〜20
　　2SJ74のI_{DSS}分類
　　　GR：−2.6〜−6.5，BL：−6.0〜−12，V：−10〜−20

の反転入力端子（ピン2）に流れ込む直流電流成分Iは正で，積分回路の出力電圧V_Oは下がっていきます．

　負電源電圧が−5Vのとき，積分回路の出力電圧は約−3Vで飽和し，Tr_1のゲート電圧は約−3Vになります．この値は2SK170（BL）のピンチ・オフ電圧より低いので，ドレイン-ソース間抵抗はとても高くなります．Tr_1は存在しないのも同然になり，ゲイン（v_{out}/v_{in}）は次のように求まります．

$$\frac{v_{out}}{v_{in}} = \frac{R_2}{R_1+R_2} \cdot \frac{R_3+R_4}{R_3} = \frac{1}{11} \times \frac{11}{1} = 1 \quad \cdots\cdots(5)$$

　v_{in}が増え，v_{out}が0.56V_{RMS}を越えると，検波回路のR_8の電流が増大して，積分回路の入力電流Iが負になります．すると，積分回路の出力電圧が上昇してTr_1のゲート電圧が上がり，V_{GS}がピンチ・オフ電圧を越えます．その結果，ドレイン-ソース間抵抗が減少し，アッテネータの減衰量が増えて，v_{out}が

低下し始めます．v_{out}が0.56 V_{RMS}まで下がると，積分回路の直流入力電流Iがゼロになり，積分回路の出力電圧はある値に収束します．

以上のように，図11.25のv_{out}は0.56 V_{RMS}に収束するようにコントロールされます．

▶ R_6の役割

図11.26に，実測の出力特性を示します．v_{in}が0.56〜8 V_{RMS}の範囲で，v_{out}は0.56 V_{RMS}一定です．Tr_1の原点付近の出力静特性曲線は，実際には少し曲がっており，トランジスタほどではありませんがひずみを発生します．しかし，低周波・小信号接合型FETの多くは構造的にドレインとソースが対称なため，ドレイン-ソース間電圧の1/2をゲートに負帰還すると，原点付近の出力特性曲線が直線化して，ひずみがキャンセルされます．R_6はこの負帰還をかけるための抵抗です．具体的には，

$$\frac{R_3+R_4}{R_3} \cdot \frac{R_5}{R_5+R_6} = \frac{1}{2} \quad \cdots\cdots(6)$$

を満足するようにR_6の値を定めます．R_6を付加すると，図11.26のようにひずみ率が約30 dB下がります．

● 正弦波発振器への応用

正弦波を発振するウィーン・ブリッジ発振回路は，ダイオードで振幅制限することもできますが，FETを使ったほうがより低ひずみ率な正弦波を得ることができます．

図11.27がその回路です．出力振幅が約4.5 V(＝3.9 V＋0.6 V)を越すと，2本のダイオードを通って負側が整流され，FETのゲート電圧が負の方向に動きます．これによってR_{DS}が大きくなるのですが，出力振幅が4.5 V以下では，R_{DS}は小さい方向に動きます．これによって適切に発振振幅がコントロールされ，安定な発振が持続するわけです．

● スイッチ回路への応用

FETを可変抵抗として用いたときのR_{DS}の最大，最小の部分のみを使うとスイッチ回路になります．ここでは，動作原理は省いて具体的な回路を例にとって見ていきましょう．

▶ サンプル＆ホールド(S＆H)回路

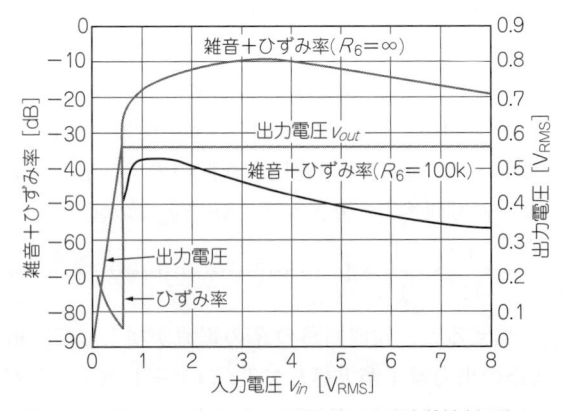

図11.26　図11.25のソフト・リミッタの入出力特性(実測)

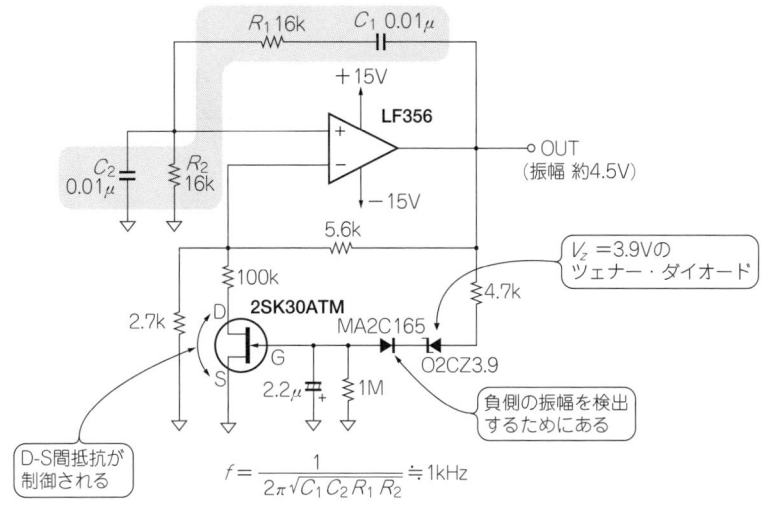

図11.27 1kHzウィーン・ブリッジ発振回路

$$f = \frac{1}{2\pi\sqrt{C_1 C_2 R_1 R_2}} \fallingdotseq 1\text{kHz}$$

S&Hは，制御信号によって入力信号をそのまま伝えたり，振幅をホールドしておくための回路です．

図11.28(a)は，FETをスイッチとして用いたS&H回路です．V_xを±15Vで切り替えることで，S&Hを行うものです．

$V_x = 15$VのときはダイオードD_1が逆バイアスされるので，ゲート-ソース間の1MΩのために$V_{GS} = 0$Vとなっています．したがって，FETはONしており（R_{DS}は数十Ω），出力には入力と同じ信号が出てきます（Sample期間）．

$V_x = -15$Vのときは，D_1を介してFETのゲートは負のほうに大きくバイアスされるので，FETはOFFします．そうすると，ホールド用コンデンサC_Hの電荷はどこにも逃げる径路がなくなり，コンデ

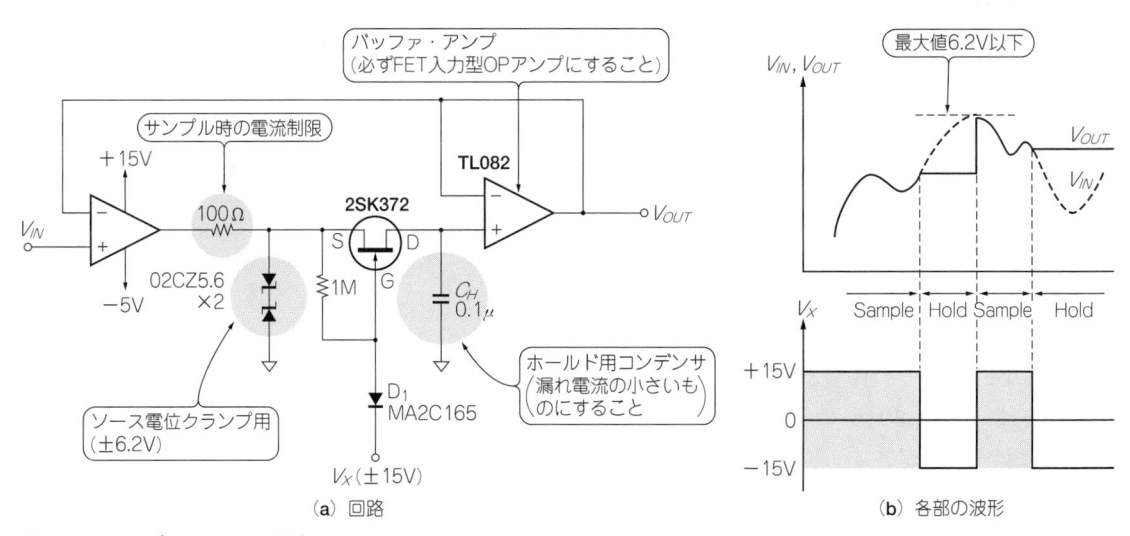

図11.28 サンプル&ホールド回路

```
       10k
    ┌──/\/\──┐
    │  +15V  │
 V_IN ─/\/\──┤− LF356
    │        │      ├──○ V_OUT
    └─/\/\──┤+
       10k  │
         −15V
```

(図中注記)
- 2SJ104の場合，+3～+5Vの範囲にあればよい．ほかのFETでは，それぞれこの値が異なる
- FETがPch FET（2SJタイプ）なので正になっている．もしもNch（2SKタイプ）のときは，負の電圧になる

2SJ104 D-G-S
V_x (0～+5V)

(a) 回路

(b) 各部の波形（V_{IN}, V_{OUT}，V_x，反転/非反転の切り替え）

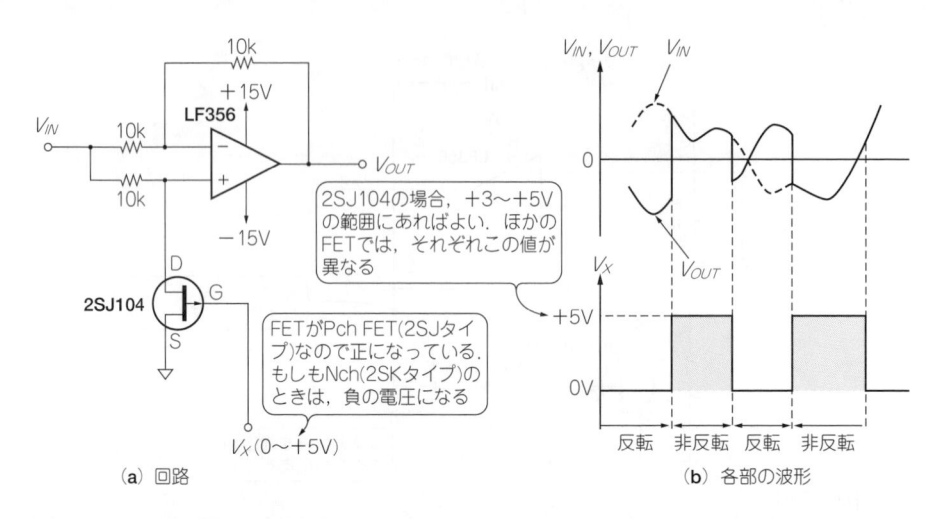

図11.29 反転/非反転の切り替え回路

ンサには $V_x = -15\,\mathrm{V}$ になった瞬間の値が維持され，この値が出力にそのまま現れます（Hold期間）．これらのようすを図示すると，**図11.28(b)** のようになります．

ただし，実際にはホールド期間でもFETの漏れ電流やOPアンプの入力バイアス電流，さらに C_H 自身の漏れ電流のために，徐々にではありますが出力の値は変化してしまいます．したがって，これらの電流はできるだけ小さいものを選ぶ必要があります．

なお，FETを2SJタイプにして，ダイオード D_1 の極性を入れ替えると同じ V_x に対してSample期間とHold期間が逆になります．

▶ 反転/非反転切り替え回路

図11.29(a) は，外部からの信号で反転/非反転を切り替えることができる回路です．

$V_x = 0\,\mathrm{V}$ のとき，$V_{GS} = 0\,\mathrm{V}$ なので，FETはONして（R_{DS} は数十Ω），OPアンプのIN$^+$端子はほとんどGNDレベルとなるため，全体としては利得1の反転増幅器として働きます．

$V_x = 5\,\mathrm{V}$ のときは，$V_{GS} = 5\,\mathrm{V}$ なのでFETはOFFして，OPアンプのIN$^+$端子は V_{IN} に等しくなるため，全体としては利得1の非反転増幅器として働きます．このようすを表したのが，**図11.29(b)** です．

● 低漏れ電流ダイオードとしての応用

すでに述べたように，FETのゲート漏れ電流はかなり小さく，一般的なダイオードよりも小さいほどです．ダイオードの中にも低漏れ電流を特徴としているものもありますが，これは比較的高価なため，安価なFETがその代用としてよく使われます．

使い方は，**図11.30(a)** のようにドレインとソースを接続するだけです．こうすると，NチャネルFETではゲート側がアノード，ドレイン-ソース側がカソードに対応します．

図11.30(b) は，微小電流増幅器の入力保護に用いた例です．入力信号電流が微小なレベルでは，OPアンプの入力電流や保護用ダイオードの漏れ電流の影響で誤差を生じるため，できるだけこれらの電

(a) 接続法

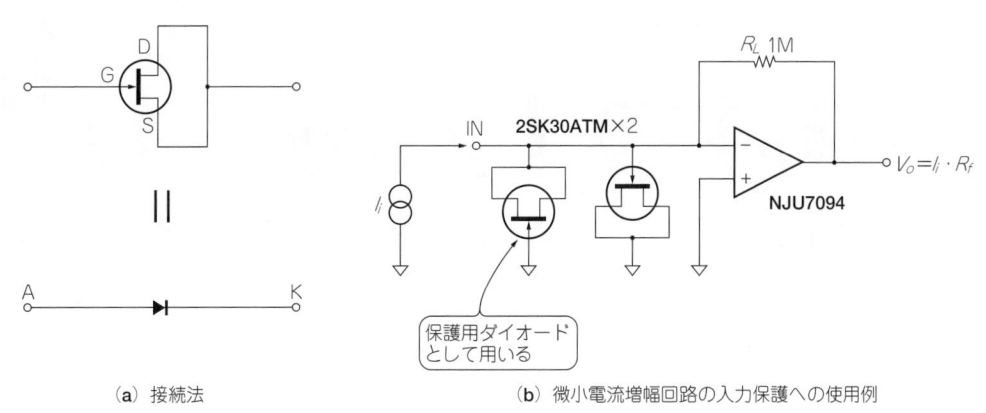

(b) 微小電流増幅回路の入力保護への使用例

図11.30 ダイオードとしての使い方

流を小さくする必要があります．そのため，OPアンプにはJFET入力よりもさらに入力電流の小さいMOS FET入力のものを用い，ダイオードには2SK30ATMをダイオード接続し，逆並列接続して使っています．

〈青木英彦/黒田 徹〉

参考・引用*文献
(1)* 東芝，電界効果トランジスタ(FET)第2版，1984年4月．
(2) 最新FET規格表 '84，CQ出版㈱．
(3) 立川 巌；FETの使い方，第4版，CQ出版㈱．
(4)* アナログ回路のQ＆A，発振回路，トランジスタ技術，1981年8月号，p.280．
(5)* 黒田徹；はじめてのトランジスタ回路設計，pp.184～188，初版，1999年，CQ出版㈱．

第三部 FETの基礎と応用

第12章 パワーMOS FETの使い方

　パワーMOS FETは，自動車から携帯機器までその応用範囲は非常に広く，たとえばほとんどの電子機器に組み込まれている電源回路などに使われています．本章では，このパワーMOS FETの使い方について基礎から応用回路まで紹介します．

12.1　パワーMOS FETの基礎

　MOS FETは，Metal‐Oxide‐Semiconductor Field‐Effect‐Transistorの略称です．トランジスタと同様に3端子構造であり，ドレインと呼ばれるトランジスタのコレクタに相当する端子，ソースと呼ばれる同じくエミッタに相当する端子，ゲートと呼ばれるベースに相当する端子で構成されます．バイポーラ・トランジスタと同様に，NチャネルとPチャネルがあり，素子記号は図12.1のように描きます．
　ドレイン-ソース間のダイオードはボディ・ダイオードと呼ばれ，構造上取り去ることができないのですが，実際の回路では逆方向電流の経路を作る目的で有効利用します．
　写真12.1に，各種の電力用MOS FETを示します．パッケージにはピンセットでつまめる程度の小さなものから，最大150Wまで許容できる大きなものまで多くの品種があります．図12.2に，定格電流-実装面積のグラフにマッピングしたMOS FETのパッケージを示します．この図からわかるように，最近は表面実装パッケージの小型化・大電力化が進んでいます．

● パワーMOS FETの構造

　図12.3に，簡略化したNチャネル・パワーMOS FETの構造を示します(Pチャネルは，N形半導体とP形半導体が入れ替わる)．実際のパワーMOS FETは，図12.3のMOS FETが素子内部で多数並列化されています．

230

12.1 パワーMOS FETの基礎

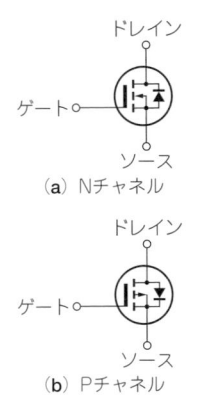

(a) Nチャネル

(b) Pチャネル

図12.1 パワーMOS FETの記号

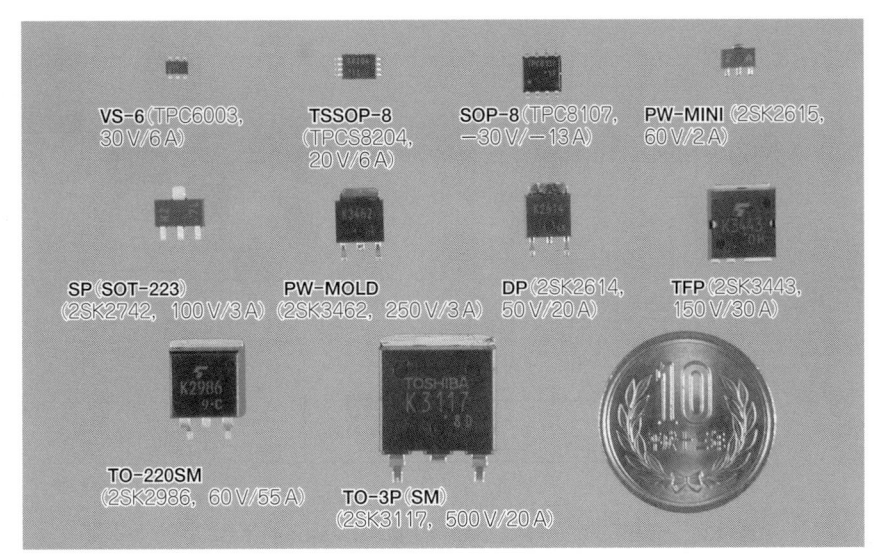

(a) 面実装パッケージ

- VS-6 (TPC6003, 30V/6A)
- TSSOP-8 (TPCS8204, 20V/6A)
- SOP-8 (TPC8107, −30V/−13A)
- PW-MINI (2SK2615, 60V/2A)
- SP (SOT-223) (2SK2742, 100V/3A)
- PW-MOLD (2SK3462, 250V/3A)
- DP (2SK2614, 50V/20A)
- TFP (2SK3443, 150V/30A)
- TO-220SM (2SK2986, 60V/55A)
- TO-3P (SM) (2SK3117, 500V/20A)

(b) 自立型パッケージ

- TO-92MOD (2SK2962, 100V/1A)
- PW-MOLD (2SK2231, 60V/5A)
- DP (2SK2614, 50V/20A)
- TPS (2SK2200, 100V/3A)
- TO-220AB (2SK2542, 500V/8A)
- TO-220(N)IS (2SK2985, 60V/45A)
- TO-220SM (2SK2986, 60V/55A)
- TO-3P(N) (2SK3176, 200V/30A)
- TO-3P(N)IS (2SK2995, 250V/30A)
- TO-3P(L) (2SK2267, 60V/60A)

写真12.1 パワーMOS FETの外観(東芝)
[パッケージ名(型名, 電圧/電流)]

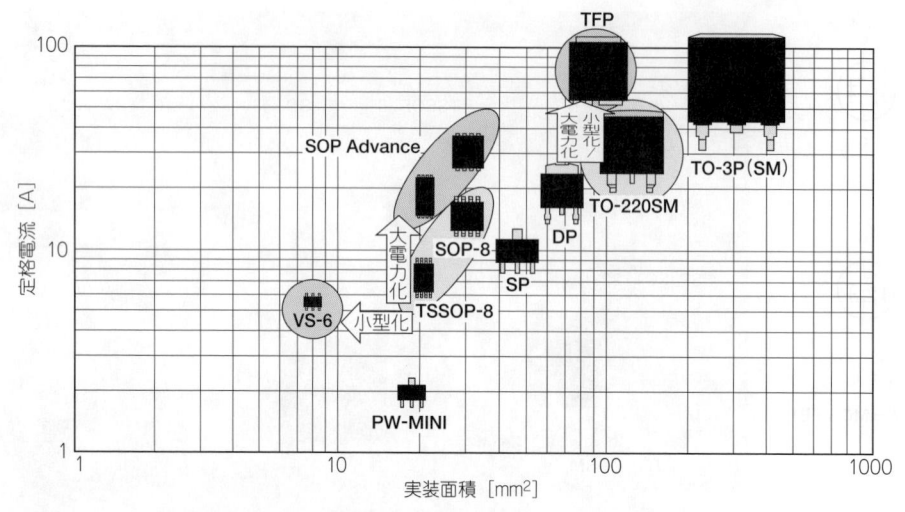

図12.2 小型化・大電力化が進む表面実装型パワーMOS FET

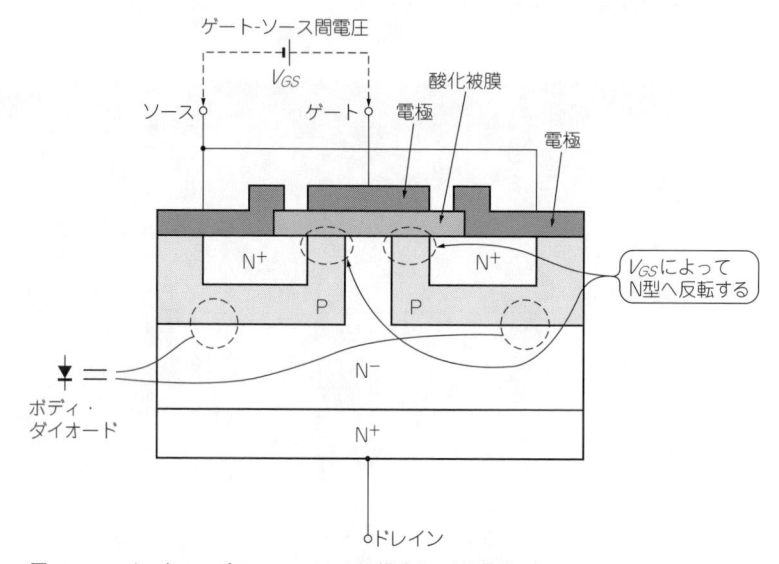

図12.3 Nチャネル・パワーMOS FETの構造（二重拡散構造）

図12.3においてゲート-ソース間電圧V_{GS}を加えていくと，ゲート直下のP形層と酸化膜の間に電子が引きつけられて，P形半導体がN形半導体に変わってしまった反転層ができます．この結果，ドレイン-ソース間に電子の流れる径路であるチャネルができるので，ドレイン-ソース間は導通します．

また，反転層の厚さはV_{GS}の大きさで変わるので，V_{GS}によってドレイン電流I_Dの大きさをコントロールすることができます．

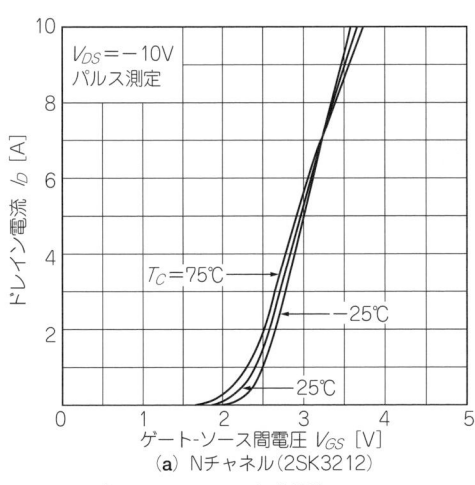

● パワーMOS FETの伝達特性

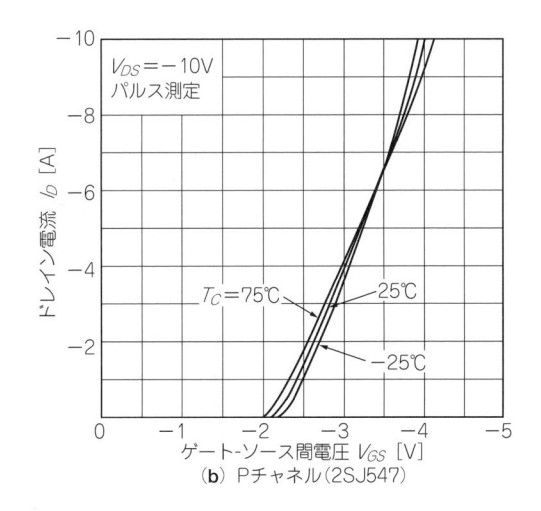

図12.4にパワーMOS FETのI_D-V_{GS}特性を示します．これは伝達特性と呼ばれ，V_{GS}の大きさでI_Dをどれだけ流すことができるのかを表しています．

Nチャネル素子はV_{GS}を正(ソース電位よりもゲート電位が高い)にするとI_Dが流れ，Pチャネル素子はV_{GS}を負(ソース電位よりもゲート電位が低い)にするとI_Dが流れます．また，どちらの極性の素子も$V_{GS}=0$で$I_D=0$です．このような特性をエンハンスメント特性といいます．

一般的なパワーMOS FETは，ほとんどがエンハンスメント特性です．

● 二つの動作領域

図12.5に示すように，パワーMOS FETの動作は水道にたとえることができます．水道管がドレインに，ハンドルがゲートに，蛇口がソースに相当します．ハンドルをひねると水道管から水が流れるように，ゲートにある一定の電圧を加えると，ドレインからソースに電流が流れます．ゲートに加える電圧，つまりゲート-ソース間電圧の大小によってドレイン電流値をコントロールできます．

図12.6に示すドレイン電流対ドレイン-ソース間電圧の特性を合わせて見るとわかるように，パワーMOS FETの動作はオン抵抗領域と飽和領域の二つに分けられます．

▶飽和領域

ドレイン-ソース間電圧の変化に対して，ドレイン電流の変化率が小さく，ゲート-ソース間電圧によってドレイン電流が制御されています．図12.5で言うと，蛇口に加わる水圧が変化しても，ハンドルの回転量で水量がきちんと制御されている状態に相当します．交流アンプなどリニアな信号増幅を行う回路では，この領域で動作させます．

▶オン抵抗領域

ゲート-ソース間電圧は十分に加えられているので，本来流せるドレイン電流はもっと大きいのです

(a) Nチャネル(2SK3212)

(b) Pチャネル(2SJ547)

図12.4 パワーMOS FETの伝達特性

第12章

が，ドレイン電圧が低いため，ドレイン電流が制限されています．水不足の影響で取水制限され，水圧を下げられたためにハンドルで水量を規定できず，水源の都合で放出される電流量が決まっている状態です．この領域は，後出のロード・スイッチやスイッチング電源などの高速スイッチング回路で使われる領域です．

● スイッチング回路に最適な素子

パワーMOS FETは，パワー・トランジスタに比べて次のような点で優れています．

▶ 高速スイッチングが可能

パワーMOS FETは，多数キャリア・デバイスです．少数キャリア・デバイスであるバイポーラ・トランジスタのようにキャリア蓄積時間が発生しませんから，バイポーラ・トランジスタより1桁も速い

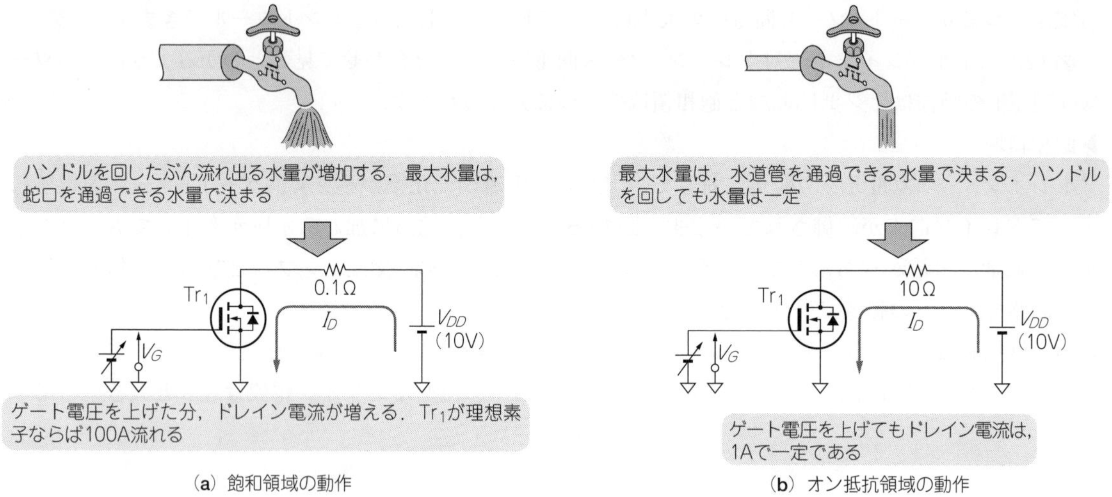

(a) 飽和領域の動作 (b) オン抵抗領域の動作

図12.5　パワーMOS FETの二つの動作領域

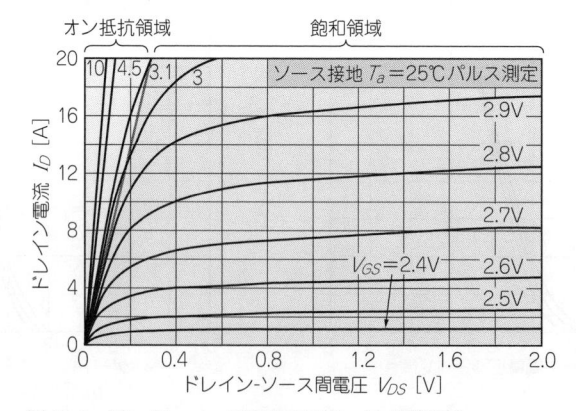

図12.6　ドレイン-ソース間電圧対ドレイン電流特性

12.1 パワーMOS FETの基礎

スイッチング・スピードで動作します．

▶駆動が簡単

パワーMOS FETは，電圧駆動素子です．バイポーラ・トランジスタと比較して，駆動電流はごく少量ですみますから，駆動回路がシンプルになるうえに，駆動時に発生する損失を小さく抑えることができます．

ただし，入力容量が大きいので，高い周波数で動作させる場合は，駆動回路に工夫が必要です．

▶壊れにくい

バイポーラ・トランジスタは，高電圧領域において電流集中が生じる2次降伏現象が発生するため，図12.7(a)に示すように，破壊しないで動作する領域(安全動作領域と言う)があまり広くありません．この領域を越えないように，十分にマージンを確保して設計しなければなりません．一方，パワーMOS FETは，図12.7(b)に示すように2次降伏が起こりにくく，広い安全動作領域が確保されています．安全動作領域は，電流・電圧定格と熱抵抗制限領域によってだけ決定されます．

▶熱暴走しにくい

バイポーラ・トランジスタは，ベース-エミッタ間の電圧が一定に保たれたまま素子温度が上昇すると，コレクタ電流が増大し続けて破壊に至る(熱暴走と言う)ことがあります．しかし，パワーMOS FETはオン抵抗が正の温度係数をもっており，ドレイン電流が増えるとオン抵抗が増大してドレイン電流が減るので，発熱が小さくなるように動作します．

この特性のおかげで，パワーMOS FETを並列接続した出力電力の大きいパワー段の設計が容易になります．

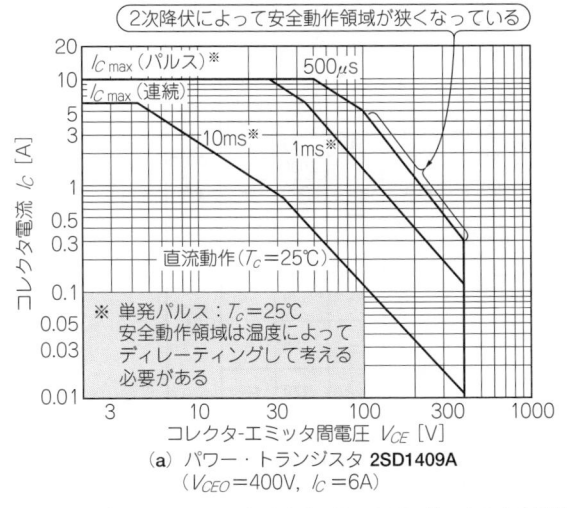

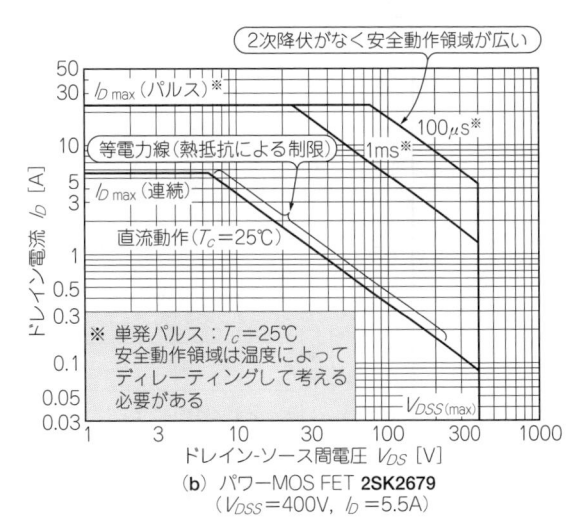

(a) パワー・トランジスタ 2SD1409A
(V_{CEO}=400V, I_C=6A)

(b) パワーMOS FET 2SK2679
(V_{DSS}=400V, I_D=5.5A)

図12.7 パワーMOS FETとバイポーラ・トランジスタの安全動作領域

12.2 パワーMOS FETの定格と電気的特性

● 最大定格

表12.1(a)に，パワーMOS FETのデータシートから引用した最大定格の例を示します．

▶最大ドレイン-ソース間電圧

最大ドレイン-ソース間電圧は，パワーMOS FETのドレイン-ソース間が降伏し，大きな電流が流

表12.1[(1)] パワーMOS FETの最大定格と電気的特性の例 (2SK2232)

項　目	記号	定　格	単位
ドレイン-ソース間電圧	V_{DSS}	60	V
ドレイン-ゲート間電圧 ($R_{GS}=20\text{k}\Omega$)	V_{DGR}	60	V
ゲート-ソース間電圧	V_{GSS}	±20	V
ドレイン電流　DC	I_D	25	A
ドレイン電流　パルス	I_{DP}	100	A
許容損失	P_D	35	W
アバランシェ・エネルギー(単発)	E_{AS}	156	mJ
アバランシェ電流	I_{AR}	25	A
アバランシェ・エネルギー(連続)	E_{AR}	3.5	mJ
チャネル温度	T_{ch}	150	℃
保存温度	T_{stg}	−55〜150	℃

(a) 最大定格 ($T_c = 25$ ℃)

項　目	記号	最大	単位
チャネル・ケース間熱抵抗	$R_{th(ch\text{-}c)}$	3.57	℃/W
チャネル・外気間熱抵抗	$R_{th(ch\text{-}a)}$	62.5	℃/W

(b) 熱抵抗特性

項　目	記号	測定条件	最小	標準	最大	単位
ゲート漏れ電流	I_{GSS}	$V_{GS}=\pm16\text{V}, V_{DS}=0\text{V}$	—	—	±10	μA
ドレインしゃ断電流	I_{DSS}	$V_{DS}=60\text{V}, V_{GS}=0\text{V}$	—	—	100	μA
ドレイン-ソース間降伏電圧	$V_{(BR)DSS}$	$I_D=10\text{mA}, V_{GS}=0\text{V}$	60	—	—	V
ゲートしきい値電圧	V_{th}	$V_{DS}=10\text{V}, I_D=1\text{mA}$	0.8	—	2.0	V
ドレイン-ソース間オン抵抗	$R_{DS(ON)}$	$V_{GS}=4\text{V}, I_D=12\text{A}$	—	0.057	0.08	Ω
		$V_{GS}=10\text{V}, I_D=12\text{A}$	—	0.036	0.046	
順方向伝達アドミタンス	$|Y_{fs}|$	$V_{DS}=10\text{V}, I_D=12\text{A}$	10	16	—	S
入力容量	C_{iss}		—	1000	—	
帰還容量	C_{rss}	$V_{DS}=10\text{V}, V_{GS}=0\text{V}, f=1\text{MHz}$	—	200	—	pF
出力容量	C_{oss}		—	550	—	
スイッチング時間　上昇時間	t_r	V_{GS} 10V/0V, $I_D=12\text{A}$, $R_L=2.5\Omega$, 4.7Ω, $V_{DD}=30\text{V}$, Duty ≤ 1%, $t_w=10\mu\text{s}$	—	20	—	ns
スイッチング時間　ターンオン時間	t_{on}		—	30	—	ns
スイッチング時間　下降時間	t_f		—	55	—	ns
スイッチング時間　ターンオフ時間	t_{off}		—	130	—	ns
ゲート入力電荷量	Q_g	$V_{DD}≒48\text{V}, V_{GS}=10\text{V}, I_D=25\text{A}$	—	38	—	nC
ゲート-ソース間電荷量	Q_{gs}		—	25	—	nC
ゲート-ドレイン間電荷量	Q_{gd}		—	13	—	nC

(c) 電気的特性

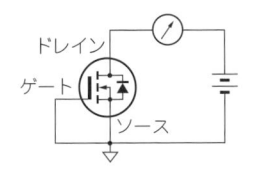

12.2 パワーMOS FETの定格と電気的特性

図12.8 最大ドレイン-ソース間電圧の測定回路

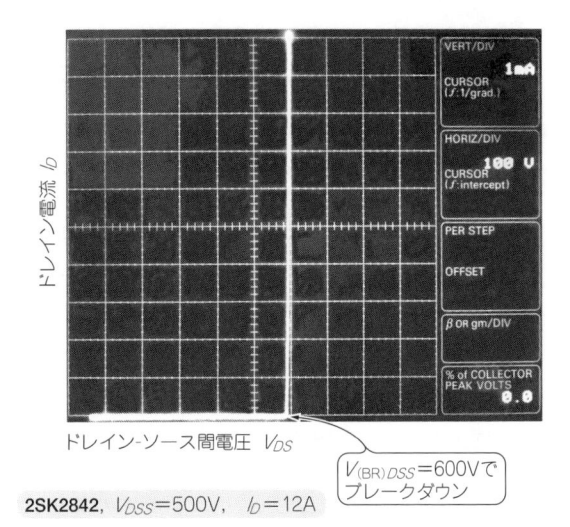

写真12.2 降伏すると V_{DS} の少しの変化で I_D は大きく変化する（100 V/div., 1 mA/div.）

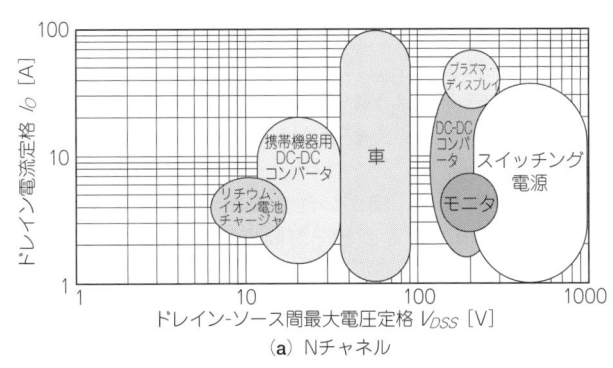

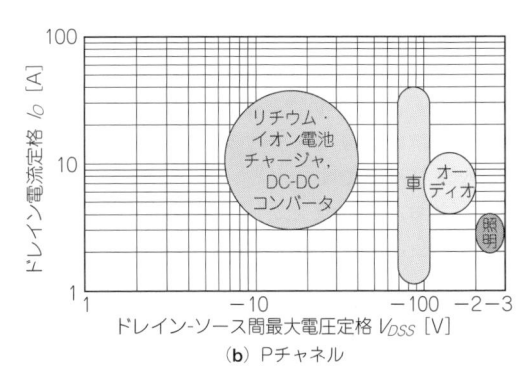

2SK2842, V_{DSS}＝500V, I_D＝12A

$V_{(BR)DSS}$＝600Vでブレークダウン

図12.9 NチャネルとPチャネルの応用範囲
(a) Nチャネル
(b) Pチャネル

れ出すときのドレイン-ソース間電圧です．図12.8に示したように，ゲート-ソース間をショートして測定します．**写真12.2**に示すように，いったんブレークダウンすると，ドレインに加わる電圧がわずかに上昇しただけでも，電流が急激に増加し素子が破壊します．Pチャネルは，Nチャネルより高耐圧化が難しいため，図12.9に示すように，Nチャネルのほうが種類が豊富で，応用範囲も広いのが現状です．

▶ゲート-ソース間電圧

ゲート-ソース間電圧の規格値を瞬時でも越えると，内部のゲート酸化膜が破壊します．破壊モードは，ショート・モードまたはゲート-ソース間のワイヤ・オープンなど2次要因によるオープン・モードです．近年は，ゲート-ソース間に静電保護用のツェナ・ダイオードを内蔵して，静電破壊耐量を向上したものが主流です．

第12章

コラム12.A　最大ドレイン-ソース間電圧を超えて使用できるか

● アバランシェ耐量とは

　パワーMOS FETを高速スイッチング用途で使用した場合，素子のターン・オフ時に回路のインダクタンスおよび浮遊インダクタンスによりドレイン-ソース間に最大定格V_{DSS}を越える高いサージ電圧が発生することがあります．すると，パワーMOS FETは降伏して，ドレイン-ソース間電圧は，**図12.A**に示すように$V_{(BR)DSS}$で頭打ちした波形になります．

　こんなとき，データシートに「アバランシェ耐量保証」と示されているパワーMOS FETなら，瞬間的にV_{DSS}定格を越える電圧がドレイン-ソース間に加わって降伏しても，最大チャネル温度を越えなければ使用できる場合があります．アバランシェ耐量とは，最大チャネル温度を越えない範囲でパワーMOS FETが吸収できるエネルギ量です．一般に，アバランシェ電流やアバランシェ・エネルギによって表記されます．

　図12.Bにアバランシェ・エネルギの算出式を示します．この式で求めたエネルギ値がデータシートに表記されているアバランシェ耐量以下であればOKです．

● アバランシェ耐量保証型を使うメリット

　V_{DSS}定格が500 VのパワーMOS FETがターン・オフしたとき，530 Vの短いサージ電圧が加わると仮定しましょう．アバランシェ耐量が保証されていなければ600 V耐圧の素子を使用する必要があります．

　本文中でも解説したように，パワーMOS FETのオン抵抗はV_{DSS}に比例して大きくなりますから，たとえばV_{DSS} = 500 Vのアバランシェ耐量保証型を使ったほうが損失が小さくなります．オン抵抗はチップ・サイズに比例しますから，パッケージが小さく，安価なものを使えるのも大きなメリットです．

　なお，アバランシェ耐量はメーカによって保証方法が異なり，細かい注意事項が示されていますから，V_{DSS}を越えた使い方をする場合は，素子メーカに相談することをお勧めします．

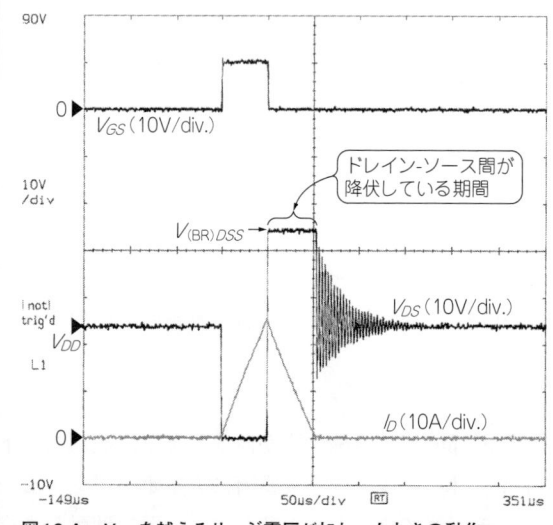

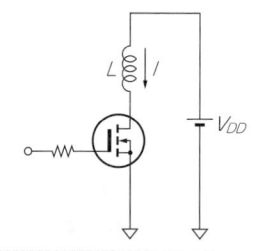

$$E_{AS} = \frac{1}{2} L I^2 \left(\frac{V_{(BR)DSS}}{V_{(BR)DSS} - V_{DD}} \right)$$

ただし，E_{AS}；アバランシェ・エネルギー [W]
　　　　$V_{(BR)DSS}$；降伏時のドレイン-ソース間電圧 [V]
　　　　V_{DD}；電源電圧 [V]

図12.A　V_{DSS}を越えるサージ電圧が加わったときの動作（50 μs/div.）

図12.B　アバランシェ・エネルギーの算出式

▶最大ドレイン電流

　最大ドレイン電流は，素子に通電できる最大の電流値で，直流時とパルス時に分けて記載されています．パルス幅によっても大きさが違います．素子は，直流時に理想的な放熱条件下，つまり無限大の放熱板に実装し，パッケージ温度を25℃に保った状態で，損失 $I_D^2 R_{DS(on)}$ がパッケージの許容損失以下になるように設計されています．実際の使用にあたっては，チャネル温度 T_{ch} が保証温度を越えないように，ドレイン電流を設定すればよいわけです．

　放熱条件は，設計するセットによって異なります．実際の環境では，パッケージを25℃に保つことはほとんど不可能なので，最大ドレイン電流以下で使用するケースがほとんどだと思います．T_{ch} は，過渡熱抵抗 $R_{th(tw)}$ を使って次式で算出します．

$$T_{ch} \geq I_{D(tw)}^2 R_{DS(on)max} R_{th(tw)}$$

　　ただし，$I_{D(tw)}$ ；ドレイン電流
　　　　　　T_{ch} ；チャネル温度の保証温度［℃］
　　　　　　$R_{DS(on)max}$ ；オン抵抗［Ω］

▶許容損失

　許容損失は，周囲温度 T_a やケース温度 T_c が25℃のときのパッケージが許容できる損失です．これらの値は，次式で定義されます．外気の温度を基準にしたチャネル-外気間の許容損失を $P_{Dmax(Ta)}$［W］，ケースの温度を基準にしたチャネル-ケース間の許容損失を $P_{Dmax(Tc)}$［W］とすると，次式が成り立ちます．

$$P_{Dmax(Ta)} = \frac{T_{chmax} - T_a}{R_{th(ch-a)}}$$

$$P_{Dmax(Tc)} = \frac{T_{chmax} - T_c}{R_{th(ch-c)}}$$

　　ただし，$R_{th(ch-a)}$ ；チャネル-外気間飽和熱抵抗［℃/W］
　　　　　　$R_{ch(ch-c)}$ ；チャネル-ケース間飽和熱抵抗［℃/W］

　許容損失は放熱条件によって大きく変化するので，データシートに示された値がどのような条件で定義されたものか確認しましょう．特に，面実装素子の場合，使用する基板がガラス・エポキシなのかセラミック基板なのかで大きく値が異なります．

● 熱抵抗特性

　表12.1(b)に，データシートから引用した熱抵抗特性の例を示します．熱抵抗とは，素子が1W消費したときにどのくらい温度が上昇するかを意味しています．単位は℃/Wです．

　チャネルから外気への熱伝導は，熱抵抗と熱容量で決まります．放熱経路は電気回路で置き換えることができます．つまり，**図12.10**に示すように，温度は電圧に，電力は電流に，熱抵抗は抵抗と考えることができます．各熱抵抗は，使用するパワーMOS FETや絶縁シート，ヒート・シンクの仕様書などに示された値を参考にします．チャネルの絶対温度は，図に示す式を使って求めたチャネル-外気間の熱抵抗 $R_{th(ch-a)}$ に，パワーMOS FETで消費する電力 P_D を乗じて，外気の温度を加えれば得られます．この温度が，データシートに示された最大チャネル温度以下になるように設計します．

第12章

$$R_{th(ch-a)} = \frac{R_{th(c-a)}(R_{th(c-s)} + R_{th(s-f)} + R_{th(f-a)})}{R_{th(c-a)} + R_{th(c-s)} + R_{th(s-f)} + R_{th(f-a)}}$$

P_D：パワーMOSFETの消費電力 [W]
T_a：外気の温度 [℃]
T_{ch}：チャネルの温度 [℃]
T_c：ケースの温度 [℃]
$R_{th(ch-c)}$：チャネル-ケース間の熱抵抗 [℃/W]
$R_{th(c-a)}$：ケース-外気間の熱抵抗 [℃/W]
$R_{th(c-s)}$：ケース-絶縁シート間の熱抵抗 [℃/W]
$R_{th(s-f)}$：絶縁シート-ヒートシンク間の熱抵抗 [℃/W]
$R_{th(f-a)}$：ヒートシンク-絶縁シート間の熱抵抗 [℃/W]

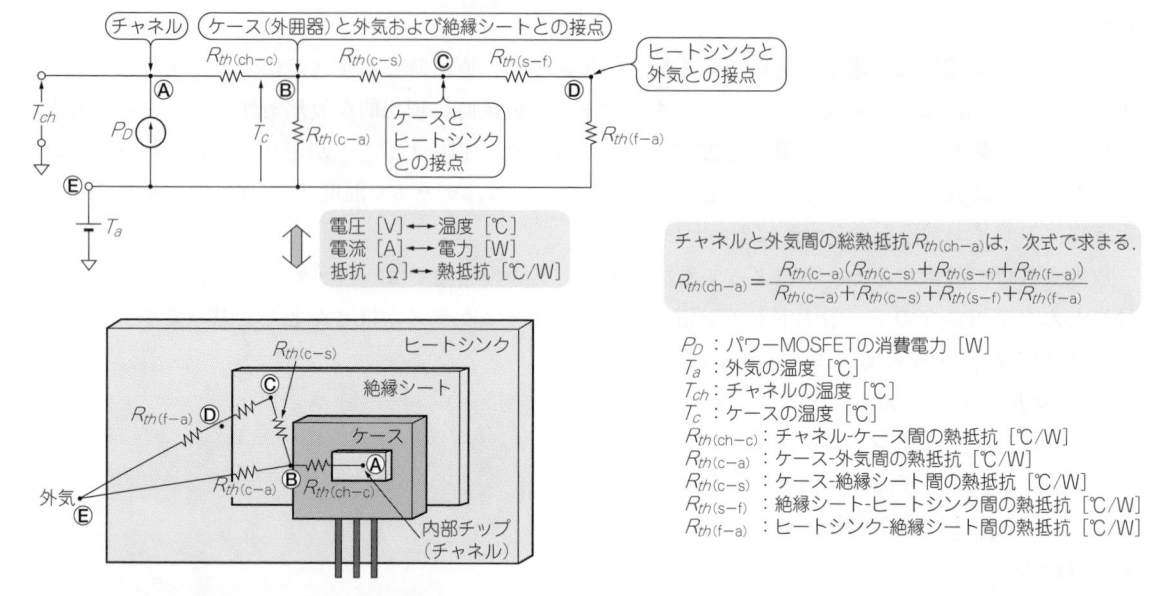

図12.10　熱抵抗を利用したチャネルの温度算出法

● 電気的特性

　表12.1(c)に，データシートから引用した電気的特性の例を示します．

▶ドレイン-ソース間オン抵抗

　パワーMOS FETは，小さなパワーMOS FET（以下，セル）が数多く並列接続されてできています．したがって，セルを微細化すれば，同じチップ面積でもたくさんのセルを並列接続でき，オン抵抗の小さなものができます．

　写真12.3に，従来品と微細化の進んだ最新のパワーMOS FETのドレイン-ソース間電圧V_{DS}-ドレイン電流I_D特性を示します．ここで，波形の傾きがオン抵抗を表しています．従来品のオン抵抗標準値（@V_{GS} = −10 V）が34 mΩであるのに対し，最新のものは5.5 mΩとオン抵抗が低減されています．Pチャネルは，Nチャネルよりオン抵抗が同一チップ・サイズで約1.5倍高く，またドレイン-ソース間耐圧が高いものほどオン抵抗が高い傾向があります．

　図12.11に示すように，$R_{DS(on)}$は正の温度係数をもっており，チャネルの温度が上昇すると$R_{DS(on)}$も上がり，損失が増えます．

▶ゲートしきい値電圧

　ゲートしきい値電圧は，規定のドレイン電流が流れ始めるゲート-ソース間電圧のことです．$V_{GS(th)}$で表します．ノイズ・マージンやスイッチング損失の低減の観点からは，$V_{GS(th)}$は高いほうがよいのですが，$V_{GS(th)}$より十分に大きなゲート電圧を加えないと，$R_{DS(on)}$が下がりきりません．

　一方，必要以上に$V_{GS(th)}$の高いものを使うと$R_{DS(on)}$が大きくなり，オン抵抗が増加します．特に，低電圧でパワーMOS FETを駆動する場合は，$V_{GS(th)}$の低い素子を選び，オン抵抗損失を低減します．図12.12に示すように，$V_{GS(th)}$は負の温度係数をもっているので，高温ほどONしやすくなります．高温で

写真12.3 (a) 最新のパワーMOS FET **TPC8107**
（$R_{DS(on)} ≒ 5.5mΩ @ V_{GS} = 10V$，トレンチ構造）

写真12.3 (b) 従来のパワーMOS FET **TPC8102**
（$R_{DS(on)} ≒ 34mΩ @ V_{GS} = 10V$，プレーナ構造）

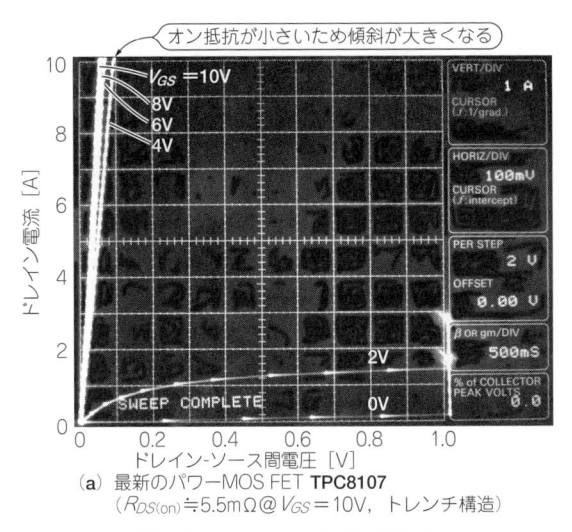

写真12.3 最新のパワーMOS FETはオン抵抗が低い

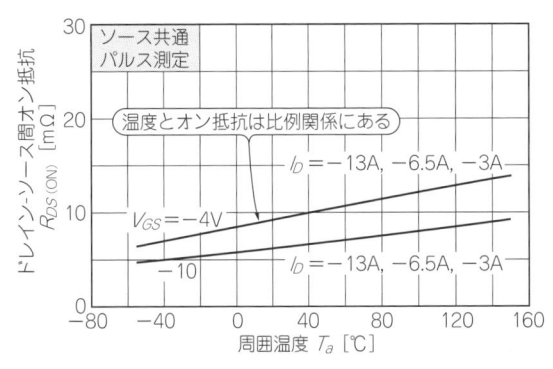

図12.11 周囲温度-オン抵抗特性例

図12.12 周囲温度-ゲートしきい値電圧特性例

使うときは，ノイズによる誤動作に注意しましょう．

▶順方向伝達アドミタンス

順方向伝達アドミタンスは，ゲート-ソース間電圧によるドレイン電流の変化分です．$|Y_{fs}|$で表します．$|Y_{fs}|$の大きな素子は，ゲート-ソース間電圧のわずかな電圧の変化に対してドレイン電流が大きく変化します．つまり，スイッチング時間が短く，スイッチング損失が少なくなります．

図12.13に示すように，大電流領域では負の温度係数をもっています．負荷が変動して大きなドレイン電流が流れてチャネルの温度が上昇すると，$|Y_{fs}|$が低下するため，電流集中や熱暴走を避けることができます．この特性はバイポーラ・トランジスタでは難しかった並列接続を容易にしています．

▶ダイオード特性

図12.14に示すように，パワーMOS FETには構造上ソース-ドレイン間にダイオードが等価的に内蔵されており，逆方向，つまりソースからドレイン方向にも電流を流すことができます．これをボディ・ダイオードと呼びます．**図12.15**からわかるように，同じゲート-ソース間電圧に対して，ドレイン-

第12章

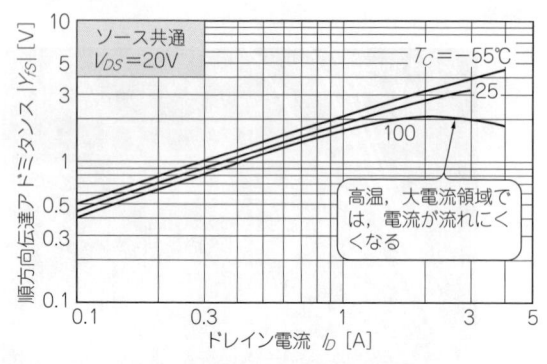

図12.13 ドレイン電流-順方向アドミタンス特性例

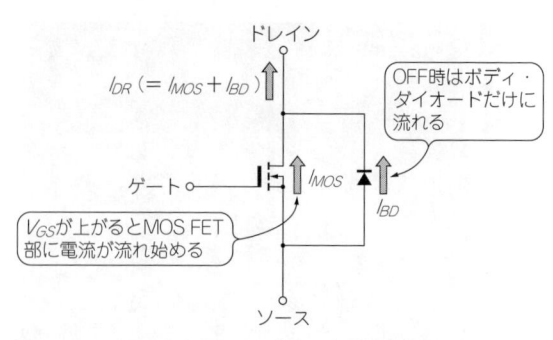

図12.14 ソースからドレイン方向にも電流を流せる

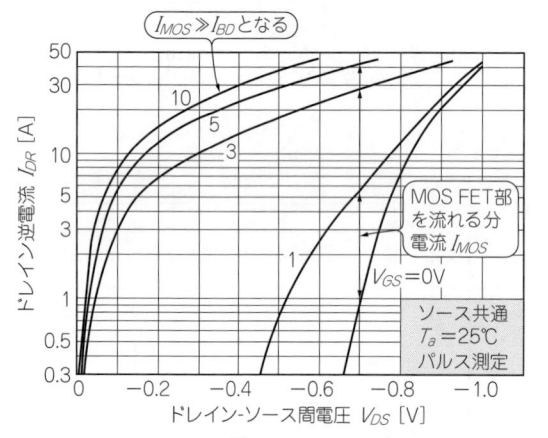

図12.15 ドレイン-ソース間電圧対ドレイン逆電流特性例

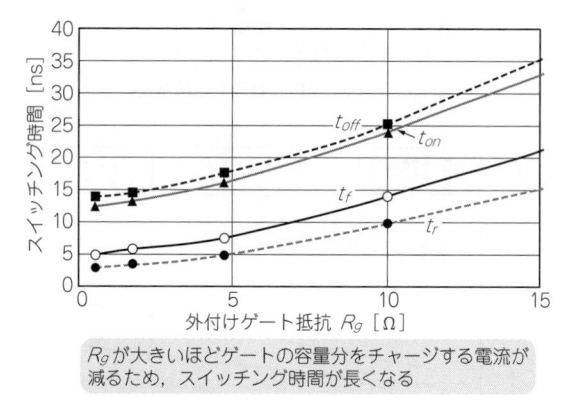

図12.16 外付け抵抗-スイッチング時間特性例

ソース間オン抵抗とほぼ同等の抵抗値が得られます．詳細は稿末の文献(5)を参照ください．

▶ゲート入力電荷量

パワーMOS FETのゲートに駆動信号を供給すると，ゲートに電荷が充電されます．ゲート電荷量とは，ドレイン-ソース間をONさせるためにゲートに供給する電荷の総量です．駆動回路の電流供給能力や出力インピーダンスなどが同じである場合，スイッチング速度はQ_gによって決まります．Q_gやQ_{gd}が小さい素子は，高速にスイッチングできます．

▶スイッチング特性

スイッチング時間は，パワーMOS FETの入力容量の充電時間に対応します．スイッチング時間は，入力容量の大きさのほかに，外付けのゲート抵抗の影響を受けます．**図12.16**に，外付けのゲート抵抗がスイッチング時間に与える影響を示します．ゲート端子から内部チップまでのゲート・ワイヤのインダクタンスや数〜数十Ωの抵抗分も，スイッチング特性に大きな影響を与えます．内部抵抗が小さいとゲートに大きな電流を振り込めるため，スイッチングが速くなります．ゲート抵抗値には温度特性はありません．最近では，1.0〜2.0Ω程度の低ゲート抵抗のパワーMOS FETがあります．

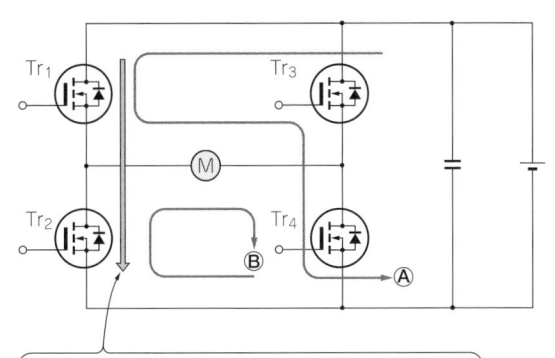

> モータが正転状態(Tr_1/Tr_4：ON, Tr_2/Tr_3：OFF)から停止状態($Tr_1/Tr_2/Tr_3$：OFF, Tr_4：ON)に移行し, 再び正転状態(Tr_1/Tr_4：ON, Tr_2/Tr_3：OFF)に移行したとする. 正転状態ではⒶのルートで, 停止直後はⒷのルートで電流が流れる. Ⓑの電流が流れている状態から正転状態に移行し, Tr_1がＯＮすると, 電源→Tr_1のチャネル→Tr_2のボディ・ダイオードという経路で大きな電流が流れる. この電流を貫通電流という.

図12.17 フル・ブリッジ出力回路への応用と貫通電流

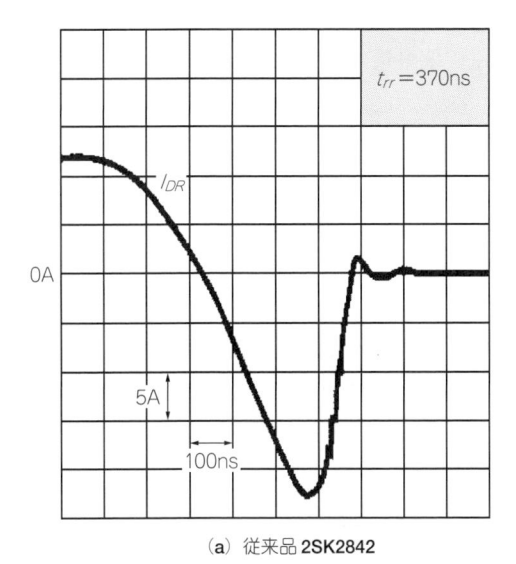

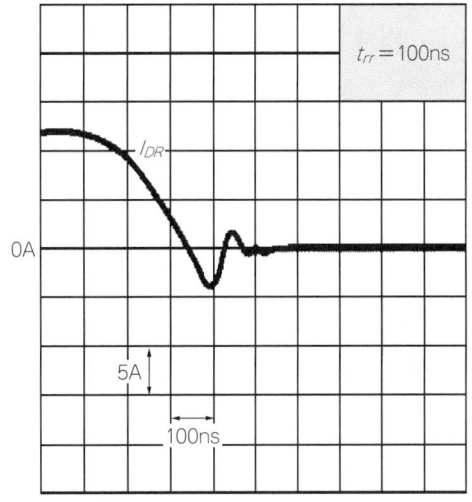

(a) 従来品 2SK2842　　　(b) 高速ダイオードを内蔵する 3SK3313

図12.18 高速応答のボディ・ダイオードの逆回復特性

▶ダイオード・リカバリ特性

　ダイオード・リカバリ特性は, ボディ・ダイオードに流れる電流のOFF応答速度です. t_{rr}が小さいものほど, 高速動作に適しています. t_{rr}が大きいと損失が増すばかりでなく, **図12.17**に示すように, ブリッジ回路で使用したとき貫通電流が発生します. 高速性が求められる場合は, 応答速度の速いボディ・ダイオードを内蔵したものを使用します.

　図12.18に示したのは, 従来品2SK2842と高速ダイオードを内蔵した2SK3313のスイッチング波形です.

第12章

12.3　パワーMOS FETを安全に使うための基礎知識

● 安全動作領域内で使う

　図12.7(b)に示したように，パワーMOS FETの安全動作領域は，電流定格/電圧定格/熱の三つの条件によって決定されています．いかなる場合においても，この領域外で使用してはいけません．逆に，この領域内で使用すれば，素子が安全に動作することが保証されます．

　実際の作業は，図12.7(b)中に時間と共に変化する電圧と電流の軌跡を記録して確認します．長寿命で使うには，電流・電圧・熱に対する制限ラインに対して，それぞれ20％程度のマージンをとります．

● 静電破壊に注意すること

　パワーMOS FETは酸化膜で絶縁された構造ですから，静電破壊を起こす可能性があります．したがって，取り扱うときは，グラウンド・バンドや静電マットの上で作業しましょう．図12.19に示すように，破壊にいたる静電レベルは，チップ・サイズが大きく入力容量が大きい素子ほど高い傾向があります．ゲート-ソース間に保護用ツェナ・ダイオードを内蔵したパワーMOS FETが最近の主流です．図12.20に，内蔵ツェナ・ダイオードの有無による静電破壊耐量の違いを示します．

● メーカ推奨の dv/dt 以下で使用すること

　図12.14に示したパワーMOS FETの等価回路をもう少し厳密に描くと，図12.21のようになります．V_{DS} が急峻に立ち上がると，等価コンデンサ C_X に偏移電流が流れ，等価トランジスタ Q_X がターン・オンしたり，帰還容量を通じてパワーMOS FET自身がターン・オンして破壊する可能性があります．これをセルフ・ターン・オンと呼びます．

　最近のパワーMOS FETは，ベース抵抗 R_x と帰還容量が小さくなるように設計されており強度が向上しています．ただし，実使用ではメーカが推奨する dv/dt 以内で使用することが好ましく，一般にこの数値は10 kV/μs程度です．ゲート-ソース間を逆バイアスしてゲート電圧がしきい値電圧までもち

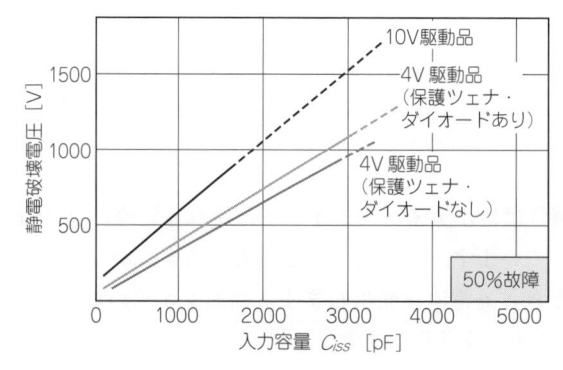

図12.19　入力容量-静電破壊耐圧特性例

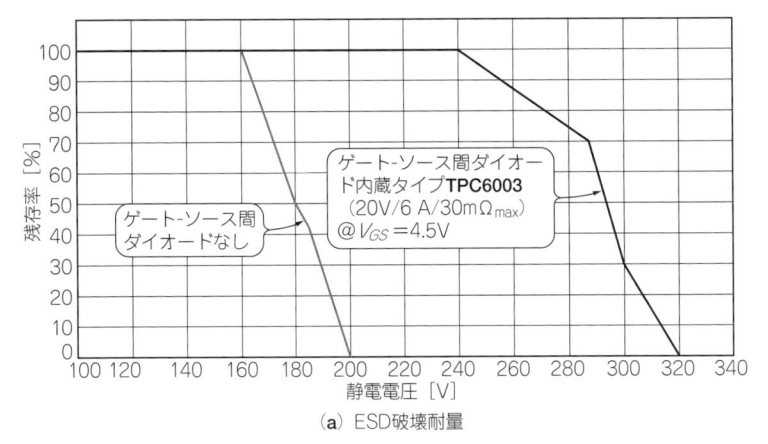

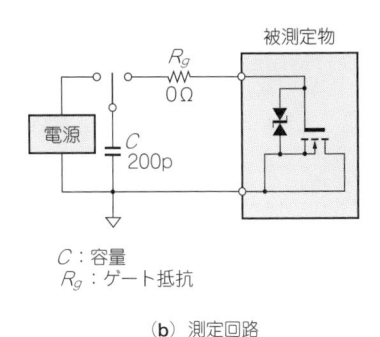

図12.20 ゲート-ソース間ダイオードと静電破壊耐量の改善効果

(a) ESD破壊耐量
(b) 測定回路

C：容量
R_g：ゲート抵抗

上がらないようにしたり，**図12.22**に示すようにゲート-ソース間に高周波特性に優れたコンデンサを挿入する対策が有効です．

● ゲート-ソース間電圧定格を守ること

　内蔵のツェナ・ダイオードは，電力的にはとても小さいものです．この定格電力を越えるとパワーMOS FET自体が破壊します．ゲート-ソース間の最大定格を越えないように使うことが重要です．

● ドレイン電流定格を守ること

　パワーMOS FETも他の半導体と同様に，シリコン・チップと外部電極はボンディング・ワイヤで接続されています．「電力定格さえ守れば，電流値は少しぐらい定格を越えてもかまわないのでは？」と考える人もいるかもしれません．しかし，ボンディング・ワイヤがダメージを受けて切断したり，切

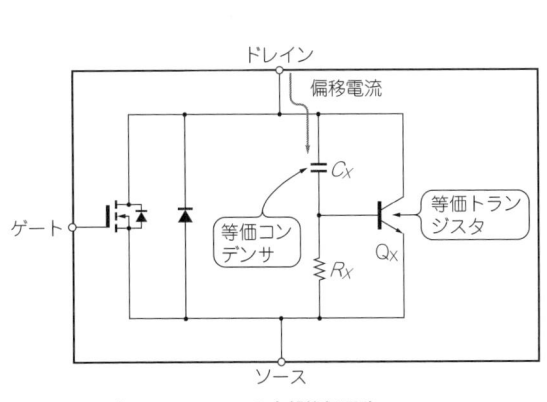

図12.21 パワーMOS FETの内部等価回路

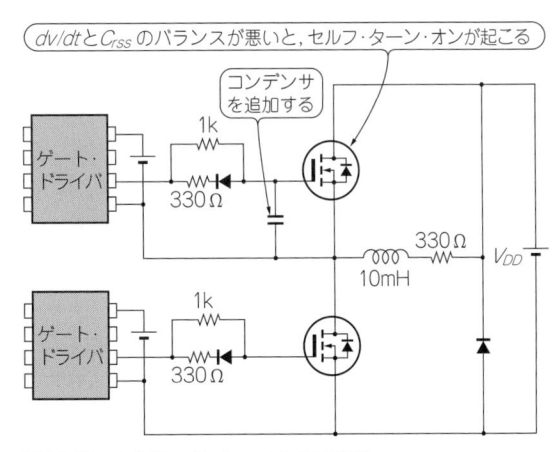

図12.22 セルフ・ターン・オンの対策例

第12章

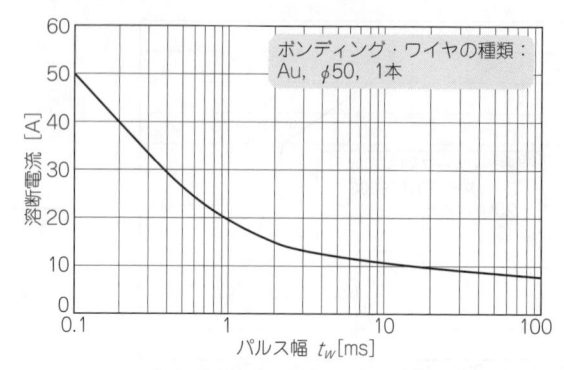

図12.23 シリコン・チップと外部電極間を接続するボンディング・ワイヤの溶断特性例

断時の過大なエネルギで樹脂が破裂する可能性があります．

　もちろん，ドレイン電流定格範囲内で使用していればまず溶断しません．**図12.23**に V_{DSS} = 20 V，I_D = 6 A（連続）のTPCS8211で採用されているAuワイヤの溶断電流特性例を示します．

● 並列接続時は発振に注意！

　パワーMOS FETのオン抵抗は正の温度係数をもっており，並列接続は容易であると言われています．

　しかし，何の配慮もないままゲート端子を接続すると，配線のインダクタンスと素子容量によって共振回路が形成され，素子内の電子伝送遅れ時間とで寄生発振が起きることがあります．

　並列接続された二つのパワーMOS FETは，逆位相で発振します．三つの素子を並列接続した場合は，そのうちの二つが発振します．対策として，抵抗やコンデンサを挿入するなどしますが，**図12.24**に示すように有効な挿入箇所があります．

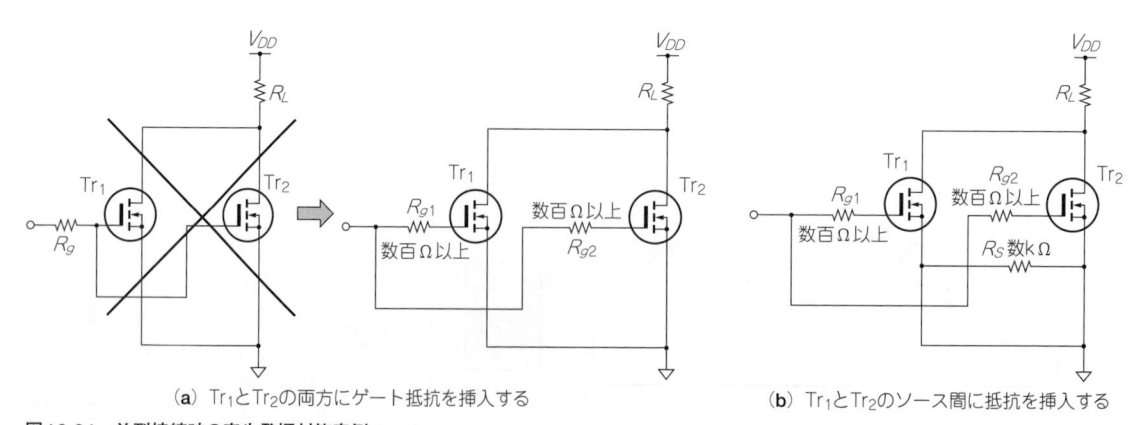

（a）Tr_1とTr_2の両方にゲート抵抗を挿入する

（b）Tr_1とTr_2のソース間に抵抗を挿入する

図12.24 並列接続時の寄生発振対策事例

12.4 ゲートを駆動する基本回路

入力容量の小さいパワーMOS FETならば，CMOS ICで直接駆動することができます．図12.25(a)は，TC4050Bを使用した駆動回路です．ゲート駆動電流を増やすには，図12.25(b)に示すように複数のゲートを並列接続します．

駆動信号源とパワーMOS FETを絶縁したいときは，図12.26に示すようにフォト・カプラを使った駆動回路が一般的です．フォト・カプラには，受光素子がフォト・トランジスタの低速タイプと，PINダイオードの高速タイプがあります．R_{SH}はゲート容量の放電用抵抗で，ターン・オフ時間を短くしています．使用するパワーMOS FETの入力容量が小さい場合は図(a)の回路でOKですが，大きい場合

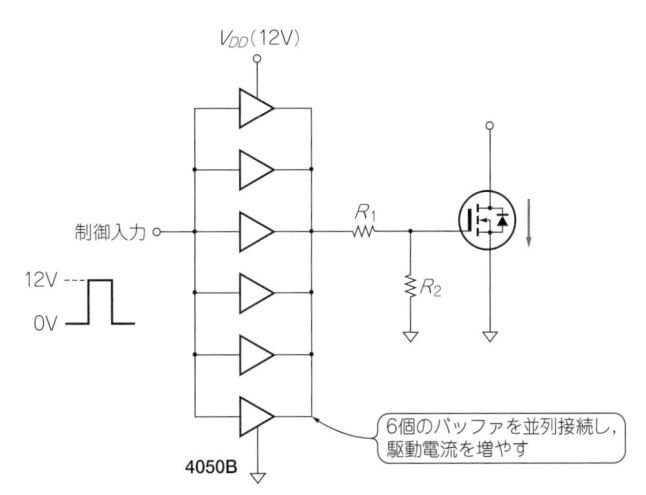

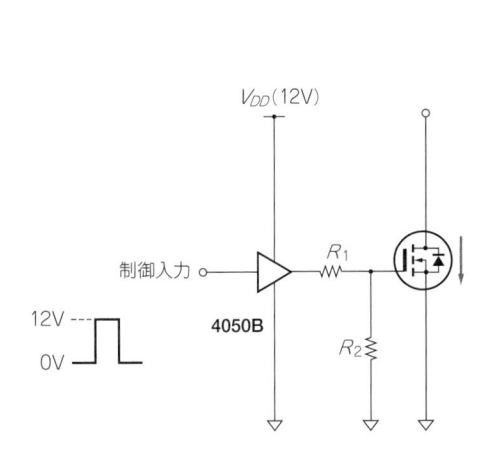

(a) 入力容量の小さいパワーMOS FETを使う場合　　(b) 入力容量の大きいパワーMOS FETを使う場合

図12.25[6]　CMOS ICによるドライブ回路の構成

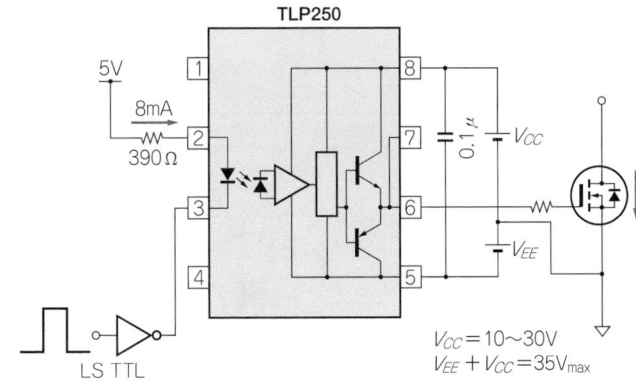

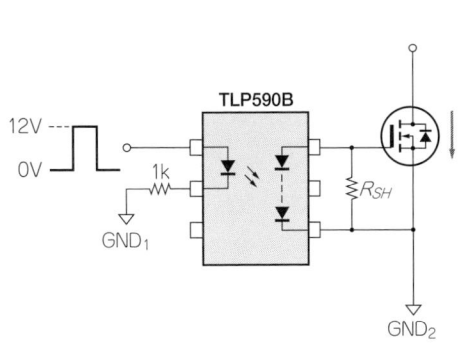

(a) 入力容量の小さいパワーMOS FETを駆動する場合　　(b) 入力容量の大きいパワーMOS FETを駆動する場合

図12.26[6]　絶縁型ドライブ回路

第12章

は図(b)に示すように電流増幅回路を内蔵したフォト・カプラを使います．

● 必要な駆動電流の算出方法

素子のスイッチング時間は，各端子間に存在する接合容量の大きさで決まります．ゲート電荷量 Q_g，入力容量 C_{iss}，ゲート-ソース間に流れる充電電流 I_G，素子のスイッチング時間 t には，次の関係があります．

$$I_G = \frac{dQ_g}{dt} = \frac{C_{iss}dV_{GS}}{dt}$$

充放電電流は，スイッチング時の過渡期だけ流れて，完全なON状態になるとゲート電流を必要としません．スイッチング時間は，駆動回路の駆動電流に依存します．必要な駆動電流は，データシートに記載された Q_g，C_{iss} と必要とされるスイッチング時間から導きます．例として，C_{iss} = 3000 pFの素子を V_{GS} = 10 Vで駆動するときに，立ち上がり時間 t_r = 50 nsでスイッチングさせるための駆動電流を求めてみましょう．

$$I_{peak} = \frac{C_{iss}V_{GS}}{T_r} = \frac{3000 \times 10^{-12} \times 10}{50 \times 10^{-9}} = 0.6 \text{ A}$$

となります．

（義平隆之/亀田充弘）

12.5　パワーMOS FETのスイッチングの基礎

次に，パワーMOS FETの簡単な動作原理とスイッチとしてON/OFFさせる方法，実際のスイッチ回路などについて詳しく説明します．

● パワーMOS FETの動作

図12.27を使って，パワーMOS FETの増幅動作を説明しましょう．このモデルは，次の三つの要素でできています．

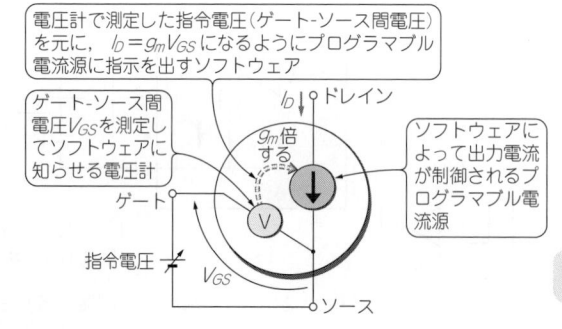

図12.27　パワーMOS FETの増幅モデル

(1) ゲート-ソース間に設置された「電圧計」
(2) プログラマブル電流源をコントロールする「ソフトウェア」
(3) ドレイン-ソース間に設置された「プログラマブル電流源」

このモデルは，次のように動作します．

▶ STEP1
電圧計が外部から加えられたゲート-ソース間電圧V_{GS}を測定してソフトウェアに知らせます．

▶ STEP2
ソフトウェアは，プログラマブル電流源に出力電流の大きさを指示します．目標の電流値I_Dは次式のとおりです．

$$I_D = g_m V_{GS}$$

ただし，g_m；プログラムに設定されたI_DとV_{GS}の関係を決める係数

▶ STEP3
ソフトウェアによって指定された目標電流値I_Dになるように，プログラマブル電流源ががんばります．

● 二つの動作モードがあることを理解しよう

▶ 入力と出力が比例関係になる電流源領域
STEP3のプログラマブル電流源の努力が実って，めでたく$I_D = g_m V_{GS}$が成立した場合，ドレイン-ソース間を外部から見ると電流源として動作しているように見えます．

入力と出力が比例関係にあるリニア増幅回路に使われているパワーMOS FETは，この電流源領域で動作しています．

▶ ドレイン-ソース間のインピーダンスがとても小さくなるON抵抗領域
パワーMOS FETの外部回路の都合によって，I_Dがある値以上流れない状態になることもあります．

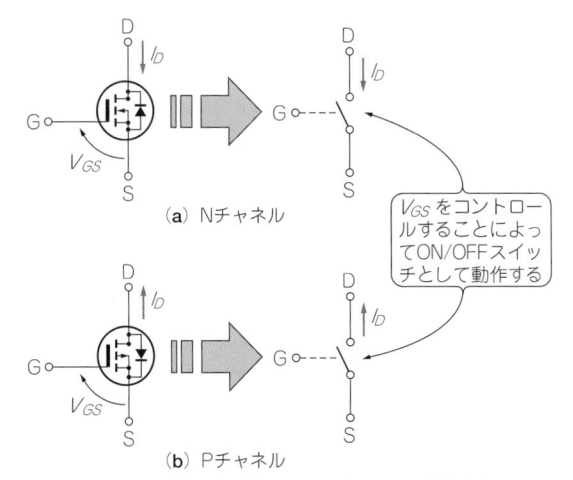

図12.28 ゲート-ソース間に電圧(V_{GS})を加えればドレイン電流(I_D)をON/OFFできる

第12章

この場合は，V_{GS}を大きくしてプログラマブル電流源にいくら努力させても，I_Dが$g_m V_{GS}$まで増加せず，$I_D < g_m V_{GS}$という関係になってしまいます．

これはパワーMOS FETにしてみれば，ソフトウェアに指示を出されている目標値$g_m V_{GS}$までドレイン電流を増やしたいけれども，そこまで流すことができない，努力しているけれども結果が出ないと

●●●● パワーMOS FETの入力容量 ●●●●

● 容量と電荷量の関係

図12.Cに示すように，パワーMOS FETには，
- ドレイン-ゲート間容量 C_{gd}
- ゲート-ソース間容量 C_{gs}
- ドレイン-ソース間容量 C_{ds}

の三つの容量が存在します．一方，パワーMOS FETのデータシートや技術資料を見ると，
- 入力容量 C_{iss}
- 帰還容量 C_{rss}
- 出力容量 C_{oss}

が示されており，次式で定義されています．

$$C_{iss} = C_{gd} + C_{gs}, \quad C_{oss} = C_{ds} + C_{gd}, \quad C_{rss} = C_{gd}$$

これらの容量を充電するのに必要な電荷量がQ_g，Q_{gd}，Q_{gs}です．図12.Dにゲート電圧を立ち上げ，パワーMOS FETをONさせたときのV_{GS}の波形と，Q_g，Q_{gd}，Q_{gs}が充電される期間を示します．Q_gはゲート電圧がある電圧に達するのに必要な電荷量で，C_{iss}を充電するのに必要な電荷量です．

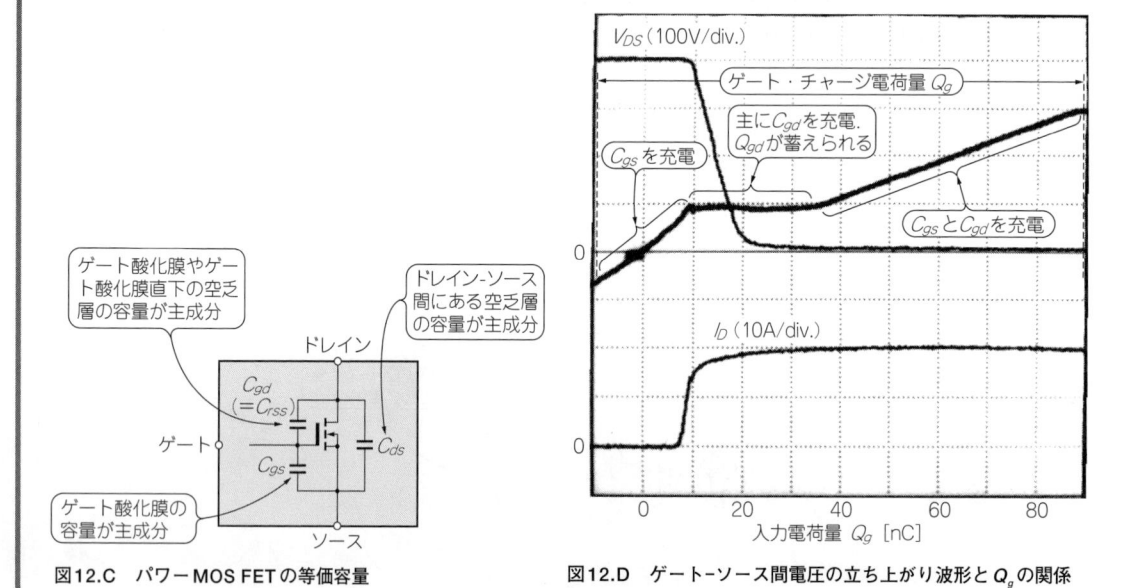

図12.C　パワーMOS FETの等価容量

図12.D　ゲート-ソース間電圧の立ち上がり波形とQ_gの関係

いう，とてもフラストレーションが溜まった状態にあります．

このとき，パワーMOS FETのドレイン-ソース間を外部から見ると，両端のインピーダンスがmΩオーダのとても低い状態にあります．プログラマブル電流源のたくさん電流を流そうとする努力が，ドレイン-ソース間のインピーダンスを極端に低くするという形で表れるのです．

コラム 12.B

Q_{gd}は，$C_{gd}(=C_{rss})$を充電する電荷量とほぼ等しく，スイッチング速度を判断するとき一番参考になるパラメータです．Q_{gd}を比較してパワーMOS FETを選ぶ際に，測定条件ゲート-ソース間電圧V_{GS}だけを見て判断する人が多いようですが，実際はV_{GS}ではなく，V_{DS}のほうが影響が大きい（図12.E）ですから，探すときはQ_{gd}が小さいだけでなく，V_{DS}が何Vで測定されたものかに注意しましょう．Q_{gd}はV_{DS}が高いほど大きくなります．Q_{gs}も半導体メーカにより定義が異なります．

● 実質的な入力容量 C_{in}

前述のように，C_{rss}はパワーMOS FETの主な用途であるスイッチング回路のスイッチング速度にもっとも関係が深いパラメータです．スイッチング回路のほとんどはソース共通回路で，その場合のパワーMOS FETの実質的な入力容量C_{in}は次式で求まります．

$$C_{in} = C_{gs} + (1 + A_V)C_{rss} = C_{gs} + (1 + A_V)C_{gd}$$

ただし，A_V；ソース共通回路の電圧ゲイン

この式は，パワーMOS FETの実質的な入力容量C_{in}がC_{rss}のゲイン倍にC_{gs}を加えたものであることを意味しています．ソース共通回路とは，トランジスタ回路でいうところのエミッタ共通回路です．

このように，V_{DS}の変化によって，実質的なゲート-ドレイン間の容量が電圧利得倍になる現象をミラー効果と呼びます．C_{gd}をミラー容量と呼ぶことがあるのはこのためです．損失という観点では，C_{rss}はスイッチング損失に，入力容量C_{iss}は駆動損失に，C_{oss}は出力容量損失に影響を与えると考えてよいでしょう．

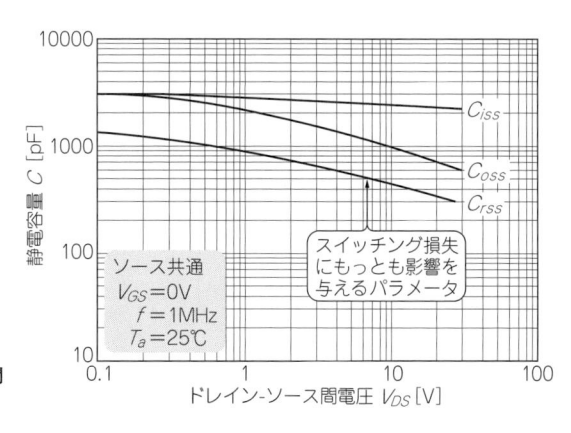

図12.E　ドレイン-ソース間電圧対静電容量特性例

スイッチング回路では，この状態をスイッチONとして利用します．スイッチOFFにするには，$I_D = 0$ となるように V_{GS} を設定すればOKです．$I_D < g_m V_{GS}$ の関係が成り立つような電圧 V_{GS} をゲート-ソース間に加えてやれば，図12.28に示すように，パワーMOS FETのドレイン-ソース間はスイッチのように動作します．

● V_{GS} を何VにすればON/OFFできるか？

ここで重要になってくることは，V_{GS} を何Vに設定すればパワーMOS FETをON/OFFできるのかということです．つまり，V_{GS} が何Vのとき I_D が何A流れるのかが重要です．

これは，NチャネルかPチャネルかやディプリーション型なのかエンハンスメント型なのかによって違ってきます．ディプリーション型は $V_{GS} = 0$ Vでもドレイン電流が流れるタイプ，エンハンスメント型は $V_{GS} = 0$ Vではドレイン電流が流れず，$V_{GS} > 0$ Vにすると流れ出すタイプです．パワーMOS FETの多くはエンハンスメント型です[8]．

図12.29に示すのは，スイッチング電源やD級パワー・アンプ，モータ駆動回路のスイッチ素子として広く使われている定番のエンハンスメント型パワーMOS FETの I_D-V_{GS} 特性です．どちらも $V_{GS} = 0$ Vでは $I_D = 0$ Aです．

Nチャネルは，V_{GS} を＋2V以上（"＋"はソースよりもゲート電位が高いことを意味する）にすると I_D が流れます．Pチャネルは，V_{GS} を－2V以下（"－"はソースよりもゲート電位が低いことを意味する）にすると I_D が流れます．つまり，Nチャネル，Pチャネルとも $V_{GS} = 0$ VにするとOFFし，Nチャネルは正の V_{GS} を，Pチャネルは負の V_{GS} を外部からかければONします．

パワーMOS FETをONさせるための V_{GS} の具体的な値は，I_D-V_{GS} 特性から求めます．図12.29（a）に示すように，スイッチON時の最大電流が7Aであるなら，$I_D = 7$ Aのときの V_{GS}（3.25V）を越える電圧を加えればONします．図12.29のグラフから求めた V_{GS} にどのくらい余裕を持たせるかは，使用する素子のばらつきやON抵抗などを考慮して決めます．通常は，1.5倍以上に設定すれば問題ないでしょう．

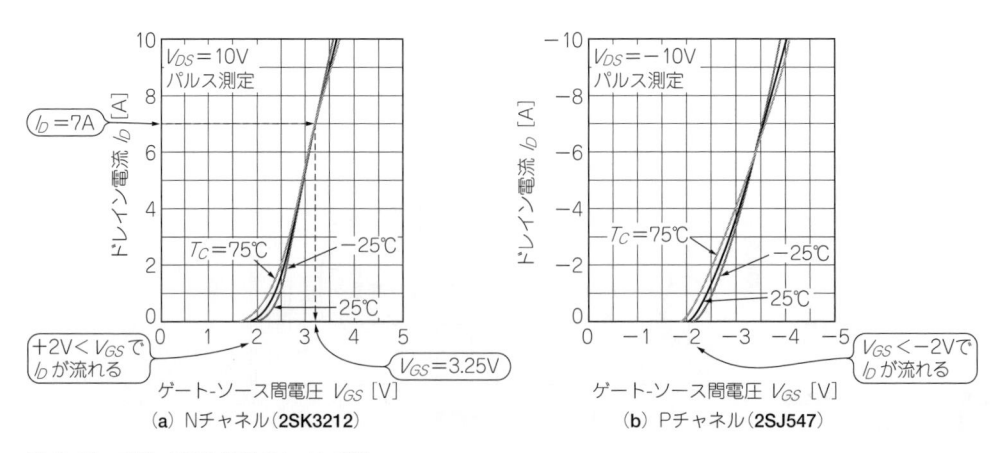

（a）Nチャネル（2SK3212）

（b）Pチャネル（2SJ547）

図12.29　パワーMOS FETの I_D-V_{GS} 特性

実際にスイッチング回路を設計する場合は，ゲートを駆動する専用ICを使うことが多いので，ゲート駆動電圧をパワーMOS FETに合わせて決めるのではなく，ゲート駆動ICの出力電圧に合わせてパワーMOS FETの方を選択することになります．

12.6 パワー・スイッチング回路のいろいろ

次に，現場で使われている実際のパワーMOS FETのスイッチ回路について説明しましょう．

● オープン・ドレイン回路

図12.30に示したのは，オープン・ドレイン回路です．ドレインが開放（オープン）されたパワーMOS FETに負荷を接続することから，このように呼ばれています．

図12.30(a)のNチャネルを使った回路は，ゲートの電位V_{G1}をグラウンドに対して0Vにすると，$V_{GS1} = 0$VになってTr_1がOFFします．$V_{G1} = V_1$にすると，$V_{GS1} = V_1$になってTr_1がONします．V_1は，伝達特性のグラフ（**図12.29**）から$I_D < g_m V_{GS}$になるように求めたV_{GS}の値です．Tr_1がONすると，出力端子とV_{DD}の間に接続した負荷から電流を吸い込みます．

図12.30(b)のPチャネルを使った回路は，対グラウンドのゲート電位V_{G2}をV_{DD}にすると，$V_{GS2} = 0$VになりTr_2がOFFします．$V_{G2} = V_{DD} - V_2$にすると$V_{GS2} = -V_2$になってTr_2がONします．V_2は伝達特性のグラフから$I_D < g_m V_{GS}$になるように求めたV_{GS}の値です．Tr_2がONすると，出力端子とグラウンドの間に接続した負荷に電流が吐き出されます．

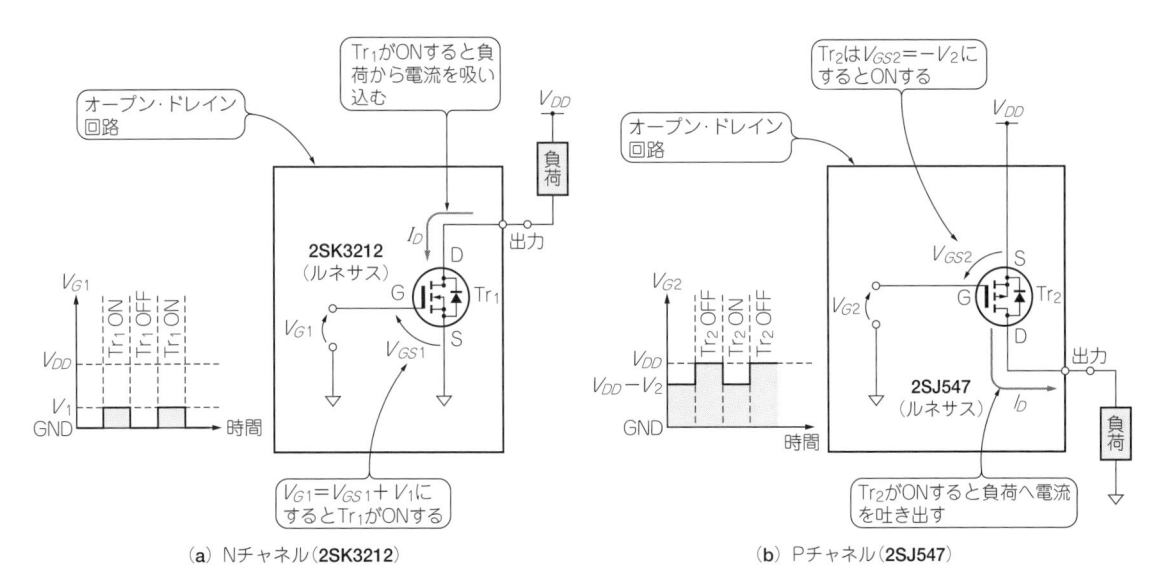

(a) Nチャネル(2SK3212)

(b) Pチャネル(2SJ547)

図12.30 パワー・スイッチング回路その①…オープン・ドレイン回路

図12.31 パワー・スイッチング回路その②…ハーフ・ブリッジ回路

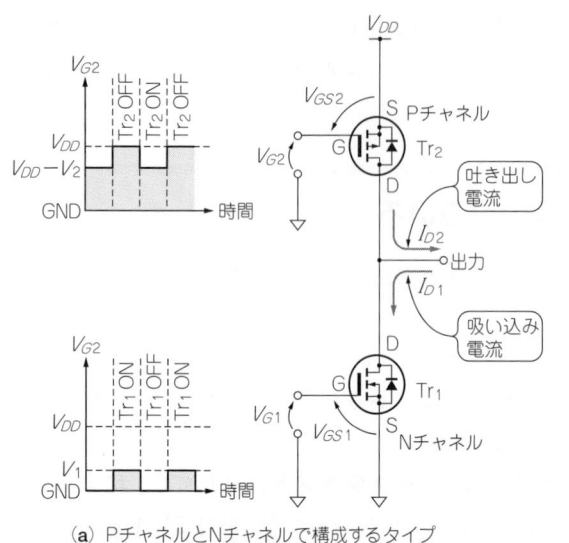

(a) PチャネルとNチャネルで構成するタイプ
(b) Nチャネルだけで構成するタイプ

● ハーフ・ブリッジ回路

　オープン・ドレイン回路は，負荷に対して電流を吸い込むか吐き出すかのどちらかしかできません．しかし，D級パワー・アンプやモータ駆動回路では，吸い込みも吐き出しも可能である必要があります．
　このオープン・ドレイン回路の欠点を克服したのが図12.31に示すハーフ・ブリッジ回路です．この回路は，後述するフル・ブリッジ回路の半分に相当するので，ハーフ・ブリッジと呼ばれています．

▶PチャネルとNチャネルを使うタイプ

　図12.31(a)に，NチャネルとPチャネルの二つのオープン・ドレイン回路を上下に積み重ねたハーフ・ブリッジ回路を示します．Nチャネルが吸い込み電流，Pチャネルが吐き出し電流を供給します．
　それぞれのパワーMOS FETのゲートへの駆動電圧の加え方は，図12.30のオープン・ドレイン回路とまったく同じです．注意しなければならないことは，上下のパワーMOS FET［図12.31(a)のTr_1とTr_2］が同時にONする状態があってはならないことです．Tr_1とTr_2が同時にONしてしまうと，V_{DD}とグラウンドを短絡されて，V_{DD}からグラウンドに向かって巨大な貫通電流が流れ，パワーMOS FETが壊れてしまうからです．
　このためハーフ・ブリッジ回路では，上下のパワーMOS FETがともにOFFする期間（デッド・タイムという）を設ける必要があります．

▶Nチャネルを2個使うタイプ

　図12.31(b)に示したのは，Nチャネルだけで構成したハーフ・ブリッジ回路です．
　一般に，電力スイッチング用のPチャネル・パワーMOS FETは，Nチャネルに比べると販売されている品種がたいへん少なくかつ高価です．また，Nチャネルといっしょに高性能の電力用PチャネルをIC内に作り込むには多くの費用がかかります．これらの理由から，Nチャネルだけで構成した電力ス

イッチ回路がよく使われます．

この回路の場合，上側のパワーMOS FET(Tr_2)のゲート駆動方法が，図12.31(a)と異なります．下側のパワーMOS FET Tr_1のゲート駆動方法は図12.31(a)とまったく同じです．

Nチャネルは，ソースに対してゲート電位を高く($V_{GS2} = V_2$)するとONするので，図12.31(b)のようにTr_2のソース電位E_{S2}を基準にしてゲートに電圧を加えます．ところが，グラウンドを基準にして見たTr_2のソース電位E_{S2}は，Tr_1とTr_2のON/OFFの状態で変動します．そのため，ゲート駆動回路にはトランスなどを使ってグラウンド電位からフローティングさせる回路や，コンデンサを使って電圧をシフトさせるブートストラップ回路[10]などが必要です．

● フル・ブリッジ回路

図12.32に示すのは，フル・ブリッジ回路と呼ばれるスイッチング出力回路です．フル・ブリッジ回路は，ハーフ・ブリッジ回路の出力端子間に負荷を接続したものです．Tr_2とTr_3がON，Tr_1とTr_4がOFFすると負荷にはI_{L+}の方向に電流が流れます．Tr_1とTr_4がON，Tr_2とTr_3がOFFすると，負荷にはI_{L-}の方向に電流が流れます．

ハーフ・ブリッジ回路で負荷を駆動した場合と比べると，負荷の両端に加わる電圧が2倍になるので，負荷に供給される最大電力はハーフ・ブリッジ回路の4倍になります．このように，フル・ブリッジ回路にすることにより，電源電圧を有効に利用できます．

各パワーMOS FETのゲート駆動方法は，図12.31のハーフ・ブリッジ回路とまったく同じです．また，図12.32(b)のようにNチャネルだけで構成したフル・ブリッジ回路の場合のゲート駆動方法も，図12.31(b)のハーフ・ブリッジ回路とまったく同じです．

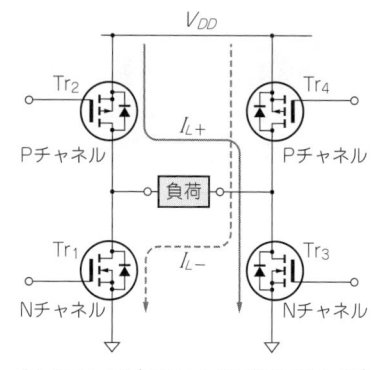

(a) NチャネルとPチャネルで構成するタイプ　　　(b) Nチャネルだけで構成するタイプ

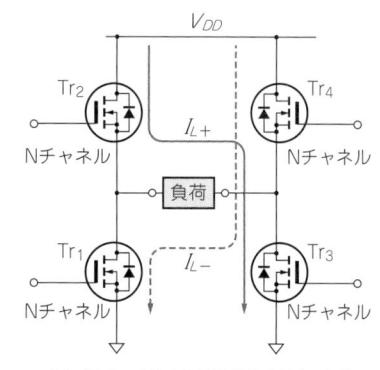

図12.32　パワー・スイッチング回路その③…フル・ブリッジ回路

第12章

12.7 パワーMOS FETの応用回路

12.7.1 ロード・スイッチ

　ロード・スイッチは負荷（ロード）をON/OFFするスイッチで，使用しない回路部分をOFFしてシステムの消費電力を抑える回路です．たとえば，キー操作がないときにディスプレイを消灯してバッテリ寿命を延命したり，図12.33に示すようにリモコンの待ち受け待機をしているマイコンから主回路をON/OFFしたりします．回路に異常があったとき，電源を遮断して保護するためにも使われます．

● なぜPチャネルのパワーMOS FETを使うのか
▶ パワーMOS FETは駆動電力がいらない
　パワーMOS FETは電圧制御素子ですから，最初に数10nCのゲート電荷をチャージしてしまえば，あとはゲートにはまったく電流が流れません．バイポーラ・トランジスタでは，ワースト条件下で最大負荷電流時に十分にONさせるために，常に大きなベース電流を流しておかなければなりません．パワーMOS FETは，駆動電力が不要なのでロード・スイッチのように直流的に回路をON/OFFさせる用途に最適です．

▶ Pチャネルで駆動回路をシンプルに構成
　電源のハイサイド側を切る場合は，Pチャネルのパワー MOS FETが便利です．NチャネルのパワーMOS FETだとONさせるために，ゲート電位を電源電圧より V_{GS} 分だけ高くしなければなりません．ON/OFFさせたい電源より高い電圧が必要になるようでは不便です．Pチャネルなら，ゲートは電源

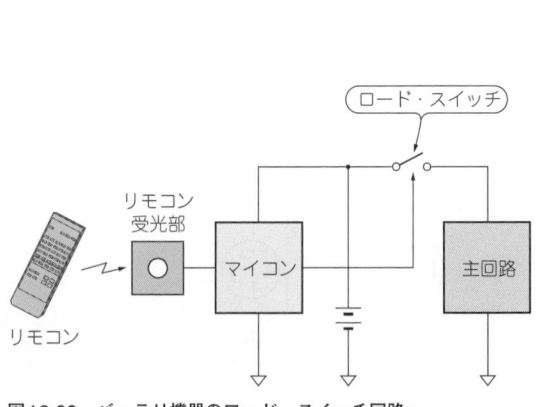

図12.33 バッテリ機器のロード・スイッチ回路

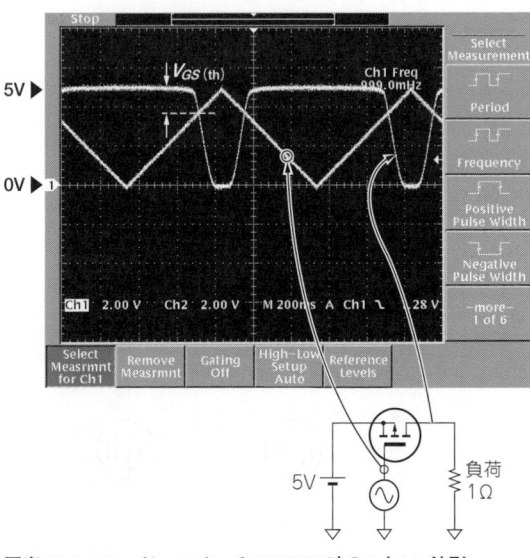

写真12.3 ロード・スイッチON/OFF時の I_D と V_{DS} 波形
（2 V/div., 200 ms/div.）

電圧（ソース電位）より低くすることで，ONさせることができます．

写真12.3に，ON/OFF時のドレイン電流とドレイン-ソース間の電圧波形を示します．

● 5 V/4 A電源ラインのロード・スイッチの設計

それでは，図12.34に示す5 V/4 AをON/OFFするロード・スイッチを例に，パワーMOS FETの選定について考えてみましょう．ハイサイド側に挿入するのでPチャネルを選びます．OFF時にドレイン-ソース間に加わる電圧の最大値からV_{DSS}を選択します．原理上，オン抵抗と耐圧にトレード・オフの関係がありますから，耐圧は許す範囲でできるだけ低いものを選びます．ここではV_{DSS} = 12 Vのタイプから選びます．

▶ $V_{GS(th)}$の選定

この回路では電源電圧がゲート-ソース間電圧になりますから，この電圧でドレイン-ソース間が完全にONする必要があります．このために，オン抵抗がこのゲート-ソース間駆動電圧，またはそれ以下の電圧で規定されているものを選びます．さもなければ，試作実験ではうまく動いても，パワーMOS FETがONし始めるゲート電圧しきい値$V_{GS(th)}$のばらつきによって，ドレイン-ソース間が完全にONせず，電圧降下が大きくなったり，発熱が予想外に大きくなったりします．

駆動電圧，つまり電源電圧の最大値に対してV_{GS}定格をオーバしないことにも気をつけます．ここでは，V_{GS} = 4.5 Vでオン抵抗が規定されたV_{GS}耐圧12 VのパワーMOS FETを選定しましょう．

▶ 電圧降下からオン抵抗を求める

電源電圧と負荷の電源電圧仕様から，ロード・スイッチに許される最大の電圧降下を求めます．最大負荷電流を流したときに，この電圧降下分以下になるようなオン抵抗を求めます．電圧降下V_{drop}は0.2 Vと最大負荷電流I_{Omax} = 4 Aの二つの条件（図12.34）から，許容できる最大オン抵抗$R_{DS(on)max}$は，

$$R_{DS(on)max} = \frac{V_{drop}}{I_{Omax}} = \frac{0.2}{4} = 50 \text{ m}\Omega$$

となります．電圧降下を十分に大きくできる場合は，電圧降下からくる放熱上の制約でオン抵抗が決

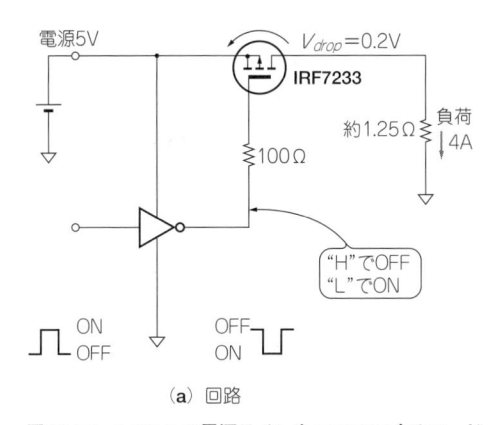

項目	値
入力電圧	5V
電圧降下	最大0.2V
負荷電流	最大4A
周囲温度	T_a = 85℃

（a）回路　　　　　　　　　（b）仕様

図12.34　5 V/4 Aの電源ラインをON/OFFするロード・スイッチ回路

表12.2 IRF7233の主な最大定格と電気的特性

項　目	記号	値など
ドレイン-ソース間電圧	V_{DSS}	12 V
ゲート-ソース間電圧	V_{GS}	± 12 V
オン抵抗	$R_{DS(on)}$	20 mΩ$_{max}$ @ V_{GS} = 4.5 V
ドレイン電流	I_D	± 9.5 A @ V_{GS} = 4.5 V
熱抵抗（チャネル-外気）	$R_{th(ch-a)}$	50 ℃/W
パッケージ	－	SO-8

まります．

　データシート上のオン抵抗の最大値は，T_{ch} = 25 ℃のときの抵抗です．オン抵抗はチップの温度上昇とともに増加します．この例では，T_{ch} = 25 ℃の最大値20 mΩは，T_{ch} = 150 ℃まで上昇すると1.4倍の28 mΩになっています．設計するときには，150 ℃のときのオン抵抗でも仕様を満足するように，常温時のオン抵抗の小さなパワーMOS FETを選びます．オン抵抗の温度係数はプロセスによって異なります．

　以上の条件からIRF7233（インターナショナル・レクティファイアー）を選びました．**表12.2**に，主な定格と電気的特性を示します．

● 使用条件でのチャネル温度は定格以下か

　最後に，最大オン抵抗と最大負荷電流からパワーMOS FETの発熱量を計算します．この発熱量が，使用する最高温度$T_{a(max)}$で$T_{ch(max)}$を満足するかどうかを確認します．内部の発熱量P_Dは，T_{ch} = 150 ℃のときのオン抵抗から，

$$P_{Dmax} = R_{DS(on)max} I_{Omax}^2 = 0.028 × 4^2 ≒ 0.45 \text{ W}$$

IRF7233のチャネルから環境温度への熱抵抗は50 ℃/Wですから，T_a = 85 ℃とすれば，

$$T_{ch} = R_{th(ch-a)} P_D + T_a = 107.5 \text{ ℃}$$

と求まり，$T_{ch(max)}$ = 150 ℃に対して十分に余裕があることがわかります．　　　　　　　　　　　　　　　（本田　潤）

12.7.2　DC-DCコンバータ

　図12.35に，3.3 V，1 A出力ステップ・ダウン型DC-DCコンバータ（入力は5 V）を示します．**写真12.4**は，主な部品の概観です．

● メイン・スイッチTr_1の選択

　ON/OFF制御回路がシンプルになるように，PチャネルのパワーMOS FETを使いました．**図12.36**に示すように，Pチャネル・パワーMOS FETは，V_{GS} ≦ －2 VでON，V_{GS} = 0 VでOFFとなります．NチャネルのパワーMOS FETはONするために，ソースつまり入力電圧（5 V）よりも高い電圧をゲートに加える必要があり，駆動回路が複雑になってしまいます．

　以下の手順で検討した結果，2SJ325［**写真12.4**(b)］を選びました．**表12.3**に，2SJ325の電気的仕

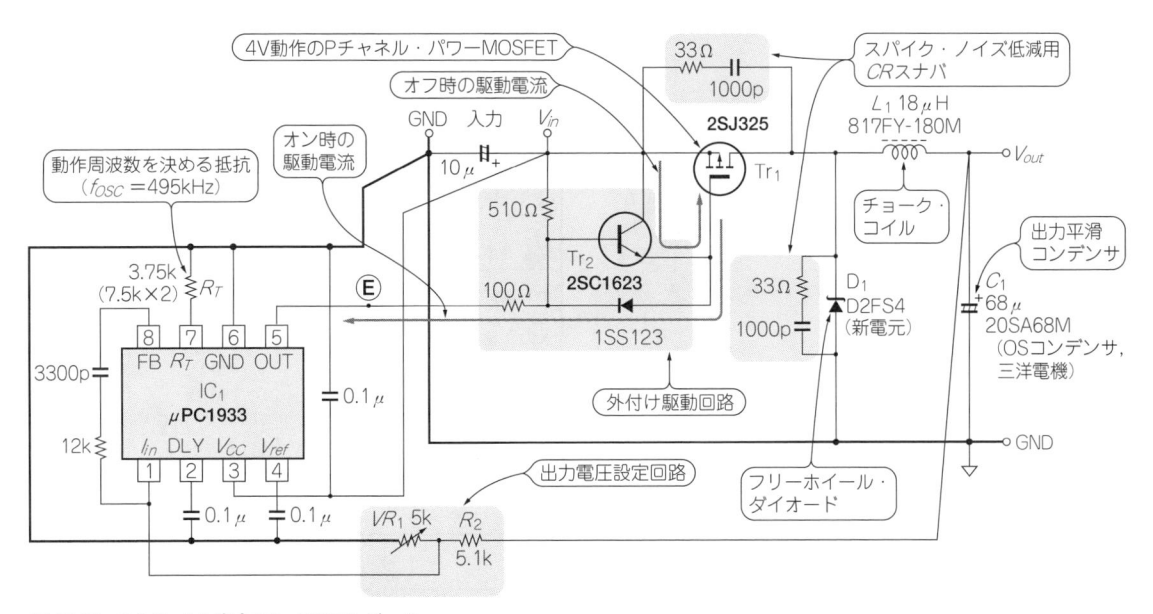

12.7 パワーMOS FETの応用回路

図12.35 3.3V，1A出力DC-DCコンバータ

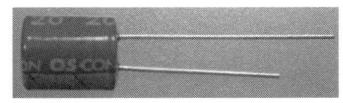

写真12.4 製作したDC-DCコンバータに使用した部品の外観

(a) PWMコントローラμPC1933（日本電気）
(b) パワーMOS FET 2SJ325（日本電気）
(c) ショットキー・バリア・ダイオードD2FS4（新電元工業）
(d) チョーク・コイル 817FY-180M（東光）
(e) OSコンデンサ 20SA68M（三洋電機）

様を示します．

▶最大ドレイン-ソース間電圧 V_{DSS}

図12.35からわかるように，オフ期間にTr_1のドレイン-ソース間に加わる電圧は，入力電圧（5V）とフリーホイール・ダイオードの順方向電圧V_F（約1V）を加算したものです．さらに，Tr_1のドレイン端子とソース端子への配線長が長いとインダクタンス成分によって過渡的なサージ状の電圧が加わります．2SJ325のV_{DSS}は－30Vですから問題ありません．

▶駆動電圧

駆動電圧とは，Tr_1をONさせるのに必要なゲート-ソース間の電圧のことです．今回の仕様では，回路の中で一番高い電圧は入力電圧の5Vですから，5V以下の電圧でもONするパワーMOS FETが必要です．半導体メーカのデータシートの表書きなどに「4V駆動」とか「ロジック・レベル動作」などと記載してあるものがありますので，その中から選びます．

259

第12章

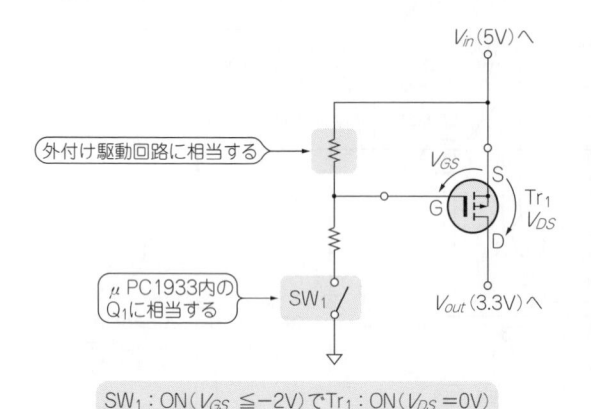

図12.36 Pチャネル・パワーMOS FETの動作

SW₁：ON（$V_{GS} \leq -2V$）でTr₁：ON（$V_{DS}=0V$）
SW₁：OFF（$V_{GS}=0V$）でTr₁：OFF（$V_{DS}=0V$）

表12.3 Pチャネル・パワーMOS FET 2SJ325の主な電気的特性

項　目	値	条　件	記号
ドレイン-ソース間電圧	-30 V		V_{DS}
最大ドレイン電流	4 A		$I_{D(DC)}$
最大ドレイン電流	16 A		$I_{D\text{pulse}}$
最大許容電力	20 W		P_D
ゲート-ソース間カットオフ電圧	$-2\,V_{max}$	$V_{DS}=-10\,V$, $I_D=-1\,mA$	$V_{GS\text{off}}$
オン抵抗	$0.24\,\Omega_{max}$	$V_{GS}=-4\,V$, $I_D=-1.6\,A$	$R_{DS\text{on}}$
入力容量	330 pF	$V_{DS}=-10\,V$, $V_{GS}=0\,V$, $f=1\,MHz$	C_{iss}
出力容量	290 pF		C_{oss}
帰還容量	105 pF		C_{rss}
ターン・オン遅延時間	7 ns	$V_{GS\text{on}}=-10\,V$, $V_{DD}=-15\,V$, $I_D=-1\,A$, $R_G=10\,\Omega$, $R_L=15\,\Omega$	$t_{d\text{on}}$
ターン・オフ遅延時間	40 ns		$t_{d\text{off}}$
立ち上がり時間	35 ns		t_r
立ち下がり時間	30 ns		t_f

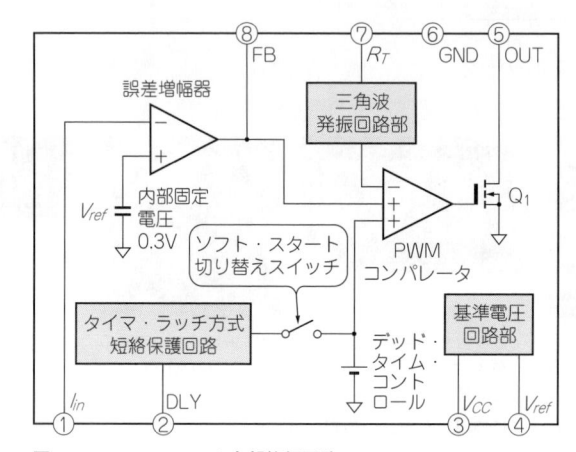

図12.37　μPC1933の内部等価回路

▶オン抵抗 $R_{DS(\text{on})}$ とスイッチング速度

Tr₁ の損失の大小に大きく影響するパラメータです．できるだけオン抵抗が小さく，またスイッチングが速いものを選びます．

● PWM制御IC₁

PWM制御用ICには，μPC1933［写真12.4(a)］を使います．図12.37に示すように，PWMコントロールに必要な機能をほとんど内蔵しています．

μPC1933内の出力回路Q₁ は，オープン・ドレイン出力でOUT端子が"L"のときPチャネル・パワーMOS FET Tr₁ がON，"H"のときにOFFするように動作します．

Tr₁ のスイッチング時間（t_r と t_f）が長いと，Tr₁ でのロスが増えてせっかくの高効率がだいなしになり

ます．Tr_1のゲートは等価的にコンデンサと考えられるので，スイッチング時間を短くするためには，できるだけ出力インピーダンスの低い駆動回路でゲートをドライブする必要があります．

図12.35と図12.37からわかるように，Tr_1をONするときはQ_1が"H"から"L"に変化してTr_1のゲートⒺ点を低インピーダンスでGND電位にショートするので，スイッチング時間は短くなります．ところが，逆にTr_1をOFFするときは，Q_1はGNDショート状態からオープン（ハイ・インピーダンス）状態に変化します．したがって，パワーMOS FETのゲートの電位をオフ電位まで引き上げるためには，何らかの外付け回路が必要です．μPC1933のOUT端子（5番ピン）をV_{in}に低い抵抗でプルアップするという方法もありますが，Q_1がONするときに流れる電流が増えてしまいます．そこで，図12.35では，Tr_2を使ったエミッタ・フォロワ回路を追加しています．

VR_1とR_2は，出力電圧設定用の抵抗です．VR_1は可変抵抗にして出力電圧を調整できるようにしました．図12.37からわかるように$V_{ref} = 0.3$ Vなので，出力電圧V_{out}は，

$$V_{out} = 0.3\left(1 + \frac{R_2}{VR_1}\right)$$

で求まります．

スイッチング周波数f_{osc}は，μPC1933の7ピンに接続する抵抗値で決定します．次式で決まります．

$$f_{osc} = \frac{1.856 \times 10^9}{R_T}$$

ここでは，R_Tとして7.5 kΩの抵抗を2本並列にしたので，f_{osc}は約495 kHzです．なお，その他の定数は，μPC1933のデータシートを参考にして決めています．

● 製作したDC-DCコンバータの評価

製作したDC-DCコンバータの損失を測定し，リニア・レギュレータの効率と比べてどのくらい小さいのか測定してみましょう．

▶効率

図12.38(a)は，負荷電流を変えながら測定した効率特性です．図からわかるように，全負荷（I_{out} = 1 A）のときでも80%の効率が得られています．このとき，DC-DCコンバータでの損失電力P_{DC}は，

$$P_{DC} = \frac{1 - \eta_{DC}}{\eta_{DC}} \times V_{out} I_{out} = \frac{1 - 0.8}{0.8} \times (3.3\text{ V} \times 1\text{ A}) = 0.825\text{ W}$$

(a) 負荷電流-効率特性

(b) 負荷電流-ロード・レギュレーション特性

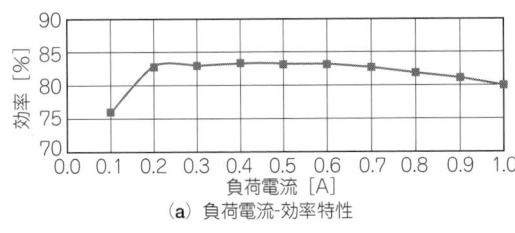

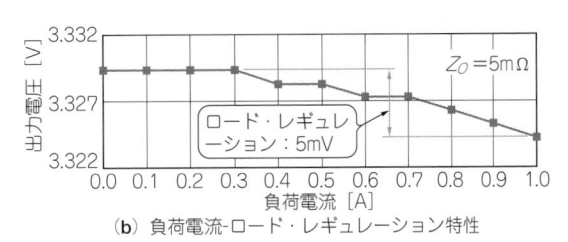

図12.38 製作したDC-DCコンバータの効率とロード・レギュレーション

第12章

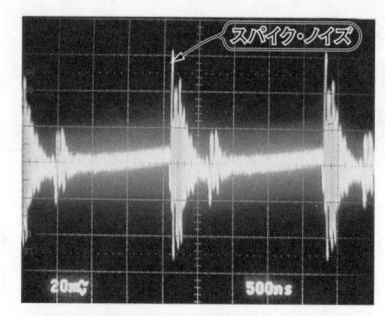

写真12.5 出力リプル電圧のようす
(20 mV/div., 500 ns/div.)

と求まります．

▶ロード・レギュレーション

図12.38(b)は，実測の負荷電流による出力電圧の変化（ロード・レギュレーション）です．負荷電流が0 Aから1 Aに変化したときの出力電圧変化は5 mVですから，出力抵抗Z_oに換算すると，

$$Z_o = \frac{3.329\,[\text{V}] - 3.324\,[\text{V}]}{1\,[\text{A}] - 0\,[\text{A}]} = \frac{5\,[\text{mV}]}{1\,[\text{A}]} = 5\,[\text{m}\Omega]$$

と求まります．

▶ノイズ

写真12.5は，出力のリプル電圧波形です．ON時とOFF時に大きなスパイク・ノイズが観測されていますが，リプル電圧は10 mV以下です．

〈内田敬人〉

参考・引用*文献

(1)* 2SK2232データシート，㈱東芝セミコンダクター社．http://www.semicon.toshiba.co.jp/
(2) 東芝半導体データブック パワーMOSFET編，㈱東芝セミコンダクター社，2000年．
(3) 東芝半導体データブック フォトカプラ・フォトリレー編，㈱東芝セミコンダクター社，2001年．
(4) 高橋 久；パワー・デバイスの使い方と実用制御回路設計法，1989年2月，総合電子出版社．
(5) 山口 覚；パワーMOSFETの実践活用法，第1章パワーMOSFETとパワー・トランジスタの違い，第2章パワーMOSFETの種類と構造，第11章コラム，pp.8〜23，p.134，CQ出版㈱．
(6)* 義平隆之/倉澤孝文；パワーMOSFETの使い方とスイッチング技術，トランジスタ技術1996年3月号，p.274，CQ出版㈱．
(7)* 鈴木雅臣；定本トランジスタ回路の設計，CQ出版㈱．
(8) 鈴木雅臣；定本続トランジスタ回路の設計，CQ出版㈱．
(9)* 2SJ547，2SK3212データシート，㈱ルネサス テクノロジ．
(10) 西村康；D級アンプの動作原理と専用ICの評価，トランジスタ技術1997年7月号，CQ出版㈱．
(11) 長谷川 彰；改訂スイッチング・レギュレータ設計ノウハウ，第2版(1995)，CQ出版㈱，1985年．
(12) 固定インダクタ・セレクション・ガイド，1998年8月，東光㈱．
(13) OS-CON TECHNICAL BOOK Ver.6，1998年10月，三洋電子部品㈱．
(14) 半導体セレクション・ガイド，1998年4月，日本電気㈱．
(15) 2SJ325データ・シート，1993年10月，日本電気㈱．
(16) μPC1933データ・シート，1999年12月，日本電気㈱．
(17) 馬場清太郎；特集 パワーMOSFET実践活用法，パワーMOSFETのドライブ回路の設計，トランジスタ技術，1999年3月号，p.222，CQ出版㈱．

第三部 FETの基礎と応用

第13章 高周波用FETの使い方

　高周波用といわれるFETは，VHF/UHF帯のチューナやマイクロ波帯の無線通信機器用に使用されており，混変調やひずみが小さいことからAGC増幅や周波数変換（MIX）回路，マイクロ波帯での雑音が低いことから低雑音増幅回路（LNA）などに広く用いられています．
　本章では，これらの高周波用FETについて，使い方の基礎と応用技術を紹介します．

13.1　高周波FETの基本

● 高周波増幅用FETの種類

　図13.1に，高周波回路に用いられる各種FETの構造と記号を示します（JFETについては第11章を参照のこと）．高周波回路に用いられるFETは，ほとんどがNチャネルです．図13.1にも，Nチャネルだけを示しています．

▶ MES FET

　図13.1(a)は，ゲートが一つだけのシングル・ゲートMES FET（MEtal Semiconductor FET）です．MES FETは，JFETのゲート-チャネル間のPN接合ダイオードを金属と半導体で作るショットキー・バリア・ダイオードに置き換えたものです．使用する半導体は，一般に化合物半導体のGaAs（ガリウム・砒素）を用います．そのため，シリコンで作るJFETよりも高速・広帯域のデバイスになります．GaAsデバイスには，MES FETの他に後述するHEMTがあります．
　MES FETの動作原理はJFETとまったく同じで，図13.1(a)に示す極性でV_{GS}を加えることで，ゲート直下の空乏層をコントロールしてドレイン-ソース間の電流I_Dをコントロールします．したがって，伝達特性（I_DとV_{GS}の関係）はJFETと同じディプリーション特性になります．
　図13.1(b)は，ゲートが二つあるデュアル・ゲートMES FETです．シングル・ゲートMES FETに

第13章

(a) シングル・ゲート MES FET

- V_{GS}
- アルミなどの金属
- ソース S / ゲート G / ドレイン D
- 電極
- ショットキー障壁によるゲート-チャネル間ダイオード
- V_{GS}によってゲート直下に空乏性が広がってチャネルを狭くする

(b) デュアル・ゲート MES FET

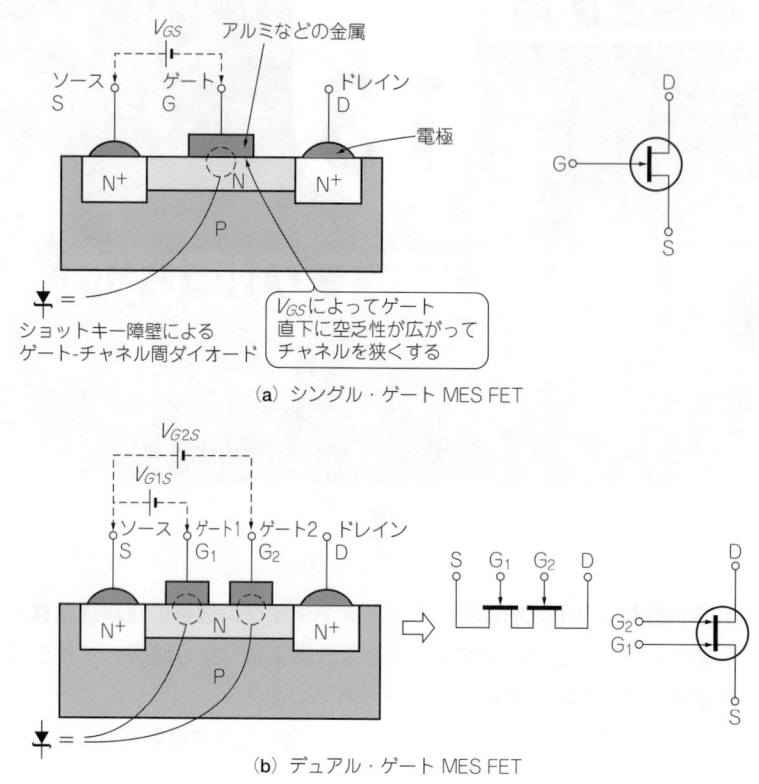

- V_{G2S}, V_{G1S}
- ソース S / ゲート1 G_1 / ゲート2 G_2 / ドレイン D

図13.1　高周波用FETの構造と記号

ゲートを一つ追加すると，内部で二つのFETが直列接続された構造になります．デュアル・ゲートMES FETは，図13.2のように直列接続構造を活かして，カスコード接続の広帯域増幅回路や二つの信号を混合するミキサ回路などに使用します．

デュアル・ゲートMES FETのそれぞれのゲートに対する伝達特性は，シングル・ゲートMES FETとまったく同じディプリーション特性になります．

▶ HEMT

図13.1(c)は，GaAsで作ったHEMT(High Electron Mobility Transister：高電子移動度トランジスタ)です．HEMTもMES FETと同じように，ゲート電極と半導体(N^+GaAlAs)との間にショットキー障壁がありますが，さらにその下にN^+GaAlAs層と高純度GaAs層とのヘテロ接合を作りこんでいます．このように，HEMTはMES FETの構造とよく似ていますが，動作原理は異なります．

図13.1(c)の向きにV_{GS}を加えると，MES FETの場合と同じようにゲート直下のN^+GaAlAs層に空乏層が発生します．この空乏層によって，N^+GaAlAs層からGaAs層に電子が供給されて，GaAs層の表面部分に薄い電子ガスの層(2次元電子ガス)が作られます．

GaAl層は絶縁体なので，本来電流は流れないのですが，電子ガスの層がチャネルになってドレイン-ソース間に電流I_Dが流れます．電子ガスの濃度は空乏層の大きさでコントロールでき，空乏層はV_{GS}で

13.1 高周波FETの基本

(c) HEMT

(d) デュアル・ゲート MOS FET

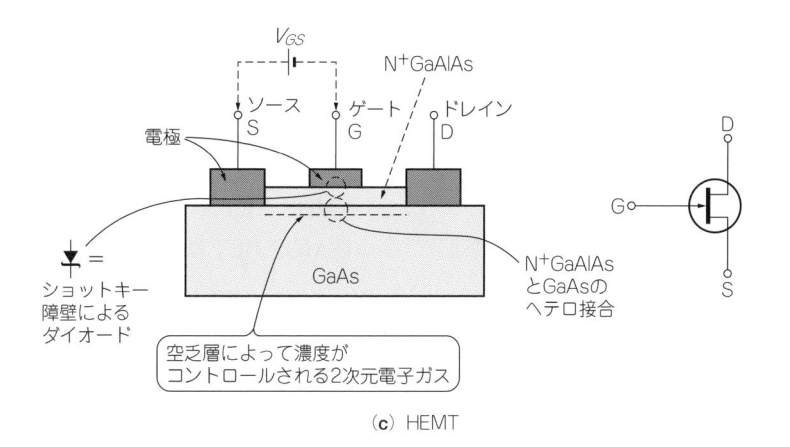

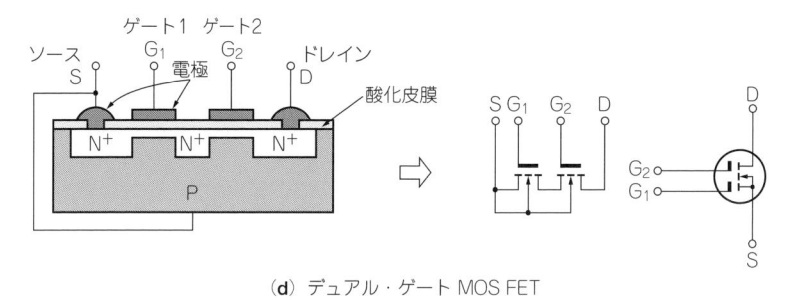

図13.1 高周波用FETの構造と記号（つづき）

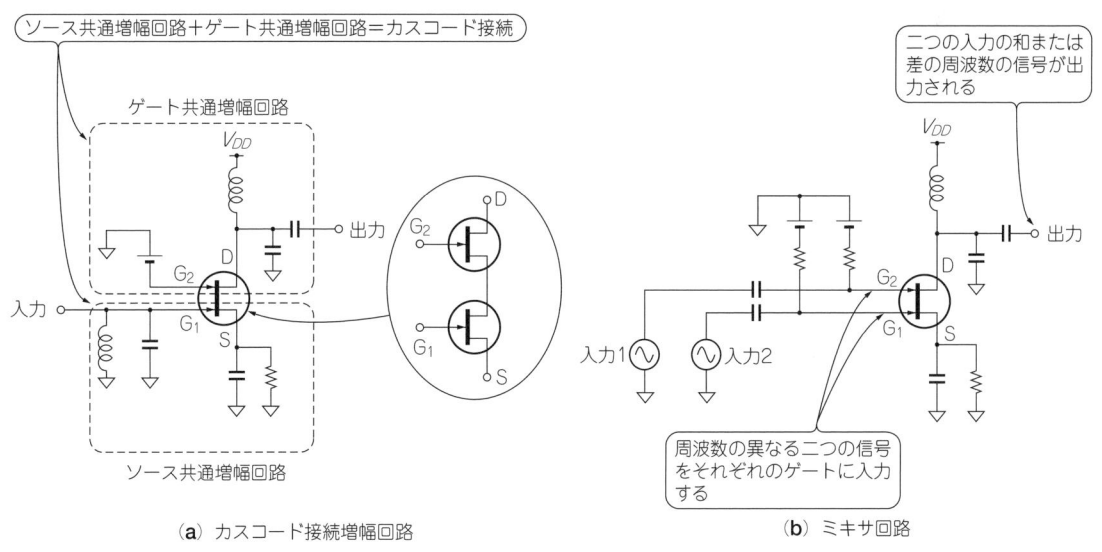

(a) カスコード接続増幅回路

(b) ミキサ回路

図13.2 デュアル・ゲートMES FETの使い方

第13章

コントロールできるので，V_{GS}によってI_Dをコントロールすることができます．

また，2次元電子ガスの層が不純物のないGaAs層にできるので，電子の移動度が高くなって高い周波数まで動作可能になります．

▶ MOS FET

図13.1(d)は，デュアル・ゲートMOS FETです．同じMOS FETでも，パワーMOS FETはドレインとソースが上下に位置しますが(第12章を参照)，高周波MOS FETは一般に図13.1(d)のような横並びの位置関係になります．

もちろん，ゲートが一つのシングル・ゲートMOS FETも使用されますが，送信回路のような高周波電力増幅回路以外は，デュアル・ゲートMOS FETが数多く使われています．二つのゲートの使い方はデュアル・ゲートMES FETと同じで，図13.2のように用います．

MOS FETはチャネルの構造を変えることによって，ディプリーション特性にもエンハンスメント特性にも設定することができます．高周波用MOS FETにはどちらの特性も存在するので，データシートを見てどちらの特性かを判断してV_{GS}の極性や大きさを決めます．

図13.3に，NチャネルFETの伝達特性を示します．JFETやMES FETのディプリーション特性は，$V_{GS}=0$を超えて正領域の0.3～0.7 V以上になると，ゲート-チャネル間ダイオードがONするので増幅素子として動作しなくなります．

しかし，MOS FETはゲート-チャネル間にダイオードが存在しないので，V_{GS}を正領域に大きくしていっても何ら問題なく動作します．このため，MOS FETのディプリーション特性をJFETやMES FETの特性と区別するためにディプリーション＋エンハンスメント特性と呼ぶことがあります．

● 高周波増幅用FETの用途

高周波増幅用FETは，高周波増幅用バイポーラ・トランジスタに比べて，

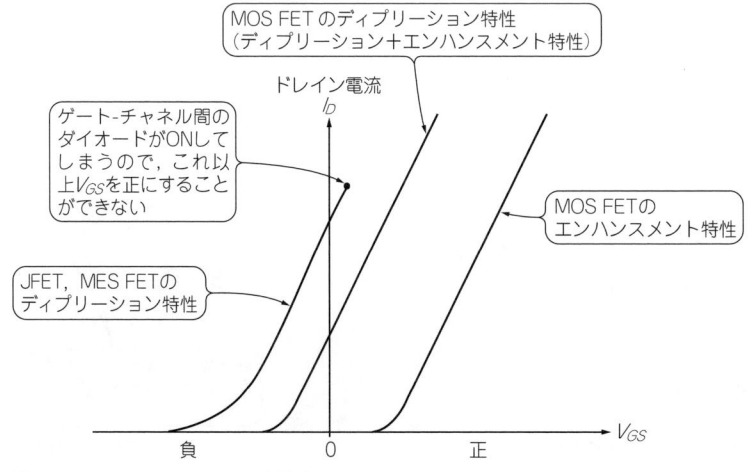

図13.3 NチャネルFETの伝達特性

表13.1 高周波用FETの種類と特徴

種類	特徴，用途など
JFET	●利得，雑音特性，混変調特性，スプリアス特性，破壊強度が良好 ●300 MHz以下の周波数帯で使用される
MOS FET	●デュアル・ゲート型は利得の安定度とAGC特性が良好 ●3 GHz以下の周波数帯で使用される
MES FET	●高周波特性が良好 ●コストが高い ●300 MHz～30 GHzの周波数帯で使用される
HEMT	●高周波特性が良好 ●コストが高い ●1 GHz～30 GHzの周波数帯で使用される

(1) 混変調，相互変調特性，雑音指数がすぐれている
(2) デュアル・ゲート型はカスコード接続により安定した利得が得られる
(3) AGC増幅用としてゲート2を制御端子として使用できる

など，多くの特徴をもっています．

したがって，移動体通信システムの受信機やFM受信機，TVのUHF/VHF受像機のフロントエンド，各種無線機器に多く用いられています．**表13.1**は，高周波増幅用FETの種類による特徴と用途をまとめたものです．

〈鈴木雅臣〉

13.2 高周波FET回路の設計

FETやトランジスタなどのディスクリート半導体は，バイアス・ポイント(動作の直流的な中心点のことで，動作点ともいう)の設定によって周波数特性や雑音特性などの電気的特性が大きく変化します．

そのため，高周波回路では使用する半導体の高周波特性を100%発揮させるために，V_{DS}を何Vにするのか，I_Dを何mAで動作させるのかというバイアス・ポイントの設定がたいへん重要になります．

● バイアス・ポイントの設定

▶ JFETのV_{DS}の決め方

ドレイン-ソース間電圧の実使用上の目安は，ピンチ・オフ電圧V_Pから，V_{GDO}(ゲート-ドレイン間破壊電圧)までとなります．**図13.4(a)**にJFET 2SK192AのV_{DS}-I_D特性を示します．$V_{GS}=0$の条件で，ドレイン電流I_DがV_{DS}に依存しなくなる〔**図13.4(a)**に示した肩の部分〕V_{DS}に相当するのがピンチ・オフ電圧V_Pです．

このV_Pは，I_Dの流れなくなるV_{GS}，すなわち$V_{GS\,(\text{off})}$に負記号をつけたものと等しくなります．もし，V_P以下のV_{DS}でFETを使用すると，**図13.4(b)**のように帰還容量C_{rss}(ドレイン-ゲート間に存在する寄生の容量)が増加し，ミラー効果による入力容量の増加や安定度の問題が出てきます．

V_{GDO}以上のV_{DS}で使用した場合は，**図13.4(a)**の静特性でもわかるように，I_Dが増大してFETが破壊することになります．V_{GDO}は，最大定格として明示してあります．

第13章

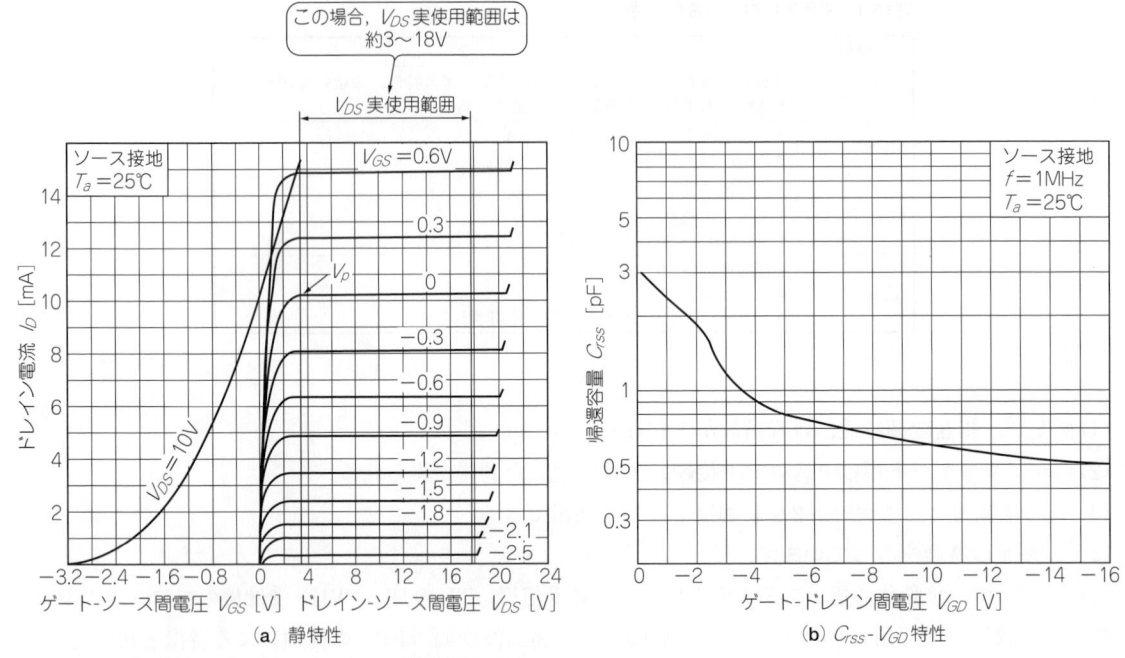

図13.4 PN接合型シングルFET 2SK192Aの静特性と C_{rss}-V_{GD}

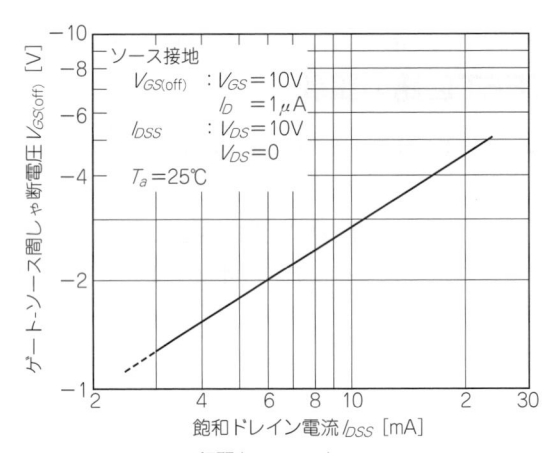

(a) 静特性

(b) C_{rss}-V_{GD} 特性

図13.5 $V_{GS(off)}$-I_{DSS} 相関（2SK192A）

$V_{GS(off)}$ は，I_{DSS}（飽和ドレイン電流）と相関があります．図13.5のように，メーカより示された特性図を見て，実際の V_p の目安とすればよいでしょう．

● デュアル・ゲート MOS FET の V_{DS} の決め方

デュアル・ゲート MOS FET の場合の V_{DS} の使用範囲は，ゲート2への印加電圧 V_{G2S} と Q_2 の V_{P2}〔－$V_{G2S(off)}$〕との和から，ドレイン-ソース間破壊電圧までとなります．

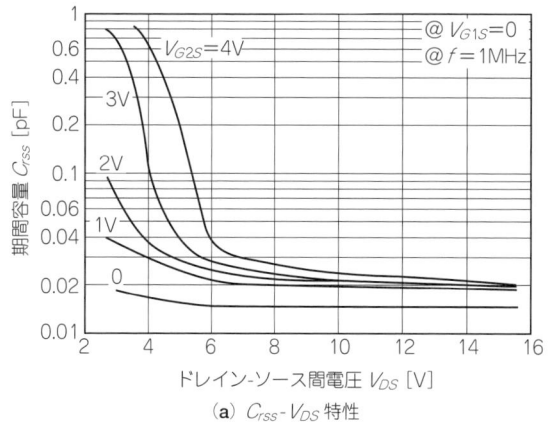

図13.6 デュアル・ゲートMOS FETの特性例

(a) C_{rss}-V_{DS}特性

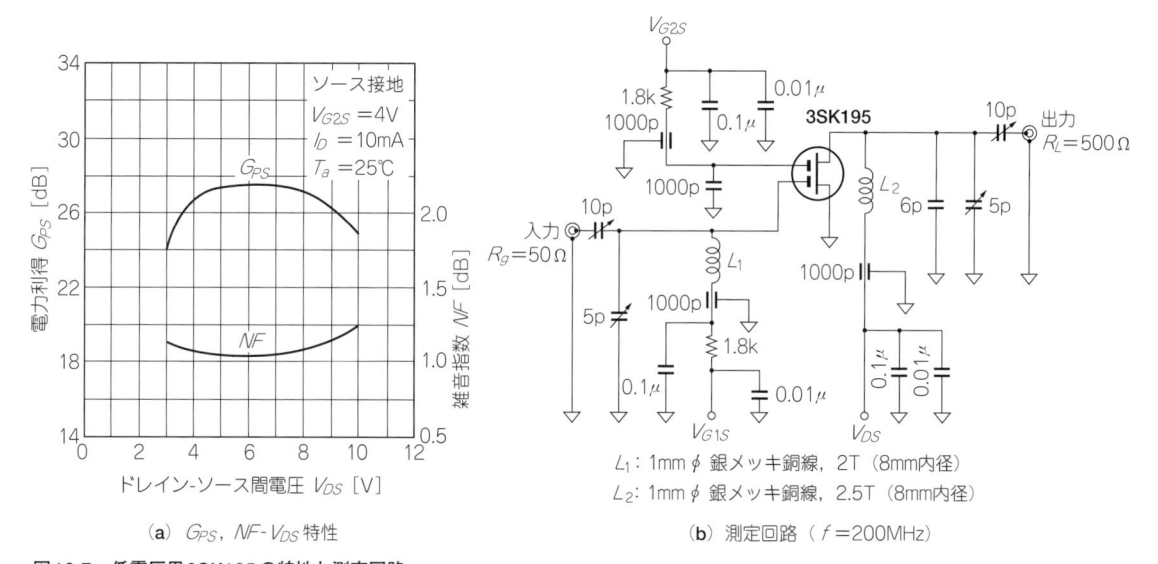

(b) G_{PS}-V_{DS}特性

図13.7 低電圧用3SK195の特性と測定回路

(a) G_{PS}, NF-V_{DS}特性

(b) 測定回路 ($f=200$MHz)

L_1：1mmϕ 銀メッキ銅線，2T（8mm内径）
L_2：1mmϕ 銀メッキ銅線，2.5T（8mm内径）

図13.6にデュアル・ゲートMOS FETのC_{rss}-V_{DS}特性とG_{PS}-V_{DS}特性の例を示します．V_{G2S}の値が大きいほど，C_{rss}の減電圧特性が悪くなっています．最近は，電源電圧が低電圧化されており，それらに対応するために，MOS FETもピンチ・オフの浅いタイプが主流となりつつあります．図13.7に低電圧用の3SK195のG_{PS}，NF-V_{DS}とその測定回路を示します．

● 基本増幅回路でのV_{GS}とI_Dの決め方

　ゲート・バイアスとドレイン電流は，用途によりその動作条件が異なります．高周波といっても増幅，混合，発振などの用途があるので，その用途の最適点にゲート・バイアスとドレイン電流を選定する必要があります．

第13章

まず，増幅回路に使用する場合から考えてみます．この場合の重要な特性は，電力利得G_{PS}，雑音指数NF，混変調，相互変調特性などです．これらの特性の兼ね合いにより，ゲート・バイアス電圧とドレイン電流を決定します．一応の目安として，市販されているFETの場合のゲート・バイアス電圧は，ドレイン電流が2～10mA程度流れるように設定します．

デュアル・ゲートMOS FETの場合は，ドレイン電流を決定するうえで，ゲート2のバイアス電圧も問題となります．一般に，デュアル・ゲートMOS FETはディプリーション＋エンハンスメント特性なので，通常はゲート2に正の電圧を印加しますが，これをあまり大きくするとドレイン電流が増加したり，減電圧特性が悪くなったりします．

一般的には，$V_{G2S}=2\sim5\text{V}$に設定されています．たんに増幅回路として使用するだけでも，ゲート2には電圧を印加するための固定の電源（抵抗2本とバイパス用のコンデンサ）が必要です．なお，これを不要とするようなFETとして，ゲート2のバイアスをかけなくてもよい（内部でソースに接続されているゲート2側をFETの製造上においてうまくコントロールすることによって，$V_{G2S}=0\text{V}$でも十分な特性が得られるように設計されている）3端子タイプのMOS FET，たとえば2SK882（東芝）などもあります．しかし，デュアル・ゲートMOS FETの最大の特徴は，ゲート2を制御端子としたAGC増幅回路を構成できるということであり，よく用いられています．

AGC（Automatic Gain Control）範囲（最大利得と最小利得の差）は，y_f/y_r（FETでの順方向利得と逆方向利得の比に相当）に比例しますので，C_{rss}の小さいデュアル・ゲートMOS FETは大変有利です．また，AGCによるレスポンスの変化は，入出力アドミタンス（$G+jB$）（インピーダンスの逆数）の虚数部（サセプタンス）が，バイアス電圧，電流依存性をもつことに起因します．しかし，C_{rss}が小さいことにより，ミラー効果による入力容量C_{in}は，

$$C_{in}=C_{iss}+C_{rss}\cdot g_f/(g_0+g_L)$$

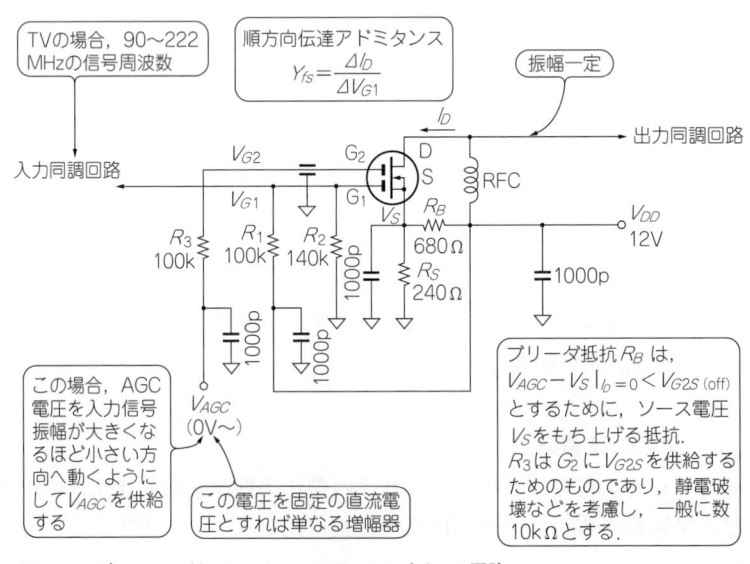

図13.8 デュアル・ゲートMOS FETのAGCバイアス回路

($g_r = 0$)

ただし,C_{iss}；ゲート・ソース間容量

g_f；y_fの実数部

g_0；y_0の実数部

g_L；負荷抵抗の逆数

の変化が少なく,ほかのバイポーラ・トランジスタによるAGCに比べて良好です.

● AGCバイアス回路

次に,デュアル・ゲートMOS FETのもうひとつの特徴である,混変調特性を考えたAGCバイアス回路について述べることにします.

デュアル・ゲートMOS FETによるAGCは,ゲート2のバイアス電圧を,入力信号電圧の増加にしたがって減少させることにより,順方向伝達アドミタンス$|Y_{fs}|$を減少させて利得制御を行うものです.

図13.8に,一般的なデュアル・ゲートMOS FETのAGCバイアス回路を示します.この例では,ディプリーション＋エンハンスメント特性のMOS FETを想定しています.

ドレイン電流I_Dは,ゲート2電圧V_{G2S}を負にすることにより,0とすることができます.$I_D = 0$とする

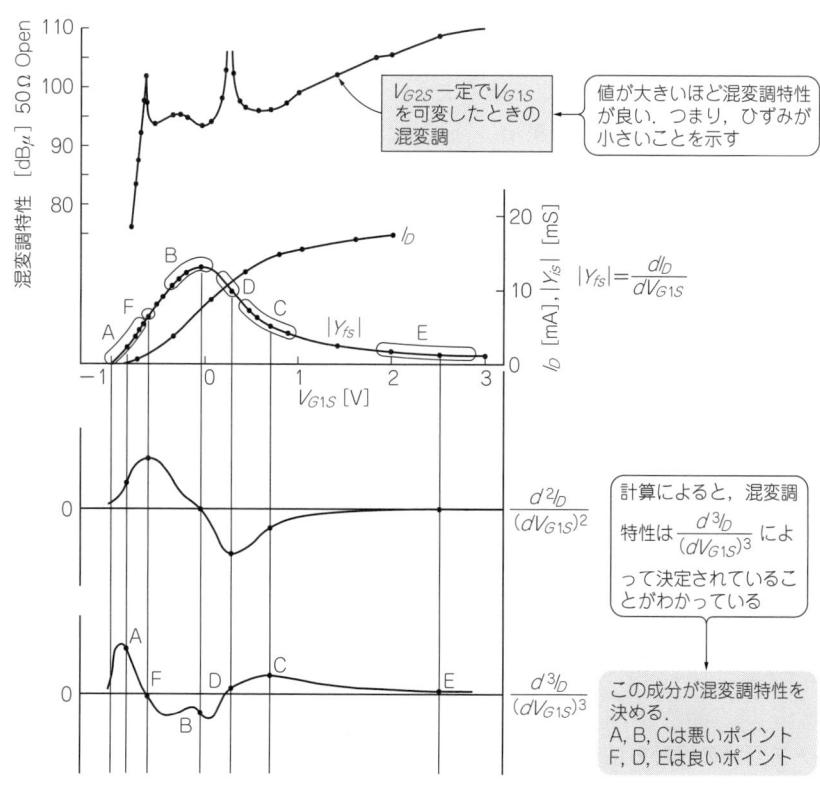

図13.9 混変調特性を決めるポイント

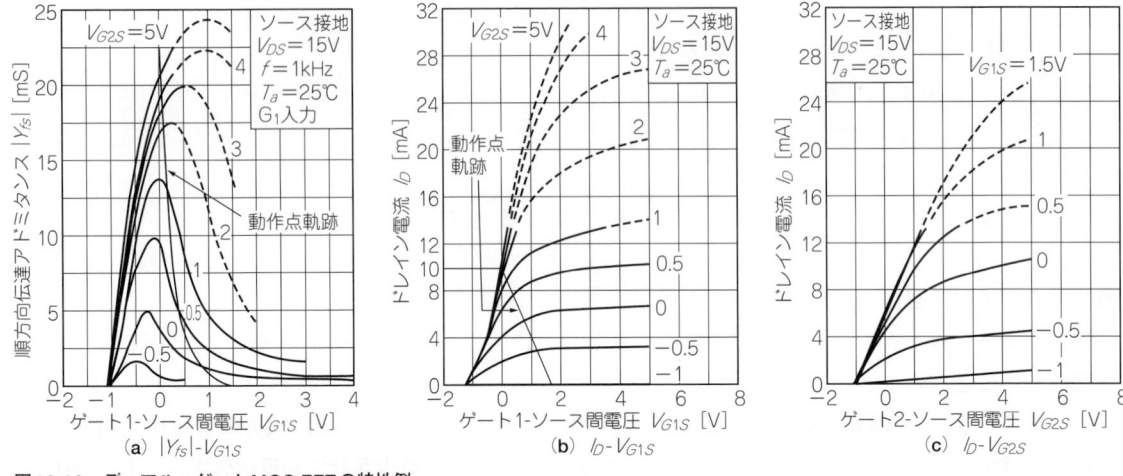

図13.10 デュアル・ゲートMOS FETの特性例

V_{G2S} を $V_{G2S(\text{off})}$ と呼びます．普通のアンプは単一電源で動作させることが多く，AGC電圧も正の値のみ供給できるようになっています．したがって，図13.8に示すようにAGCをかけるためには，ソース電圧を $I_D = 0$ のときに，$V_{AGC} - V_S < V_{G2S(\text{off})}$ となるようにブリーダ抵抗 R_B によってソース電圧をもち上げてやらなくてはなりません．

また，混変調特性のよい I_D-V_{G1S} 動作点を通るようにしなければなりません．デュアル・ゲートMOS FETのバイアス設定は V_{G1} と V_S の設定がポイントです．次に，その設定方法について述べます．

● 混変調特性の考え方

混変調特性は，図13.9に示す $|Y_{fs}|$-V_{G1S} 特性の2次成分（I_D-V_{G1S} 特性の3次成分）が大きく寄与します．混変調特性は $|Y_{fs}|$-V_{G1S} の2次成分が小さいほどよいわけですから，図13.9のA，B，C点は悪く，F，D，E点は良いポイントということができます．F，D点はA，B，C点があるために必然的に存在するポイントです．V_{G1S} の領域も狭く，かつ両サイドの混変調も悪いことから，このポイントに動作点をもっていくことは難しいといえます．

したがって，混変調が非常によいポイントがあるという程度に考えたほうがよいと思います．E点は混変調が非常によく，利得減衰量 GR(Gain Reduction)が大きいところで混変調のよいことが特徴のデュアル・ゲートMOS FETの重要なポイントです．

実際のバイアス回路における動作点の軌跡は，最大ゲインの関係から，図13.10に示す $|Y_{fs}|$-V_{G1S} 特性の $|Y_{fs}|$ ピークの左側よりも，AGC電圧(V_{G2S})が下がるにしたがって $|Y_{fs}|$ ピークの右側(V_{G1S} が正方向)へ移行していきます．

● 実際のバイアス回路の設計方法

それでは，実際のバイアス回路の設計に入ることにします．

コラム13.A FETにおけるSパラメータとは

　Sパラメータを測定する場合，**図13.A**に示すようにインピーダンス$Z_O(=50\,\Omega)$をもつ高周波信号源を用い，出力もZ_Oで終端します．

　FETの入力側$(1)-(1')$での電圧をV_1，電流をI_1とし，出力側$(2)-(2')$での電圧をV_2，電流をI_2とし，a_1，b_1，a_2，b_2を，

$$\left.\begin{aligned}a_1 &= \frac{V_1 + Z_O I_1}{2\sqrt{Z_O}} \\ b_1 &= \frac{V_1 - Z_O I_1}{2\sqrt{Z_O}} \\ a_2 &= \frac{V_2 + Z_O I_2}{2\sqrt{Z_O}} \\ b_2 &= \frac{V_2 - Z_O I_2}{2\sqrt{Z_O}}\end{aligned}\right\} \quad \cdots\cdots(1)$$

と定義します．$|a_1|^2$，$|b_1|^2$は電力の次元をもっており，a_1は$(1)-(1')$端子面での入射波，b_1は反射波，またa_2とb_2は$(2)-(2')$端子面での入射波と反射波になります．

　そこで，Sパラメータを以下のように定義します．

$$\left.\begin{aligned}b_1 &= S_{11}a_1 + S_{12}a_2 \\ b_2 &= S_{21}a_1 + S_{22}a_2\end{aligned}\right\} \quad \cdots\cdots(2)$$

したがって，S_{11}とS_{21}は，

$$\left.\begin{aligned}S_{11} &= \left.\frac{b_1}{a_1}\right|_{a_2=0} \\ S_{21} &= \left.\frac{b_2}{a_1}\right|_{a_2=0}\end{aligned}\right\} \quad \cdots\cdots(3)$$

より，出力側にZ_Oを接続した状態で$(a_2=0)$，S_{11}入力端子面は$(1)-(1')$での反射係数，S_{21}は端子面$(1)-(1')$から$(2)-(2')$への透過係数となります．

また，S_{22}とS_{12}は，

$$\left.\begin{aligned}S_{22} &= \left.\frac{b_2}{a_2}\right|_{a_1=0} \\ S_{12} &= \left.\frac{b_1}{a_2}\right|_{a_1=0}\end{aligned}\right\} \quad \cdots\cdots(4)$$

より，端子面$(2)-(2')$に高周波電源を接続し，端子面$(1)-(1')$をZ_Oで終端した状態で$(a_1=0)$，S_{22}は端子面$(2)-(2')$での反射係数，S_{12}は端子面$(2)-(2')$から$(1)-(1')$への透過係数となります．

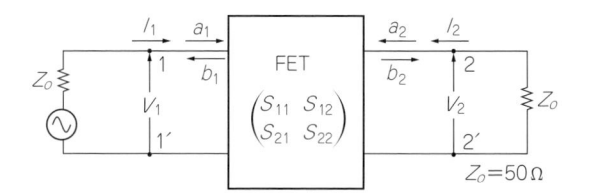

図13.A　2端子対回路のSパラメータ

FETを完全にOFFさせて$I_D = 0$とするためには，次の式を満足しなければなりません．

$$V_{AGC} - V_S|_{I_D = 0} < V_{G2S(off)} \quad\cdots\cdots (1)$$

余裕を見て，

$$V_{AGC} - V_S|_{I_D = 0} = V_{G2S(off)} - 2 \quad\cdots\cdots (2)$$

とします．$V_{AGC} = 0$において$I_D = 0$とするため，

$$V_S|_{I_D = 0} = 2 - V_{G2S(off)} \quad\cdots\cdots (3)$$

また，V_{G1}については，$V_{AGC} = 0$，かつ$V_S|_{I_D = 0} = 2 - V_{G2S(off)}$の状態で$V_{G1S}$がE点となることが必要ですので，

$$V_{G1S} = V_{G1S(off)} + 3 \quad\cdots\cdots (4)$$

したがって，

$$V_{G1} = V_{G1S(off)} + 3 + V_S|_{I_D = 0} \quad\cdots\cdots (5)$$

式(5)に式(3)を代入すると，

$$V_{G1} = V_{G1S(off)} - V_{G2S(off)} + 5 \quad\cdots\cdots (6)$$

となります．

I_Dが流れている状態では，

$$V_S = R_S(I_D + I_B) \quad\cdots\cdots (7)$$

$$I_B = (V_{DD} - R_S I_D)/(R_S + R_B) \quad\cdots\cdots (8)$$

式(7)に式(8)を代入すると，

$$V_S = R_S \{I_D + (V_{DD} - R_S I_D)/(R_S + R_B)\} \quad\cdots\cdots (9)$$

変形すれば，

$$V_S = \{R_S/(R_S + R_B) \cdot V_{DD}\} + \{(R_S R_B)/(R_S + R_B) \cdot I_D\} \quad\cdots\cdots (10)$$

$I_D = 0$の状態では，

$$V_S|_{I_D = 0} = R_S/(R_S + R_B) \cdot V_{DD} \quad\cdots\cdots (11)$$

となります．

式(9)に式(11)を代入すれば，

$$V_S = R_S I_D(1 - V_S|_{I_D = 0}/V_{DD}) + V_S|_{I_D = 0} \quad\cdots\cdots (12)$$

したがって，

$$R_S = \frac{V_S - V_S|_{I_D = 0}}{I_D(1 - V_S|_{I_D = 0}/V_{DD})} \quad\cdots\cdots (13)$$

$$R_B = R_S \left(\frac{V_{DD}}{V_S|_{I_D = 0}} - 1\right) \quad\cdots\cdots (14)$$

となります．

また，R_1とR_2の関係はV_{G1}を供給するためにV_{DD}を分割しているだけですから，

$$R_1 : (R_1 + R_2) = V_{G1} : V_{DD} \quad\cdots\cdots (15)$$

なお，V_Sは次のような関係になります．

$$V_S = V_{AGC}(= V_{G2}) - V_{G2S} = V_{G1} - V_{G1S} \quad\cdots\cdots (16)$$

では，図13.10を参考にして実際に計算してみましょう．

$V_{DD} = 12 \text{ V}$, $GR = 0 \text{ dB}$ の最大ゲイン時において，$V_{G2S} = 3 \text{ V}$, $I_D = 10 \text{ mA}$ とします．
$V_{G1S(\text{off})} = -1.2 \text{ V}$, $V_{G2S(\text{off})} = -1.2 \text{ V}$, $V_{G1S}|_{V_{G2S}=3 \text{ V}, I_D=10 \text{ mA}} = 0 \text{ V}$ ですから，

$$V_S|_{I_D=0} = 2 - (-1.2) = 3.2 \text{ V}$$
$$V_{G1} = -1.2 - (-1.2) + 5 = 5 \text{ V}$$
$$V_S|_{I_D=10\text{mA}} = 5 - 0 = 5 \text{ V}$$
$$V_{AGC}(V_{G2})|_{I_D=10 \text{ mA}} = 3 + 5 = 8 \text{ V}$$
$$V_{DS} = 12 - 5 = 7 \text{ V}$$

となり，

$$R_S = (5 - 3.2)/0.01\{1 - (3.2/12)\} = 245 \fallingdotseq 240 \text{ Ω}$$
$$R_B = 245\{(12/3.2) - 1\} = 675 \fallingdotseq 680 \text{ Ω}$$
$$R_1 = 100 \text{ kΩ}, \quad R_2 = 140 \text{ kΩ}$$

となります．

● 周波数混合回路の設計

次に，混合回路に使用する場合ですが，局発(LO)の注入方法によって，ゲート・バイアスとドレイン電流の選定点が異なります．

シングル・ゲートFETの場合は，一般にソース注入法がよく用いられます．この場合は，変換利得，雑音特性，相互変調特性などから考え，ドレイン電流は局発注入電圧が0の状態で数100 μA程度が適当です．ソース抵抗としては数kΩとなります．

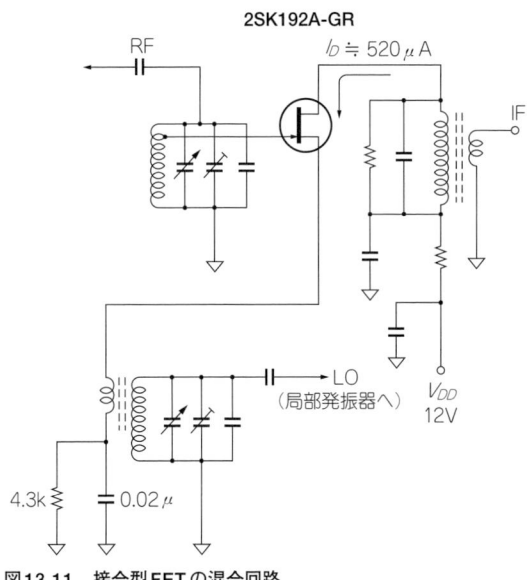

図13.11　接合型FETの混合回路

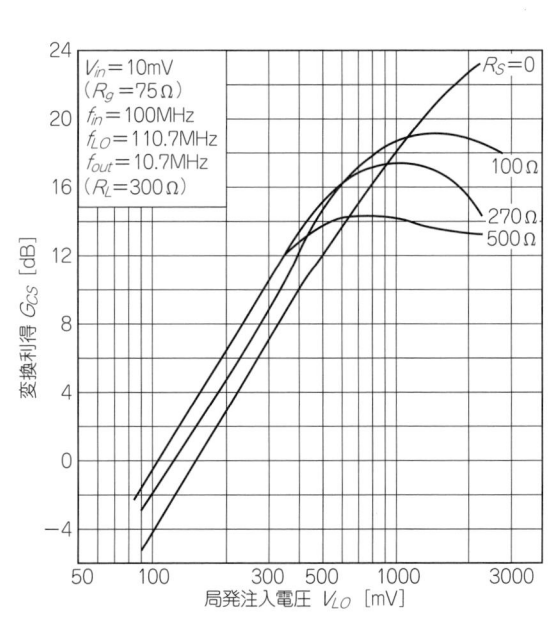

図13.13　変換利得と局発注入電圧の関係

第13章

　図13.11は，JFETの混合回路におけるバイアス印加を示したものです．
　デュアル・ゲートMOS FETの場合には，ゲート1にRF信号，ゲート2にLO信号を注入する場合と，RF信号，LO信号共にゲート1に注入する二つの方法があります．
　前者は，ゲート1とゲート2にそれぞれ別の信号を入力するため回路が組みやすく，局発信号が入力端子へ漏洩しにくいなどの特徴があります．しかし，比較的大きな局発レベルが必要であり，一般にはFM受信機などで使用されています．後者は，バイアス依存性(I_D, V_{G2S})が前者に比べて小さく，安定した変換利得が得られることから，テレビのVHF帯の回路などに使用されています．
　図13.12に，ゲート1にRF信号，ゲート2にLO信号を注入する場合の回路例を示します．この場合

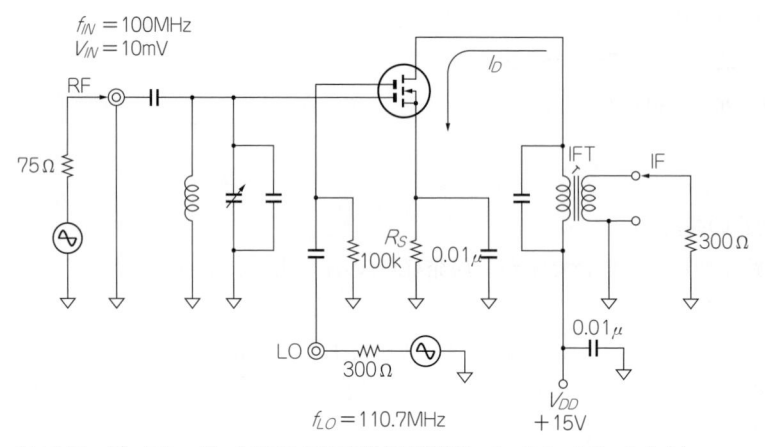

図13.12　デュアル・ゲートMOS FETの混合回路(RF, G_1入力, LO, G_2入力)

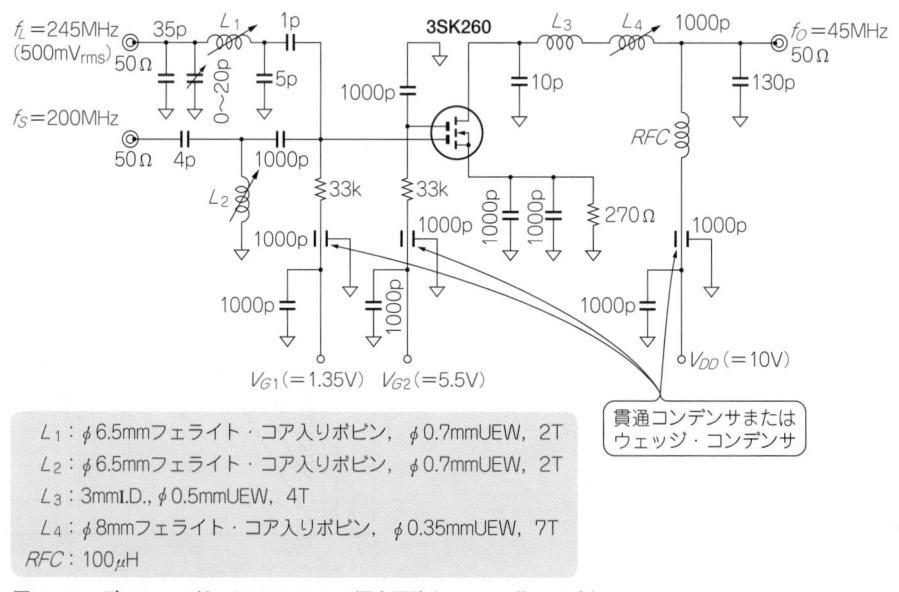

L_1：φ6.5mmフェライト・コア入りボビン，φ0.7mmUEW，2T
L_2：φ6.5mmフェライト・コア入りボビン，φ0.7mmUEW，2T
L_3：3mmI.D.，φ0.5mmUEW，4T
L_4：φ8mmフェライト・コア入りボビン，φ0.35mmUEW，7T
RFC：100μH

図13.14　デュアル・ゲートMOS FETの混合回路(RF, LO共G_1入力)

のゲート・バイアスはゲート1，ゲート2それぞれ0か若干負の方向にバイアスしています．図13.13は，図13.12における変換利得と局発注入電圧との関係を，ソース抵抗R_Sをパラメータとして示したものです．この場合，ドレイン電流としては1～5mAが適当です．

図13.14に，ゲート1にRF，LO信号共に注入する場合の回路を示します．この場合は，局発信号（f = 245 MHz）も同調をとり，局発を注入するコンデンサを1 pFと小さくすることにより，入力同調回路に影響を与えにくくしています．図13.15に，3SK260を用いた図13.14の回路の各種特性を示します．

これによると，V_{G2S} = 3～5 V，I_D = 3～6 mA，電源電圧は8～10 V，局発入力レベルは500 mV$_{rms}$以上で動作させることによって，最良の動作を行うことになります．

（新原盛太郎）

(a) 変換利得，雑音指数のV_{G2S}依存性

(b) 変換利得，雑音指数のドレイン電流依存性

(c) 変換利得，雑音指数の電源電圧依存性

(d) 変換利得，雑音指数の局発注入レベル依存性

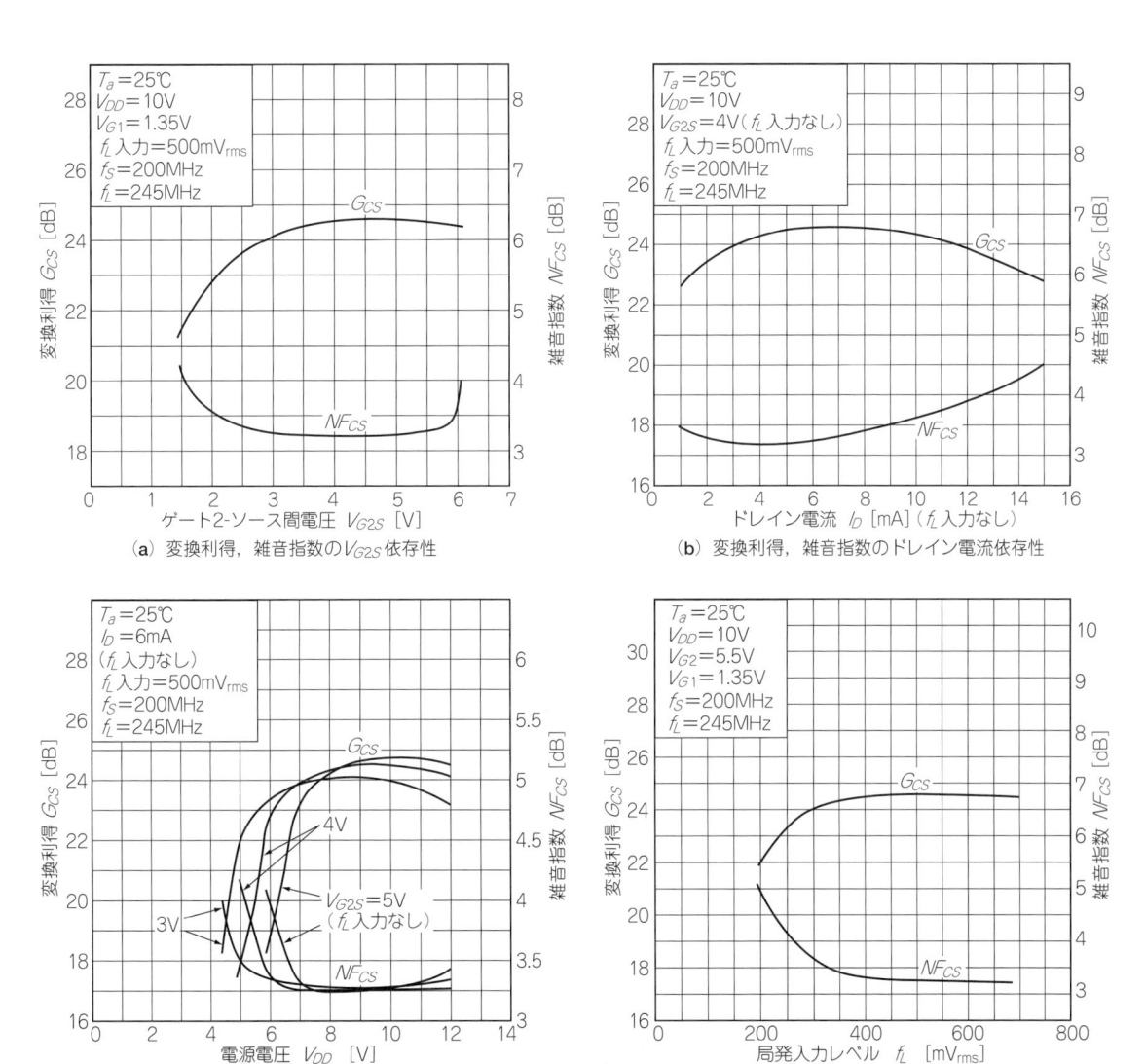

図13.15　図13.14の回路の各種特性

第13章

13.3 マイクロ波帯低雑音増幅器の設計

　ここでは，高周波FETを使ったマイクロ波帯の低雑音増幅器(Low Noise Amplifier，以下LNA)の設計方法について解説します．なお，設計で使用した高周波回路シミュレータは，S‐NAP/Suite Liberal Editionです．設計するLNAは，次のような仕様を目標にします．

- 周波数帯域　　：1.9～2.0 GHz
- NF　　　　　　：1 dB以下
- ゲイン　　　　：17 dB以上
- 入出力 $VSWR$：2以下
- バイアス　　　：$V_{DS} = 2.0$ V，$I_{DS} = 15$ mA

● LNAに使用する半導体デバイス

　LNA用の半導体デバイスとして，国内メーカや海外メーカがさまざまなものを取り扱っています．初段のLNAに一番よく使われるのは，HEMTです．NFが多少悪くてもよい2段目以降には，バイポーラ・トランジスタなどが使われます．

　バイアス回路，インピーダンス・マッチング回路などをワンチップで構成したMMIC(Microwave Monolithic IC)のLNAもあります．設計が簡単で使いやすいのですが，NFはディスクリート部品で構成したLNAには及びません．

　ここでは高性能なLNAの実現を目標にして，HEMTを使用することにします．

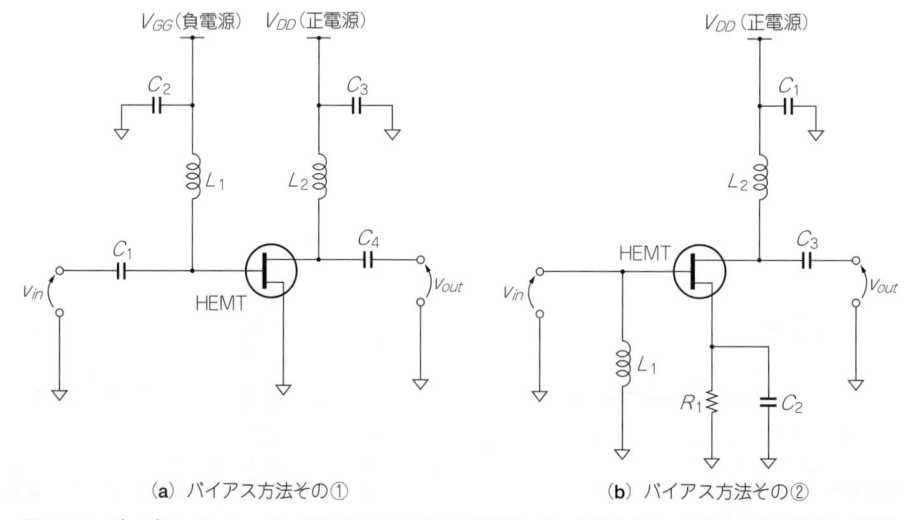

(a) バイアス方法その①　　　　　　　　(b) バイアス方法その②

図13.16　ディプリーション・モードHEMTのバイアス回路例…ゲート電位をソース電位よりも低くして使う

13.3 マイクロ波帯低雑音増幅器の設計

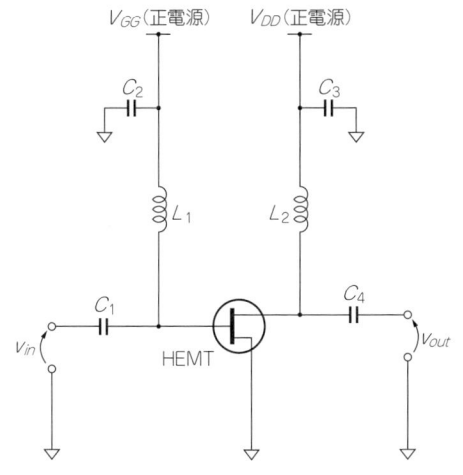

図13.17 エンハンスメント・モードHEMTのバイアス回路例
…単電源で使える

写真13.1 HEMT ATF-55143の概観

● 2種類のHEMT

HEMTにも，ふつうのFETと同様に二つのタイプがあります．一つは，よく使用されるディプリーション・モードのHEMTです．そしてもう一つは，エンハンスメント・モードのHEMTです．

▶ディプリーション・モード

このタイプは，ゲート電位をソース電位よりも低くして使う必要があります．そのため，**図13.16**に示すような回路が使われます．

図13.16(a)に示したのは，ソースをグラウンドに接続し，ゲートに負の電圧を加える方法です．

図13.16(b)は，ゲートを直流的にグラウンドに接続し，ソースとグラウンド間に抵抗を挿入する方法です．ソース電流による電圧降下によって，ソース電位をゲート電位よりも高くします．抵抗と並列に挿入したコンデンサによって，高周波的にソースを接地します．

▶単電源で使えるエンハンスメント・モード

エンハンスメント・モードは，ゲート電位をソース電位よりも高くして使うことができます．**図13.17**に示すように，ソースをグラウンドに接続し，正の単電源でゲートとドレインにバイアスを供給することができます．ここでは，このタイプのHEMT ATF-55143(アジレント・テクノロジー)を使ってLNAを作ります．

ATF-55143は，VHF〜6GHzのアプリケーションに適しています．ATF-55143の電気的特性を**表13.2**に，外観を**写真13.1**に示します．

半導体製造技術が進歩して，高性能なエンハンスメント・タイプが出てきました．これまでのHEMTは，ゲートに負のバイアス電圧を加えるのが当たり前でしたが，状況が変わりつつあります．エンハンスメント型は，単電源で動作し，ソースをグラウンドに直接接地して使えるなど，回路設計上のメリットが多いので，今後は主流になる可能性があります．

第13章

表13.2 HEMT ATF-55143の主な電気的特性

項　目	記号	条　件	最小	標準	最大	単位
動作ゲート電圧	V_{gs}	V_{DS} = 2.7 V, I_{DS} = 10 mA	0.3	0.47	0.65	V
ゲートしきい値電圧	V_{th}	V_{DS} = 2.7 V, I_{DS} = 2 mA	0.18	0.37	0.53	V
ドレインしゃ断電流	I_{DSS}	V_{DS} = 2.7 V, V_{GS} = 0 V	—	0.1	3	μA
トランス・コンダクタンス	g_m	V_{DS} = 2.7 V, $g_m = \Delta I_{DSS}/\Delta V_{GS}$ ΔV_{GS} = 0.75 − 0.70 = 0.05 V	110	220	285	mmho
ゲート漏れ電流	I_{GSS}	$V_{GD} = V_{GS}$ = − 2.7 V	—	—	95	μA
雑音指数[*1]	NF	f = 2 GHz, V_{DS} = 2.7 V, I_{DS} = 10 mA	—	0.6	0.9	dB
		f = 900 MHz, V_{DS} = 2.7 V, I_{DS} = 10 mA	—	0.3	—	dB
ゲイン[*1]	G_a	f = 2 GHz, V_{DS} = 2.7 V, I_{DS} = 10 mA	15.5	17.7	18.5	dB
		f = 900 MHz, V_{DS} = 2.7 V, I_{DS} = 10 mA	—	21.6	—	dB
3次インターセプト・ポイント出力[*1]	DIP3	f = 2 GHz, V_{DS} = 2.7 V, I_{DS} = 10 mA	22.0	24.2	—	dBm
		f = 900 MHz, V_{DS} = 2.7 V, I_{DS} = 10 mA	—	22.3	—	dBm
1 dBコンプレッション出力[*1]	P1dB	f = 2 GHz, V_{DS} = 2.7 V, I_{DS} = 10 mA	—	14.4	—	dBm
		f = 900 MHz, V_{DS} = 2.7 V, I_{DS} = 10 mA	—	14.2	—	dBm

*1：テスト基板による測定結果

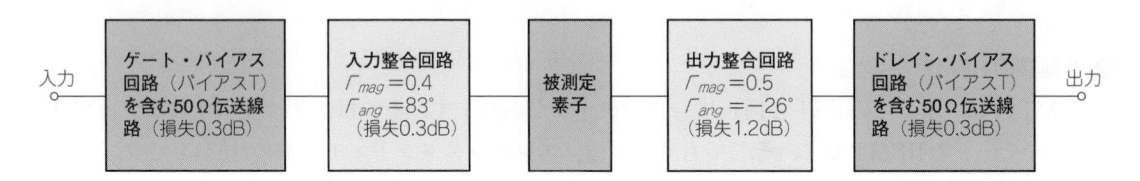

入力 → ゲート・バイアス回路（バイアスT）を含む50Ω伝送線路（損失0.3dB） → 入力整合回路 Γ_{mag}=0.4 Γ_{ang}=83°（損失0.3dB） → 被測定素子 → 出力整合回路 Γ_{mag}=0.5 Γ_{ang}=−26°（損失1.2dB） → ドレイン・バイアス回路（バイアスT）を含む50Ω伝送線路（損失0.3dB） → 出力

● LNAのゲインや*NF*を調べる

　設計する回路のシミュレーションを行うには，半導体の*S*パラメータとノイズ・パラメータが必要になります．ノイズ・パラメータはその半導体の雑音特性を表したもので，*NF*のシミュレーションを行うために必要です（コラム13.B参照）．シミュレータに読み込ませるパラメータを**リスト13.1**に示します．
　ATF-55143のV_{DS} = 2.0 V，I_{DS} = 15 mAの*S*パラメータ，ノイズ・パラメータをシミュレータに入力して，ATF-55143だけの特性を確認して見ましょう．
　図13.18にシミュレーション回路を，**図13.19**に解析結果を示します．ATF-55143のゲートとドレインを特性インピーダンス50Ω系につないで，理想的なバイアス回路でバイアスを加えて解析します．
　図13.19（**a**）はS_{11}〜S_{22}をdBスケールで表示したもの，**図13.19**（**b**）は*NF*特性，**図13.19**（**c**）はS_{11}とS_{22}のスミス・チャート表示，そして**図13.19**（**d**）はS_{11}とS_{22}をVSWRで表示したものです．
　マッチング回路なしでも，目標仕様を越える約18 dBのゲイン（S_{21}）と，約0.6 dBの*NF*が得られています．マッチングを取っていないので，入出力の反射（S_{11}，S_{22}）が大きく，**図13.19**（**c**）のスミス・チャートの軌跡を見ると，どちらも中心から離れています．特にS_{11}のVSWR特性がよくありません．

リスト13.1 HEMT ATF-55143をシミュレーションで使うときに必要なSパラメータとノイズ・パラメータのテキスト・ファイル（データシートに掲載された数値表を参照して作成）

(a) Sパラメータ

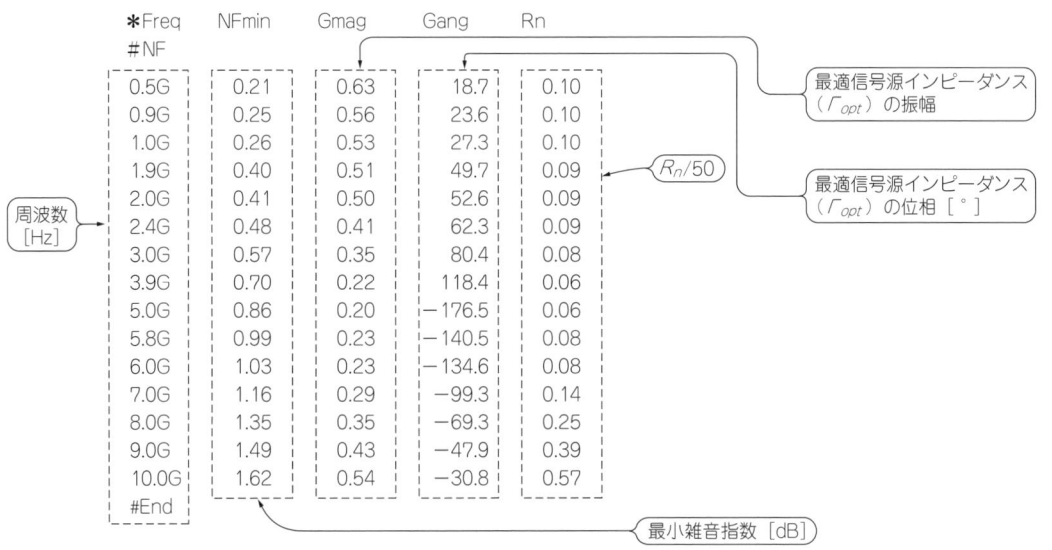

```
!ATF-55143.HMT
#TAG(AGILENT, 2, 15m, 2001)
#CON(50, S, E)
#PARA
```

列：周波数[Hz] | S_{11}の振幅 | S_{11}の位相[°] | S_{21}の振幅 | S_{21}の位相[°] | S_{12}の振幅 | S_{12}の位相[°] | S_{22}の振幅 | S_{22}の位相[°]

周波数[Hz]	S_{11}振幅	S_{11}位相	S_{21}振幅	S_{21}位相	S_{12}振幅	S_{12}位相	S_{22}振幅	S_{22}位相
0.1G	0.997	−7.1	13.074	174.4	0.006	85.7	0.752	−4.6
0.5G	0.953	−34.5	12.333	153.0	0.027	69.4	0.712	−22.1
0.9G	0.873	−58.8	11.042	134.4	0.044	56.3	0.654	−36.7
1.0G	0.856	−64.6	10.693	130.3	0.047	53.3	0.636	−39.6
1.5G	0.759	−89.3	9.059	112.2	0.060	41.6	0.560	−51.8
1.9G	0.695	−106.2	7.998	100.0	0.068	34.4	0.509	−59.0
2.0G	0.681	−110.2	7.762	97.2	0.070	32.8	0.498	−60.5
2.5G	0.621	−129.3	6.773	83.9	0.076	25.6	0.443	−67.5
3.0G	0.578	−147.4	5.985	71.8	0.082	19.4	0.390	−73.6
4.0G	0.536	177.3	4.850	49.4	0.091	7.9	0.295	−87.3
5.0G	0.541	145.1	4.020	28.4	0.096	−3.0	0.225	−104.3
6.0G	0.554	119.1	3.384	9.0	0.101	−12.7	0.183	−120.8
7.0G	0.574	97.0	2.917	−9.1	0.105	−23.0	0.150	−138.4
8.0G	0.594	75.5	2.549	−27.0	0.106	−33.1	0.101	−149.7
9.0G	0.630	55.9	2.271	−44.6	0.113	−40.4	0.047	−175.2
10.0G	0.703	37.3	2.028	−63.5	0.121	−53.2	0.078	82.0

(b) ノイズ・パラメータ

```
*Freq  NFmin  Gmag  Gang  Rn
#NF
```

列：周波数[Hz] | 最小雑音指数NFmin[dB] | 最適信号源インピーダンス(Γ_{opt})の振幅Gmag | 最適信号源インピーダンス(Γ_{opt})の位相[°]Gang | $R_n/50$

周波数[Hz]	NFmin	Gmag	Gang	Rn
0.5G	0.21	0.63	18.7	0.10
0.9G	0.25	0.56	23.6	0.10
1.0G	0.26	0.53	27.3	0.10
1.9G	0.40	0.51	49.7	0.09
2.0G	0.41	0.50	52.6	0.09
2.4G	0.48	0.41	62.3	0.09
3.0G	0.57	0.35	80.4	0.08
3.9G	0.70	0.22	118.4	0.06
5.0G	0.86	0.20	−176.5	0.06
5.8G	0.99	0.23	−140.5	0.08
6.0G	1.03	0.23	−134.6	0.08
7.0G	1.16	0.29	−99.3	0.14
8.0G	1.35	0.35	−69.3	0.25
9.0G	1.49	0.43	−47.9	0.39
10.0G	1.62	0.54	−30.8	0.57

`#End`

● バイアス回路を追加する

図13.18では，理想的な直流電源でバイアスを供給していると仮定しましたが，実際にはバイアス回路が必要です．ATF-55143のデータシートを参考にして，図13.20のようにバイアス回路を追加しました．

第13章

L_1とL_2は直流を通して高周波をしゃ断するためのチョーク・コイルです．2 GHzで高いインピーダンス（約$j339\,\Omega$@2 GHz）をもつように27 nHに設定します．

C_1とC_2は，HEMTに加えている直流バイアスが入出力ポートに流れないようにするための直流カット用コンデンサです．カップリング・コンデンサと呼びます．2 GHzで低いインピーダンス（約$-j0.8\,\Omega$）をもつように，100 pFに設定しました．

C_3とC_4は，高周波的にグラウンドにショートするためのコンデンサです．デカップリング・コンデ

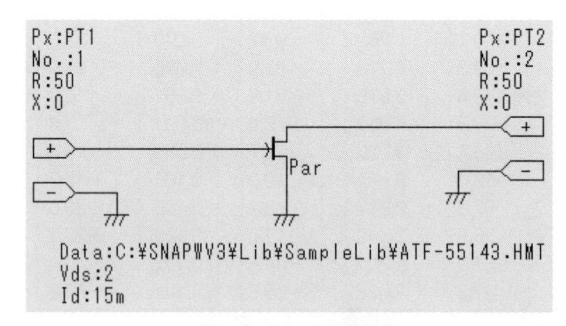

図13.18　HEMT ATF-55143単体の入出力特性を調べるシミュレーション回路

コラム 13.B　●●●● 反射特性のシミュレーション結果の見方 ●●●●

反射には，いろいろな表し方があります．S_{11}，S_{22}と反射係数のΓは，まったく同じものです．Sパラメータの反射特性の大きさ（magnitude）は反射係数の大きさ$|\Gamma|$と等しく，反射特性の位相（angle）は反射係数の位相$\angle\theta$と等しくなっています．

本文中に示した図13.19(a)のS_{11}とS_{22}は，入力した信号に対する反射波のレベルをdB表示で表したものです．一般に，リターン・ロスと呼びます．ロスですから，図13.19(a)のS_{11}，S_{22}の負記号を取って「リターン・ロスはXdB」と言います．これが0 dBであれば，入力信号と反射信号は同じ大きさなので，全反射していることになります．リターン・ロスL_{ret}は反射係数から次式で計算できます．

$$L_{ret} = -20\log_{10}|\Gamma|$$

図13.19(d)のS_{11}とS_{22}は，VSWR(Voltage Standing Wave Ratio)と呼ばれる量で表したものです．VSWR表示は製品の仕様などでよく使われますので，覚えておいてください．VSWR R_{VSW}は，反射係数Γから次式で計算できます．

$$R_{VSW} = \frac{1+|\Gamma|}{1-|\Gamma|}$$

どの表し方も，Sパラメータ・データに見られる反射係数Γから計算したものです．

図13.19(c)のスミス・チャートは，インピーダンスの周波数特性を知るためのものです．もちろん，反射係数も知ることができます．

13.3 マイクロ波帯低雑音増幅器の設計

ンサと呼びます．

C_1 と C_2 は，同様に 100 pF にしました．電源ラインは，L_1 と C_3 の交点，L_2 と C_4 の交点に接続されますが，C_3 と C_4 でグラウンドに高周波的にショートされているので，影響がないものとして配置していません．

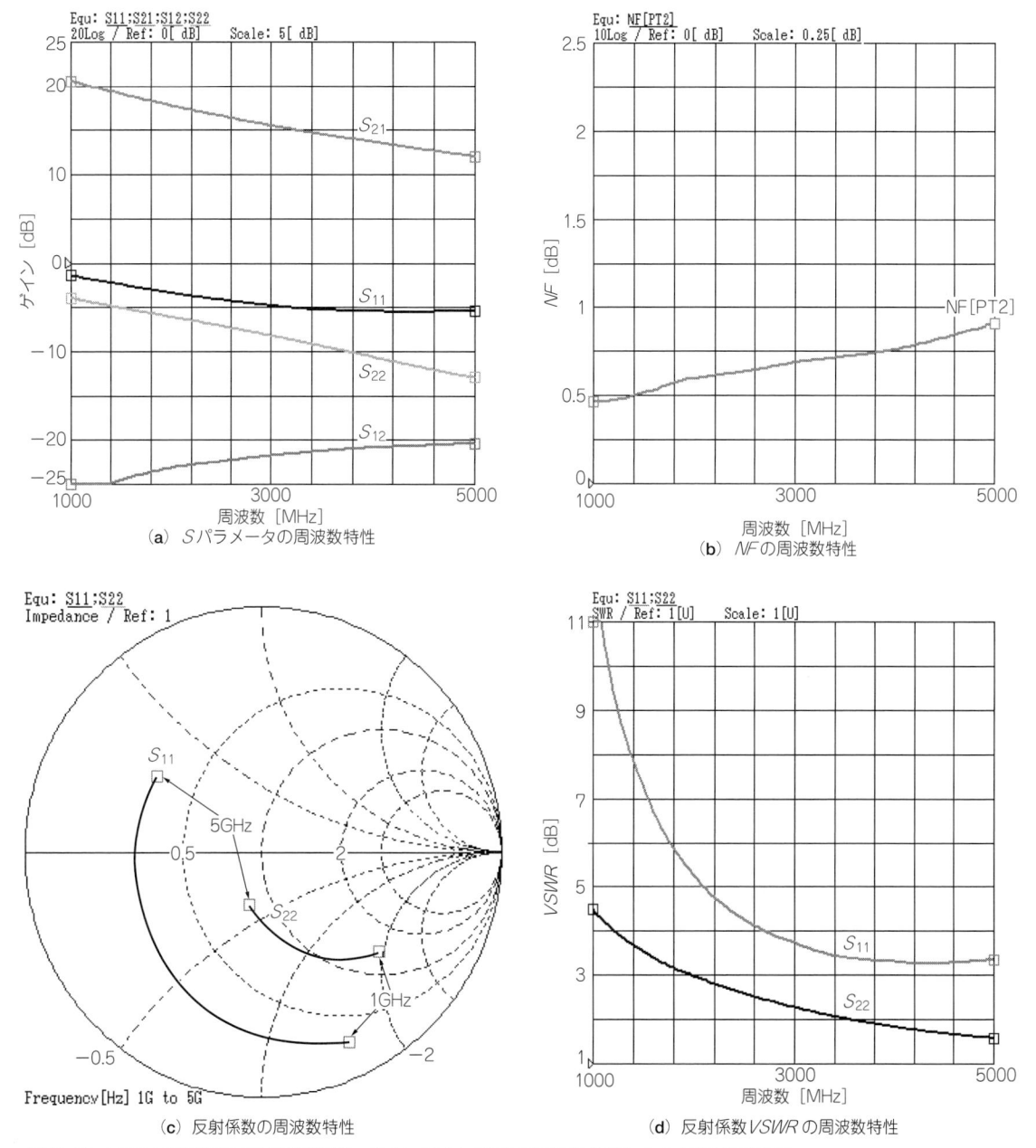

(a) S パラメータの周波数特性

(b) NF の周波数特性

(c) 反射係数の周波数特性

(d) 反射係数 $VSWR$ の周波数特性

図13.19 HEMT 単体（図13.18）の解析結果…ゲイン（S_{21}）と NF は OK だが反射（S_{11} と S_{22}）は改善が必要

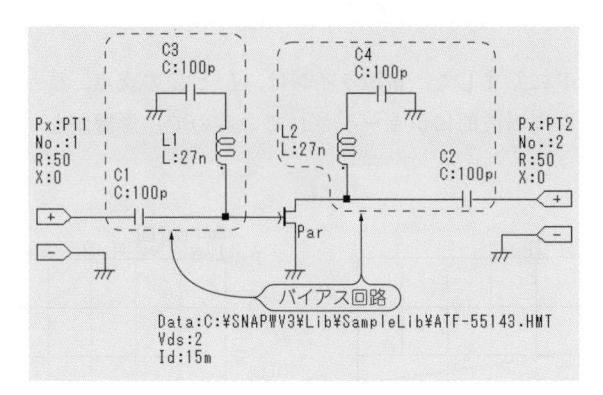

図13.20　図13.18にバイアス回路を追加

　図13.20のシミュレーション結果を，図13.21に示します．バイアス回路のない図13.19の特性とほとんど変化はありません．

● プリント・パターンを盛り込む

　LNAの特性に大きな影響を与える部分を，ここで追加しておきます．回路図上ではソースがグラウンドにつながっているだけですが，実際の基板ではソースのリードとグラウンド間に短いプリント・パターンが入ります．

　そこで，図13.22に示すように，特性インピーダンス50Ωで電気長が5°@2GHzのラインをソースとグラウンド間に挿入してみました．ソース・リードは二つあるので，並列に二つ挿入します．図13.23にシミュレーション結果を示します．

　図13.21の結果と図13.23を比較すると，ゲイン特性（S_{21}），NF特性，出力の反射特性（S_{22}）にはわずかな変化しか見られませんが，入力の反射が小さくなりました．

● 調整して性能をアップさせる

　NFとゲインの特性を確認しながら，入出力が2GHzでマッチングするように調整してみましょう．

　図13.23(c)に，2GHzの入力インピーダンスと出力インピーダンスをマーカ①とマーカ②で示しました．まずは，バイアス回路の部品の調整にチャレンジしてみました．図13.24に，調整後の回路を示します．

▶マッチング調整失敗で発振

　図13.25に示すように，調整を進めていくとS_{11}またはS_{22}の周波数特性がスミス・チャートからはみ出してしまいました．スミス・チャートの外側は抵抗成分が負，つまり負性抵抗をもつ部分です．ここにプロットされるということは，アンプが発振していることを示しています．

　アンプの設計で，最終的に一番苦労するのは安定性の確保です．ここでいう「安定」という言葉は，電源電圧，温度に対して特性の変動が少ないという意味のほかに，異常発振を起こさないという意味

13.3 マイクロ波帯低雑音増幅器の設計

(a) Sパラメータの周波数特性

(b) NFの周波数特性

(c) 反射係数の周波数特性

(d) 反射係数VSWRの周波数特性

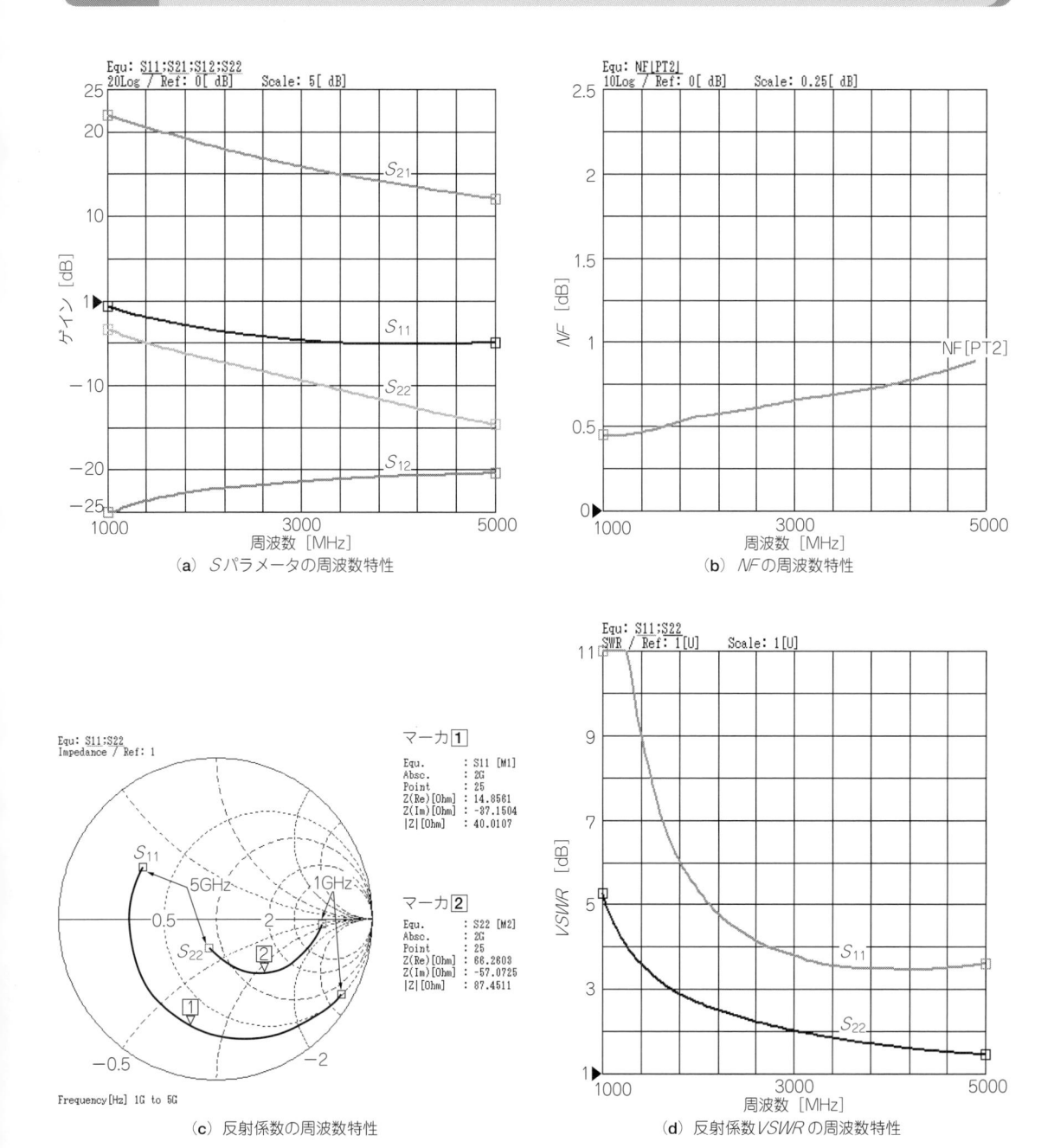

図13.21 バイアス回路を追加した図13.20の解析結果…図13.19とほぼ同じ結果

も含んでいます．

　半導体のしゃ断周波数以下で，しかも回路の帯域よりもはるかに高い周波数で，異常発振が起こることがよくあります．半導体は，低周波でゲインがとても高いので，低周波での発振にも注意しなければなりません．

第13章

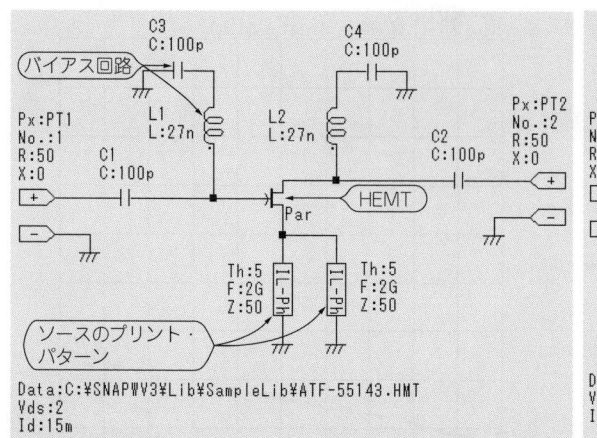

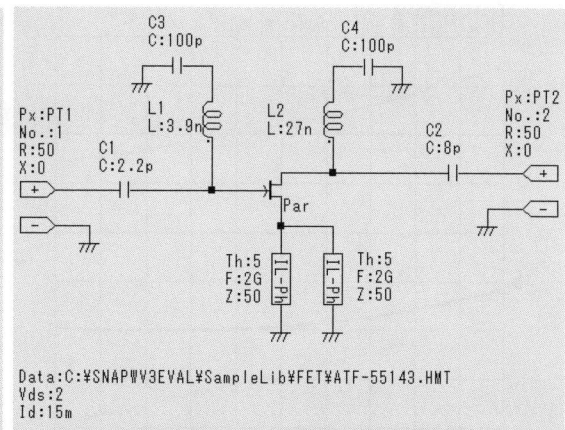

図13.22 ソース・リードとグラウンド間のプリント・パターンを加味する

図13.24 図13.22のバイアス回路の定数を調整した

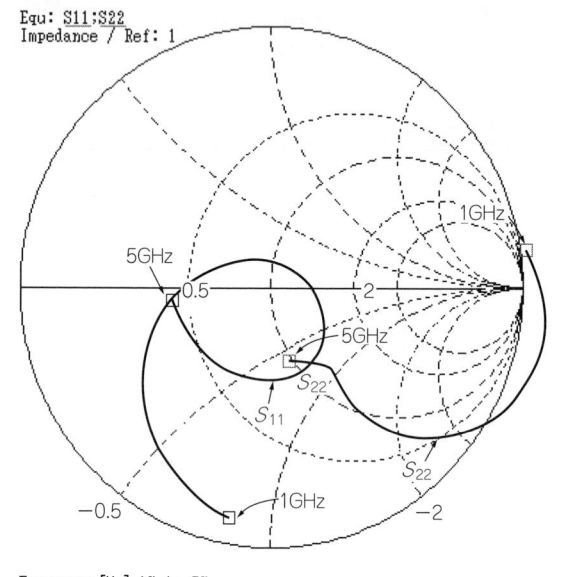

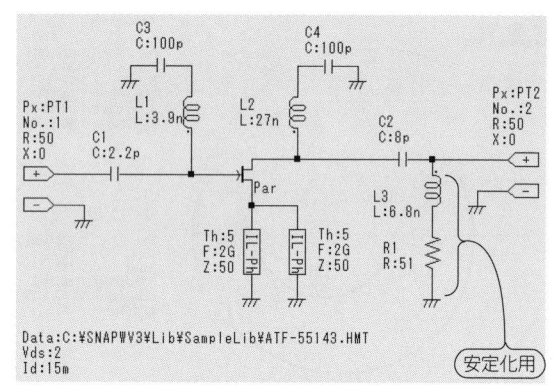

図13.25 図13.24のS_{22}は円からはみ出る…発振していることを示している

図13.26 低域安定化用のLR直列回路を追加した最終回路

▶低域のゲインを下げて安定化する

　図13.25からわかるように，周波数の低いほうで不安定なので，図13.26に示すように低域のゲインが下がるように部品を追加し，再度調整を行いました．出力ポートの手前に挿入したRL直列回路が安定化用の回路です．

　この回路は，低周波でL_3のインピーダンスが低くなるため，出力とグラウンドの間に51Ωの抵抗が挿入されたように動作します．抵抗は電力を消費するので低域ゲインが低下し，回路が安定化されま

13.3 マイクロ波帯低雑音増幅器の設計

(a) S パラメータの周波数特性

(b) NF の周波数特性

(c) 反射係数の周波数特性

(d) 反射係数 $VSWR$ の周波数特性

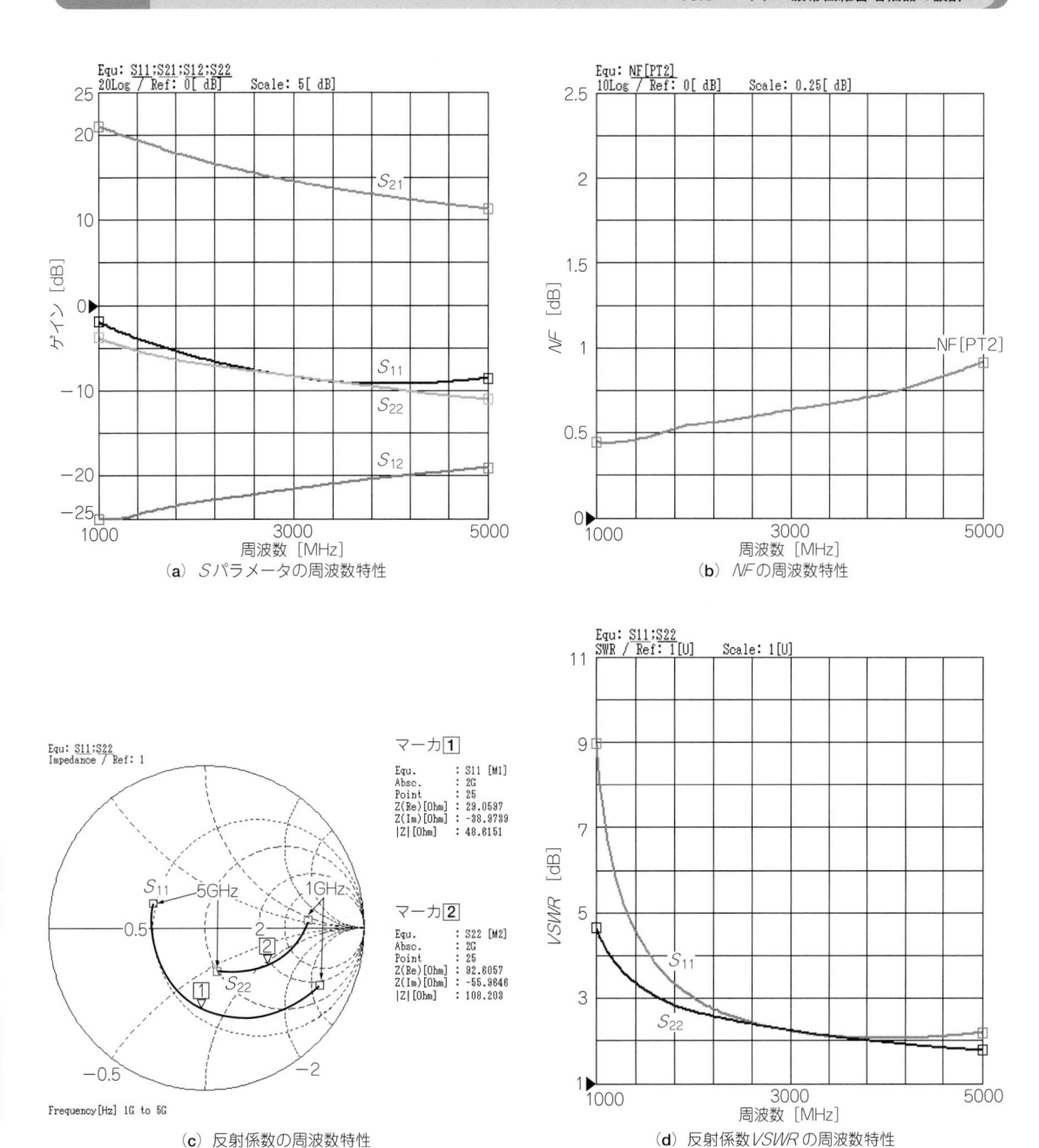

図13.23 ソースのプリント・パターンを考慮した回路(図13.22)のシミュレーション結果…図13.21と比べて入力の反射が減少した

す．周波数が高くなると，L_3 のインピーダンスが高くなるため，抵抗の影響は小さくなります．

図13.27 に，2 GHz 付近のゲインと周波数を拡大したシミュレーション解析結果を示します．図(**a**)に示した S_{21} はゲイン，図(**b**)は NF，図(**c**)に示したのは反射係数 S_{11} と S_{22} の周波数特性，図(**d**)に示したのは，入力と出力の $VSWR$ 表示です．

第13章

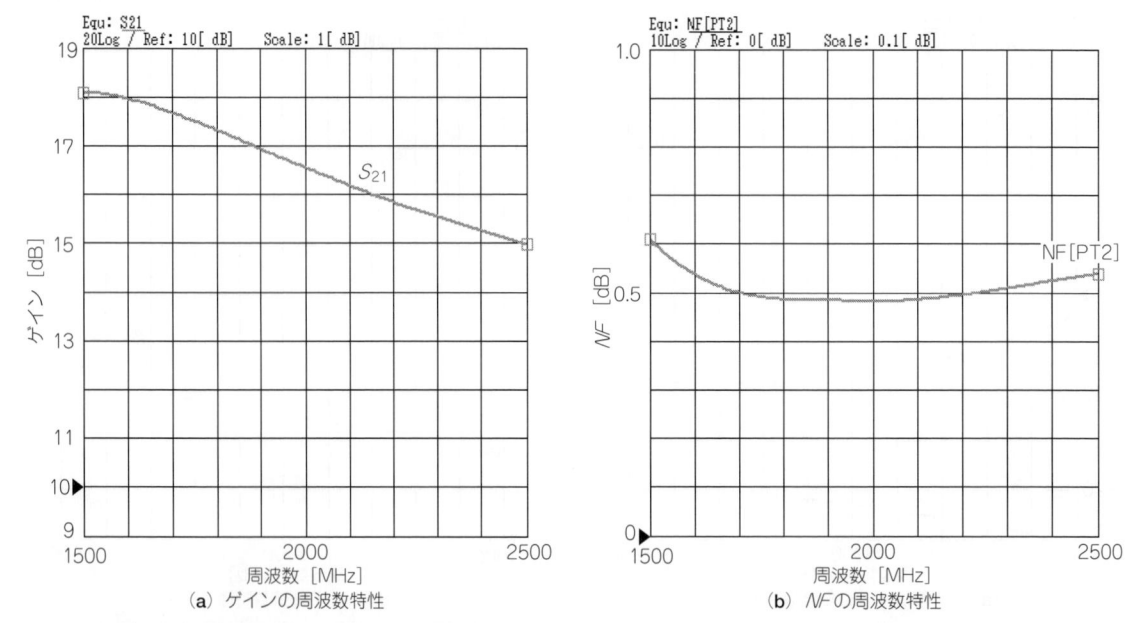

図13.27 低域安定化回路を追加した図13.26の回路の2 GHz付近の入出力特性…ゲイン以外は目標仕様を満足している

(a) ゲインの周波数特性
(b) NFの周波数特性

● 調整後の特性の評価

図13.27の結果から，調整後の特性は次のように予測できます．

- NF ： 0.49 dB@1.9 GHz, 0.48 dB@2 GHz
- ゲイン ： 16.94 dB@1.9 GHz, 16.56 dB@2 GHz
- 入力$VSWR$ ： 1.81@1.9 GHz, 1.95@2 GHz

コラム 13.C　パラメータの入手法とデータ・ファイルの作成

　高周波回路シミュレータを使ってアンプの設計や解析（線形シミュレーション）を行うときには，バイポーラ・トランジスタやFETなどの半導体のSパラメータ・データやノイズ・パラメータ・データが必要になる場合があります．

　半導体のデータシートには，さまざまなバイアス条件でのSパラメータやノイズ・パラメータの表が掲載されているので，その中からバイアス条件が近いものを選びます．あるいは，データシートのバイアス条件に製品のバイアス条件を合わせます．そして，その表を元にシミュレータに読み込ませるデータ・ファイルを作成します．

　データ・ファイルを作成するのに特別なソフトウェアは必要ありません．テキスト・エディタで簡単に作れます．本文中のリスト13.1に示したのは，S-NAP用の書式です．他のシミュレータでも大きな違いはありません．作成したデータ・ファイルは，シミュレータ指定の拡張子をつけて保存します．

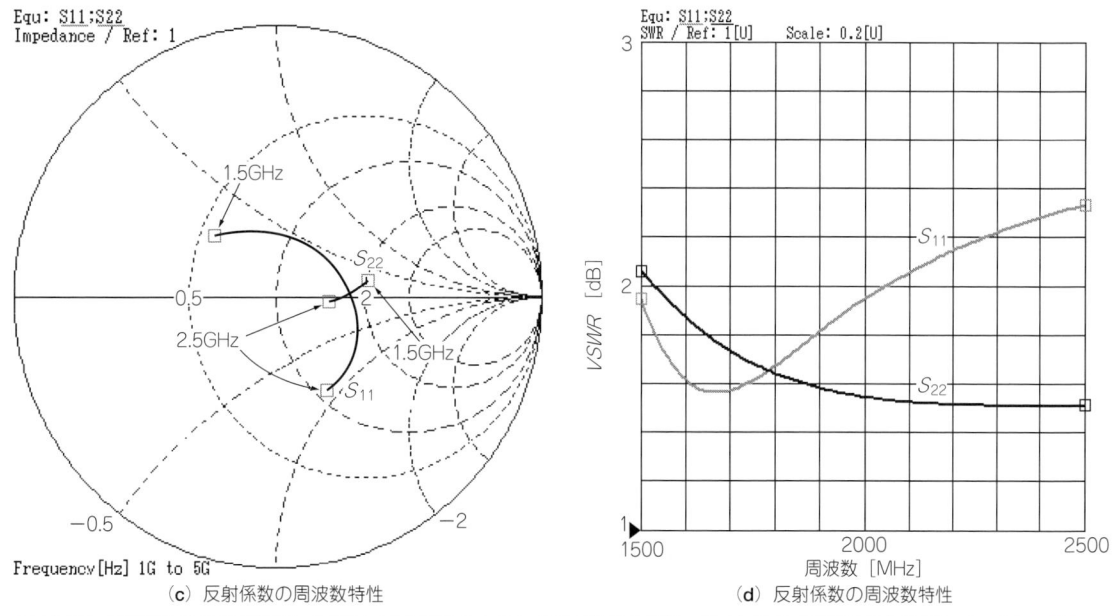

(c) 反射係数の周波数特性   (d) 反射係数の周波数特性

図13.27 低域安定化回路を追加した図13.26の回路の2GHz付近の入出力特性…ゲイン以外は目標仕様を満足している(つづき)

- 出力 $VSWR$：1.58@1.9 GHz，1.55@2 GHz

NF と入出力の $VSWR$ は目標仕様を何とか満足できましたが，ゲインだけは少し満足できませんでした．回路設計に正解はありませんので，回路構成を変えるなどして，特性の改善にチャレンジしてみてください．

(市川裕一)

索引

─── 数字 ───

- 02CZ シリーズ ……………………………… 64
- 2SA1940 ……………………………… 174,179
- 2SC3605 ……………………………… 190
- 2SC380TM ……………………………… 186
- 2SC5084 ……………………………… 190
- 2SC5085 ……………………………… 190
- 2SC5197 ……………………………… 179
- 2SJ74 ……………………………… 220
- 2SK170 ……………………………… 219
- 2SK30ATM ……………………………… 229
- 2次元電子ガス ……………………………… 264
- 2次降伏 ……………………………… 235
- 2次降伏現象 ……………………………… 168
- 7セグメント素子 ……………………………… 102

─── アルファベット ───

- **A** AGC ……………………………… 270
  - AGC増幅回路 ……………………………… 195
  - ASO ……………………………… 168
- **B** BCD-7セグメント・デコーダ ……………………………… 103
  - BCDコード ……………………………… 103
- **C** CA3130 ……………………………… 78
  - C-E分割回路 ……………………………… 161
  - CRD ……………………………… 82
- **D** DBM ……………………………… 134
  - Dissipation Limit ……………………………… 170
- **E** E24シリーズ ……………………………… 97
  - EHF ……………………………… 181
- **F** FET ……………………………… 211
- **G** GaAs ……………………………… 263
  - Gain Reduction ……………………………… 198
  - GaP ……………………………… 100
- **H** HEMT ……………………………… 211,264,278
  - HF ……………………………… 181
- **I** I_C-V_{CE} 特性 ……………………………… 165
  - I_{DSS} ……………………………… 213
- **J** JFET ……………………………… 91,211
- **L** LC発振器 ……………………………… 203
  - LED ……………………………… 96
  - LEDディスプレイ ……………………………… 102
  - LF357 ……………………………… 81
  - LM399 ……………………………… 68,69
  - LM3999 ……………………………… 68,69
  - LNA ……………………………… 278

- **M** MES FET ……………………………… 211,263
  - MF ……………………………… 181
  - MIX回路 ……………………………… 199
  - MMIC ……………………………… 278
  - MOS FET ……………………………… 212,230,266
  - MT4S102T ……………………………… 209
- **N** NF ……………………………… 280
  - N型クラッド層 ……………………………… 96
  - N型半導体 ……………………………… 10
  - NチャネルJFET ……………………………… 212
  - n倍電圧整流回路 ……………………………… 45
- **O** OPアンプ ……………………………… 18
- **P** $P_{C(\max)}$ ……………………………… 168
  - PINダイオード ……………………………… 11,116
  - PN接合 ……………………………… 10
  - POV ……………………………… 85
  - PWM制御 ……………………………… 260
  - P型クラッド層 ……………………………… 96
  - P型半導体 ……………………………… 10
  - PチャネルJFET ……………………………… 212
- **Q** Q ……………………………… 207
  - Qポイント ……………………………… 215,222
- **S** SBD ……………………………… 130
  - SEPP ……………………………… 175
  - SHF ……………………………… 181
  - SiGeヘテロ接合トランジスタ ……………………………… 208
  - SOA ……………………………… 168
  - SPDTスイッチ ……………………………… 121
  - SPSTスイッチ ……………………………… 120
  - SSM2210 ……………………………… 161
  - Sパラメータ ……………………………… 184,273,280
- **T** TC74HC4511A ……………………………… 105
  - $T_{J(\max)}$ ……………………………… 168
  - TL317 ……………………………… 94
  - TL431 ……………………………… 68
  - TLRE263AP ……………………………… 100
  - TLRH156 ……………………………… 97
  - TLSU180P ……………………………… 101
- **U** UHF ……………………………… 181
  - UHF帯VCO ……………………………… 205
- **V** V_{CBO} ……………………………… 166,167
  - V_{CEO} ……………………………… 166,167
  - V_{CER} ……………………………… 166
  - V_{CES} ……………………………… 166
  - V_{CEX} ……………………………… 166

291

索 引

VCO（電圧制御発振器） …………… 205
VCXO ……………………………… 128
V_{EBO} …………………………… 166
V_{EB} バック ………………………… 81
VHF ……………………………… 181
VHF帯VCO ……………………… 205
VLF ……………………………… 181
V_P ……………………………… 213
$VSWR$ ………………………… 282
Γ ………………………………… 282
μ PC78M05A …………………… 174
π 型可変アッテネータ ……………… 123

――― あ行 ―――

アイソレーション・アンプ …………… 190
アノード ……………………… 84,102
アバランシェ降伏 …………………… 67
アバランシェ耐量 …………………… 238
安全動作領域 ……………… 150,168,235
安定化率 …………………………… 74
一般整流用ダイオード ………………… 34
インサーション・ロス ……………… 124
インダクタンス負荷 ………………… 80
インピーダンス整合 ………………… 156
ウィーン・ブリッジ発振回路 ……… 26,226
エミッタ・フォロワ ……………… 155,186
エミッタ共通増幅回路 ……………… 152
エミッタ電圧定格 …………………… 167
エンハンスメント・モード …………… 279
エンハンスメント特性 ……… 214,233,266
応答速度 ………………………… 100
オーバートーン発振 ………………… 207
オープン・コレクタ ………………… 146
折れ線近似回路 ……………………… 27,28
オン抵抗 ………………………… 240
オン抵抗領域 …………………… 233
温度安定回路 ……………………… 69
温度係数 …………… 65,66,73,74,77,85,98
温度定格 ………………………… 168
温度特性 ……………………… 85,100
温度補償 …………………………… 66
温度補償型定電圧ダイオード ………… 66

――― か行 ―――

開ループ利得 ……………………… 77

カスコード接続 …………… 93,217,264
カソード ……………………… 84,102
活性領域 ………………………… 139
カップリング・コンデンサ …………… 282
過電流保護回路 ……………………… 71
可変BEF ………………………… 128
可変BPF ………………………… 128
可変抵抗回路 …………………… 223
可変抵抗素子 …………………… 224
可変容量ダイオード ……………… 11,126
カラー・バースト ………………… 156
カレント・ミラー回路 ……………… 160
貫通電流 ……………………… 243,254
還流ダイオード ……………………… 21
帰還容量 ………………………… 267
基準電圧源回路 …………………… 222
基準電圧発生回路 …………………… 69
基準電圧用IC ……………………… 68
逆回復時間 ……………………… 40,73
逆起電圧 …………………………… 21
逆方向AGC増幅回路 ……………… 196
逆方向電圧 ……………………… 132
逆方向電流 ………………………… 14
逆方向電流増幅率 ………………… 151
逆方向特性 ………………………… 99
逆方向バイアス ……………………… 12
逆方向飽和電流 …………………… 220
キャリア蓄積時間 ………………… 234
狭指向性 ………………………… 101
許容コレクタ損失 ………………… 162
許容順方向電流 …………………… 100
許容損失 …………………… 39,73,239
金属皮膜抵抗 ……………………… 78
空乏層 …………………………… 213
クォリティ・ファクタ ……………… 126
クライストロン …………………… 203
クラップ発振回路 ………………… 203
クローズド・ループ利得 …………… 222
クロスオーバーひずみ ………………… 22
ゲート共通回路 …………………… 217
ゲートしきい値電圧 ……………… 240
ゲート接地 ………………………… 93
ゲート電流 ……………………… 220
ゲート入力電荷量 ………………… 242
ゲート漏れ電流 …………………… 215

検波回路	133	出力抵抗	84,93
広指向性	101	出力特性	214
高周波スイッチャ	189,194	順方向AGC増幅回路	195
高周波特性	85	順方向電圧	13,98,132
高周波トランジスタ	180	順方向伝達アドミタンス	214,241,271
高周波用ツェナ・ダイオード	73	順方向電流	13,97
高輝度型LED	96	順方向特性	97
高速整流用ダイオード	34	順方向バイアス	11
広帯域増幅回路	190	小信号・汎用ダイオード	16
高電圧用ツェナ・ダイオード	73	小信号電流増幅率	163
降伏	14	少数キャリア	234
効率	261	ショットキー・バリア・ダイオード	11,17,36,130
固定バイアス	216	振幅制限	85,226
コルピッツ発振回路	203	振幅制限回路	26
コレクタ-エミッタ間電圧	162	推奨動作電流	97
コレクタ-エミッタ間飽和電圧	141	水晶発振器	203,207
コレクタ出力容量	163	スイッチ回路	226
コレクタ損失	171	スイッチング電源回路	53,142
コレクタ電圧定格	165	スタティック・ドライブ	104
コンパレータ	80	スピードアップ・コンデンサ	148
コンプリメンタリ・ペア	179,220	スミス・チャート	280
混変調特性	272	制限電流比	83
──── さ行 ────		正弦波発振器	26,226
サージ電流	20	静電破壊	244
サーメット型	78	静特性	214
最大コレクタ損失	168,173	赤外LED	113
最大定格	165,183,236	絶縁板熱抵抗	172
サイン・コンバータ	27	接合型FET	211
サグ	156	接合部温度	39,54,60
雑音指数	185	接触熱抵抗	171
雑音電圧密度	161	絶対値回路	31
サバロフ発振回路	203	セル・パック	183
3端子レギュレータ	23,94	セルフ・ターン・オン	244
サンプル&ホールド回路	226	ゼロ・バイアス	220
指向性	100	相互コンダクタンス	93,214
自己バイアス	216	挿入損失特性	124
自己バイアス方式	218	双方向ツェナ・ダイオード	74
自己発熱	85	ソース・フォロワ	217,220
しゃ断領域	139	ソース共通増幅回路	216,218
シャント・レギュレータ	71	ソース接地回路	93
周波数混合回路	275	ソフト・リミッタ	224
出力コンダクタンス	93	──── た行 ────	
出力雑音電圧	222	ダーリントン接続	76,145
出力静特性	138	ダイオード	10

索 引

ダイオード・ブリッジ……………………11
ダイオード・リカバリ特性………………243
ダイオード・リミッタ……………………27
ダイナミック・ドライブ…………………104
タイマ回路…………………………………90
多数キャリア………………………………234
端子間容量………………………………73,101
中・大電圧用ツェナ・ダイオード………73
超高速整流用ダイオード…………………36
直流駆動……………………………………100
直流電流増幅率………………………139,162
直流負荷線…………………………………140
直列接続……………………………………86
ツェナ・ダイオード………………………63
ツェナ降伏…………………………………67
ツェナ電圧…………………………………64
低雑音アンプ………………………………210
低雑音増幅回路……………………………161
低雑音増幅器………………………………278
低雑音ツェナ・ダイオード………………74
ディジタル・トランジスタ………………144
定電圧回路……………………74,77,90,174
定電圧ダイオード………………………11,63
低電圧用ツェナ・ダイオード……………71
定電流回路………………………………91,221
定電流素子…………………………………76
定電流ダイオード…………………………82
定電流領域…………………………………84
ディプリーション・モード………………279
ディプリーション特性……………213,263,266
低漏れ電流ダイオード……………………228
ディレーティング………………………39,170
デジット・ドライバ………………………105
デッド・タイム……………………………254
デュアル・ゲートMES FET…………263,266
デュアル・マッチド・トランジスタ……161
デューティ比………………………………100
テレビ受信機用広帯域増幅回路…………185
伝達特性………………………………213,233
伝熱性絶縁シート…………………………172
電流制限抵抗……………………………90,97
電流制限電圧……………………………82,84
電流定格……………………………………167
電力定格……………………………………168
等価直列抵抗………………………………123

動作インピーダンス……………………64,73
特性インピーダンス………………………280
突入電流……………………………………54
トランジション周波数………………162,181
ドレイン共通増幅回路……………………217

——— な行 ———

内部抵抗……………………………………74
入出力保護…………………………………16
入力インピーダンス………………………90
入力オフセット電圧温度係数……………78
入力変動係数……………………………74,77
入力容量……………………………………250
熱雑音………………………………………222
熱抵抗……………………………………171,177
熱抵抗特性…………………………………239
熱等価回路…………………………………171
熱暴走………………………………………235
ノイズ・パラメータ………………………280
ノイズ発生回路……………………………81

——— は行 ———

ハートレ発振………………………………203
ハートレ発振回路…………………………207
ハーフ・ブリッジ…………………………254
バイアス回路………………………………160
バイアス抵抗内蔵トランジスタ…………144
ハイサイド…………………………………256
倍電圧整流回路…………………………23,43
バイポーラ・トランジスタ………………137
白色LED…………………………90,96,106
発光強度……………………………………100
発光効率……………………………………96
発光ダイオード……………………………96
発振回路……………………………………201
発振器………………………………………80
バラクタ……………………………………125
パルス駆動…………………………………100
パワー・アンプ……………………………175
パワー・ダイオード………………………34
パワーMOS FET…………………………230
パワー設計…………………………………173
反射…………………………………………282
反射係数……………………………………282
反射特性……………………………………282

294

反転/非反転切り替え回路 ……………………228
半波整流回路 ……………………………………40
ピアース発振回路 …………………………203,207
ピアース発振器 …………………………………208
ピーク1サイクル・サージ電流 ………………39,46
ピーク繰り返し逆電圧 …………………………39,46
ピーク順電圧 ……………………………………39
ピーク動作電圧 …………………………………86
ビデオ回路用エミッタ・フォロワ・バッファ ……156
非飽和領域 ………………………………………215
ピンチ・オフ電圧 ……………………………84,91,213
ファスト・リカバリ・ダイオード ……………………34
ファンクション・ジェネレータ ……………………27
フィードバック・ループ …………………………30
ブートストラップ …………………………………255
フォト・カプラ ……………………………………247
負荷線 ……………………………………………140
負荷変動係数 …………………………………74,77
不感帯 ……………………………………………22
複合ダイオード …………………………………11
負性抵抗 ……………………………………202,284
プッシュ・プル・エミッタ・フォロワ ………………22
フライホイール・ダイオード ……………………21
フリーホイール・ダイオード ………………21,259
ブリッジ整流回路 ………………………………42
ブリッジドT型可変アッテネータ ………………122
フル・ブリッジ …………………………………255
ブレークダウン ……………………………14,67,237
ブレークダウン電圧 ……………………………82
ブレークダウン領域 ……………………………85
平均順電流 ……………………………………39,46
並列接続 …………………………………………86
放熱器 ……………………………………………173
飽和ドレイン電流 ………………………………93
飽和領域 ……………………………………139,214,233
保存温度 …………………………………………39
ボディ・ダイオード …………………………230,242
ホワイト・ノイズ発生回路 ………………………81

——— ま行 ———

マイカ ……………………………………………172
マイクロ波真空管発振器 ………………………203
巻線型 ……………………………………………78
マッチング ………………………………………284
マルチプライヤ …………………………………160

ミキサ ……………………………………………134
ミューティング回路 ……………………………151
ミラー効果 ……………………………………163,217,251

——— ら行 ———

理想ダイオード …………………………………28
理想両波整流回路 ………………………………31
リターン・ロス …………………………………282
利得減衰量 …………………………………198,272
リバース h_{FE} …………………………………152
リプル含有率 ……………………………………42
リプル電圧 ………………………………………50
リミッタ ……………………………………25,79,80
リミッタ回路 ……………………………………25
両波整流回路 ……………………………………41
リレー ……………………………………………20
ループ・ゲイン …………………………………30
レギュレーション ………………………………177
ロー・ロス・ダイオード …………………………36
ロード・スイッチ ……………………………148,256
ロード・ライン …………………………………168
ロード・レギュレーション ……………………262

——— わ行 ———

ワイヤードOR …………………………………146

各章の執筆担当者

- 第1章 ………… 関 博隆,前田陽介,青木英彦
- 第2章 ………… 島田義人,青木英彦
- 第3章 ………… 浅井紳哉,青木英彦
- 第4章 ………… 青木英彦,島田義人
- 第5章 ………… 土屋憲司,青木英彦
- 第6章 ………… 青木英彦,中島昌男
- 第7章 ………… 市川裕一
- 第8章 ………… 黒田 徹,佐藤節夫,三宅和司,青木英彦,柳川誠介
- 第9章 ………… 青木英彦
- 第10章 ………… 小林昌裕,大島忠秋,新原盛太郎,青木 勝,有本秀夫
- 第11章 ………… 鈴木雅臣,青木英彦,黒田 徹
- 第12章 ………… 義平隆之,亀田充弘,鈴木雅臣,本田 潤,内田敬人
- 第13章 ………… 鈴木雅臣,新原盛太郎,市川裕一

- **●本書記載の社名,製品名について** ── 本書に記載されている社名および製品名は,一般に開発メーカーの登録商標または商標です.なお,本文中では ™,®,© の各表示を明記していません.
- **●本書掲載記事の利用についてのご注意** ── 本書掲載記事は著作権法により保護され,また産業財産権が確立されている場合があります.したがって,記事として掲載された技術情報をもとに製品化をするには,著作権者および産業財産権者の許可が必要です.また,掲載された技術情報を利用することにより発生した損害などに関して,CQ出版社および著作権者ならびに産業財産権者は責任を負いかねますのでご了承ください.
- **●本書に関するご質問について** ── 文章,数式などの記述上の不明点についてのご質問は,必ず往復はがきか返信用封筒を同封した封書でお願いいたします.勝手ながら,電話でのお問い合わせには応じかねます.ご質問は著者に回送し直接回答していただきますので,多少時間がかかります.また,本書の記載範囲を越えるご質問には応じられませんので,ご了承ください.
- **●本書の複製等について** ── 本書のコピー,スキャン,デジタル化等の無断複製は著作権法上での例外を除き禁じられています.本書を代行業者等の第三者に依頼してスキャンやデジタル化することは,たとえ個人や家庭内の利用でも認められておりません.

JCOPY 〈出版者著作権管理機構委託出版物〉
本書の全部または一部を無断で複写複製(コピー)することは,著作権法上での例外を除き,禁じられています.本書からの複製を希望される場合は,出版者著作権管理機構(TEL:03-5244-5088)にご連絡ください.

改訂新版 ダイオード/トランジスタ/FET活用入門

編 集 トランジスタ技術SPECIAL編集部	2004年10月1日 初版発行
発行人 櫻田 洋一	2023年12月1日 第9版発行
発行所 CQ出版株式会社	©CQ出版株式会社 2004
〒112-8619 東京都文京区千石4-29-14	(無断転載を禁じます)
電 話 販売 03-5395-2141	ISBN978-4-7898-3749-1
広告 03-5395-2132	
	DTP・印刷・製本 三晃印刷株式会社
	Printed in Japan

定価は裏表紙に表示してあります
乱丁,落丁本はお取り替えします